PLC 基础及工业以太网控制技术

主　编　谭顺学　唐华兴

副主编　黄　斌　刘春梅　杨达飞

　　　　贺晓华　黄传忠　梁小平

主　审　关意鹏

北京理工大学出版社

BEIJING INSTITUTE OF TECHNOLOGY PRESS

内 容 简 介

SIMATIC S7-1200 PLC 是新一代基本型控制器，其具有紧凑的外观设计、灵活的硬件扩展、强大的通信能力和丰富的功能，适用于中小型设备和简单工艺段的控制，深受用户欢迎，已广泛应用于纺织、包装、太阳能、暖通空调、陶瓷、电池、电子装配、智能楼宇、物流、热网等行业。本书以 S7-1200 PLC 基础和以太网应用作为教学项目，分别设置了 S7-1200PLC 系统硬件安装、应用 TIA Portal V16 实现电动机仿真控制等 18 个项目。

本书内容以项目教学方式设计，根据实际应用场景和能力进阶关系划分项目，每个任务都按照“资讯—计划—决策—实施—检查—评价”六步展开，读者在增长专业技能的同时，也强化了规范开展工作的能力，从而具备“完整地做一件事情”的能力。每个项目都设置有背景介绍，涉及相关的技术知识和应用特点，让读者对任务有更直观的认识，知道为什么学，所学有什么用以及如何应用。

本书主要作为高等职业院校电气自动化技术、机电一体化技术、工业机器人技术、智能控制技术等专业的教材，还可作为相关工程技术人员的自学用书。

图书在版编目（CIP）数据

PLC 基础及工业以太网控制技术 / 谭顺学，唐华兴主编. --北京：北京理工大学出版社，2022. 10

ISBN 978-7-5763-1779-4

Ⅰ. ①P…　Ⅱ. ①谭…②唐…　Ⅲ. ①PLC 技术②工业企业-以太网-自动控制系统　Ⅳ. ①TM571. 61 ②TP393. 18

中国版本图书馆 CIP 数据核字（2022）第 195509 号

出版发行 / 北京理工大学出版社有限责任公司
社　　址 / 北京市海淀区中关村南大街 5 号
邮　　编 / 100081
电　　话 / (010) 68914775（总编室）
(010) 82562903（教材售后服务热线）
(010) 68944723（其他图书服务热线）
网　　址 / http://www. bitpress. com. cn
经　　销 / 全国各地新华书店
印　　刷 / 涿州市新华印刷有限公司
开　　本 / 787 毫米×1092 毫米　1/16
印　　张 / 22. 5
字　　数 / 528 千字
版　　次 / 2022 年 10 月第 1 版　2022 年 10 月第 1 次印刷
定　　价 / 99. 00 元

责任编辑 / 钟　博
文案编辑 / 钟　博
责任校对 / 周瑞红
责任印制 / 李志强

前　言

S7-1200 PLC 是西门子公司于 2009 年推出的面向离散自动化系统和独立自动化系统的一款控制器，它适用于多种场合，广泛应用于工业生产，可满足不同的自动化需求。它采用模块化设计，集成了 PROFINET 接口和强大的控制及通信功能，体现了 PLC 的未来发展方向。TIA 博途软件以其直观、高效、可靠的特点，深受用户喜爱，TIA 博途 V16 集成了 TIA_Portal_STEP7_Prof_Safety_WINCC_Prof_V16、SIMATIC_S7_PLCSIM_V16、SIMATIC_WinCC_Panel_Images_V16、SINAMICS_Startdrive_V16 四大软件包，构建了系统的整体开发平台。

本书以项目为载体，突出项目的实用性、可行性和科学性，让学生在做中学、学中做，将基本概念、理论知识、编程技巧贯穿于各个项目，重视技能训练和能力培养。全书项目的设计由易到难，由简单到复杂，由基础到综合，体现了循序渐进的学习规律。本书是校企合作教材，由柳州职业技术学院和柳州钢铁股份有限公司共同开发，所选用的部分项目、任务源于企业实际。

本书根据实际应用场景和能力进阶关系共分为 18 个项目：S7-1200 PLC 系统硬件安装与维护、应用 TIA Portal V16 实现电动机仿真控制、应用位逻辑指令实现四路抢答器控制、应用定时器指令实现流水灯控制、应用计数器指令实现工业洗衣机控制、应用数学函数和移动操作指令实现传送带控制、应用字逻辑运算指令实现指示灯控制、应用移位指令实现电动机顺序启动控制、应用单流程模式实现机械手控制、应用选择流程模式实现运料小车控制、应用并行流程模式实现十字路口交通信号灯控制、应用功能块实现电动机组启动控制、应用转换操作指令实现 G120 变频器控制、S7-1200 PLC 之间 S7 通信、S7-1200 PLC 之间 TCP 通信、S7-1200 PLC 之间 UDP 通信、S7-1200 PLC 之间 Modbus TCP 通信、S7-1200 PLC 之间 PROFINET IO 通信。每个任务都按照“资讯—计划—决策—实施—检查—评价”六步法来实施，读者在增长专业技能的同时，强化了规范开展工作的能力，从而具备“结一课成一事”的能力。

本书内容紧扣立德树人的核心要求，把培养学生的职业道德、职业素养和创新创业能力融入教学内容和教学活动设计，力图通过全局设计、过程贯通、细节安排提升职业教育课程教学的内涵，培养德智体美劳全面发展的社会主义事业接班人。本书内容丰富、层次合理，贴合应用、满足需求，通俗易懂、激发兴趣，技能习得与理论知识相辅相成，可作为高职高专院校机电一体化技术、电气自动化技术、工业机器人技术、智能机电技术、智能控制技术、智能机器人技术、工业过程自动化技术等相关专业的教学用书，也可作为工程技术人员的参考用书。

本书由柳州职业技术学院谭顺学、广西生态工程职业技术学院唐华兴担任主编，由柳州职业技术学院黄斌、刘春梅、杨达飞、贺晓华和柳州钢铁股份有限公司黄传忠、梁小平担任副主编，由柳州职业技术学院关意鹏担任主审。由于本书编者水平有限，编写时间仓促，书中错误和不足之处在所难免，诚请各位专家、学者、工程技术人员以及所有读者批评指正，谢谢！

编　者

目　录

项目 1　S7-1200 PLC 系统硬件安装与维护

背景描述

在工业控制领域，有两种常见的控制系统，一种是继电器控制系统，另一种是 PLC 控制系统。继电器控制系统一般由主令电器、继电器、接触器和导线等部分组成，通过不同的电路接线来实现不同的控制功能。继电器控制系统所实现的控制逻辑包含在接线形式中，人们称之为接线逻辑。当需要变更控制功能时，往往需要更改控制系统的电路接线，这也导致继电器控制系统常用于实现较简单的控制需求，不太适合柔性较高、功能复杂的控制场合。PLC 控制系统所实现的控制逻辑包含在控制程序中，与接线逻辑相对应，人们称之为存储逻辑。PLC 控制系统只需要更改控制程序而无须更改接线，就可以很方便地变更控制功能。与继电器控制系统相比，PLC 控制系统既可以降低劳动强度，又能大幅提高工作效率，满足复杂多变的控制需求，因此它正获得越来越广泛的应用。

本项目要求掌握如何根据工程实际任务的控制工艺要求选择合适的 S7-1200 PLC 硬件模块，并将选择的模块搭建成工程系统。

素养目标

（1）大学生应该树立远大理想，敢于担当，热爱本专业；

（2）学好 PLC 技术，立志成才，才能报效祖国。

【知识拓展】

2020 年的新春，我国的口罩生产企业加班加点，不但实现自给，而且出口国外，体现了“中国速度”。全自动口罩机是一个典型的机电一体化设备，全自动化的口罩生产线离不开 PLC 这颗“大脑”的控制与协调。

任务描述

本项目需要搭建一个 S7-1200 PLC 硬件系统。根据设备的数量和控制要求，预计需要 20 个数字量输入点、14 个数字量输出点，并各预留 4 个，所有数字量输入/输出点均采用直流供电；1 个模拟量输入点、1 个模拟量输出点，各预留 1 个。该系统能通过 CM1241 RS485 和其他设备通信。请完成以下任务。

（1）掌握硬件选型；

（2）掌握硬件拆卸；

(3) 掌握硬件安装；
(4) 掌握外部接线；
(5) 提交硬件清单；
(6) 进行硬件测试。

一、 知识储备

(一) PLC 的基本结构及工作原理

1. PLC 的基本结构

PLC（可编程逻辑控制器）种类繁多，但其基本结构和工作原理相同。PLC 的功能结构区由 CPU（中央处理器）、存储器、输入/输出接口、电源和通信接口 5 部分组成，如图 1-1 所示。

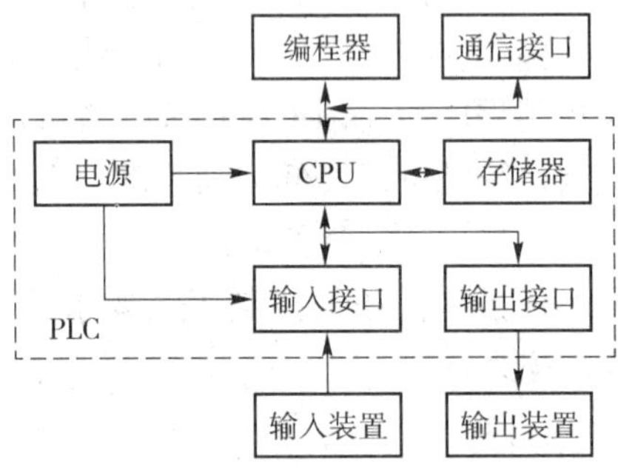

图 1-1 PLC 的基本结构

1) CPU

CPU 的功能是完成 PLC 内所有的控制和监视操作。CPU 一般由控制器、运算器和寄存器组成。CPU 通过数据总线、地址总线和控制总线与存储器、输入/输出接口电路连接。

2) 存储器

PLC 的内部存储器分为系统程序存储器和用户程序及数据存储器。系统程序存储器用于存放系统工作程序（或监控程序）、调用管理程序以及各种系统参数等。系统程序相当于个人计算机的操作系统，能够完成 PLC 设计者规定的各种工作。系统程序由 PLC 生产厂家设计并固化在 ROM（只读存储器）中，用户不能读取。用户程序及数据存储器主要用于存放用户编制的应用程序及各种暂存数据和中间结果，使 PLC 完成用户要求的特定功能。

PLC 使用以下几种物理存储器。

(1) 随机存取存储器（RAM）。

用户可以用可编程序装置读出 RAM 中的内容，也可以将用户程序写入 RAM，因此 RAM 又叫作读/写存储器。它是易失性的存储器，电源中断后，存储的信息将会丢失。RAM 的工作速度高，价格低，改写方便。在关断 PLC 的外部电源后，可用锂电池保存 RAM 中的用户程序和某些数据。锂电池可使用 2~5 年，需要更换锂电池时，由 PLC 发出信号，通知用户。现在仍有部分 PLC 采用 RAM 存储用户程序。

(2) 只读存储器 (ROM)。

ROM 的内容只能读出，不能写入。它是非易失性的，它的电源消失后，仍能保存存储的内容。ROM 一般用来存放 PLC 的系统程序。

(3) 可电擦除可编程序的只读存储器 (EEPROM 或 E^2PROM)。

EEPROM 是非易失性的，但是可以用编程装置对它编程，兼有 ROM 的非易失性和 RAM 的随机存取等优点，但是将信息写入 EEPROM 所需的时间比写入 RAM 长得多。EEPROM 用来存放用户程序以及需要长期保存的重要数据。

3) 输入/输出电路

PLC 的输入和输出信号可以是开关量或模拟量。输入/输出接口是 PLC 内部弱电 (low power) 信号和工业现场强电 (high power) 信号联系的桥梁。

(1) 输入模块。

输入模块一般由输入接口、光电耦合器、PLC 内部电路输入接口和驱动电源 4 个部分组成。输入模块可以用来接收和采集两种类型的输入信号：一种是由按钮、选择开关、数字拨码开关、限位开关、接近开关、光电开关、压力继电器或速度继电器等提供的开关量输入信号；另一种是由电位器、热电偶、测速发电机或各种变送器等提供的连续变化的模拟量信号。

各种 PLC 输入电路结构大都相同，其输入方式有两种类型。一种是直流 (24 V) 输入，如图 1-2 所示，S7-1200 PLC 就用此电路作为输入控制。其外部输入器件可以是无源触点，如按钮、行程开关等，也可以是有源器件，如各类传感器、接近开关及光电开关等，在 PLC 内部电源容量允许的前提下，有源输入器件可以采用 PLC 输出电源，否则需外接电源。另一种是交流 (AC200~240 V) 输入。

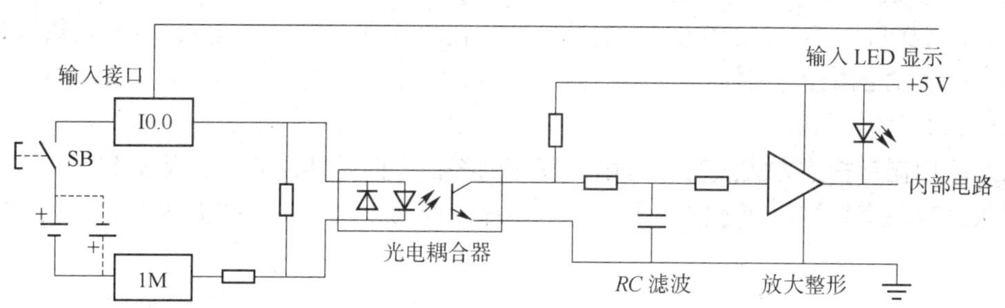

图 1-2 开关量输入单元

当输入信号为模拟量时，输入信号必须经过专用的模拟量输入模块进行 A/D 转换，然后通过输入电路进入 PLC。输入信号通过输入端子经 *RC* 滤波、光隔离后进入内部电路。

(2) 输出模块。

数字量输出模块用来控制接触器、电磁阀、电磁铁、指示灯、数字显示装置和报警装置等设备。为了适应不同负载需要，各类 PLC 的数字量输出都有 3 种方式，即继电器输出、晶体管输出及晶闸管输出，如图 1-3 所示。继电器输出方式最常用，适用于交、直流负载，其特点是带负载能力强，但动作频率低，响应速度慢；晶体管输出适用于直流负载，其特点是动作频率高，响应速度快，但带负载能力弱；晶闸管输出适用于交流负载、响应速度快、带负载能力不强的场合。

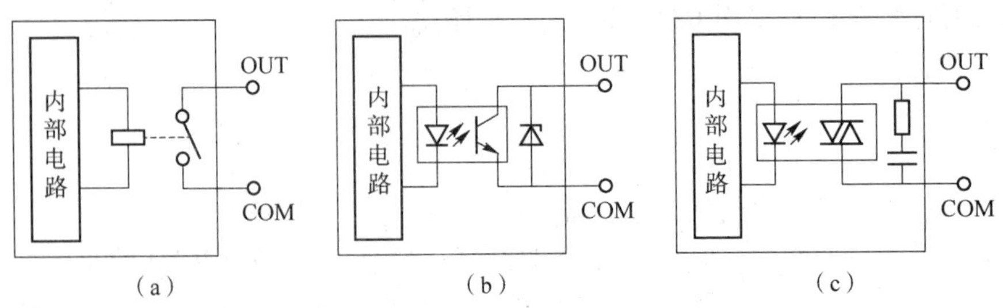

图 1-3 输出电路单元

(a) 继电器输出；(b) 晶体管输出；(c) 晶闸管输出

模拟量输出模块用来控制调节阀、变频器等执行装置。

输入/输出模块除了传递信号外，还具有电平转换与隔离的作用。此外，输入/输出点的通断状态由发光二极管显示，外部接线一般接在模块面板的接线端子上，或使用可拆卸的插座型端子板，无须断开端子板上的外部连线，就可以迅速地更换模块。

4）电源

PLC 使用 220 V 交流电源或 24 V 直流电源。内部的开关电源为各模块提供 5 V、±12 V、24 V 等直流电源。小型 PLC 一般可以为输入电路和外部的电子传感器（如接近开关等）提供 24 V 直流电源，驱动 PLC 负载的直流电源一般由用户提供。

5）通信接口

PLC 配有多种通信接口，通过这些通信接口，可以与编程器、监控设备或其他 PLC 连接。当与编程器相连时，可以编辑和下载程序；当与监控设备相连时，可以实现对现场运行情况的上位监控；当与其他 PLC 相连时，可以组成多机系统或连成网络，实现更大规模的控制。

6）I/O 扩展接口

I/O 扩展接口用于将扩展单元与主机或 CPU 模块相连，以增加输入/输出点数或增加特殊功能，使 PLC 的配置更加灵活。

2. PLC 的工作原理

PLC 采用循环扫描方式执行，对用户程序的扫描方向是从左到右，从上到下，一般的输出点必须经过一个扫描周期才能输出，一个扫描周期为 1～10 ms。PLC 循环扫描方式如图 1-4 所示。

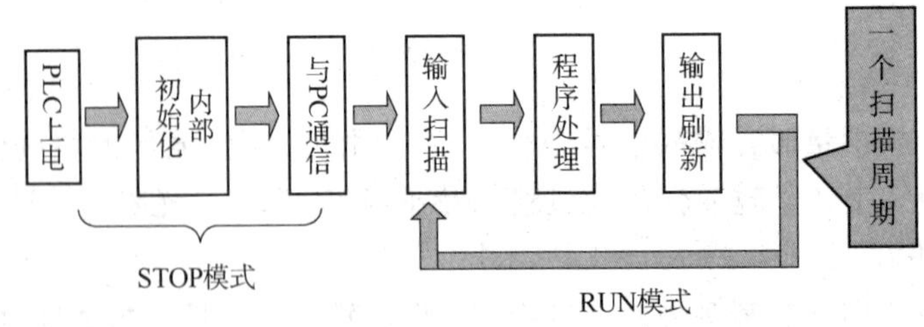

图 1-4 PLC 循环扫描方式

PLC 循环扫描方式主要分为三个阶段：输入扫描、程序执行、输出刷新。

1）输入扫描

PLC 在开始执行程序之前，首先扫描输入端子，按顺序将所有输入信号读入寄存器——

输入状态的输入映像寄存器中，这个过程称为输入扫描。PLC 在运行程序时，所需的输入信号不是立即取输入端子上的信息，而是取输入映像寄存器中的信息。在本工作周期内该采样结果的内容不会改变，只有到下一个扫描周期的输入扫描阶段才被刷新。PLC 的扫描速度很快，取决于 CPU 的时钟速度。

2）程序处理

PLC 完成了输入扫描工作后，按顺序从 0 号地址开始的程序进行逐条扫描执行，并分别从输入映像寄存器、输出映像寄存器以及辅助继电器中获得所需的数据进行运算处理，再将程序执行的结果写入输出映像寄存器保存。这个结果在全部程序未被执行完毕之前不会送到输出端子上，也就是物理输出是不会改变的。扫描时间取决于程序的长度、复杂程度和 CPU 的功能。

3）输出刷新

在执行到 END 指令，即执行完所有用户程序后，PLC 上将输出映像寄存器中的内容送到输出锁存器中进行输出，驱动用户设备。扫描时间取决于输出模块的数量。

从以上的介绍可以知道，PLC 程序扫描特性决定了 PLC 的输入和输出状态并不能在扫描的同时改变。

（二）S7-1200 PLC 硬件结构

1. S7-1200 PLC 的定位

1）S7-1200 PLC 概述

SIMATIC S7-1200 是西门子公司新推出的一款 PLC，主要面向简单而高精度的自动化任务。它集成了 PROFINET 接口，采用模块化设计并具备强大的工艺功能，适用于多种场合，可满足不同的自动化需求。SIMATIC S7-1200 PLC 可广泛应用于物料输送机械、输送控制、金属加工机械、包装机械、印刷机械、纺织机械、水处理厂、石油/天然气泵站、电梯和自动升降机设备、配电站、能源管理控制、锅炉控制、机组控制、泵控制、安全系统、火警系统、室内温度控制、暖通空调、灯光控制、安全/通路管理、农业灌溉系统和太阳能跟踪系统等独立离散自动化系统领域。

西门子公司的可编程控制器有通用逻辑模块 LOCO、SIMATIC S7-200、SIMATIC S7-200 SMART、SIMATIC S7-1200、SIMATIC S7-1500、SIMATIC S7-300 和 SIMATIC S7-400。S7-1200 PLC 在西门子控制器产品家族中的定位如图 1-5 所示。S7-1200 控制器使用灵活、功能强大，可用于控制各种各样的设备以满足您的自动化需求。它在西门子 PLC 家族中属于模块化小型 PLC，定位在原有的 S7-200 SMART PLC 和 S7-300 PLC 产品之间，适用于各种中低端独立自动化系统中。

2）S7-1200 PLC 的性能特点

S7-1200 PLC 是对 S7-200 进行进一步开发的自动化系统。其新的性能特点具体描述如下。

（1）提高了系统性能。

①缩短了响应时间，提高了生产效率。

②缩短了程序扫描周期。

③CPU 位指令处理时间最短可达 1 ns。

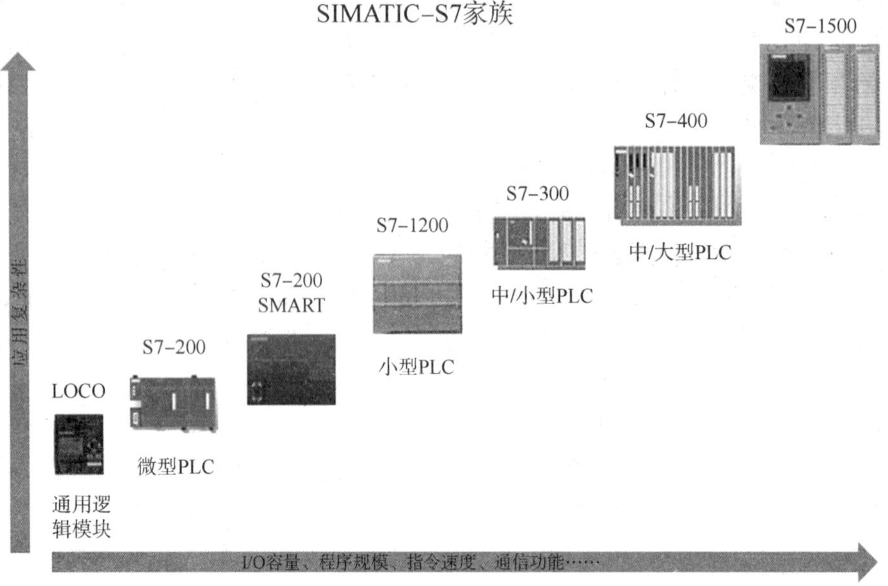

图 1-5　S7-1200 PLC 应用定位

④集成运动控制，可控制 4 轴。

（2）增加了扩展模块。

①多达 3 个用于串行通信的通信模块。

②多达 8 个用于 I/O 扩展的信号模块。

（3）配置 PROFINET 标准接口。

PROFINET 标准接口用于编程、HMI 以及 PLC 间数据通信，因此用户如需要进行 PROFIBUS-DP 通信，则需要配置相应的通信模块。

（4）优化了诊断机制。

①STEP7、HMI 可进行高效故障分析。

②集成系统诊断功能，模块系统诊断功能支持即插即用模式。

③即便 CPU 处于停止模式，也不会丢失系统故障和报警消息。

2. S7-1200 PLC 的选型

S7-1200 PCL 使用灵活、功能强大，可用于控制各种各样的设备以满足自动化需求。S7-1200 PLC 设计紧凑、组态灵活且具有功能强大的指令集，这些特点的组合使它成为控制各种应用的完美解决方案。

SIMATIC S7-1200 CPU 有 5 种不同型号，分别为 CPU 1211C、CPU 1212C、CPU 1214C、CPU 1215C 和 CPU 1217C。其中的每一种模块都可以进行扩展，以完全满足系统需要。可在 CPU 的前端面加入一个信号板，轻松扩展数字或模拟量 I/O，同时不影响控制器的实际大小。除了 CPU 1211C 外，还可将信号模块连接至 CPU 的右侧，进一步扩展数字量或模拟量 I/O 容量。CPU 1212C 可连接 2 个信号模块，CPU 1214C、CPU 1215C 和 CPU 1217C 可连接 8 个信号模块。在控制器的左侧均可连接多达 3 个通信模块，以便于实现端到端的串行通信。

S7-1200 系列 PLC 提供了各种模块和插入式板，用于通过附加 I/O 或其他通信协议来扩展 CPU 的功能，如图 1-6 所示。

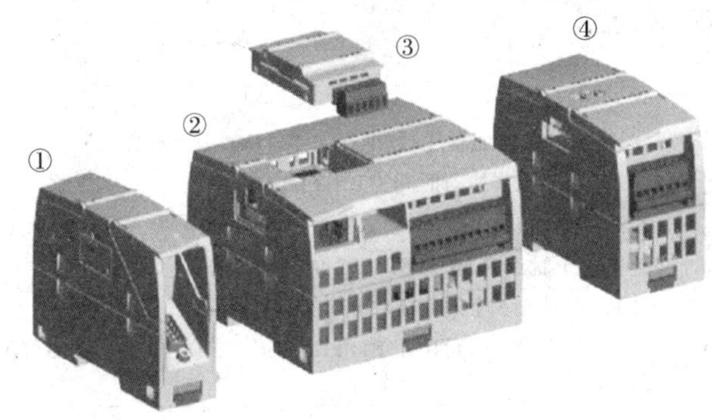

图 1-6　S7-1200 系统 PLC

①——通信模块（CM）、通信处理器（CP）或 TS 适配器；②——CPU；
③——信号板（SB）、通信板（CB）或电池板（BB）；④——信号模块（SM）

1）S7-1200 CPU 模块

CPU 模块将微处理器、集成电源、输入和输出电路、内置 PROFINET 接口、高速运动控制 I/O 接口模块以及板载模拟量输入接口组合到一个设计紧凑的外壳中，从而形成功能强大的控制器，如图 1-7 所示。在用户程序下载后，用户还可通过 CPU 实现监控、强制等在线功能。CPU 根据用户程序逻辑监控输入并更改输出，用户程序可以包含逻辑运算、计数、定时、复杂数学运算以及与其他智能设备的通信。

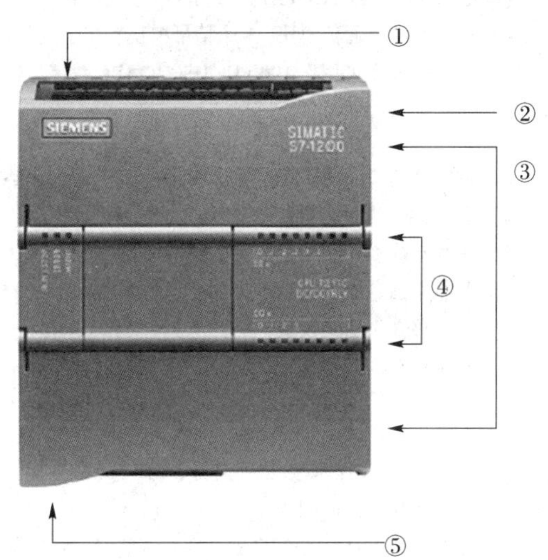

图 1-7　S7-1200 CPU 模块外形

①——电源接口；②——存储卡插槽（上部保护盖下面）；③——可拆卸用户接线连接器（保护盖下面）；
④——板载 I/O 的状态 LED；⑤——PROFINET 连接器（CPU 的底部）

S7-1200 PLC 现在有 5 种型号的 CPU 模块，此外还有故障安全型 CPU。CPU 可以扩展 1 块信号板，左侧可以扩展 3 块通信模块。S7-1200 PLC CPU 各种型号的参数比较见表 1-1。

表 1-1　S7-1200 PLC CPU 各种型号的参数比较

CPU 型号	电源和输入/输出信号的类型	参数比较
CPU1211C	AC/DC/REYAY DC/DC/DC DC/DC/REYAY	(1) 50 KB 集成程序/数据存储器、IMB 装载存储器； (2) 布尔操作执行时间为 0.08 μs； (3) 板载集成 I/O：6 个数字量输入漏型/源型（IEC 类型 1 漏型）、4 个数字量输出（继电器干触点或 MOSFET）、2 个模拟量输入； (4) 可扩展 3 个通信模块和 1 个信号板； (5) 数字量输入可用作 100 kHz HSC，24DC 数字量输出可用作 100 kHz PTO 或 PWM
CPU1212C	AC/DC/REYAY DC/DC/DC DC/DC/REYAY	(1) 75 KB 集成程序/数据存储器、1 MB 装载存储器； (2) 布尔操作执行时间为 0.08 μs； (3) 板载集成 I/O：8 个数字量输入漏型/源型（IEC 类型 1 漏型）、6 个数字量输出（继电器干触点或 MOSFET）、2 个模拟量输入； (4) 可扩展 3 个通信模块、2 个信号模块和 1 个信号板； (5) 数字量输入可用作 100 kHz HSC，24DC 数字量输出可用作 100 kHz PTO 或 PWM
CPU1214C	AC/DC/REYAY DC/DC/DC DC/DC/REYAY	(1) 100 KB 集成程序/数据存储器、4 MB 装载存储器； (2) 布尔操作执行时间为 0.08 μs； (3) 板载集成 I/O：14 个数字量输入漏型/源型（IEC 类型 1 漏型）、10 个数字量输出（继电器干触点或 MOSFET）、2 个模拟量输入； (4) 可扩展 3 个通信模块、8 个信号模块和 1 个信号板； (5) 数字量输入可用作 100 kHz HSC、24DC 数字量输出可用作 100 kHz PTO 或 PWM
CPU1215C	AC/DC/REYAY DC/DC/DC DC/DC/REYAY	(1) 125 KB 集成程序/数据存储器、4 MB 装载存储器； (2) 布尔操作执行时间为 0.08 μs； (3) 板载集成 I/O：14 个数字量输入漏型/源型（IEC 类型 1 漏型）、10 个数字量输出（继电器干触点或 MOSFET）、2 个模拟量输入、2 个模拟量输出； (4) 可扩展 3 个通信模块、8 个信号模块和 1 个信号板； (5) 数字量输入可用作 100 kHz HSC、24DC 数字量输出可用作 100 kHz PTO 或 PWM
CPU1217C	DC/DC/DC	(1) 150 KB 集成程序/数据存储器、4 MB 装载存储器； (2) 布尔操作执行时间为 0.08 μs； (3) 板载集成 I/O：14 个数字量输入漏型/源型（IEC 类型 1 漏型）、10 个数字量输出（继电器干触点或 MOSFET）、2 个模拟量输入、2 个模拟量输出； (4) 可扩展 3 个通信模块、8 个信号模块和 1 个信号板； (5) 数字量输入可用作 100 kHz HSC，24DC 数字量输出可用作 100 kHz PTO 或 PWM

2）S7-1200 PLC CPU 的技术规范

S7-1200 PLC CPU 的外部接线图有 3 种版本，各种版本的电源电压和输入、输出电压比较见表 1-2。

表 1-2　S7-1200 PLC CPU 的版本比较

版本	电源电压	DI 输入电压	DQ 输出电压	DQ 输出电流
DC/DC/DC	DC 24 V	DC 24 V	DC 24 V	0.5 A，MOSFET
DC/DC/RELAY	DC 24 V	DC 24 V	DC 5~30 V，AC 5~250 V	2 A，DC 30 W / AC 200 W
AC/DC/RELAY	AC 85~264 V	DC 24 V	DC 5~30 V，AC 5~250 V	2 A，DC 30W / AC 200 W

不同的 S7-1200 PLC CPU 型号提供了各种各样的特征和功能，这些特征和功能可帮助用户针对不同的应用创建有效的解决方案，见表 1-3。

表 1-3　S7-1200 PLC CPU 各种型号的说明

<table>
<tr><th colspan="3">元素</th><th colspan="5">说明</th></tr>
<tr><td rowspan="8">块</td><td colspan="2">类型</td><td colspan="5">OB，FB，FC，DB</td></tr>
<tr><td rowspan="4">大小</td><td>CPU 型号</td><td>CPU 1211C</td><td>CPU 1212C</td><td>CPU 1214C</td><td>CPU 1215C</td><td>CPU 1217C</td></tr>
<tr><td>代码块</td><td>50 KB</td><td>64 KB</td><td>64 KB</td><td>64 KB</td><td>64 KB</td></tr>
<tr><td>已链接 1 个数据块①</td><td>50 KB</td><td>75 KB</td><td>100 KB</td><td>125 KB</td><td>150 KB</td></tr>
<tr><td>已链接 2 个数据块②</td><td>256 KB</td><td>256 KB</td><td>256 KB</td><td>256 KB</td><td>256 KB</td></tr>
<tr><td colspan="2">数量</td><td colspan="5">最多可达 1 024 个块（OB+FB+FC+DB）</td></tr>
<tr><td colspan="2">嵌套深度③</td><td colspan="5">16（从程序循环 OB 或启动 OB 开始）；6（从任意中断事件 OB 开始）；3</td></tr>
<tr><td colspan="2">监视</td><td colspan="5">可以同时监视 2 个代码块的状态</td></tr>
<tr><td colspan="3" rowspan="13">OB</td><td colspan="2">程序循环</td><td colspan="3">多个</td></tr>
<tr><td colspan="2">启动</td><td colspan="3">多个</td></tr>
<tr><td colspan="2">延时中断</td><td colspan="3">4（每个事件 1 个）</td></tr>
<tr><td colspan="2">循环中断</td><td colspan="3">4（每个事件 1 个）</td></tr>
<tr><td colspan="2">硬件中断</td><td colspan="3">50（每个事件 1 个）</td></tr>
<tr><td colspan="2">时间错误中断</td><td colspan="3">1</td></tr>
<tr><td colspan="2">诊断错误中断</td><td colspan="3">1</td></tr>
<tr><td colspan="2">拔出或插入模块</td><td colspan="3">1</td></tr>
<tr><td colspan="2">机架或站故障</td><td colspan="3">1</td></tr>
<tr><td colspan="2">日时钟</td><td colspan="3">多个</td></tr>
<tr><td colspan="2">状态</td><td colspan="3">1</td></tr>
<tr><td colspan="2">更新</td><td colspan="3">1</td></tr>
<tr><td colspan="2">配置文件</td><td colspan="3">1</td></tr>
</table>

续表

元素	说明	
定时器	类型	IEC
	数量	仅受存储器大小限制
	存储	DB 结构，每个定时器 16 个字节
计数器	类型	IEC
	数量	仅受存储器大小限制
	存储	DB 结构，大小取决于计数类型 • SInt 和 USInt：3 个字节 • Int 和 UInt：6 个字节 • DInt 和 UDInt：12 个字节

备注：

①存储在工作存储器和装载存储器中。不能超过工作或装载存储器的剩余大小。

②仅存储在装载存储器中 。

③安全程序使用二级嵌套。因此，用户程序在安全程序中的嵌套深度为 4。

3）通信模块（CM）

S7-1200 PLC CPU 最多可以添加 3 个通信模块，支持 PROFIBUS 主从站通信，RS485 和 RS232 通信模块为点对点的串行通信提供连接及 I/O 连接主站。对该通信的组态和编程采用了扩展指令或库功能、USS 驱动协议、Modbus RTU 主站和从站协议，它们都包含在 TIA Portal 工程组态系统中。在 TIA Portal 工程组态软件中。通信模块如图 1-8 所示，S7-1200 PLC 各通信模块的基本情况见表 1-4。

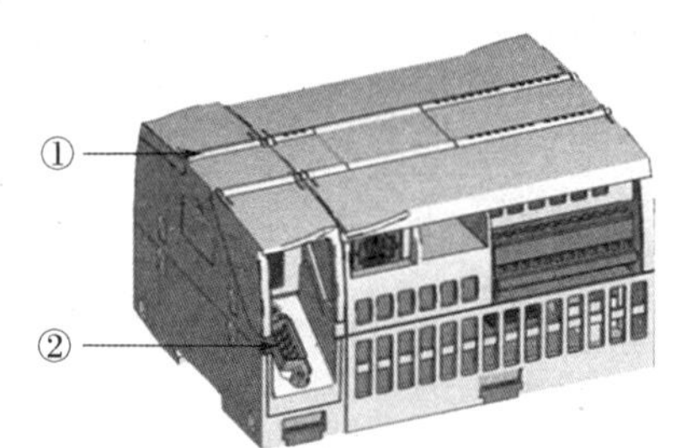

图 1-8 通信模块

①——通信模块的状态 LED；②——通信连接器

表 1-4 S7-1200 PLC 各通信模块的基本情况

型号	通信方式	通信模块基本情况
M1241	RS485/422	用于 RS485 点对点通信模块，电缆最长为 1 000 m
CM1241	RS232	用于 RS232 点对点通信模块，电缆最长为 10 m
CSM1277	紧凑型交换机模块	用于以线型、树型或星型拓扑结构，将 SIMATIC S7-1200 PLC 连接到工业以太网

续表

型号	通信方式	通信模块基本情况
CM1243-5	PROFIBUS DP 主站模块	通过使用 PROFIBUS DP 主站通信模块 CM1243-5，可以和下列设备通信：其他 CPU、编程设备、人机界面、PROFIBUS DP 从站设备
	PROFIBUS DP 从站模块	可以作为一个智能 DP 从站设备与任何 PROFIBUS DP 主站设备通信
CP1242-7	GPRS 模块	通过使用 GPRS 通信处理器 CP 1242-7，可以与下列设备远程通信：中央控制站、其他远程站、移动设备（SMS 短消息）、编程设备（远程服务）、使用开放用户通信（UDP）的其他通信设备

3. 信号模块（SM）和信号板（SB）

S7-1200 PLC 的信号模块（SM）和信号板（SB）也称为I/O 模块，是 CPU 模块与信号相连的接口，可根据现场生产过程检测信号选择各种用途的 I/O 模块。信号模块和信号板如图 1-9 所示。

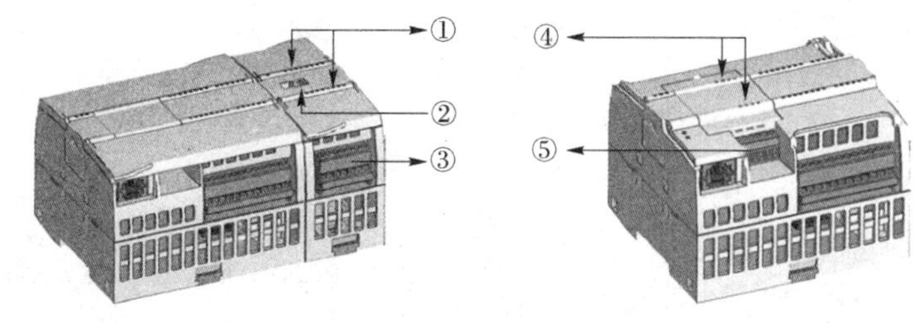

图 1-9　信号模块和信号板

①——信号模块的 I/O 状态 LED；②——总线连接器；③——可拆卸用户接线连接器；
④——SB 上的状态 LED；⑤——可拆卸用户接线连接器

S7-1200 PLC 可根据具体需要选用带有 8 个、16 个和 32 个 I/O 通道的模块。模块安装在 DIN 标准导轨上，通过总线连接器与相邻的 CPU 和其他模块连接。如果只需少数输入/输出的情况下，可以使用信号板。通过信号板可以对 S7-1200 PLC 进行扩展，而不增加所需安装空间。需要时，信号模块安装在 CPU 模块的右侧，使信号模块的总线连接器伸到 CPU 中，即为信号模块建立了机械和电气连接。S7-1200 PLC 信号模块和信号板的基本情况见表 1-5 和表 1-6。

表 1-5　S7-1200 PLC 数字量、模拟量信号模块的基本情况

模块类型	型号	接口类型	基本情况
数字量信号模块	SM1221	8×DC24V 输入	（1）8 个输入、DC24V、4 mA/每点、IEC 类型 1 漏型； （2）SM 总线电流消耗 105 mA
	SM1221	16×DC24V 输入	（1）16 个输入、DC24V、4 mA/每点、IEC 类型 1 漏型； （2）SM 总线电流消耗 130 mA
	SM1222	8×继电器输出	（1）8 个继电器输出、DC5~30 V/AC5~250 V、最大电流 2 A、灯负载 30 W DC/200 W AC； （2）SM 总线电流消耗 120 mA
	SM1222	8×DC24V 输出	8 个晶体管输出、DC24V、最大电流 0.5 A、灯负载 5 W、SM 总线电流消耗 120 mA

续表

模块类型	型号	接口类型	基本情况
数字量信号模块	SM1222	16×继电器输出	（1）16个继电器输出、DC5～30 V/AC5～250 V、最大电流2 A、灯负载30 W DC/200 W AC； （2）SM总线电流消耗135 mA
	SM1222	16×DC24V 输出	（1）16个晶体管输出、DC24V、最大电流0.5 A、灯负载5 W； （2）SM总线电流消耗140 mA
	SM1223	8×DC24V 输入/8×继电器输出	（1）8个输入、DC24V、漏型/源型（IEC类型1漏型）； （2）8个继电器输出、DC5～30 V/AC5～250 V、最大电流2 A、灯负载30 W DC/200 W AC； （3）SM总线电流消耗145 mA
	SM1223	8×DC24V 输入/8×DC24V 输出	（1）8个输入、DC24V、漏型/源型； （2）8个晶体管输出、DC24V、最大电流0.5 A、灯负载5 W； （3）SM总线电流消耗145 mA
	SM1223	8×DC24V 输入/16×继电器输出	（1）8个输入、DC24V、漏型/源型； （2）16个继电器输出、DC5～30 V/AC5～250 V、最大电流2 A、灯负载30 W DC/200 W AC； （3）SM总线电流消耗180 mA
	SM1223	16×DC24V 输入/16×DC24V 输出	（1）16个输入、DC24V、漏型/源型； （2）16个晶体管输出、DC24V、最大电流0.5 A、灯负载5 W； （3）SM总线电流消耗180 mA
模拟量信号模块	SM1231	4×模拟量输入	（1）4个模拟量输入：±10 V、±5 V、±2.5 V、0～20 mA、13位； （2）电压或电流（差动）：可2个选为一组
	SM1231	4×热电偶输入 AI4×TC×16	（1）4个热电偶输入，温度：J、K、T、E、R&S、N、C、TXK/XK（L）； （2）电压±80 mV（27648），15位加符号位
	SM1231	4×热电阻输入 AI4×RTD×16	（1）4个热电阻输入：温度：J、K、T、E、R&S、N、C、TXK/XK（L）； （2）电阻0～27 648，15位加符号位
	SM1232	2×模拟量输出	2模拟量输出：±10 V，14位或0～20 mA，13位
	SM1234	4×模拟量输入/2×模拟量输出	（1）4个模拟量输入：±1.0 V、±5 V、±2.5 V、0～20 mA，13位； （2）2个模拟量输出：±10 V或0～20 mA，14位； （3）电压或电流（差动）：可2个选为一组

表1-6　S7-1200 PLC信号板的基本情况

模块类型	型号	接口类型	基本情况
数字量输入/输出	SB1223	2×DC24V 输入/2×DC24V 输出	（1）2个输入，DC24V、漏型/源型（IEC类型1漏型）； （2）2个晶体管输出，DC24V、0.5 A、5 W（继电器干触点或MOSFET）； （3）可用作最大30 kHz的附加HSC
数字量输入信号板	SB1221	4×DC24V 输入	4个输入，DC24V、源型
数字量输出信号板	SB1222	4×DC24V 输出	（1）4个晶体管输出，DC24V、0.1 A、0.5 W（MOSFET）； （2）可用作最大200 kHz的脉冲输出

续表

模块类型	型号	接口类型	基本情况
热电偶和热电阻模拟量输入信号板	SB1231	AI1×16 位热电阻	（1）1 个热电偶输入，温度：J、K、T、E、R&S、N、C、TXK/XK（L）； （2）电压±80 mV（27648），15 位加符号位
		AI1×16 位热电偶	（1）1 个热电阻输入，温度：J、K、T、E、R&S、N、C、TXK/XK（L）； （2）电阻，0~27648，15 位加符号位
模拟量输入信号板	SB1231	AI1×12 位	1 个模拟量输入：±10 V、±5 V、±2.5 V、0~20 mA，11 位+符号位
模拟量输出信号板	SB1232	AQ1×12 位	1 个模拟量输出：12 位±10 V 或 11 位 0~20 mA

4. 附件

S7-1200 PLC 除了由 CPU 模块、通信模块、信号模块和信号板组成以外还有各种附件。这些附件包括输入模拟器、存储卡、电源模块等，见表 1-7。

表 1-7　S7-1200 PLC 附件的基本情况

类型	型号	基本情况
输入模拟器	SIM1274（8 通道输入模拟器）	用于 1211C/1212C，8 个输入开关
	SIM1274（14 通道输入模拟器）	用于 1214C，8 个输入开关
存储卡	存储卡（SIMATIC MC ＊MB）	2 MB/12 MB/24 MB/256 MB/2 GB 存储卡
电源模块	PM1207（230/24 V 电源模块）	（1）额定输入：AC115/230 V； （2）额定输出：24VDC/2.5 A，稳定电源，可选

（三）S7-1200 PLC 硬件系统安装与拆卸的注意事项

（1）S7-1200 PLC 水平或垂直安装在面板或标准导轨上。

（2）S7-1200 PLC 硬件属于开放式系统，必须安装在控制柜、控制箱或者室内，只有经过授权的人员才可对其进行调试。

（3）S7-1200 PLC 硬件系统安装时，要与高压、高热、强电磁干扰设备隔离。

（4）S7-1200 PLC 采用自然冷却方式，因此要确保其安装位置的上、下部分与临近设备之间至少留出 25 mm 的距离，并且与控制柜外壳之间的安装深度距离至少为 25 mm。

（5）当采用垂直安装方式时，其允许的最大环境温度要比水平安装方式降低 10 ℃，此时要确保 CPU 被安装在最下面。

（6）电源的处理。S7-1200 PLC CPU 有一个内部电源，为 CPU、信号模块、信号扩展板、通信模块提供电源，并且也为用户提供 DC 24 V 电源。

（四）安装现场的接线

在安装和移动 S7-1200 PLC 模块及其相关设备时，一定要切断所有电源。

（1）S7-1200 PLC 设计安装和现场接线的注意事项如下。

①使用正确的导线，采用 1.50~0.50 mm² 的导线。

②尽量使用短导线（最长 500 m 屏蔽线或 300 m 非屏蔽线），导线要尽量成对使用，用一根中性或公共导线与一根热线或信号线配对。

③将交流线和高能量快速断路器的直流线与低能量的信号线隔开。

④针对闪电式浪涌，安装合适的浪涌抑制设备。

⑤外部电源不要与 DC 输出点并联用作输出负载，这可能导致反向电流冲击输出，除非在安装时使用二极管或其他隔离栅。

（2）使用隔离电路时的接地与电路参考点应遵循以下几点原则。

①为每一个安装电路选择一个合适的参考点（0 V）。

②隔离元件用于防止安装中的不期望的电流产生。应考虑到哪些地方有隔离元件，哪些地方没有隔离元件，同时要考虑相关电源之间的隔离以及其他设备的隔离等。

③选择一个接地参考点。

④在现场接地时，一定要注意接地的安全性，并且要正确地操作隔离保护设备。

二、 任务计划

根据项目需求，安装和拆卸 S7-1200 PLC 的 CPU、信号模块、通信模块、信号板及端子板；完成 S7-1200 PLC 的系统接线。

按照 PLC 硬件系统安装、拆卸和接线工作流程，制定如下计划（表 1-8）。

表 1-8　PLC 硬件系统安装、拆卸和接线工作计划

序号	项目	内容	时间/min	人员
1	PLC 选型	根据项目需要选择 PLC 的 CPU 型号	5	全体人员
2	通信模块、信号模块或信号板选型	根据控制要求选择所需的通信模块、信号模块或信号板	5	全体人员
3	硬件安装和拆卸	在导轨或面板上安装和拆卸所选择的 PLC、通信模块、信号模块或信号板	20	全体人员
4	硬件接线	对安装好的 PLC、通信模块、信号模块或信号板进行接线	40	全体人员
5	硬件测试	对接好线的硬件系统通电测试	10	全体人员

三、 任务决策

按照工作计划，项目小组全体成员共同进行硬件选型，然后分两个小组分别实施系统安装、拆卸和接线全部工作，合作完成任务并提交任务评价表。

四、 任务实施

项目的实施必须在保证安全的前提下进行，应提前建立并熟悉项目检查事项及评价要素，在实施过程中予以充分重视，才能确保项目的顺利进行。

（一）安装和拆卸 CPU

1. 安装 CPU

S7-1200 PLC CPU 由微处理器、集成的电源模块、输入电路、输出电路组成。通过导轨卡夹可以很方便地安装 CPU 到标准 DIN 导轨或面板上。首先要将全部通信模块连接到 CPU 上，然后将它们作为一个单元来安装。将 CPU 安装到 DIN 导轨上的步骤示意如图 1-10 所示。

DIN 导轨式安装 CPU 的具体操作步骤如下所述。

（1）安装标准 35 mm 导轨。

（2）把 CPU 顶部挂到导轨的上端。

（3）拔出 CPU 底部的 DIN 导轨夹具。

（4）旋转 CPU 到导轨的合适位置。

（5）把 CPU 底部的 DIN 导轨夹具推回到合适位置。

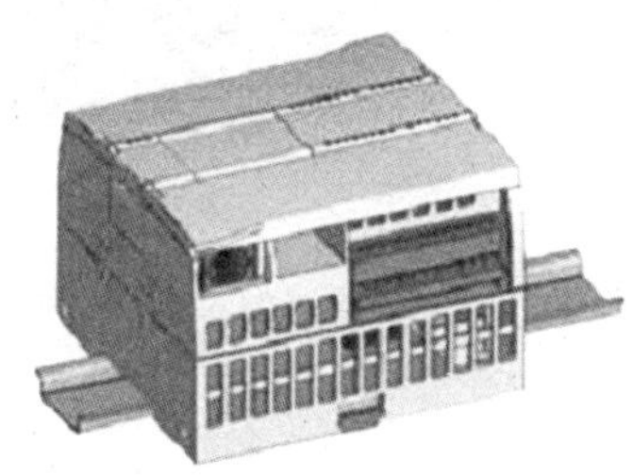

图 1-10　将 CPU 安装到 DIN 导轨上的步骤示意

2. 拆卸 CPU

若要拆卸 CPU，先断开 CPU 的电源及其 I/O 连接器、接线或电缆。应将 CPU 和所有与其相连的通信模块作为一个完整单元拆卸。所有信号模块应保持安装状态，如果信号模块已连接到 CPU，则需要先缩回总线连接器。CPU 拆卸步骤示意如图 1-11 所示。

拆卸 CPU 的具体操作步骤如下所述。

（1）拆除 CPU，确保 CPU 上没有连接任何设备或者电源。

（2）如果有信号模块连接到 CPU，首先断开总线连接，把螺丝刀放在信号模块的顶端滑块上，然后往下按并向右滑动，这样即完全断开信号模块与 CPU 总线的连接。

（3）拉出 CPU 上的 DIN 导轨夹具，向上转动使 CPU 到合适位置，即可使 CPU 与其他硬件设备断开。

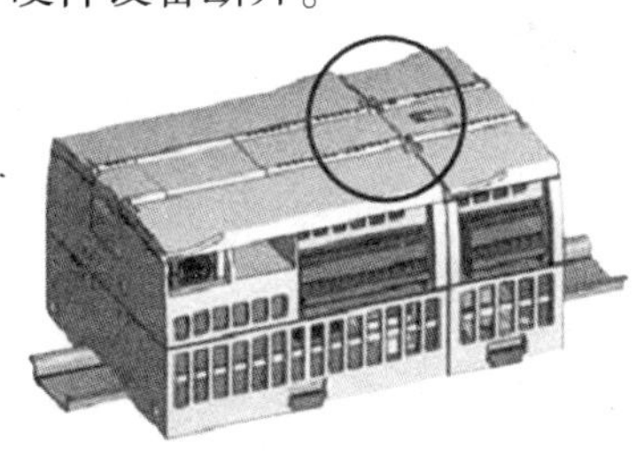
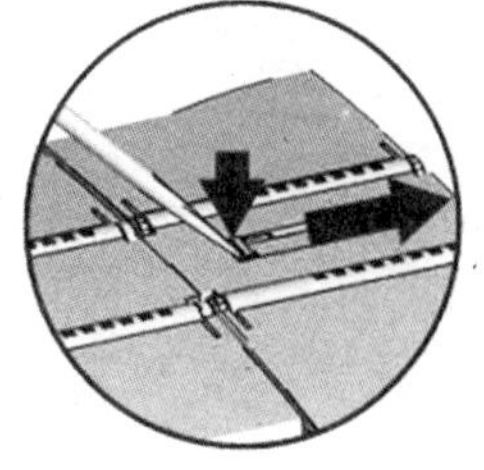

图 1-11　CPU 拆卸步骤示意

（二）安装和拆卸信号模块

1. 安装信号模块

在安装 CPU 之后安装信号模块，可以增加 CPU 的功能，信号模块连接在 CPU 的右侧。信号模块安装步骤示意如图 1-12 所示。

安装信号模块的具体操作步骤如下所述。

（1）将螺丝刀插到 CPU 右侧盖子的槽中，拆掉盖子。

（2）使用信号模块上的卡子把信号模块固定到导轨上。

（3）用螺丝刀按住信号模块上的总线滑块并向左滑动连接到 CPU 上。

（4）所有信号模块的连接可重复上述步骤，依次连接信号模块。

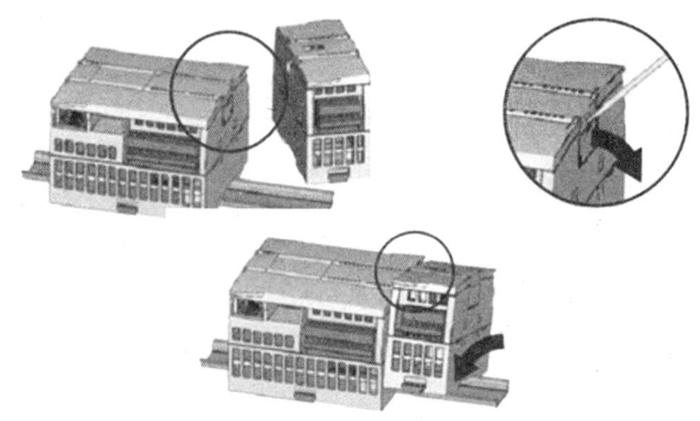

图 1-12　信号模块安装步骤示意

2. 拆卸信号模块

可以在不卸下 CPU 或其他信号模块处于原位时卸下任何信号模块，如图 1-13 所示。若要拆卸信号模块，需断开 CPU 的电源并卸下信号模块的 I/O 连接器和接线。

拆卸信号模块的具体操作步骤如下所述。

（1）使用螺丝刀往下按住信号模块的总线滑块，向右滑动，断开总线滑块的连接。

（2）往外拉出信号模块上的卡子，然后向上转动，即可拆掉信号模块。

（3）盖上 CPU 的总线连接器。

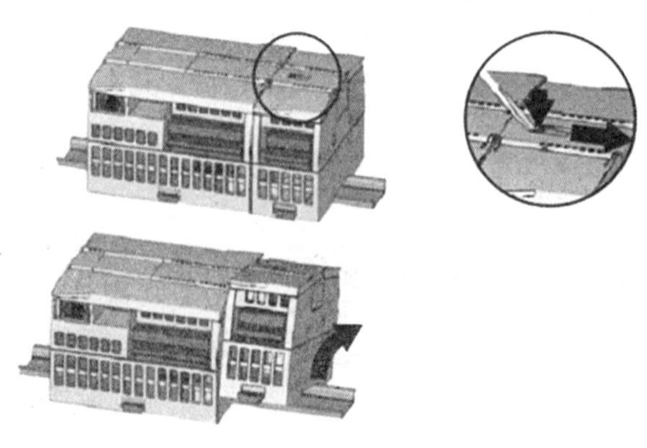

图 1-13　信号模块拆卸步骤示意

（三）安装和拆卸通信模块

1. 安装通信模块

S7-1200 PLC 提供了具备 RS485 和 RS232 两种接口的通信模块。每个 S7-1200 PLC CPU 最多可以支持 3 个通信模块，通信模块都必须被安装在 CPU 的左侧（或者通信模块的左侧）。要安装通信模块，首先将通信模块连接到 CPU 上，然后再将整个组件作为一个单元安装到 DIN 导轨或面板上，如图 1-14 所示。

安装通信模块的具体操作步骤如下所述。

（1）卸下 CPU 左侧的总线盖。将螺钉旋具插入总线盖上方的插槽，轻轻撬出上盖。

（2）使通信模块的总线连接器和接线柱与 CPU 上的孔对齐。

（3）用力将两个单元压在一起直到接线柱卡入到位。

（4）将该组合单元安装到 DIN 导轨或面板上即可。

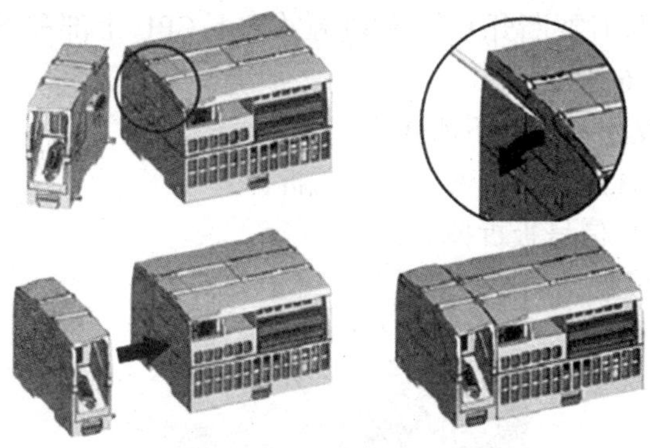

图 1-14　通信模块安装步骤示意

2. 拆卸通信模块

拆卸通信模块时，将 CPU 和通信模块作为一个完整单元从 DIN 导轨或面板上卸下。

拆卸通信模块的具体操作步骤如下所述。

（1）拆除通信模块之前，断开所有与之相连的电源和接线。

（2）向左移动通信模块，使之与 CPU 模块分开。

（四）安装和拆卸信号板

1. 安装信号板

S7-1200 PLC CPU 本体上可以安装模拟量信号扩展板（1 个模拟量输出点）或者数字量信号扩展板（2 个直流输入点和 2 个直流输出点）。给 CPU 安装信号板，要断开 CPU 的电源并卸下 CPU 上部和下部的端子板盖子。信号板安装步骤示意如图 1-15 所示。

安装信号板的具体操作步骤如下所述。

（1）用螺丝刀把 CPU 的上、下两个端子盖拆掉。

（2）用螺丝刀把 CPU 信号板安装位置上的空模板拆掉。

（3）把信号扩展板正对 CPU 的插口。

（4）把信号扩展板向下按到合适的位置。

（5）重新装上端子盖。

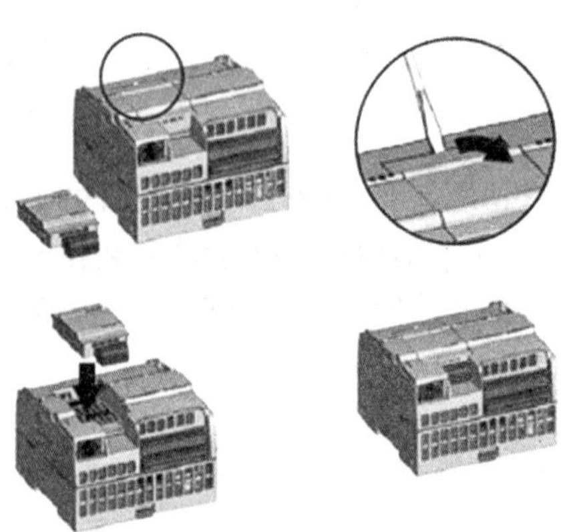

图 1-15　信号板安装步骤示意

2. 拆卸信号板

从 CPU 上卸下信号板时要断开 CPU 的电源并卸下 CPU 上部和下部的端子板盖子。信号板拆卸步骤示意如图 1-16 所示。

拆卸信号板的具体操作步骤如下所述。

（1）用螺丝刀把 CPU 的上、下两个端子盖拆掉。

（2）用螺丝刀把 CPU 信号板拆掉。

（3）重新装上信号板盖、端子盖。

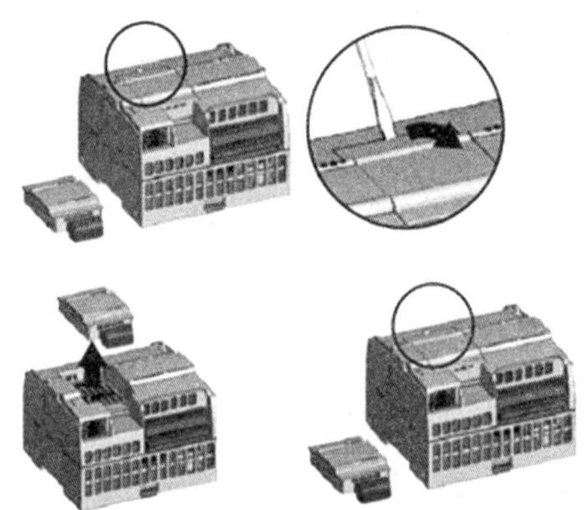

图 1-16　信号板拆卸步骤示意

（五）安装和拆卸端子板

1. 安装端子板

端子板安装步骤示意如图 1-17 所示。

安装端子板的具体操作步骤如下所述。

（1）打开模块的端子盖。

（2）准备好相应的模块端子板。

（3）将端子板的接口与模块上的连接头相连。

（4）用手压紧端子板。

（5）重新装上端子盖。

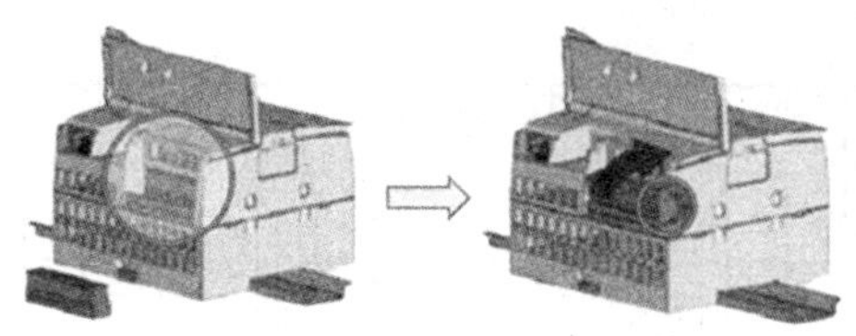

图 1-17　端子板安装步骤示意

2. 拆卸端子板

拆卸端子板时要先断开 CPU 的电源。端子板拆卸步骤示意如图 1-18 所示。

拆卸端子板的具体操作步骤如下所述。

（1）打开端子板上方的盖子。

（2）查看端子板的顶部并找到可插入螺钉旋具头的槽。

（3）将螺钉旋具插入槽。

（4）轻轻撬起端子板顶部使其与 CPU 分离，端子板从夹紧位置脱离。

（5）抓住端子板并将其从 CPU 上卸下。

图 1-18　端子板拆卸步骤示意

（六）S7-1200 PLC CPU 的接线

S7-1200 PLC 的供电电源可以是 110V 或 220V 交流电源，也可以是 24V 直流电源，不同电源下接线时有一定的区别及相应的注意事项。以 CPU 1214C 为例，S7-1200 PLC CPU 的接线图如图 1-19～图 1-21 所示。

（1）CPU 1214C AC/DC/继电器（6ES7 214-1BG40-0XB0）接线图如图 1-19 所示。

（2）CPU 1214C DC/DC/继电器（6ES7 214-1HG40-0XB0）接线图如图 1-20 所示。

（3）CPU 1214C DC/DC/DC（6ES7 214-1AG40-0XB0）接线图如图 1-21 所示。

（七）数字量信号输入/输出接线

1. SM 1223 数字量信号模块输入/输出

SM 1223 数字量信号模块输入/输出接线如图 1-22 所示。

2. 数字量信号板

通过信号板可以给 CPU 增加输入/输出，提供所有 S7-1200 PLC 的低成本有效扩展，同时保持原有空间，信号板连接在 CPU 的前端。数字量信号板如图 1-23 所示。

SB 1223 数字量信号板输入/输出接线如图 1-24 所示。

数字量输入信号类型总结：CPU 集成的输入点和信号模板的所有输入点都既支持漏型输入又支持源型输入，而信号板的输入点只支持源型输入或者漏型输入中的一种。

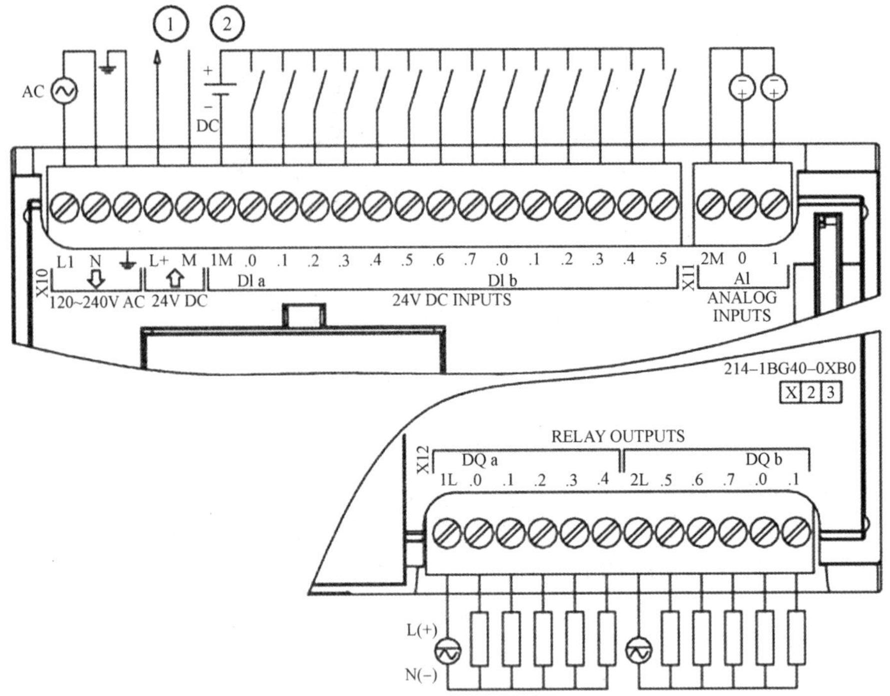

图 1-19　CPU 1214C AC/DC/继电器接线图

说明：①——24V DC 传感器电源；②——对于漏型输入将负载连接到“-”端（如图示），对于源型输入将负载连接到“+”端。

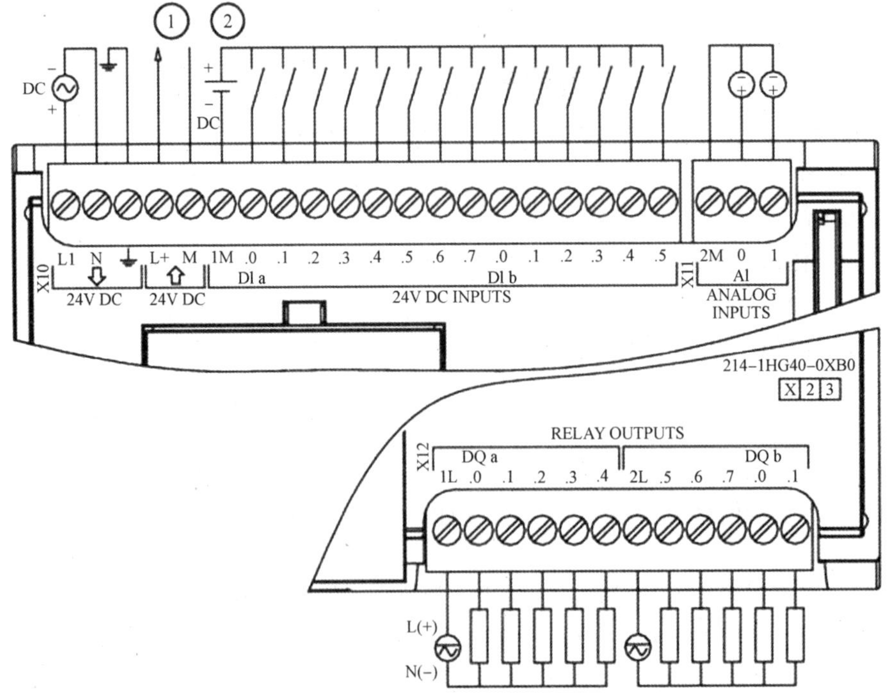

图 1-20　CPU 1214C DC/DC/继电器接线图

说明：①——24V DC 传感器电源；②——对于漏型输入将负载连接到“-”端（如图示），对于源型输入将负载连接到“+”端。

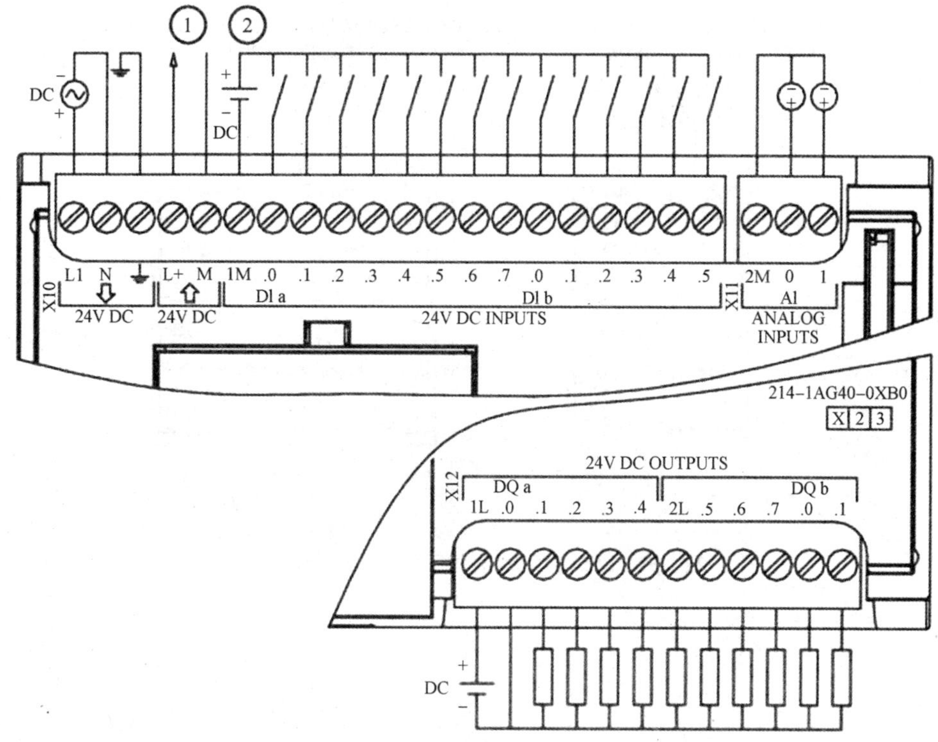

图 1-21　CPU 1214C DC/DC/DC 接线图

说明：①——24V DC 传感器电源；②——对于漏型输入将负载连接到“-”端（如图示），对于源型输入将负载连接到“+”端。

数字量输出信号类型总结：①所有支持源型输出的晶体管输出信号模块都只支持源型输出，不支持漏型输出；② 数字量输出信号类型中，只有 200 kHz 的信号板输出既支持漏型输出又支持源型输出，其他信号板、信号模块和 CPU 集成的晶体管输出都只支持源型输出。

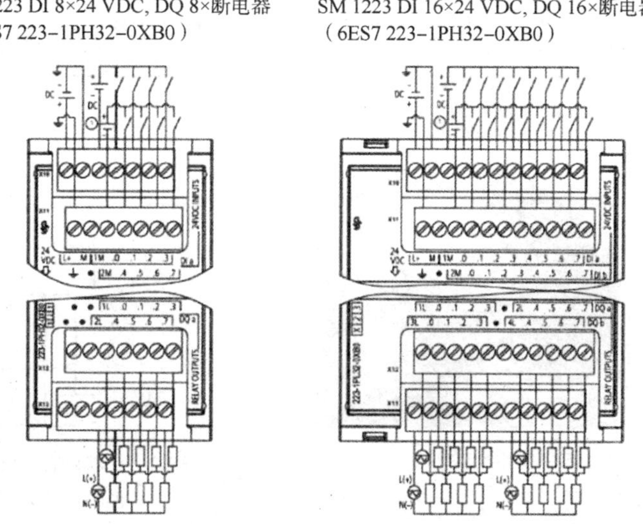

图 1-22　SM 1223 数字量信号模块输入/输出接线

SM 1223 DI 8×24 VDC, DQ 8×24 VDC
(6ES7 223-1BH32-0XB0)

SM 1223 DI 16×24 VDC, DQ 16×24 VDC
(6ES7 223-1BL32-0XB0)

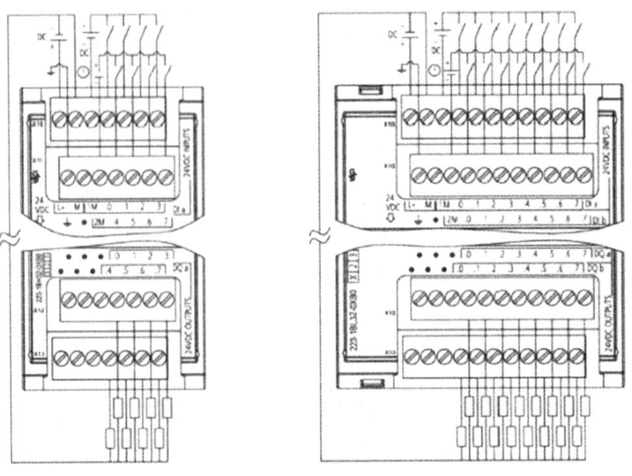

图 1-22　SM 1223 数字量信号模块输入/输出接线（续）

SB 1223 Dl 2×24 VDC, DQ2×24 V DC
(6ES7 223-0BD30-0XB0)

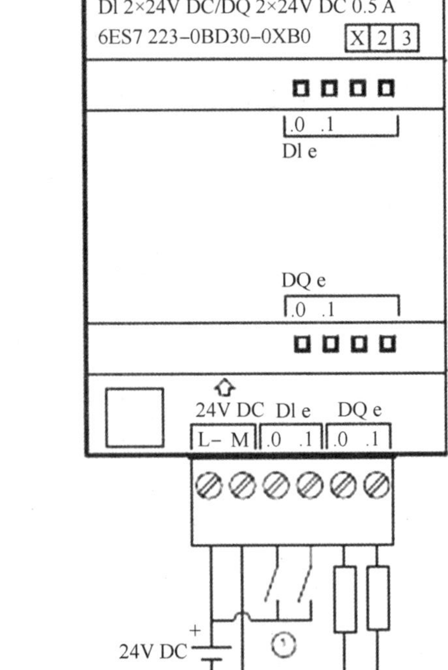

图 1-23　数字量信号板

图 1-24　SB 1223 数字量信号板输入/输出接线

说明：仅支持漏型输入。

（八）模拟量输入/输出接线

1. SM 1234 模拟量信号模块输入/输出

SM 1234 模拟量信号模块输入/输出接线如图 1-25 所示。

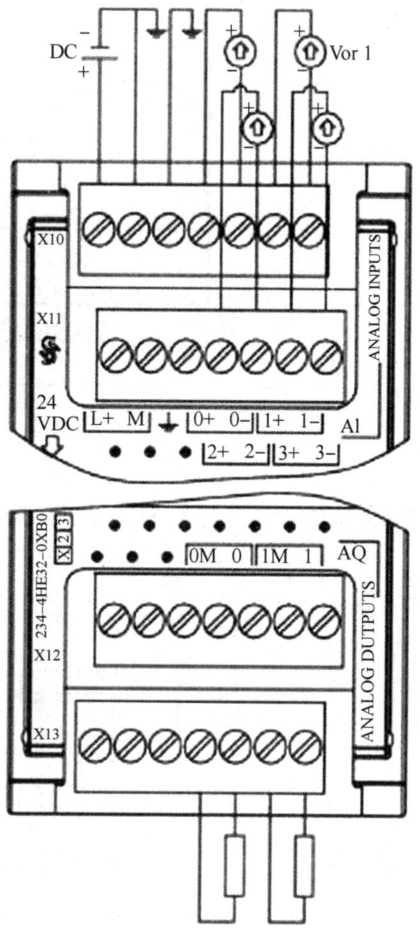

图 1-25　SM 1234 模拟量信号模块输入/输出接线

2. SB 1231 模拟量信号板输入

SB 1231 模拟量信号板输入接线如图 1-26 所示。

3. SB 1232 模拟量信号板输出

SB 1232 模拟量信号板输出接线如图 1-27 所示。

（九）AI 连接传感器接线方式

（1）4 线制传感器接线如图 1-28 所示。

（2）3 线制传感器接线如图 1-29 所示。

（3）2 线制传感器接线如图 1-30 所示。

SB 1232 AI 1×12位（6ES7 231-4HA30-0XB0）

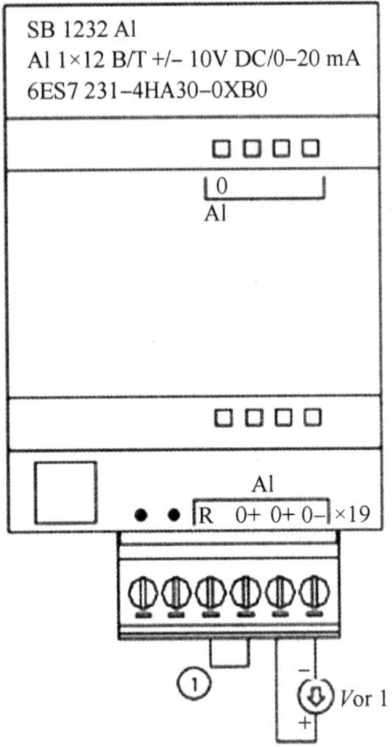

图 1-26　SB 1231 模拟量信号板输入接线

SB 1232 AQ 1×12位（6ES7 232-4HA30-0XB0）

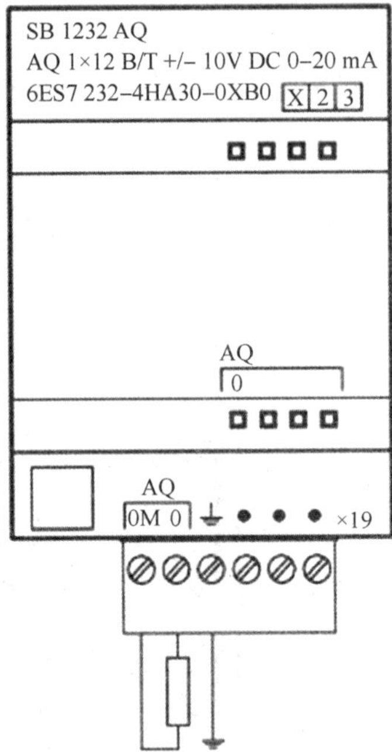

图 1-27　SB 1232 模拟量信号板输出接线

SB 1232 AQ 1×12位（6ES7 232-4HA30-0XB0）

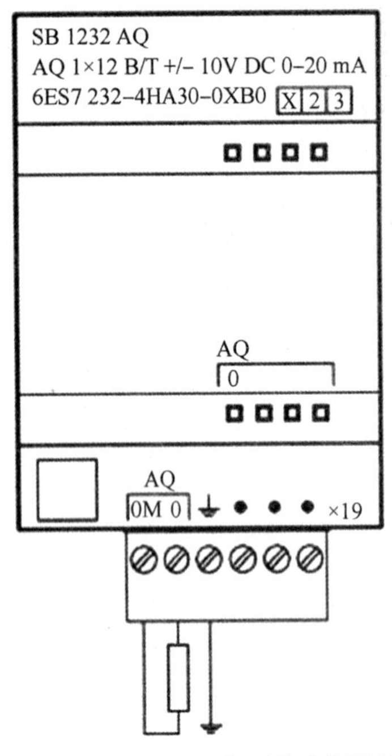

图 1-28　4 线制传感器接线

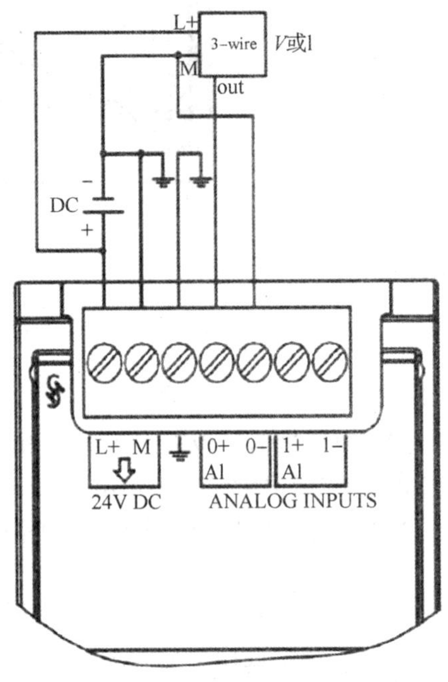

图 1-29　3 线制传感器接线

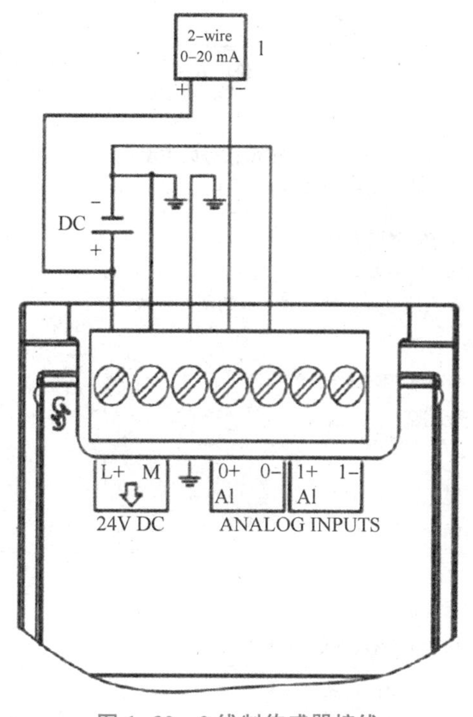

图 1-30　2 线制传感器接线

五、 任务检查

为了保证项目能顺利可靠地开展下去，必须对项目的实施过程和结果进行检查。检查点的设置原则主要包括两点：对影响项目正常实施和完成质量的因素，要设置为检查点，包括安全、操作、结果（中间结果和最终结果）等；所设置的检查点应尽可能量化表达，以便于客观评价项目的实施。

本项目主要任务是：①掌握硬件选型；②掌握硬件拆卸；③掌握硬件安装；④掌握外部接线；⑤提交硬件清单；⑥进行硬件测试，最终实现预期的要求。

根据本项目的具体内容，设置检查表（表 1-9），在实施过程和终结时进行必要的检查并填写检查表。S7-1200 PLC 硬件清单见表 1-10。硬件安装示意如图 1-31 所示。

表 1-9　S7-1200 PLC 系统硬件安装与维护项目检查表

评价项目	评价内容	分值	得分
职业素养（30 分）	分工合理，制定计划能力强，严谨认真	5	
	爱岗敬业，具有安全意识、责任意识、服从意识	5	
	团队合作，具有交流沟通、互相协作、分享的能力	5	
	遵守行业规范、现场 6S 标准	5	
	主动性强，保质保量完成工作页相关任务	5	
	能采取多样化手段收集信息、解决问题	5	

续表

评价项目	评价内容	分值	得分
专业能力（60分）	PLC 选型： （1）正确选择 CPU 电源和输入/输出信号的类型； （2）PLC 选型合理，节约硬件资源	12	
	通信模块、信号模块或信号板选型： （1）通信模块选型合理； （2）信号模块或信号板选型合理，节约硬件资源	12	
	硬件安装和拆卸： （1）安装、拆卸步骤正确； （2）系统安装完整	12	
	硬件接线： （1）安全不违章； （2）安装达标	12	
	硬件测试： （1）PLC 指示灯正常； （2）通信模块、信号模块或信号板指示灯正常	12	
创新意识（10分）	具有创新性思维并付诸行动	10	
合计		100	

表 1-10　S7-1200 PLC 硬件清单

序号	名称	型号规格	订货号	数量/个	备注
1	CPU 模块	CPU1214C DC/DC/DC	6ES7214-1AG40-0XB0	1	—
2	信号模块	DI 8/DQ 8x24VDC	6ES7223-1BH32-0XB0	1	—
3	信号模块	AI 4x13BIT/AQ 2x14BIT	6ES7234-4HE32-0XB0	1	—
4	通信模块	CM 1241（RS422/485）	6ES7241-1CH32-0XB0	1	—

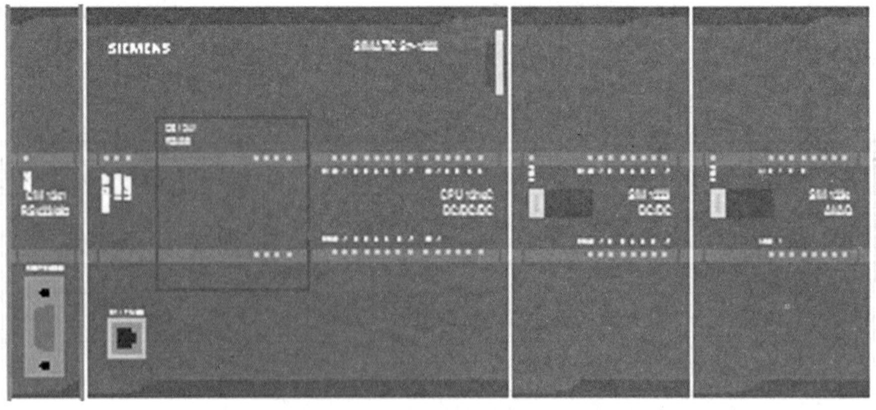

图 1-31　硬件安装示意

六、 任务评价

根据项目实施、检查情况，填写评价表。评价表分为自评表（表 1-11）和他评表（表 1-12），主要内容应包括实施过程简要描述、检查情况描述、存在的主要问题、解决方案等。

表 1-11 S7-1200 PLC 系统硬件安装与维护项目自评表

签名： 日期：

表 1-12 S7-1200 PLC 系统硬件安装与维护项目他评表

签名： 日期：

实践练习（项目需求）

一、 任务描述

某项目需要搭建一个 S7-1200 PLC 硬件系统。根据设备的数量和控制要求，预计需要 32 个数字量输入点、24 个数字量输出点，并各预留 8 个，所有数字量输入/输出点均采用直流供电；3 个模拟量输入点、1 个模拟量输出点，各预留 1 个。该系统能通过 CM1241 RS485 和其他设备通信。请完成以下任务。

（1）掌握硬件选型；

（2）掌握硬件拆卸；

（3）掌握硬件安装；

（4）掌握外部接线；

（5）提交硬件清单；

（6）进行硬件测试。

二、 任务计划

某项目 S7-1200 PLC 硬件系统组建工作计划见表 1-13。

表 1-13　某项目 S7-1200 PLC 硬件系统组建工作计划

序号	项目	内容	时间/min	人员

三、任务决策

某项目 S7-1200 PLC 硬件系统组建决策表见表 1-14。

表 1-14　某项目 S7-1200 PLC 硬件系统组建决策表

签名： 日期：

四、任务实施

某项目 S7-1200 PLC 硬件系统组建实施记录表见表 1-15。

表 1-15　某项目 S7-1200 PLC 硬件系统组建实施记录表

五、任务检查

某项目 S7-1200 PLC 硬件系统组建检查表见表 1-16，某项目 S7-1200 PLC 硬件清单见表 1-17。

表 1-16　某项目 S7-1200 PLC 硬件系统组建检查表

评价项目	评价内容	分值	得分
职业素养（30 分）	分工合理，制定计划能力强，严谨认真	5	
	爱岗敬业，具有安全意识、责任意识、服从意识	5	
	团队合作，具有交流沟通、互相协作、分享的能力	5	
	遵守行业规范、现场 6S 标准	5	
	主动性强，保质保量完成工作页相关任务	5	
	能采取多样化手段收集信息、解决问题	5	
专业能力（60 分）	PLC 选型： （1）正确选择 CPU 电源和输入/输出信号的类型； （2）PLC 选型合理，节约硬件资源	12	
	通信模块、信号模块或信号板选型： （1）通信模块选型合理； （2）信号模块或信号板选型合理，节约硬件资源	12	
	硬件安装和拆卸： （1）安装拆卸步骤正确； （2）系统安装完整	12	
	硬件接线： （1）安全不违章； （2）安装达标	12	
	硬件测试： （1）PLC 指示灯正常； （2）通信模块、信号模块或信号板指示灯正常	12	
创新意识（10 分）	具有创新性思维并付诸行动	10	
合计		100	

表 1-17　某项目 S7-1200 PLC 硬件清单

序号	名称	型号规格	订货号	数量/个	备注

六、 任务评价

某项目 S7-1200 PLC 硬件系统组自评表和他评表见表 1-18、表 1-19。

表 1-18 某项目 S7-1200 PLC 硬件系统组建自评表

签名： 日期：

表 1-19 某项目 S7-1200 PLC 硬件系统组建他评表

签名： 日期：

扩展提升 

根据 S7-1200 PLC 信号模块的接线图连接一个信号模块电路。请完成以下任务。

（1）掌握硬件选型；

（2）掌握硬件拆卸；

（3）掌握硬件安装；

（4）掌握外部接线；

（5）提交硬件清单；

（6）进行硬件测试。

项目2　应用 TIA Portal V16 实现电动机仿真控制

背景描述

TIA 博途软件是一个可以完成各种自动化任务的工程软件平台，其设计、开发人员走访了多个国家的工程师，着眼未来，把直观、高效、可靠作为关键因素，在界面设置、窗口规划布局等方面进行了优化。TIA Portal V16 作为整个系统应用解决方案中统一的工程组态平台，构建了一个统一的整体系统环境，在这个平台上，不同功能的软件包可以同时运行，给用户带来全新的设计体验。

本项目通过设计电动机正反转的控制，介绍如何设计一个 S7-1200 PLC 系统程序，使读者掌握 Siemens Simatic TIA Portal V16 软件的安装、应用及仿真。

素养目标

目前主流 PLC 编程软件主要为欧系、美系与日系，国产 PLC 编程软件的应用层次还比较低，应用面还比较窄。通过认识到差距，鼓励学生建立学习报国的信念。

【知识拓展】

2018 年 4 月 16 日晚，美国商务部宣布，因中国通信设备制造商中兴通讯股份有限公司（以下简称“中兴通讯”）未履行 2017 年 3 月与美国商务部达成的和解协议中的部分条款，美国商务部决定，禁止任何美国公司向中兴通讯出售软件、技术、零部件和商品。该禁令即日生效，期限为 7 年，至 2025 年 3 月 13 日为止。2016 年 3 月，美国商务部对中兴通讯施行出口限制，禁止国内元器件供应商向其出口元器件、软件、设备等技术产品，原因是中兴通讯涉嫌违反美国对伊朗等国的出口管制政策。2017 年 3 月，中兴通讯宣布与美国商务部达成和解，同意支付合计 8.92 亿美元的罚款；另有 3 亿美元罚金被暂缓，是否支付取决于未来 7 年中兴通讯对协议的遵守情况。

任务描述

设计电动机正反转控制系统：按正转启动按钮 SB1，电动机正转；按反转启动按钮 SB2，电动机反转；按停止按钮 SB3，电动机停止。请完成以下任务。

（1）安装 TIA Portal V16 和 S7-PLCSIM 软件；

（2）确定 I/O 分配表；

（3）绘制 PLC 电路图；

（4）完成 PLC 程序编写；

（5）完成 PLC 程序仿真运行。

一、知识储备

（一）TIA Portal V16 软件安装

TIA 博途是全集成自动化软件 TIAPortal 的简称，是西门子工业自动化集团发布的一款全新的全集成自动化软件。它是业内首个采用统一的工程组态和软件项目环境的自动化软件，几乎适用于所有自动化任务。借助该全新的工程技术软件平台，用户能够快速、直观地开发和调试自动化系统。

安装准备如下。

（1）安装前退出杀毒软件；

（2）在 Window10 操作系统中安装时需要先安装 NET3.5 sp1；

（3）安装前一定要删除注册表中的“PendingFileRenameOperations”。

删除注册表的方法如下：同时按键盘上的 Windows 键和 R 键，打开“运行”对话框，输入命令“Regedit”，单击“确定”按钮，打开注册表编辑器。打开左边窗口的文件夹“\ HKEY LOCAL_MACHINE \ SYSTEMCurrentControlSetControl”，选择其中的“Session Manager”条目，用键盘上的删除键 Delete 删除右边窗口中的“PendingFileRename Operations”条目。这样不用重新启动计算机就可以安装软件。

TIA Portal V16 软件的安装步骤见表 2-1。

表 2-1 TIA Portal V16 软件的安装步骤

步骤	说明	示意图
1	打开安装包解压后的“Siemens v16”文件夹中的“1._TIA_Portal_STEP7_Prof_Safety_WINCC_Prof_V16”文件夹	
2	用鼠标右键单击“TIA_Portal_STEP7_Prof_Safety_WINCC_Prof_V16”条目，选择“以管理员身份运行”命令	

续表

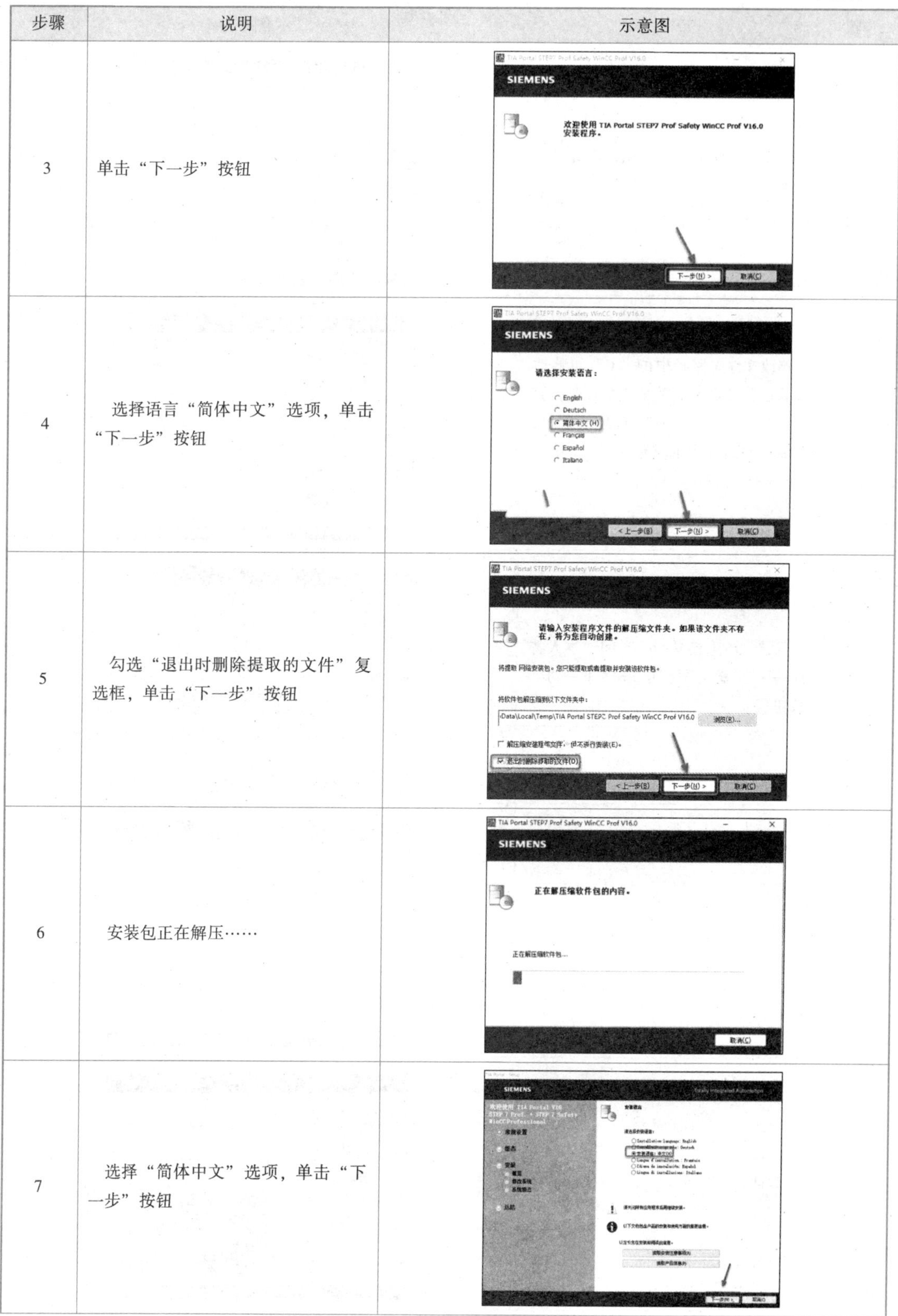

步骤	说明	示意图
3	单击“下一步”按钮	
4	选择语言“简体中文”选项，单击“下一步”按钮	
5	勾选“退出时删除提取的文件”复选框，单击“下一步”按钮	
6	安装包正在解压……	
7	选择“简体中文”选项，单击“下一步”按钮	

续表

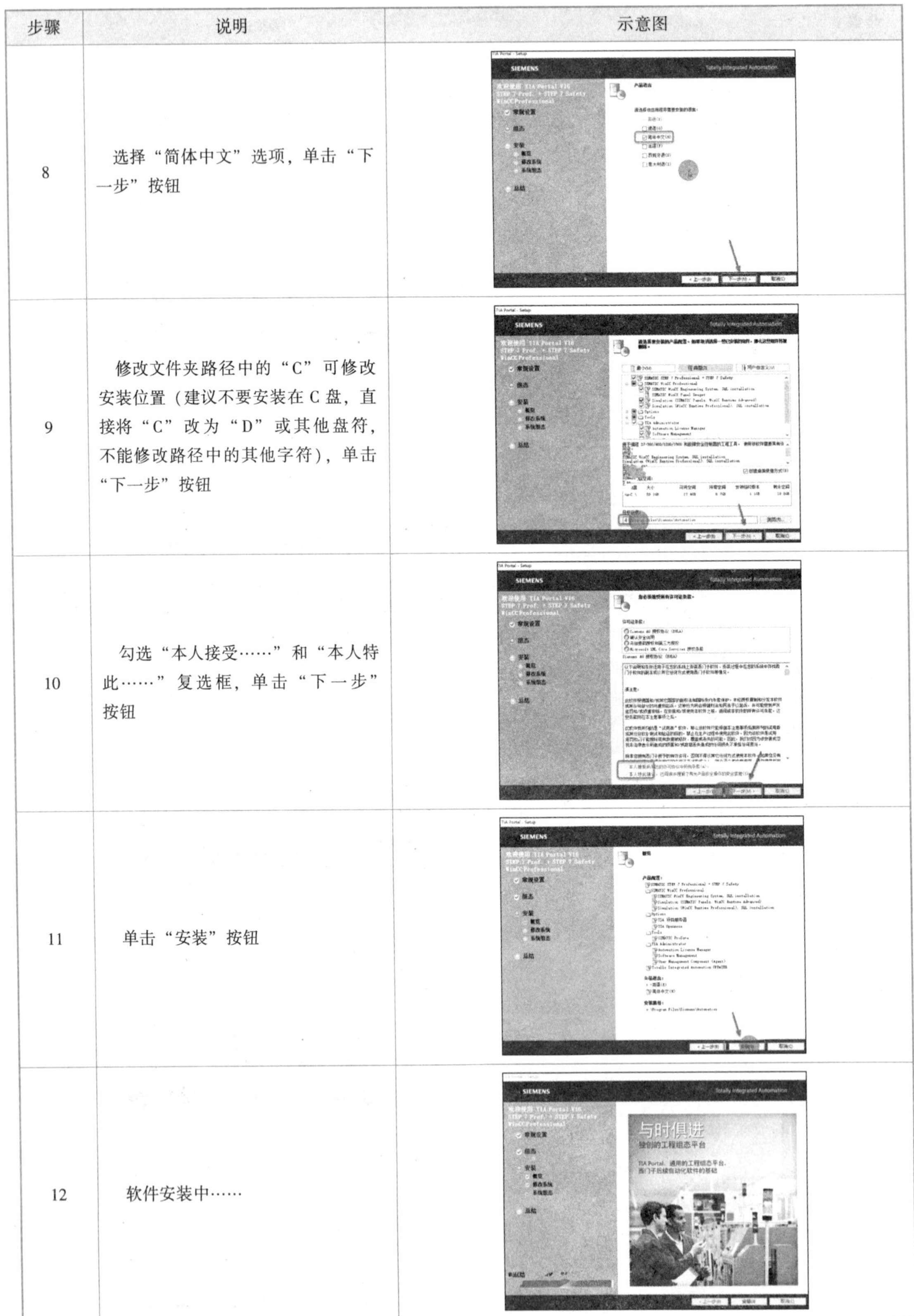

步骤	说明	示意图
8	选择“简体中文”选项，单击“下一步”按钮	
9	修改文件夹路径中的“C”可修改安装位置（建议不要安装在C盘，直接将“C”改为“D”或其他盘符，不能修改路径中的其他字符），单击“下一步”按钮	
10	勾选“本人接受……”和“本人特此……”复选框，单击“下一步”按钮	
11	单击“安装”按钮	
12	软件安装中……	

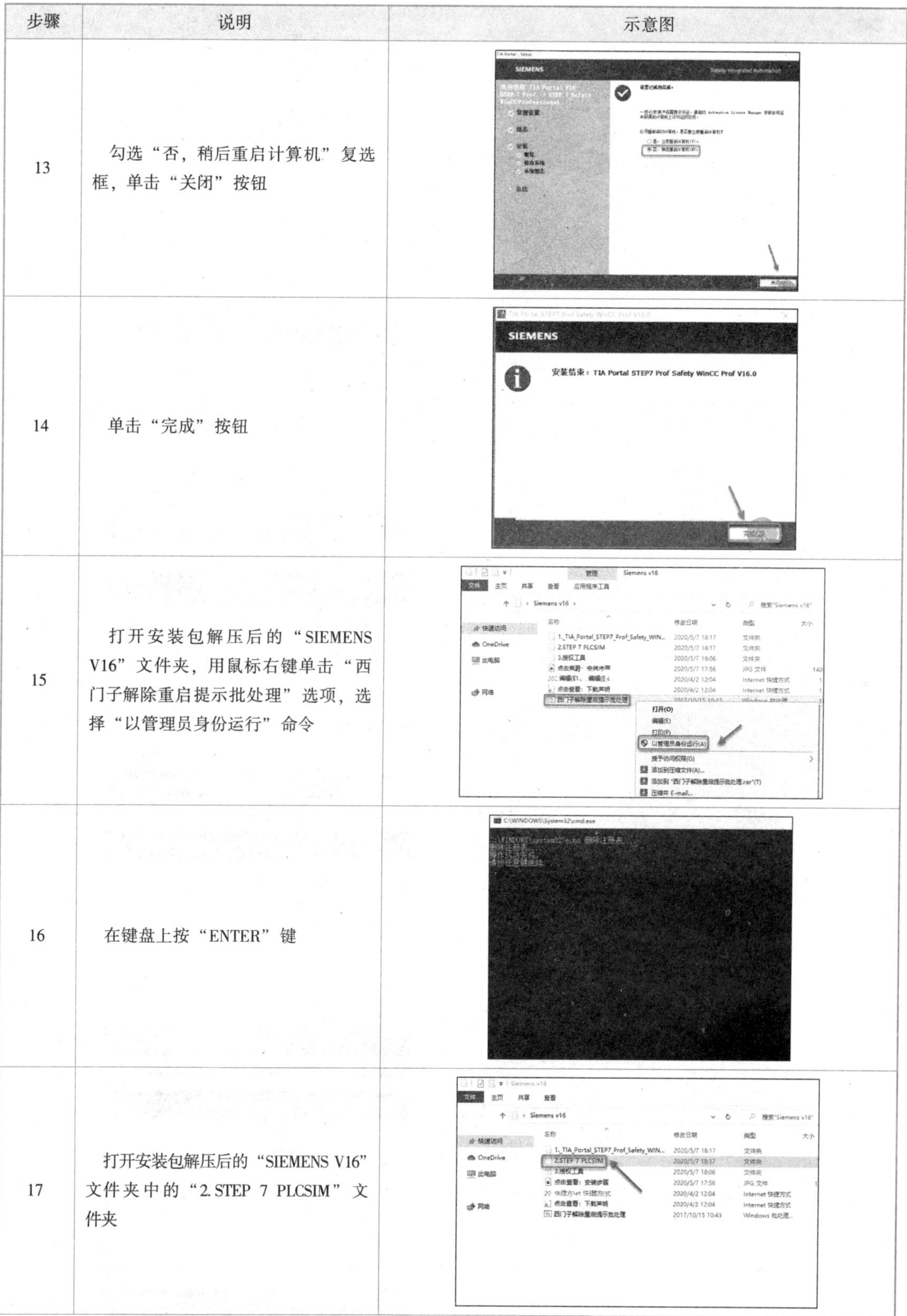

步骤	说明	示意图
13	勾选“否，稍后重启计算机”复选框，单击“关闭”按钮	
14	单击“完成”按钮	
15	打开安装包解压后的“SIEMENS V16”文件夹，用鼠标右键单击“西门子解除重启提示批处理”选项，选择“以管理员身份运行”命令	
16	在键盘上按“ENTER”键	
17	打开安装包解压后的“SIEMENS V16”文件夹中的“2. STEP 7 PLCSIM”文件夹	

续表

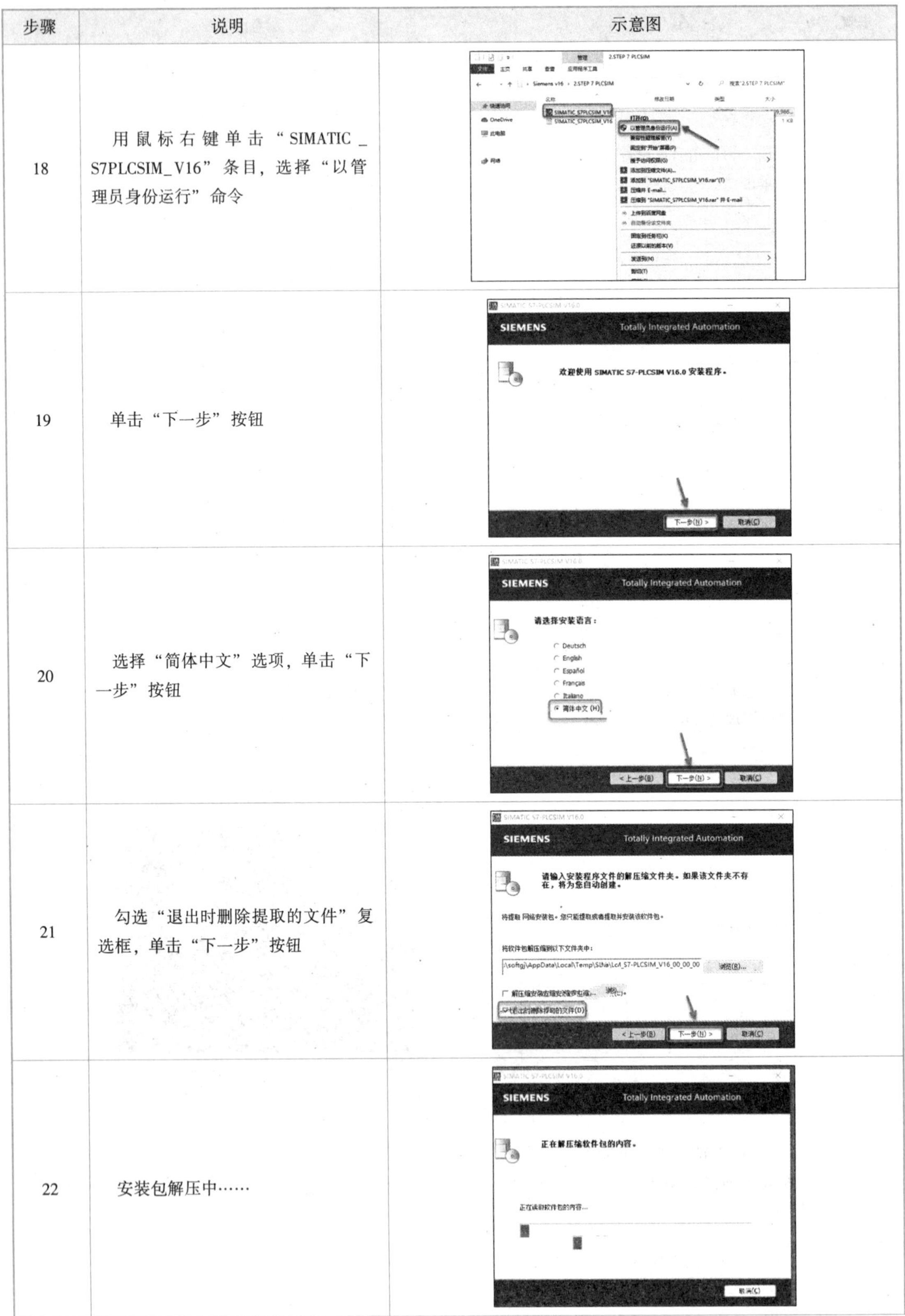

步骤	说明	示意图
18	用鼠标右键单击“SIMATIC_S7PLCSIM_V16”条目，选择“以管理员身份运行”命令	
19	单击“下一步”按钮	
20	选择“简体中文”选项，单击“下一步”按钮	
21	勾选“退出时删除提取的文件”复选框，单击“下一步”按钮	
22	安装包解压中……	

续表

步骤	说明	示意图
23	选择“简体中文”选项，单击“下一步”按钮	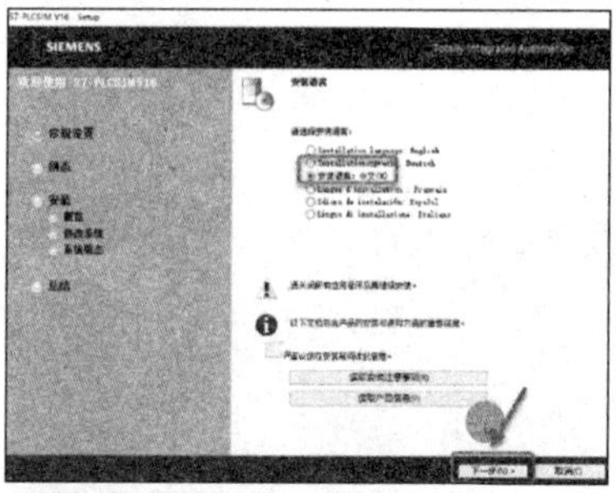
24	选择“简体中文”选项，单击“下一步”按钮	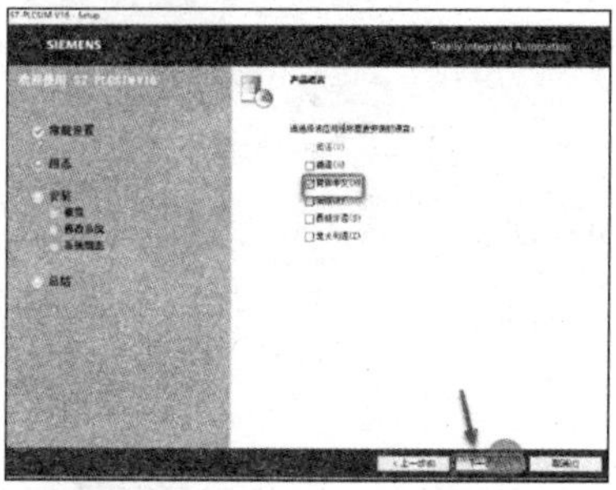
25	修改文件夹路径中的“C”可修改安装位置（建议不要安装在C盘，直接将“C”改为“D”或其他盘符，不能修改路径中的其他字符），单击“下一步”按钮	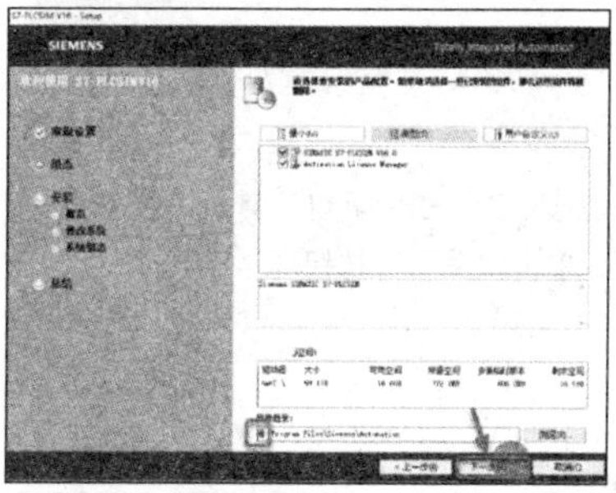
26	勾选“本人接受……”和“本人特此……”复选框，单击“下一步”按钮	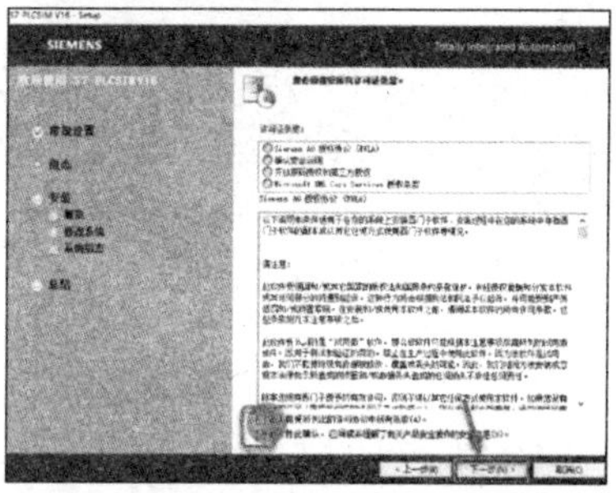
27	勾选“我接受此计算机……”复选框，单击“下一步”按钮	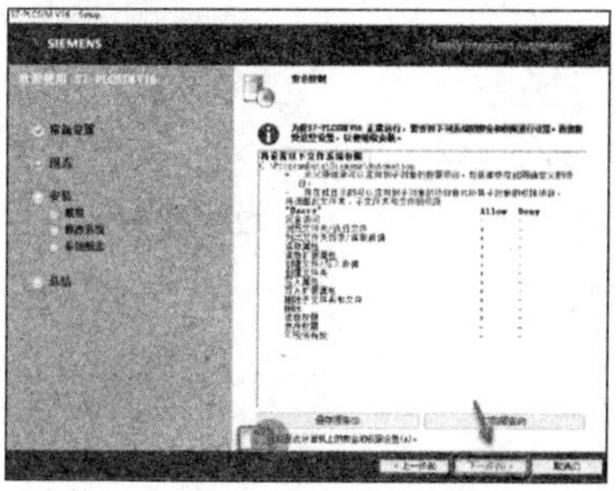

步骤	说明	示意图
28	单击“安装”按钮	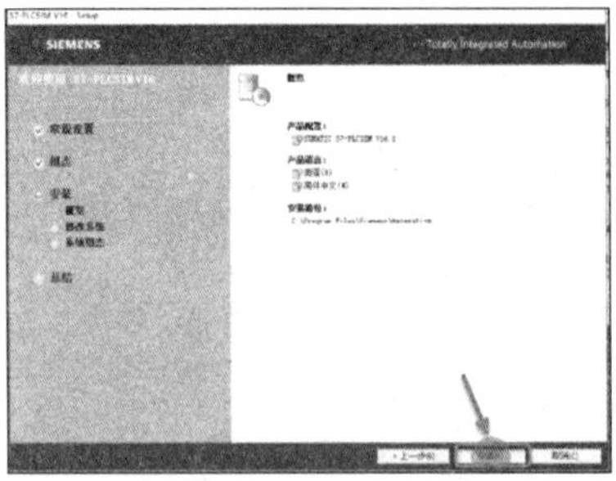
29	软件安装中……	
32	勾选“否，稍后重启计算机”复选框，单击“关闭”按钮	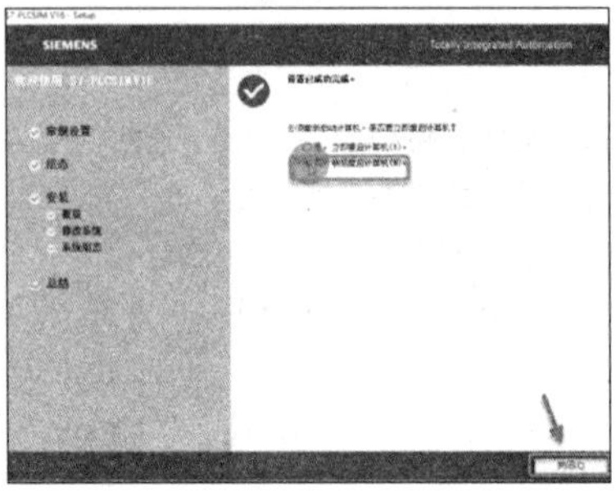
31	单击“完成”按钮	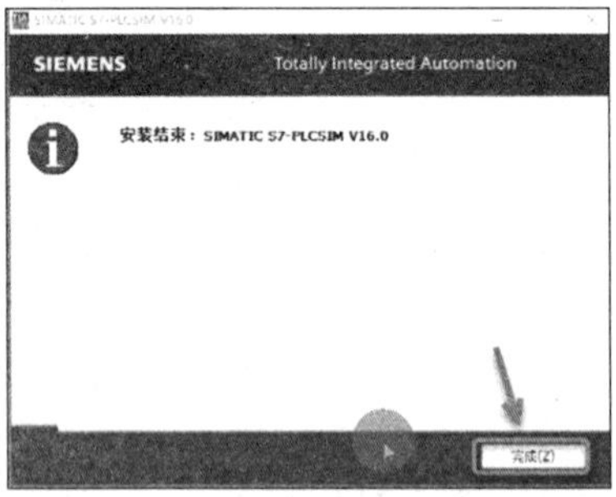
32	打开安装包解压后的“SIEMENS V16”文件夹中的“3. 授权工具”文件夹	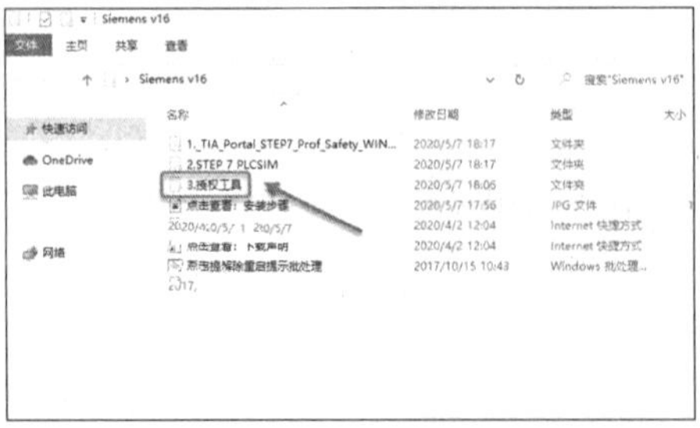

步骤	说明	示意图
33	用鼠标右键单击“SIM _ EKB _ INSTALL_2019 _12 _08”条目，选择“以管理员身份运行”命令	
34	双击“TIAPORTAL”选项，再双击“TIA PORTAL V16”选项，选择“工作地的单一授权”选项，勾选相应复选框（如图中标注 4 处可勾选“选中全部产品”复选框），单击“安装长密钥”按钮	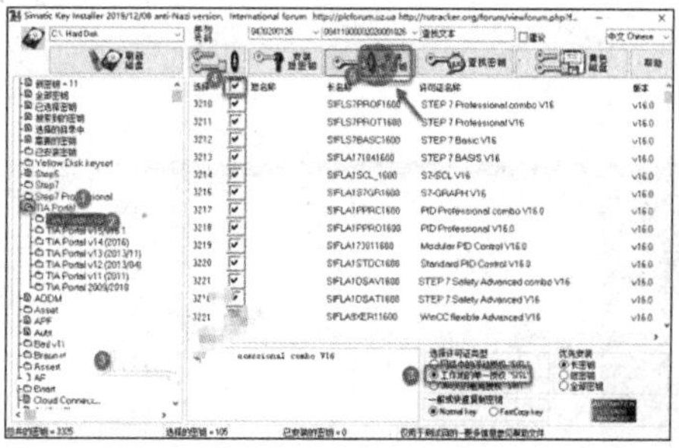
35	授权成功，单击右上角的“X”按钮退出	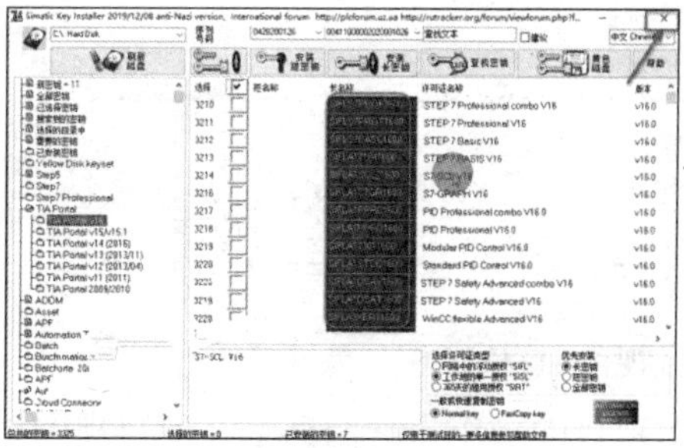
36	双击桌面上的“TIAPORTALV16”图标启动软件	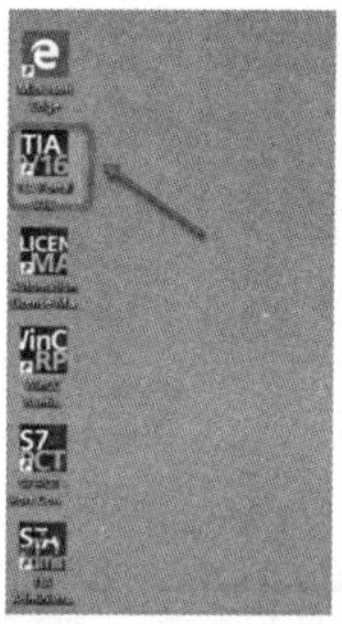
37	安装成功	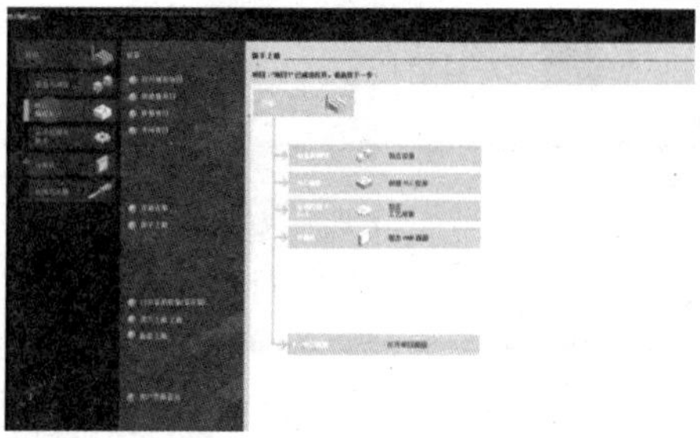

（二）TIA 博途软件界面介绍

Portal 视图是面向任务的视图，而项目视图是项目各组件以及相关工作区和编辑器的视图。当把软件安装好之后，双击 TIA 博途软件图标，就可以打开 Portal 视图界面。

在 Portal 视图界面中包括几个部分——任务选项、任务选项对应的操作项、操作选择面板和切换到项目视图按钮，见表 2-2。

表 2-2 Portal 视图界面

Portal 界面	内容	说明
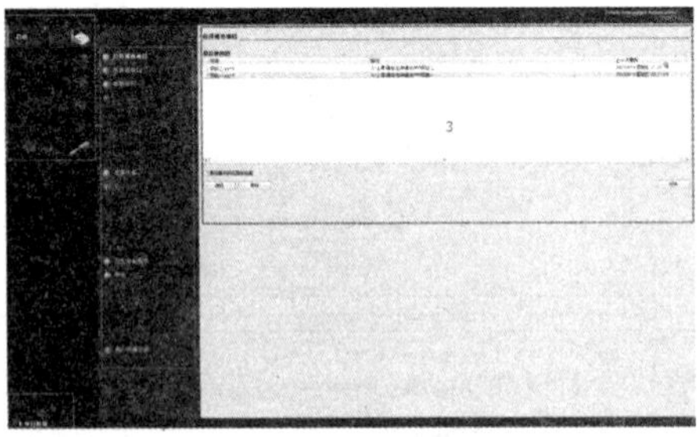	1. 任务选项	任务选项中为各个任务区提供了基本功能，在 Portal 视图中提供的任务选项还取决于所安装的软件产品
	2. 任务选项对应的操作项	这里提供了对所选任务可使用的操作，包括打开现有项目、创建新项目等操作
	3. 操作选择面板	根据所选择的操作项，会出现不同的内容。如果选择的是打开现有项目的操作项，那么这里就会出现最近使用的项目，可以进行打开项目等操作
	4. 切换到项目视图按钮	通过该按钮，可以将当前的 Portal 视图界面切换成项目视图界面

项目视图（表 2-3）是面向项目的视图，比如设计 PLC 程序或触摸屏的画面，这些都属于面对项目的操作，它们都是在项目视图中进行和完成的。在项目视图中又包括菜单和工具栏、项目树、详细视图、任务卡、工作区、巡视窗口。

表 2-3 项目视图界面

项目视图	内容	说明
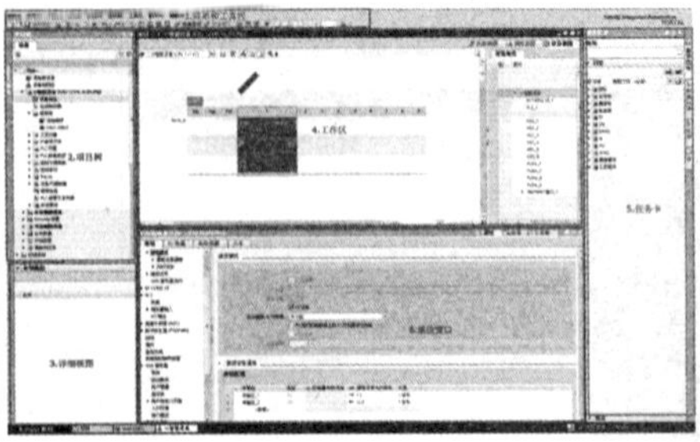	1. 菜单和工具栏	跟所有的其他软件一样，通过菜单和工具栏，可以选择特殊的功能使用
	2. 项目树	在项目树中，可以访问所有的设备和项目数据、添加新的设备、打开项目数据编辑器等。比如添加一个 CPU 之后，可以在这里选择添加块操作、添加变量操作等。可以认为这是一个导航栏，需要使用的时候打开就可以切换到对应的操作界面
	3. 详细视图	详细视图显示项目树中所选对象的特定内容，比如说选择了 PLC 变量中的默认变量，那么详细视图会出现默认变量中的所有变量。在选择变量的时候，可以直接在这里进行选择

续表

项目视图	内容	说明
	4. 工作区	如果打开的是设备视图，在工作区中就可以对设备进行组态及参数的设置；如果打开的是程序块，那么在工作区中就可以进行程序的编写；如果打开的是变量表，在工作区中就可以对变量表进行定义
	5. 任务卡	在任务卡中可以切换硬件目录、在线工具、任务、库等操作界面。比如在硬件组态的时候，可以在硬件目录中选择所需的硬件
	6. 巡视窗口	巡视窗口的使用是很重要的，因为 CPU 和各种扩展模块的参数设置都是在这个窗口中设置完成的。巡视窗口包括属性、信息和诊断三部分 属性部分用于显示和修改选项中对象的属性，主要是各种参数的设置，包括 I/O 变量设置、IP 地址设置、时钟设置等。信息部分用于显示编译信息。诊断部分用于显示系统诊断时间和组态的报警事件

其中菜单和工具栏为下拉菜单，可以在下拉菜单中选择相应的功能，这里不再详述。工具栏中各图标的具体含义如图 2-1 所示。

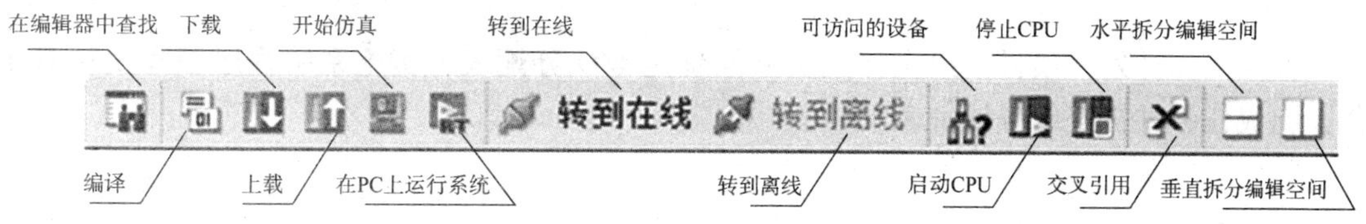

图 2-1　工具栏中各图标的具体含义

由于这些组件组织在一个视图中，可供用户方便地访问项目的各个方面。例如，巡视窗口显示了用户在工作区中所选对象的属性和信息。当用户选择不同的对象时，巡视窗口会显示用户可组态的属性。巡视窗口包含用户查看诊断信息和其他消息的选项卡。编辑器栏会显示所有打开的编辑器，从而帮助用户更快速和高效地工作。要在打开的编辑器之间切换，只需单击不同的编辑器。还可以将两个编辑器垂直或水平排列在一起显示。通过该功能可以在编辑器之间进行拖放操作。

工作区中用于程序编辑的菜单栏含义如图 2-2 所示，可使用这些工具进行程序的编辑与调试。

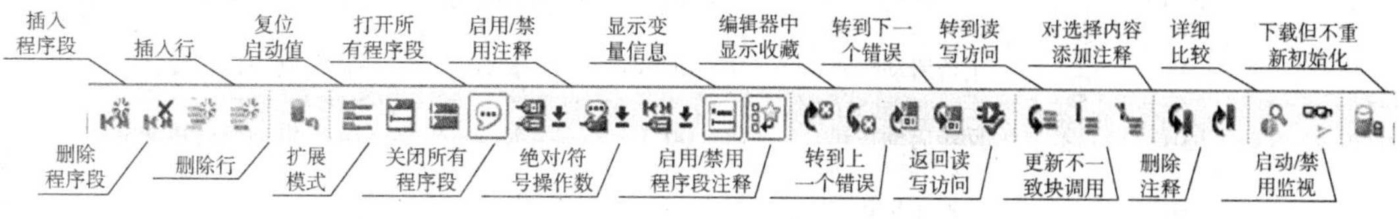

图 2-2　工作区中用于程序编辑的菜单栏含义

二、任务计划

根据项目需求进行 TIA Portal V16 软件安装，编制电动机正反转控制的 I/O 分配表，编写程序并用 S7-PLCSIM 软件进行仿真调试，仿真实现所要求的控制功能。

按照通常的 PLC 控制系统程序编写及硬件装调工作流程，制定工作计划，见表 2-4。

表 2-4　电动机正反转控制工作计划

序号	项目	内容	时间/min	人员
1	安装软件	把 TIA Portal V16 和 S7-PLCSIM 软件正确安装到计算机中	40	全体人员
2	初步使用软件	在 TIA Portal V16 软件中新建一个工程项目，选择合适的硬件，完成硬件组态并编译保存	5	全体人员
3	编制 I/O 分配表	确定所需要的 I/O 点数并分配具体用途，编制 I/O 分配表（需提交）	5	全体人员
4	绘制 PLC 控制电路图	根据 I/O 分配表绘制 PLC 控制电路图	10	全体人员
5	编写 PLC 控制程序	根据控制要求编写 PLC 控制程序	10	全体人员
6	仿真运行 PLC 控制程序	使用 S7-PLCSIM 软件仿真运行 PLC 控制程序	10	全体人员

三、任务决策

按照工作计划，项目小组全体成员共同确定 I/O 分配表，实施系统程序编写及仿真工作，完成任务并提交任务评价表。

四、任务实施

项目的实施必须在保证安全的前提下进行，应提前建立并熟悉项目检查事项及评价要素，在实施过程中予以充分重视，才能确保项目的顺利进行。

（一）编制 I/O 分配表

各元件的 I/O 分配见表 2-5。

表 2-5　I/O 分配表

输入			输出		
地址	元件符号	作用	地址	元件符号	作用
I0. 0	SB1	正转启动按钮	Q0. 0	KA1	电动机正转继电器
I0. 1	SB2	反转启动按钮	Q0. 1	KA2	电动机反转继电器
I0. 2	SB3	停止按钮	—	—	—

（二）绘制 PLC 控制电路图

根据电动机正反转控制需求，绘制 PLC 控制电路图，如图 2-3 所示。

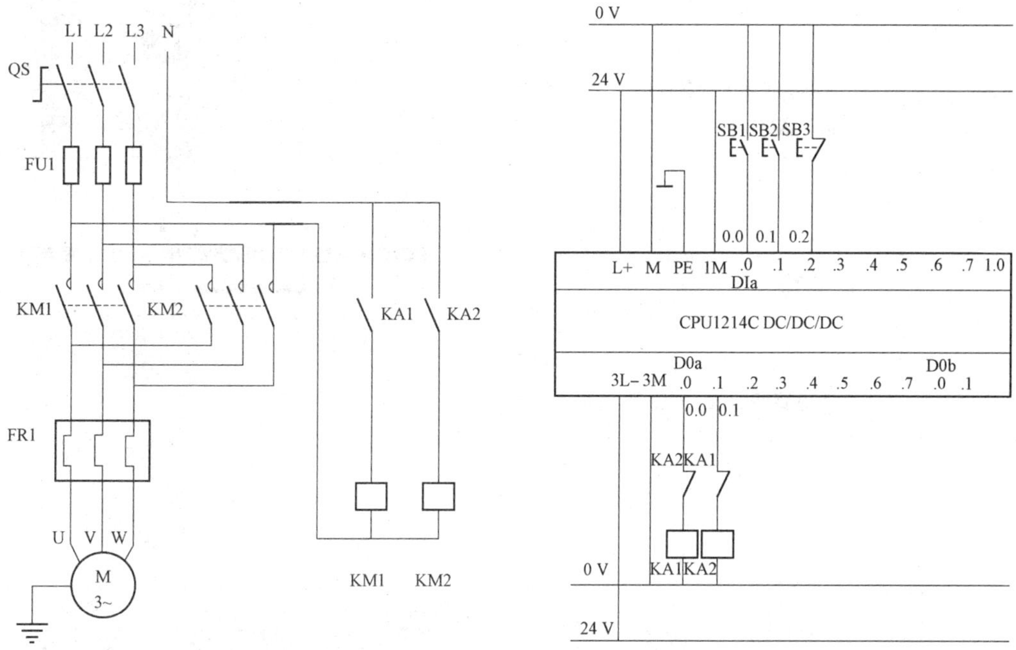

图 2-3　电动机正反转 PLC 控制电路图

（三）用 TIA Portal V16 软件创建新项目

用 TIA Portal V16 软件创建一个实现电动机正转、反转、停止控制的新项目。具体步骤见表 2-6。

表 2-6　TIA Portal V16 软件新项目创建步骤

步骤	操作	示意图
1. 新建项目	打开 TIA Protal V16 软件，新建项目，命名为“电动机正反转控制”，单击“创建”按钮，即可创建一个新项目	
2. 切换项目视图	单击“项目视图”按钮，即可切换到项目视图	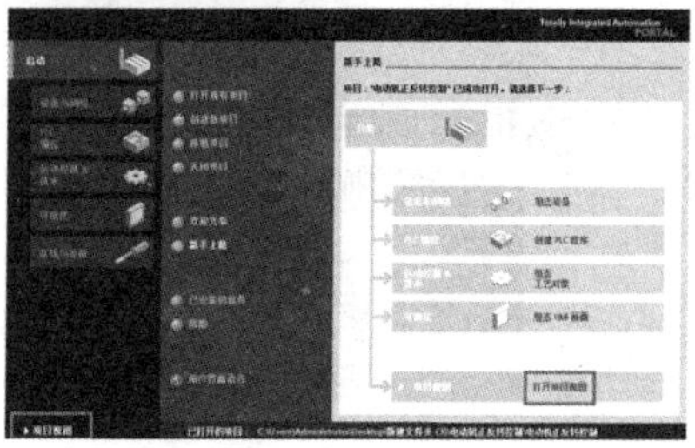

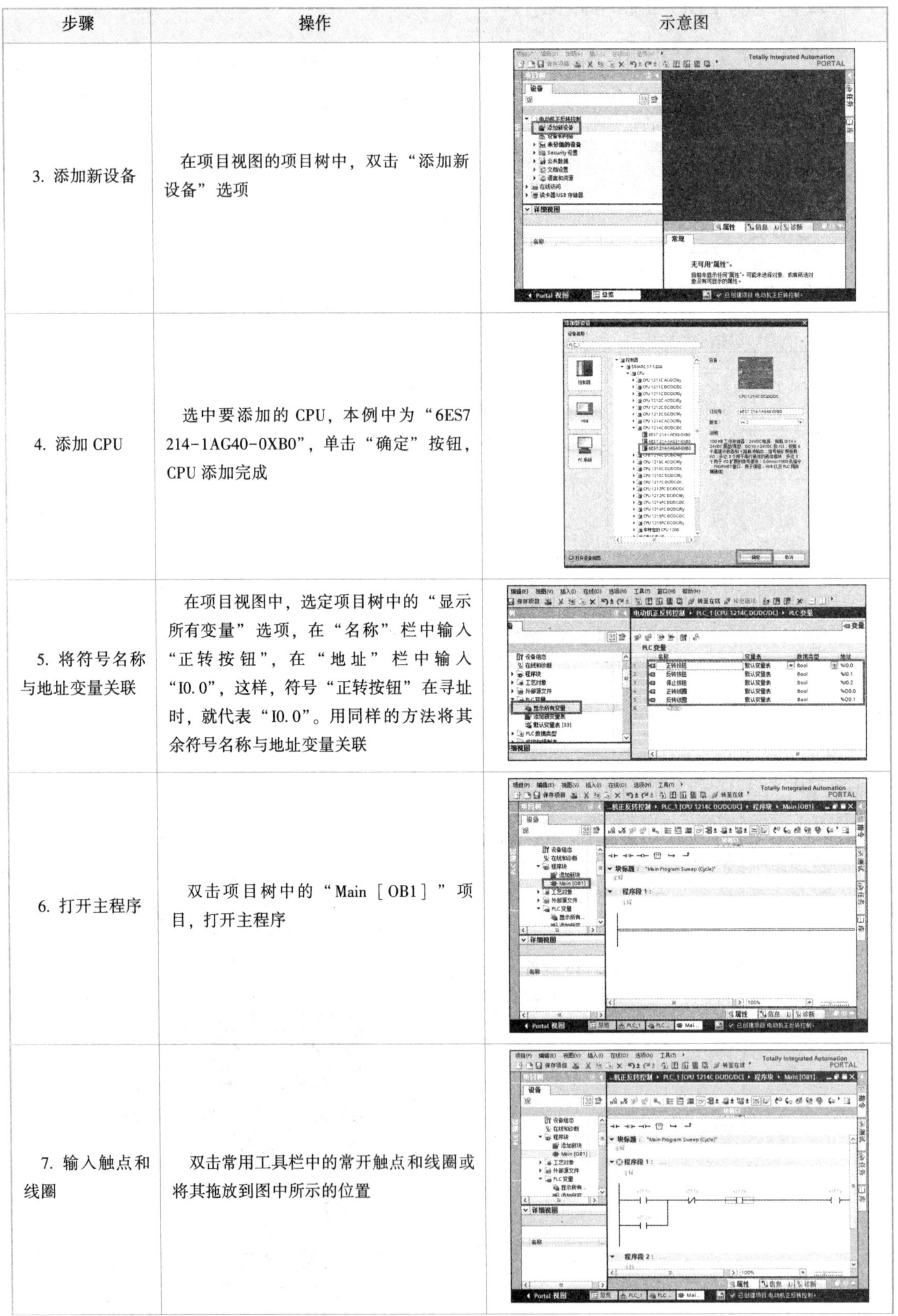

续表

步骤	操作	示意图
3. 添加新设备	在项目视图的项目树中，双击“添加新设备”选项	
4. 添加 CPU	选中要添加的 CPU，本例中为“6ES7 214-1AG40-0XB0”，单击“确定”按钮，CPU 添加完成	
5. 将符号名称与地址变量关联	在项目视图中，选定项目树中的“显示所有变量”选项，在“名称”栏中输入“正转按钮”，在“地址”栏中输入“I0.0”，这样，符号“正转按钮”在寻址时，就代表“I0.0”。用同样的方法将其余符号名称与地址变量关联	
6. 打开主程序	双击项目树中的“Main［OB1］”项目，打开主程序	
7. 输入触点和线圈	双击常用工具栏中的常开触点和线圈或将其拖放到图中所示的位置	

续表

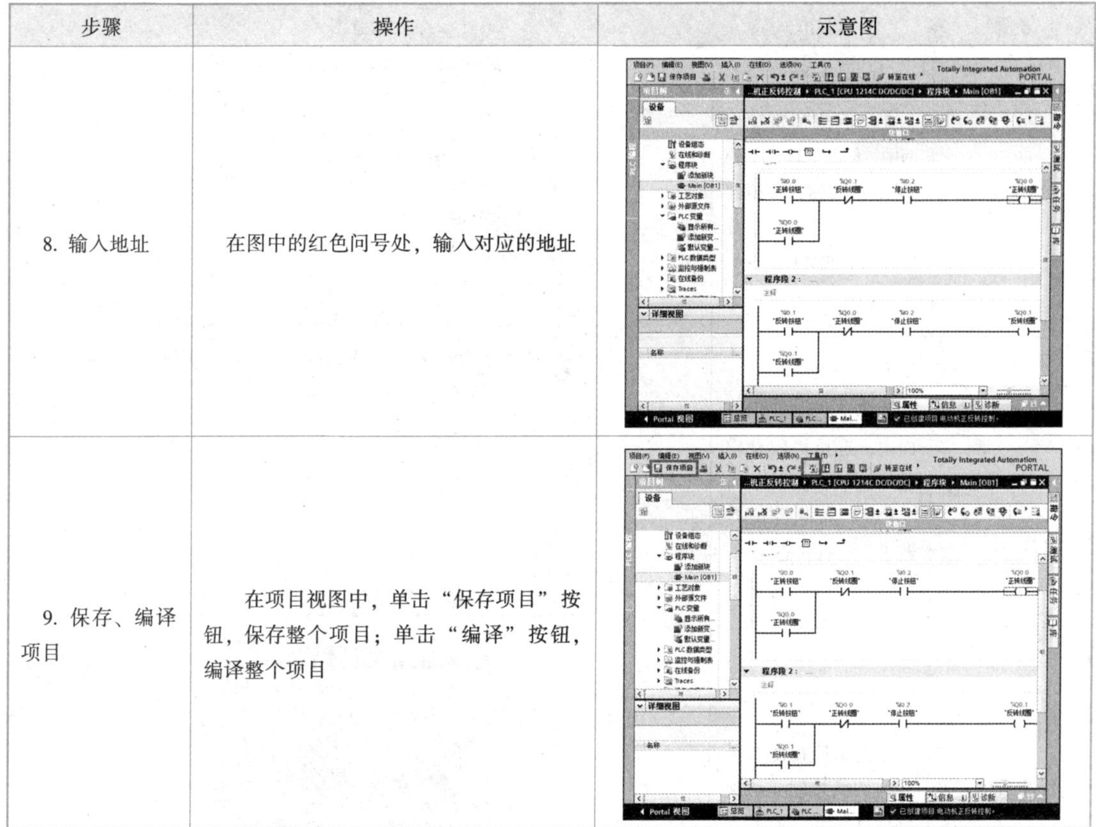

步骤	操作	示意图
8. 输入地址	在图中的红色问号处，输入对应的地址	
9. 保存、编译项目	在项目视图中，单击“保存项目”按钮，保存整个项目；单击“编译”按钮，编译整个项目	

（四）使用 PLCSIM 软件进行调试

仿真软件 S7-PLCSIM 支持通信指令 PUT、GET、TSEND、TRCV、TSEND_C 和 TRCV_C，支持 PROFINET 连接。

S7-PLCSIM 软件不支持对下述对象的仿真：PID 和运动控制工艺模块；PID 和运动控制工艺对象；包含受专有技术保护的块的程序。

S7-PLCSIM 软件支持故障安全程序仿真。但是可能需要延长周期时间，因为仿真的扫描时间比较长。

S7-PLCSIM 软件使用比较简单，以下介绍其使用方法，具体步骤见表 2-7。

表 2-7　仿真步骤

步骤	操作	示意图
1. 启动仿真	在 TIA Portal V16 软件项目视图界面中，单击工具栏中的“开始仿真”按钮，即可启动仿真	

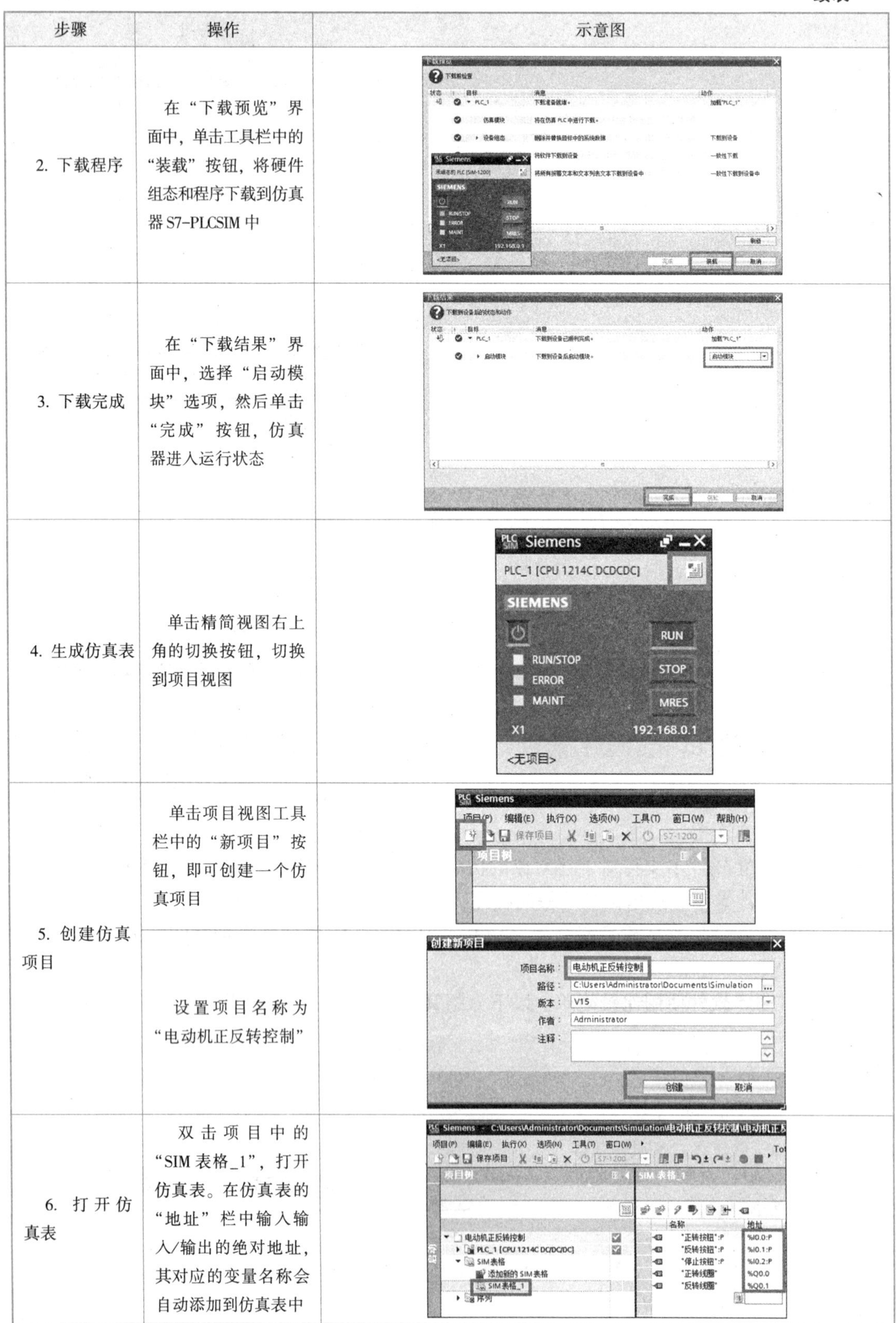

步骤	操作	示意图
2. 下载程序	在“下载预览”界面中，单击工具栏中的“装载”按钮，将硬件组态和程序下载到仿真器 S7-PLCSIM 中	
3. 下载完成	在“下载结果”界面中，选择“启动模块”选项，然后单击“完成”按钮，仿真器进入运行状态	
4. 生成仿真表	单击精简视图右上角的切换按钮，切换到项目视图	
5. 创建仿真项目	单击项目视图工具栏中的“新项目”按钮，即可创建一个仿真项目	
	设置项目名称为“电动机正反转控制”	
6. 打开仿真表	双击项目中的“SIM 表格_1”，打开仿真表。在仿真表的“地址”栏中输入输入/输出的绝对地址，其对应的变量名称会自动添加到仿真表中	

续表

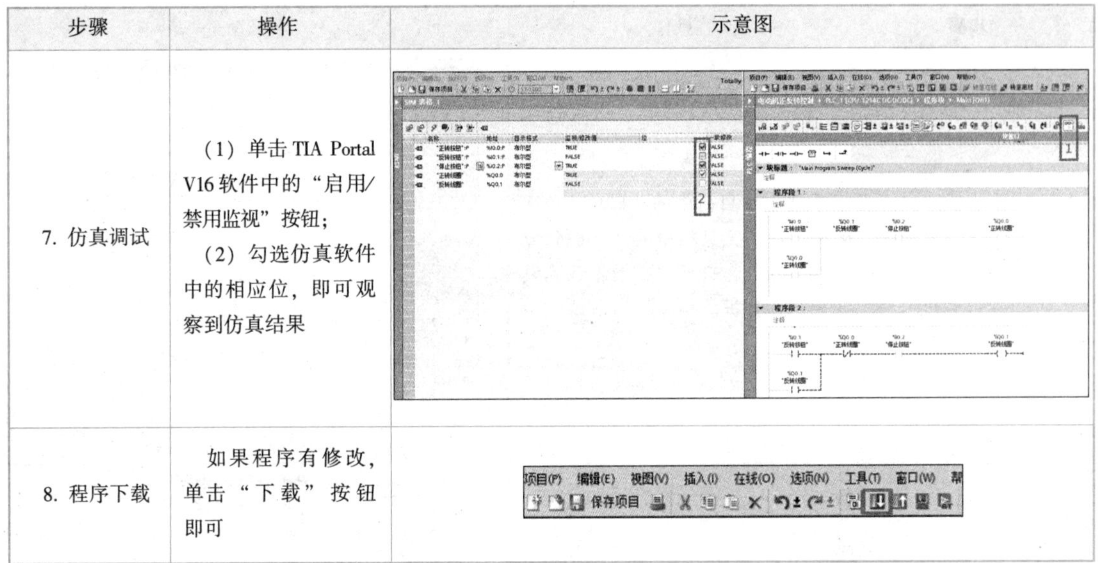

步骤	操作	示意图
7. 仿真调试	（1）单击 TIA Portal V16 软件中的“启用/禁用监视”按钮； （2）勾选仿真软件中的相应位，即可观察到仿真结果	
8. 程序下载	如果程序有修改，单击“下载”按钮即可	

（五）程序调试

1. 下载用户程序

下载用户程序的步骤见表 2-8。

表 2-8　下载用户程序的步骤

步骤	操作	示意图
1. 以太网地址组态	打开 S7-1200 PLC 的项目，选中设备视图中 CPU 的 PROFINET 接口，再在巡视窗口中选择“属性”→“常规”→“以太网地址”选项，填写 IP 地址和子网掩码的地址	
2. 设置计算机网卡的 IP 地址	选择控制面板→“网络和 Internet”→网络和共享中心→“更改适配器选项”→“本地连接属性”对话框→“Internet 协议版本 4（TCP/IPv4）”选项，设置 IP 地址、子网掩码	

续表

步骤	操作	示意图
3. 下载项目到 CPU	选中项目树中的“PLC_1”选项，单击工具栏中的“下载到设备”按钮，打开“扩展下载到设备”对话框	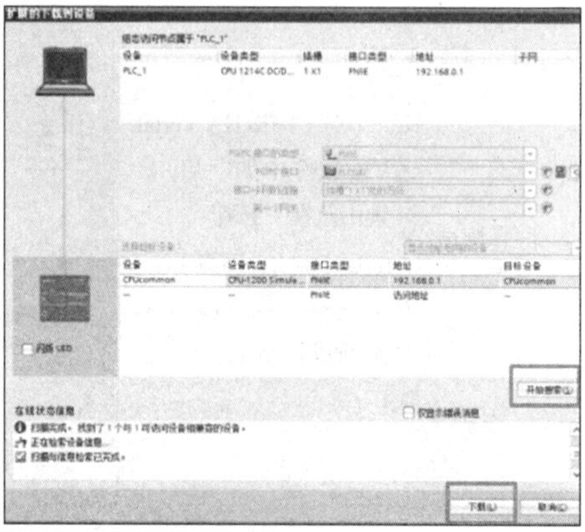
4. 下载结果	选择“启动模块”选项，单击“完成”按钮	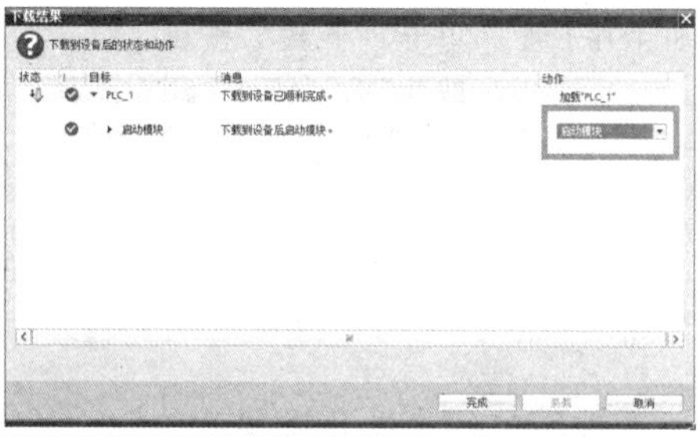

2. 程序调试方法

程序调试方法有两种：程序状态监控法与监控表法。

1）程序状态监控法

将硬件组态和程序下载到 PLC 中，确保下载无错误后，将 PLC 设置为 RUN 模式，运行指示灯（绿灯）亮。打开“MAIN［OB1］”窗口，单击工具栏中的“启用/禁止监视”按钮，即可进入程序状态监控界面，程序编辑器标题栏为橘红色。如果在线（PLC 中的）和离线（计算机中的）硬件组态或程序不一致，则会出现警告对话框，需要保存和重新下载站点，使在线、离线硬件组态或程序一致，再次进入在线状态，在左边项目树中出现的绿色小圆圈或绿色方框内打钩，即可开始进行程序调试。

梯形图中绿色实线表示有能流流过，蓝色虚线表示没有能流流过，灰色实线表示未知或程序没有执行，黑色实线表示没有连接。

启动程序状态监控前，梯形图中的元件和连线全部为黑色的，启动程序状态监控后，梯形图左侧的能源线和连线均为绿色实线。当常开触点处于闭合状态或常闭触点处于断开状态时，对应的能流流过，蓝色虚线变为绿色实线。

电动机正反转的程序状态监控界面如图 2-4 所示。程序段 1：按下正转按钮 I0.0 后，蓝色虚线变为绿色实线，能流流过 Q0.0，使 Q0.0 线圈接通。

在程序状态监控界面中还可以修改变量的值，用鼠标右键单击程序状态中的某个变量，弹出快捷菜单，如图 2-5 所示，如果是位变量，则选择“修改”选项下的“修改为 1”或者“修改为 0”子选项；如果是其他数据类型的变量，则选择“修改”选项下的“修改操作数”子选项。但要注意，不能修改连接外部硬件输入电路的输入过程映像寄存器中的值。

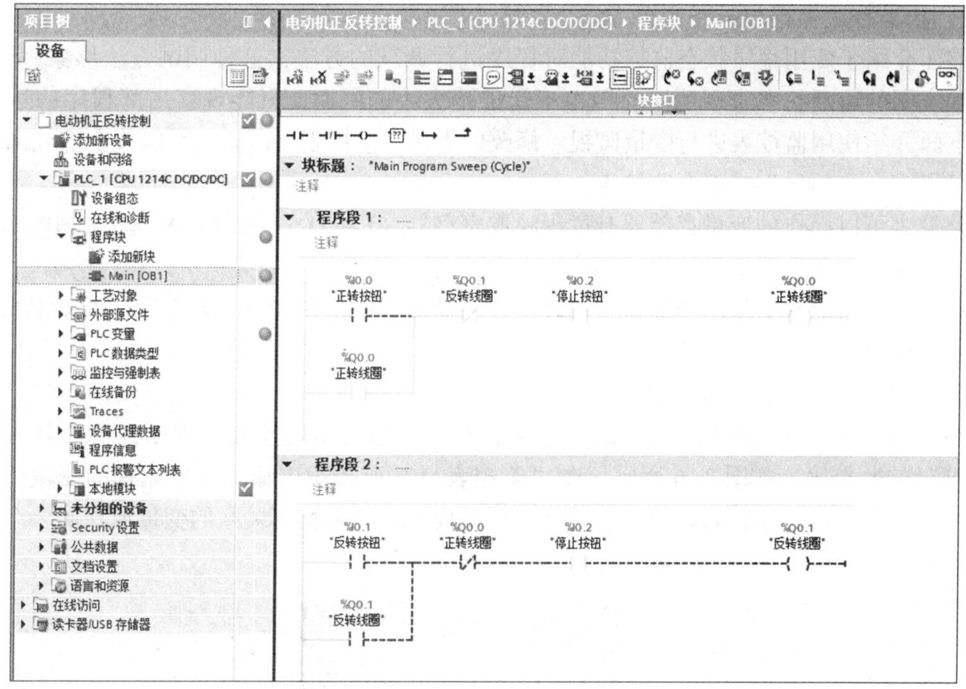

图 2-4　电机正反转的程序状态监控界面

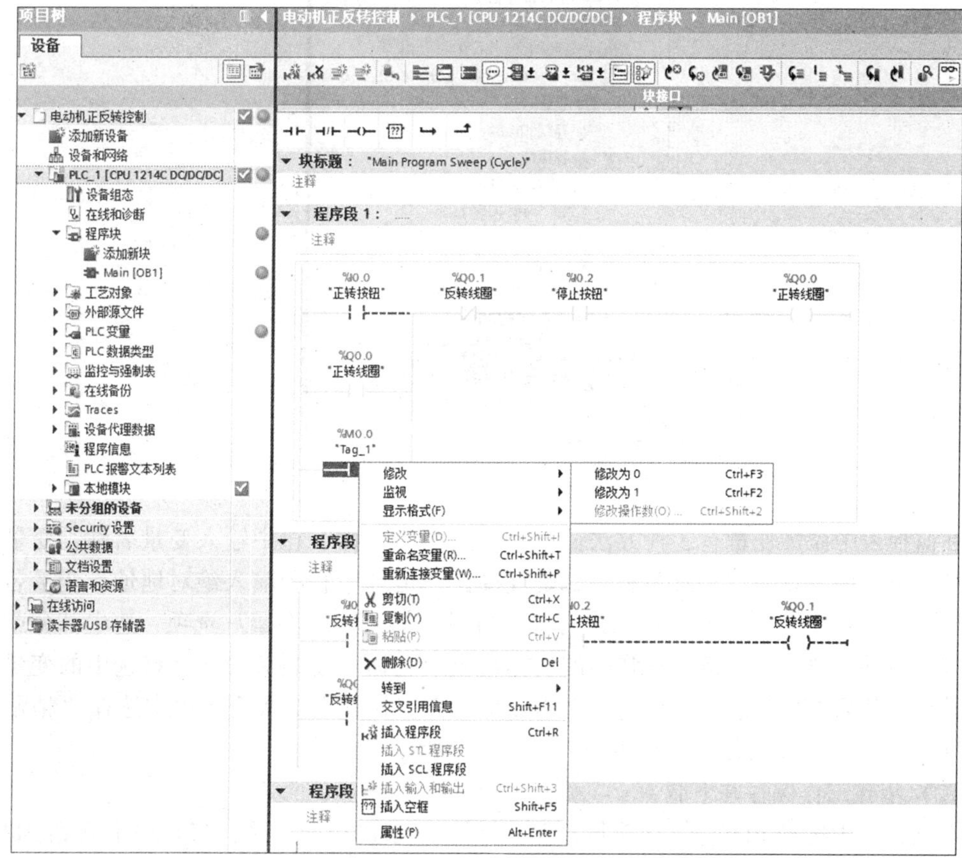

图 2-5　修改变量值

2）用监控表监控与强制变量

前面介绍了使用程序状态监控功能对程序进行调试的方法，这种调试方法形象、直观，触点和线圈的通断状态直观明了，但由于受屏幕大小的限制，只能观察局部程序的运行情况。下面介绍使用监控表进行变量监视、修改的方法。监控表可以监视、修改全部或部分变量，可以为一个项目生成多个监控表。

监控表可以操作的变量存储器有过程映像寄存器（I 和 Q）、物理输入/输出（IP、IQ）位存储器（M）和数据块存储器（DB）。

监控表具有监视变量的当前值、修改变量的值的功能。在 STOP 模式下，可以给物理输入点或输出点赋一个固定值。

（1）步骤一：生成监控表。

在项目树中展开“监控与强制表”选项，双击“添加新监控表”选项，生成名为“监控表_1”的监控表，如图 2-6 所示，在“监控表_1”监控表中输入需要监视的变量，可以为一个项目生成多个监控表，以满足不同的调试要求，一般将有关联的变量放在同一个监控表内。

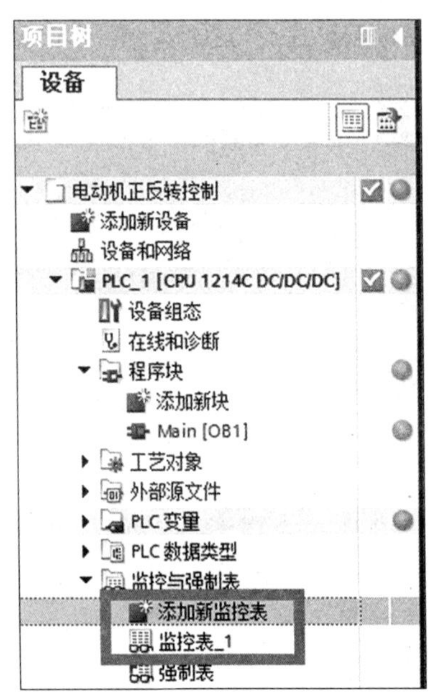

图 2-6　新建一个监控表

在监控表中添加变量有 3 种方法：一是直接在“名称”栏中输入变量名称，变量的绝对地址就会自动出现在“地址”栏；二是直接在“地址”栏中输入绝对地址，变量名称就会出现在“名称”栏；三是直接双击打开项目树中的“PLC 变量”选项，选中部分或全部需要的变量并单击鼠标右键，在弹出的快捷菜单中选择“复制”命令，将选中的变量复制到剪贴板，然后在监控表的空白行中单击鼠标右键，在弹出的快捷菜单中选择“粘贴”命令，即可将 PLC 变量复制到监控表中，如图 2-7 所示。

（2）步骤二：保存并下载。

在项目树中选择 PLC，保存项目，建立计算机与 PLC 的联系，将程序下载到 PLC 中，并将 PLC 切换到 RUN 模式。

电动机正反转控制 ▸ PLC_1 [CPU 1214C DC/DC/DC] ▸ 监控与强制表

	i	名称	地址	显示格式	监视值
1		"正转按钮"	%I0.0	布尔型	FALSE
2		"反转按钮"	%I0.1	布尔型	FALSE
3		"停止按钮"	%I0.2	布尔型	FALSE
4		"正转线圈"	%Q0.0	布尔型	FALSE
5		"反转线圈"	%Q0.1	布尔型	FALSE

图 2-7　在监控表中添加变量

监视变量，将 PLC 由离线转至在线，若无错误，项目树的 PLC 处出现绿色打钩的框，下面的每一栏中出现绿色小圆圈，表示软、硬件无错误，在线和离线配置一致。单击工具栏中的“启用/禁用监视”按钮，在“监视值”列连续显示变量的动态值。如图 2-8 所示，当按下“正转按钮”后，“正转线圈”得电，监视值为 TRUE。

电动机正反转控制 ▸ PLC_1 [CPU 1214C DC/DC/DC] ▸ 监控与强制表 ▸

	i	名称	地址	显示格式	监视值
1		"正转按钮"	%I0.0	布尔型	TRUE
2		"反转按钮"	%I0.1	布尔型	FALSE
3		"停止按钮"	%I0.2	布尔型	TRUE
4		"正转线圈"	%Q0.0	布尔型	TRUE
5		"反转线圈"	%Q0.1	布尔型	FALSE

图 2-8　监视程序执行

工具栏中的按钮用于对所选中的变量进行立即一次性修改，其主要用于在 STOP 模式下监视或修改变量，如图 2-9 所示。

图 2-9　工具栏按钮

工具栏中各个按钮的作用如下。

(1) ：显示或隐藏监控表中的修改值，在显示修改值的状态下，将要修改的变量值写入“修改值”列。当在 RUN 模式下修改变量时，各变量同时受用户程序的控制，用监控表不能改变 Q 输出的值，也不能改变输入过程中映像寄存器的状态。它们的状态值取决于外部输入/输出电路的通断状态，如图 2-10 所示，I0.0、Q0.0 修改值为 TRUE，实际值为 FALSE。

电动机正反转控制 ▸ PLC_1 [CPU 1214C DC/DC/DC] ▸ 监控与强制表 ▸ 监控表_1

	i	名称	地址	显示格式	监视值	使用触发器监视	使用触发器进...	修改值	⚡
1		"正转按钮"	%I0.0	布尔型	TRUE	永久	永久	TRUE	☑
2		"反转按钮"	%I0.1	布尔型	FALSE	永久	永久		☐
3		"停止按钮"	%I0.2	布尔型	TRUE	永久	永久	TRUE	☑
4		"正转线圈"	%Q0.0	布尔型	TRUE	永久	永久		☐
5		"反转线圈"	%Q0.1	布尔型	FALSE	永久	永久		☐

图 2-10　I0.0、Q0.0 的修改值与实际值

（2）：显示或隐藏高级设置，若显示高级设置，则可以显示使用触发器监视和使用触发器修改。

（3）：立即一次性修改，将修改值立即一次性写入 CPU。

（4）：使用触发器修改，在定义的用户程序的触发点修改所有选中的变量。触发器用来设置在循环中何时监视或修改选中的变量，可以选择在扫描周期的开始、扫描周期的结束或从 RUN 模式切换到 STOP 模式时监视或修改变量的值。

使用监控表或使用触发器修改变量的方式有以下几种。

①永久，连续采集数据。

②永久，在扫描周期开始，CPU 读取输入值之后连续采集数据。

③仅一次，在扫描周期开始，CPU 读取输入值之后采集一次数据。

④永久，在扫描周期结束，CPU 写输出值之前连续采集数据。

⑤仅一次，在扫描周期结束，CPU 写输出值之前采集一次数据。

⑥永久，在从 PUN 模式切换到 STOP 模式时，连续采集数据。

⑦仅一次，在从 PUN 模式切换到 STOP 模式时，采集一次数据。

如果要修改输出点的值，一般在扫描周期结束，CPU 写输出值之前进行。如果要修改输入点的值，一般在扫描周期开始，CPU 读取输入值之后进行。

（5）：启用外围设备输出功能，会使输出禁用，单击“是”按钮可确认启用该功能。

五、 任务检查

电动机正反转控制项目检查表见表 2-9。

表 2-9　电动机正反转控制项目检查表

评价项目	评价内容	分值	得分
职业素养 （30 分）	分工合理，制定计划能力强，严谨认真	5	
	爱岗敬业，具有安全意识、责任意识、服从意识	5	
	团队合作，具有交流沟通、互相协作、分享的能力	5	
	遵守行业规范、现场 6S 标准	5	
	主动性强，保质保量完成工作页相关任务	5	
	能采取多样化手段收集信息、解决问题	5	
专业能力 （60 分）	软件安装： （1）TIA Portal V16 软件、S7-PLCSIM 软件； （2）软件安装正确，能正常使用	10	
	软件初步使用： （1）新建项目，进行硬件组态； （2）能新建项目，正确设置项目名称和存储位置； （3）硬件组态正确，编译保存	10	

续表

评价项目	评价内容	分值	得分
专业能力（60分）	编制 I/O 分配表： （1）确定所需要的 I/O 点数； （2）分配具体用途	10	
	绘制 PLC 控制电路图根据 I/O 分配表绘制 PLC 控制电路图	10	
	编写 PLC 控制程序：根据控制要求编写 PLC 控制程序	10	
	PLC 程序仿真运行：使用 S7-PLCSIM 软件仿真运行 PLC 控制程序	10	
创新意识（10分）	具有创新性思维并付诸行动	10	
合计		100	

六、 任务评价

根据项目实施、检查情况，填写评价表。评价表分为自评表（表 2-10）和他评表（表 2-11），主要内容应包括实施过程简要描述、检查情况描述、存在的主要问题、解决方案等。

表 2-10 电动机正反转控制项目自评表

签名： 日期：

表 2-11 电动机正反转控制项目他评表

签名： 日期：

实践练习（项目需求）

一、 任务描述

实现电动机正反转双重联锁控制，按正转起动按钮 SB1，三相交流异步电动机正转，按反转起动按钮 SB2，三相交流异步电动机反转，按停止按钮 SB3，三相交流异步电动机停止。请完成以下任务。

（1）安装 TIA Portal V16 和 S7-PLCSIM 软件；
（2）确定 I/O 分配表；
（3）绘制 PLC 控制电路图；
（4）完成 PLC 控制程序编写；
（5）完成 PLC 控制程序仿真运行。

二、 任务计划

电动机正反转双重联锁控制项目工作计划见表 2-12。

表 2-12 电动机正反转双重联锁控制项目工作计划

序号	项目	内容	时间/min	人员

三、 任务决策

电动机正反转双重联锁控制项目决策表见表 2-13。

表 2-13 电动机正反转双重联锁控制项目决策表

签名： 日期：

四、 任务实施

（一） I/O 分配表

I/O 分配表见表 2-14。

表 2-14　I/O 分配表

输入			输出		
地址	元件符号	元件名称	地址	元件符号	元件名称

（二）PLC 控制电路图

（三）PLC 控制程序

电动机正反转双重联锁控制实施记录表见表 2-15。

表 2-15　电动机正反转双重联锁控制项目实施记录表

签名： 日期：

五、 任务检查

电动机正反转双重联锁控制项目检查表见表 2-16。

表 2-16　电动机正反转双重联锁控制项目检查表

评价项目	评价内容	分值	得分
职业素养（30 分）	分工合理，制定计划能力强，严谨认真	5	
	爱岗敬业，具有安全意识、责任意识、服从意识	5	
	团队合作，具有交流沟通、互相协作、分享的能力	5	
	遵守行业规范、现场 6S 标准	5	
	主动性强，保质保量完成工作页相关任务	5	
	能采取多样化手段收集信息、解决问题	5	
专业能力（60 分）	软件安装： （1）TIA Portal V16 软件、S7-PLCSIM 软件； （2）软件安装正确，能正常使用	10	
	软件初步使用： （1）新建项目，进行硬件组态； （2）能新建项目，正确设置项目名称和存储位置； （3）硬件组态正确，编译保存	10	
	编制 I/O 分配表： （1）确定所需要的 I/O 点数； （2）分配具体用途	10	
	绘制 PLC 控制电路图：根据 I/O 分配表绘制 PLC 控制电路图	10	
	编写 PLC 控制程序：根据控制要求编写 PLC 控制程序	10	
	PLC 控制程序仿真运行：使用 S7-PLCSIM 软件仿真运行 PLC 控制程序	10	
创新意识（10 分）	具有创新性思维并付诸行动	10	
合计		100	

六、任务评价

电动机正反转双重联锁控制项目自评表、他评表见表 2-17、表 2-18。

表 2-17　电动机正反转双重联锁控制项目自评表

签名： 日期：

表 2-18　电动机正反转双重联锁控制项目他评表

签名： 日期：

扩展提升

设计程序，要求如下：起动时，电动机 M1 先起动，当电动机 M1 起动后，才能起动电动机 M2；停止时，电动机 M1、M2 同时停止。根据控制要求完成以下任务。

（1）确定 I/O 分配表；

（2）绘制 PLC 控制电路图；

（3）完成 PLC 控制程序编写；

（4）完成 PLC 控制程序仿真运行。

项目3　应用位逻辑指令实现四路抢答器控制

背景描述

在PLC中，由软元件（软继电器）来实现继电器的控制功能。和实际的继电器一样，软元件的触点也分为常开触点和常闭触点。在PLC中，用户程序通过控制软元件的线圈，使其触点进行接通或断开两种状态的转换。PLC中对软元件触点的使用次数是不限的，相当于软元件具有无限多个常开触点和常闭触点，这是实际的继电器所无法比拟的，但是对软元件线圈的使用则有一定编程规则要求，一般应避免多次出现同一软元件的线圈，因为这种所谓的“双线圈输出”可能造成逻辑错误。一个软元件的触点在PLC中对应的是一个最小的存储空间——位，所以通常把这类控制称为位逻辑控制。本项目应用位逻辑指令实现四路抢答器控制。

素养目标

（1）树立中国制度自信；

（2）坚持党的领导，是确保国家治理体系和治理能力现代化方向正确的根本保证。

【知识拓展】

PLC的上升沿和下降沿指令是信号在0和1之间进行突变，就像聚焦力量集中暴发。中国抗疫斗争的生动实践，彰显了社会主义制度的优越性——集中力量办大事和共产党的治理能力。中国在抗疫中的应对能力和制度优势，体现出中国强大的动员力是不可战胜的。

任务描述

设计四人竞赛抢答器，要求如下：首先由主持人给出题目，并按下开始抢答按钮，开始抢答指示灯亮，选手可以开始抢答；先按下抢答按钮的选手，其对应的抢答指示灯亮，后按下抢答按钮的选手，其对应的抢答指示灯不亮。抢答结束后，主持人按下抢答器复位按钮，抢答指示灯熄灭。

如果在主持人未按下开始抢答按钮，且开始抢答指示灯未亮之前，选手按下抢答按钮，则抢答指示灯闪亮，表示该选手犯规。

主持人按下抢答器复位按钮后，再次按下开始抢答按钮，系统又继续允许选手抢答，直至又有选手抢先按下抢答按钮。请根据控制要求完成以下任务。

(1) 确定 I/O 分配表；
(2) 绘制 PLC 控制电路图；
(3) 完成 PLC 控制电路连接；
(4) 完成 PLC 控制程序编写；
(5) 完成 PLC 控制程序仿真运行；
(6) 完成 PLC 控制程序下载并运行。

一、知识储备

（一）S7-1200 PLC CPU 的工作模式

S7-1200 PLC CPU 有以下三种工作模式：STOP（停止）模式、STARTUP（启动）模式和 RUN（运行）模式。CPU 的状态 LED 指示当前工作模式。

（1）在 STOP 模式下，CPU 处理所有通信请求（如果有的话）并执行自诊断，但不执行用户程序，过程映像也不会自动更新。只有在 CPU 处于 STOP 模式时，才能下载项目。

（2）在 STARTUP 模式下，执行一次启动组织块（如果存在的话）。在 RUN 模式的启动阶段，不处理任何中断事件。

（3）在 RUN 模式下，重复执行扫描周期，即重复执行程序循环组织块 OB1。中断事件可能在程序循环阶段的任何点发生并进行处理。处于 RUN 模式下时，无法下载任何项目。

（4）CPU 支持通过暖启动进入 RUN 模式。在暖启动时，所有非保持性系统及用户数据都将被复位为来自装载存储器的初始值，保留保持性用户数据。

（二）存储器及其寻址

S7-1200 PLC CPU 的存储区包括三个基本区域，即装载存储器、工作存储器 RAM 和系统存储器 RAM，见表 3-1。

表 3-1　S7-1200 PLC CPU 的存储区

装载存储器	动态装载存储器 RAM
	可保持装载存储器 EEPROM
工作存储器 RAM	用户程序，如逻辑块、数据块
系统存储器 RAM	过程映像 I/O 表
	位存储器
	局域数据堆栈、块堆栈
	中断堆栈、中断缓冲区

1. 装载存储器

装载存储器用于非易失性地存储用户程序、数据和组态。项目被下载到 CPU 后，首先存储在装载存储器中。每个 CPU 都具有内部装载存储器。内部装载存储器的大小取决于所使用的 CPU。内部装载存储器可以用外部存储卡来替代。如果未插入存储卡，CPU 将使用内部装载存储器；如果插入了存储卡，CPU 将使用该存储卡作为装载存储器。但可使用的外部装载存储器的大小不能超过内部装载存储器的大小，即使插入的外部存储卡有更多空闲空间。该非易失性存储区能够在断电后继续保持。

2. 工作存储器

工作存储器是易失性存储器，用于在执行用户程序时存储用户项目的某些内容。CPU 会将一些项目内容从装载存储器复制到工作存储器中。该易失性存储区将在断电后丢失，而在恢复供电时由 CPU 恢复。

3. 系统存储器

系统存储器是 CPU 为用户程序提供的存储器组件，被划分为若干个地址区域。使用指令可以在相应的地址区内对数据直接进行寻址。系统存储器用于存放用户程序的操作数据，例如过程映像输入/输出、位存储器、数据块、局部数据、输入/输出区域和诊断缓冲区等。系统存储地址见表 3-2。

表 3-2　系统存储地址

地址区	说明
输入过程映像 I	输入映像区每一位对应一个数字量输入点，在每个扫描周期的开始阶段，CPU 对输入点进行采样，并将采样值存于输入映像寄存器中。CPU 在接下来的本周期各阶段不再改变输入过程映像寄存器中的值，直到下一个扫描周期的输入处理阶段才进行更新
输出过程映像 Q	输出映像区的每一位对应一个数字量输出点，在扫描周期最开始，CPU 将输出映像寄存器的数据传送给输出模块，再由后者驱动外部负载
位存储器 M	用来保存控制继电器的中间操作状态或其他控制信息
数据块 DB	在程序执行的过程中存放中间结果，或用来保存与工序或任务有关的其他数据。可以对其进行定义以便所有程序块都可以访问它们（全局数据块），也可将其分配给特定的 FB 或 SFB（背景数据块）
局部数据 L	可以作为暂时存储器或给子程序传递参数，局部变量只在本单元有效
输入区域	输入区域允许直接访问集中式和分布式输入模块
输出区域	输出区域允许直接访问集中式和分布式输出模块

S7-1200 PLC CPU 存储区的保持性见表 3-3。

表 3-3　S7-1200 PLC CPU 存储区的保持性

存储区	说明	强制	保持性
I 过程映像输入 I_：P（物理输入）	在扫描周期开始时从物理输入复制	否	否
	立即读取 CPU、信号板和信号模块上的物理输入点	是	否
Q 过程映像输出 Q_：P（物理输出）	在扫描周期开始时复制到物理输出	无	否
	立即写入 CPU、信号模块板和信号模块的物理输出点	是	否

续表

存储区	说明	强制	保持性
位存储器 M	控制和数据存储器	否	是
临时存储器 L	存储块的临时数据，这些数据仅在该块的本地范围内有效	否	否
数据块 DB	数据存储器，同时也是 FB 的参数存储器	否	是

4. 寻址

二进制数的 1 位（bit）只有 0 和 1 两种不同的取值，可用来表示开关量（或称数字量）的两种不同的状态，如触点的断开和接通、线圈的通电和断电等。如果该位为 1，则表示梯形图中对应的编程元件的线圈通电，其常开触点接通，常闭触点断开，反之相反。位数据的数据类型为 Bool（布尔）型。

8 位二进制数组成 1 个字节（Byte），其中的第 0 位为最低位（LSB），第 7 位为最高位（MSB）。

两个字节组成 1 个字（Word），两个字组成 1 个双字（Double Word）。

S7-1200 PLC CPU 中可以按照位、字节、字和双字对存储单元进行寻址。

位存储单元的地址由字节地址和位地址组成，如 I3.2，其中的区域标识符“I”表示输入（Input），字节地址为 3，位地址为 2，这种存取方式称为“字节．位”寻址方式。

对字节的寻址，如 MB2，其中的区域标识符“M”表示位存储区，2 表示寻址单元的起始字节地址为 2，B 表示寻址长度为 1 个字节，即寻址位存储区第 2 个字节。

对字的寻址，如 MW2，其中的区域标识符“M”表示位存储区，2 表示寻址单元的起始字节地址为 2，W 表示寻址长度为 1 个字，即 2 个字节，即寻址位存储区第 2 个字节开始的 1 个字，即字节 2 和字节 3。

对双字的寻址，如 MD0，其中的区域标识符“M”表示位存储区，0 表示寻址单元的起始字节地址为 0，D 表示寻址长度为 1 个双字，即 2 个字或 4 个字节，即寻址位存储区第 0 个字节开始的 1 个双字，即字节 0、字节 1、字节 2 和字节 3。

5. 数据格式与数据类型

数据类型决定了数据的属性，如元素的相关地址及其值的允许范围等。数据类型也决定了所采用的操作数。S7-1200 PLC 中使用下列数据类型。

（1）基本数据类型；

（2）复杂数据类型，通过链接基本数据类型构成；

（3）参数类型，使用该类型可以定义要传送到功能 FC 或功能块 FB 的参数；

（4）由系统提供的系统数据类型，其结构是预定义的并且不可编辑；

（5）由 CPU 提供的硬件数据类型。

S7-1200 PLC 的基本数据类型见表 3-4 。

表 3-4　S7-1200 PLC 的基本数据类型

数据类型	长度/位	范围	常量输入举例
Bool	1	0~1	TRUE，FALSE，0，1
Byte	8	16#00~16#FF	16#12，16#AB

续表

数据类型	长度/位	范围	常量输入举例
Word	16	16#0000~16#FFFF	16#ABCD，16#0001
DWord	32	16#00000000~16#FFFFFFFF	16#02468ACE
Char	8	16#00~16#FF	´A´，t´，´@´
SInt	8	-128~127	123，-123
Int	16	-32 768~32 767	123，-123
DInt	32	-2 147 483 648~2 147 483 647	123，-123
USInt	8	0~255	123
UInt	16	0~65 535	123
UDInt	32	0~4 294 967 295	123
Real	32	$\pm 1.18\times10^{-38}\sim\pm 3.40\times10^{38}$	123.456，-3.4，-1.2E+12
LReal	64	$\pm 2.23\times10^{-308}\sim\pm 1.79\times10^{308}$	12345.123456789 -1.2E+40
Time	32	T#-24d_20h_31m_23s_648ms~T#24d_20h_31m_23s_647ms 存储形式：-2 147 483 648~2 147 483 647ms	T#5m_30s，T#-2d， T#1d_2h_15m_30s_45ms
BCD16	16	-999~999	123，123
BCD32	32	-9 999 999~9 999 999	1234567，-1234567

通过组合基本数据类型构成复杂数据类型，这对于组织复杂数据十分有用。用户可以生成适合特定任务的数据类型，将基本的、逻辑上有关联的信息单元组合成一个拥有自己名称的新单元。如对于电动机的数据记录，将其描述为一个属性（性能，状态）记录，包括速度给定值、速度实际值、起停状态等各种信息。另外，通过复杂数据类型可以使复杂数据在块调用中作为一个单元被传递，即在一个参数中传递到被调用块，这符合结构化编程的思想。这种方式使众多基本信息单元高效而简洁地在主调用块和被调用块之间传递，同时保证了程序的高度可重复性和稳定性。

复杂数据类型见表 3-5，其包括以下几种。

（1）DTL。

（2）字符串（String）。它是最多由 254 个字符（Char）组成的一维数组。

（3）数组（Array）。它将一组同一类型的数据组合在一起，形成一个单元。

（4）结构（Struct）。它将一组不同类型的数据组合在一起，形成一个单元。

表 3-5　复杂数据类型

数据类型	描述
DTL	DTL 数据类型表示由日期和时间定义的时间点
String	String 数据类型表示最多包含 254 个字符的字符串

续表

数据类型	描述
Array	Array 数据类型表示由固定数目的同一数据类型的元素组成的域
Struct	Struct 数据类型表示由固定数目的元素组成的结构。不同的结构元素可具有不同的数据型

参数类型是为在逻辑块之间传递参数的形参（Formal Parameter，形式参数）定义的数据类型，包括 VARIANT 和 VOID 两种。

VARIANT 类型的参数是一个可以指向各种数据类型或参数类型变量的指针。

VARIANT 参数类型变量在内存中不占用任何空间。

VARIANT 参数类型的属性见表 3-6。

表 3-6　VARIANT 参数类型的属性

表示法	格式	长度/字节	输入值实例
符号	操作数	0	MyTag
绝对	数据块名称，操作数名称，元素		MyDB. StructTag. FirstComponent
	操作数		%MW10
	数据块编号，操作数，类型长度		P#DB10. DBX10. 0 INT 12

系统数据类型（SDT）由系统提供并具有预定义的结构，其结构由固定数目的可具有多种数据类型的元素构成，不能更改系统数据类型的结构。系统数据类型只能用于特定指令。

表 3-7 所示为可用的系统数据类型及其描述。

表 3-7　可用的系统数据类型及其描述

系统数据类型	以字节为单位的结构长度	描述
IEC_TIMER	16	定时器结构。此数据类型用于“TP”“TOF”“TON”和“TONR”指令
IEC_SCOUNTER	3	计数器结构，其计数为 SInt 数据类型。此数据类型用于“CTU”“CTD”和“CTUD”指令
IEC_USCOUNTER	3	计数器结构，其计数为 USInt 数据类型。此数据类型用于“CTU”“CTD”和“CTUD”指令
IEC_COUNTER	6	计数器结构，其计数为 Int 数据类型。此数据类型用于“CTU”“CTD”和“CTUD”指令
IEC_UCOUNTER	6	计数器结构，其计数为 UInt 数据类型。此数据类型用于“CTU”“CTD”和“CTUD”指令
IEC_DCOUNTER	12	计数器结构，其计数为 DInt 数据类型。此数据类型用于“CTU”“CTD”和“CTUD”指令
IEC_UDCOUNTER	12	计数器结构，其计数为 UDInt 数据类型。此数据类型用于“CTU”“CTD”和“CTUD”指令
ERROR_STRUCT	28	编程或 I/O 访问错误的错误信息结构。此数据类型用于“GET_ERROR”指令

续表

系统数据类型	以字节为单位的结构长度	描述
CONDITIONS	52	定义的数据结构，定义了数据接收开始和结束的条件。此数据类型用于"RCV_GFG"指令
TCON_Param	64	指定数据块结构，用于存储通过 PROFINET 进行的开放式通信的连接说明
VOID	—	VOID 数据类型不保存任何值。如果输出不需要任何返回值，则使用此数据类型。例如，如果不需要错误信息，则可以在输出 STATUS 上指定 VOID 数据类型

硬件数据类型由 CPU 提供。可用硬件数据类型的数目取决于 CPU。根据硬件配置中设置的模块存储特定硬件数据类型的常量。在用户程序中插入用于控制或激活已组态模块的指令时，可将这些可用常量用作参数。表 3-8 所示为可用的硬件数据类型及其描述。

表 3-8　可用的硬件数据类型及描述

数据类型	基本数据类型	描述
HW_ANY	Word	任何硬件组件（如模块）的标识
HW_IO	HW_ANY	I/O 组件的标识
HW_SUBMODULE	HW_IO	中央硬件组件的标识
HW_INTERFACE	HW_SUBMODULE	接口组件的标识
HW_HSC	HW_SUBMODULE	高速计数器的标识； 此数据类型用于"CTRL_HSC"指令
HW_PWM	HW_SUBMODULE	脉冲宽度调制的标识； 此数据类型用于"CTRL_PWM"指令
HW_PTO	HW_SUBMODULE	高速脉冲的标识； 此数据类型用于运动控制
AOM_IDENT	DWord	AS 运行系统中对象的标识
EVENT_ANY	AOM_IDENT	用于标识任意事件
EVENT_ATT	EVENT_ANY	用于标识可动态分配给 OB 的事件； 此数据类型用于"ATTACH"和"DETACH"指令
EVENT_HWINT	EVENT_ATT	用于标识硬件中断事件
OB_ANY	Int	用于标识任意 OB
OB_DELAY	OB_ANY	用于标识发生延时中断时调用的 OB； 此数据类型用于"SRT_DINT"和"CAN_DINT"指令
OB_CYCLIC	OB_ANY	用于标识发生循环中断时调用的 OB
OB_ATT	OB_ANY	用于标识可动态分配给事件的 OB； 此数据类型用于"ATTACH"和"DETACH"指令
OB_PCYCLE	OB_ANY	用于标识可分配给"循环程序"事件类别事件的 OB
OB_HWINT	OB_ATT	用于标识发生硬件中断时调用的 OB

续表

数据类型	基本数据类型	描述
OB_DIAG	OB_ANY	用于标识发生诊断错误中断时调用的 OB
OB_TIMEERROR	OB_ANY	用于标识发生时间错误时调用的 OB
OB_STARTUP	OB_ANY	用于标识发生启动事件时调用的 OB
PORT	UInt	用于标识通信端口； 此数据类型用于点对点通信
CONN_Aay	Word	用于标识任意连接
CONN_OUC	CONN_ANY	用于标识通过 PROFINET 进行开放式通信的连接

6. 编程语言

IEC 61131 是 IEC（国际电工委员会）制定的 PLC 标准，其中的第三部分 IEC 61131-3 是 PLC 的编程语言标准。IEC61131-3 是世界上第一个，也是至今为止唯一的工业控制系统的编程语言标准。

目前已有越来越多的 PLC 生产厂家提供符合 IEC61131-3 标准的产品，IEC61131-3 已经成为各种工控产品事实上的软件标准。IEC 61131-3 详细说明了句法、语义和下述 5 种编程语言。

①指令表（Instruction List，IL），西门子 PLC 称为语句表，简称为 STL。

②结构文本（Structured Text），西门子 PLC 称为结构化控制语言，简称为 S7-SCL。

③梯形图（LadderDiagram，LD），西门子 PLC 简称为 LAD。

④函数块图（Function Block Diagram，FBD）。

⑤顺序功能图（Sequential Function Chart，SFC），对应于西门子的 S7-Graph。

1）顺序功能图

顺序功能图是一种位于其他编程语言之上的图形语言，用来编制顺序控制程序。

2）梯形图

梯形图是使用得最多的 PLC 图形编程语言。梯形图与继电器电路图很相似，具有直观易懂的优点，很容易被工厂熟悉继电器控制的电气人员掌握，特别适合于数字量逻辑控制。有时把梯形图称为电路或程序。

3）函数块图

函数块图使用类似数字电路的图形逻辑符号来表示控制逻辑，有数字电路基础的人很容易掌握。国内很少有人使用函数块图语言。

在函数块图中，用类似与门（带有符号“&”）、或门（带有符号“>=1”）的方框来表示逻辑运算关系，方框的左边为逻辑运算的输入变量，右边为输出变量，输入、输出端的小圆圈表示“非”运算，方框被“导线”连接在一起，信号自左向右流动。指令框用来表示一些复杂的功能，例如数学运算等。

4）结构化控制语言

结构化控制语言（Structured Control Language，SCL）是一种基于 Pascal 的高级编程语言。SCL 除了包含 PLC 的典型元素（例如输入、输出、定时器和位存储器）外，还包含高级编程语言中的表达式、赋值运算和运算符。SCL 提供了简便的指令进行程序控制，例如创建程序分支、循环或跳转。SCL 尤其适用于数据管理、过程优化、配方管理、数学计算和统计任务等场合。

5）语句表

语句表（STL）是一种类似微机的汇编语言的文本语言，由多条语句组成一个程序段。

（三）位逻辑指令

位逻辑指令使用“1”和“0”两个数字，将“1”和“0”两个数字称作二进制数字或位。在触点和线圈中，“1”表示激活状态，“0”表示未激活状态。位逻辑指令是 PLC 中最基本的指令，见表 3-9。

表 3-9 位逻辑指令

图形符号	功能	图形符号	功能
—| |—	常开触点（地址）	—(S)—	置位线圈
—|/|—	常闭触点（地址）	—(R)—	复位线圈
—( )—	输出线圈	—(SET_BF)—	置位域
—(/)—	反向输出线圈	—(RESET_BF)—	复位域
—| NOT |—	取反	—| P |—	P 触点，上升沿检测
RS R Q S1	RS 置位优先型 RS 触发器	—| N |—	N 触点，下降沿检测
SR S Q R1	SR 复位优先型 SR 触发器	—(P)—	P 线圈，上升沿
"R_TRIG_DB" R_TRIG EN ENO CLK Q	检测信号上升沿	—(N)—	N 线圈，下降沿
"F_TRIG_DB" F_TRIG EN ENO CLK Q	检测信号下降沿	P_TRIG CLK Q	P_Trig，上升沿
		N_TRIG CLK Q	N_Trig，下降沿

1. 基本逻辑指令

常开触点对应的存储器地址位为“1”状态时，该触点闭合。常闭触点对应的存储器地址位“0”状态时，该触点断开。触点符号中间的“/”表示常闭，触点指令中变量的数据类型为Bool型。输出指令与线圈相对应，驱动线圈的触点电路接通时，线圈流过能流，指定位对应的映像寄存器为“1”，反之则为“0”。输出线圈指令可以放在梯形图的任意位置，变量为Bool型。常开触点、常闭触点和输出线圈的例子如图3-1所示，I0.0和I0.1是“与”的关系，当I0.0=1，I0.1=0时，输出Q0.0=1，Q0.1=0；当I0.0=1和I0.1=0的条件不同时满足时，Q0.0=0，Q0.1=1。

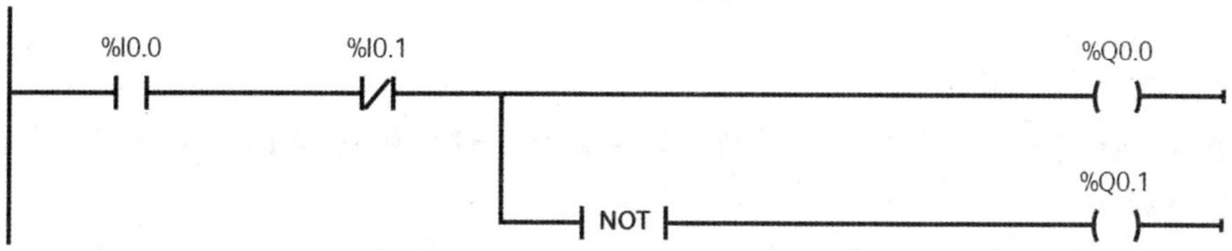

图3-1　常开、常闭触点和输出线圈的例子

取反指令的应用如图3-2所示，其中I0.0和I0.1是“或”的关系，当I0.0=0，I0.1=0时，取反指令后Q0.0=1。

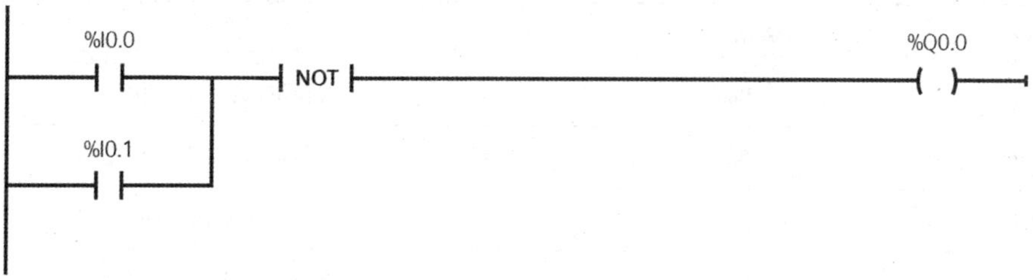

图3-2　取反指令的应用

2. 置位/复位指令

对于置位指令，如果RLO=1，则指定的地址被设定为状态“1”，而且一直保持到它被另一个指令复位为止；对于复位指令，如果RLO=1，则指定的地址被复位为状态“0”，而且一直保持到它被另一个指令置位为止。如图3-3所示，当I0.0=1时，Q0.0被置位，并保持为1。当I0.1=1时，Q0.0被复位为0。

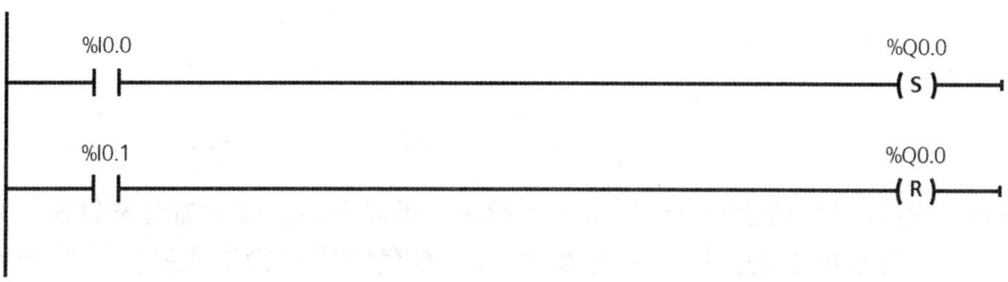

图3-3　置位/复位指令的应用

置位域指令SET_BF激活时，为从地址OUT处开始的n位分配数据值1。SET_BF不激活时，OUT不变。复位域RESET_BF为从地址OUT处开始的n位写入数据值0。

RESET_BF 不激活时，OUT 不变。置位域和复位域指令必须在程序段的最右端。如图 3-4 所示，当 I0.0=1 时，Q0.0~Q0.1 被置位。当 I0.1=1 时，Q0.0~Q0.1 被复位为 0。

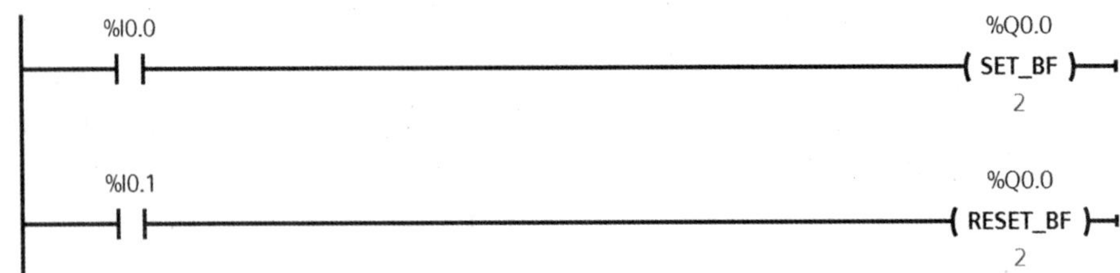

图 3-4 置位域/复位域指令的应用

3. 触发器的置位/复位指令

RS 是置位优先锁存，其中置位优先。如果置位（S1）和复位（R）信号都为真，则输出地址 OUT 将为 1。

SR 是复位优先锁存，其中复位优先。如果置位（S）和复位（R1）信号都为真，则输出地址 OUT 将为 0。

触发器的置位/复位指令参数的含义和功能见表 3-10、表 3-11。

表 3-10 触发器的置位/复位指令参数的含义

参数	数据类型	说明
S、S1	Bool	置位输入；1 表示优先
R、R1	Bool	复位输入；1 表示优先
OUT	Bool	分配的位输出“OUT”
Q	Bool	遵循“OUT”位的状态

表 3-11 触发器的置位/复位指令的功能

SR 触发器			RS 触发器		
S	R1	输出位	S1	R	输出位
0	0	保持前一状态	0	0	保持前一状态
0	1	0	0	1	0
1	0	1	1	0	1
1	1	0	1	1	1

触发器的置位/复位指令的应用如图 3-5 所示。可以看出，触发器有置位输入和复位输入两个输入端，分别用于根据输入端的 RLO=1，对存储器位置位或复位。当 I0.0=1 时，Q0.0 被复位，Q0.1 被置位；当 I0.1=1 时，Q0.0 被置位，Q0.1 被复位。若 I0.0 和 I0.1 同时为 1，则哪个输入端在下面哪个输入端起作用，即触发器的置位/复位指令分为置位优先和复位优先两种，如图 3-5 所示。

触发器指令上的 M0.0 和 M0.1 称为标志位，R、S 输入端首先对标志位进行复位和置

%M0.0
%I0.0
RS
%Q0.0
R
Q
%I0.1
S1
%M0.1
%I0.0
SR
%Q0.1
S
Q
%I0.1
R1

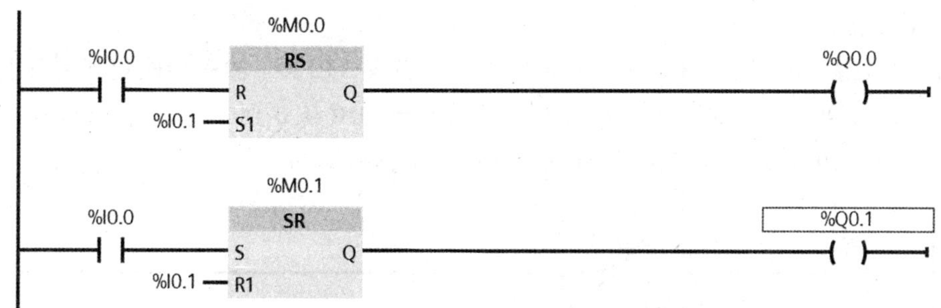

图 3-5　触发器的置位/复位指令的应用

位，再将标志位的状态送到输出端。如果用置位指令把输出置位，当 CPU 全启动时输出被复位。若在图 3-6 所示的例子中，将 M0.0 声明为保持，当 CPU 全启动时，它就一直保持置位状态，被启动复位的 Q0.0 会再次被赋值为 1。

注意：SR 指令的标志位地址不能重复，否则会出错。

4. 边沿指令

1）触点边沿

触点边沿检测指令包括 P 触点和 N 触点指令，是当触点地址位的值从 0 到 1（上升沿或正边沿，Positive）或从 1 到 0（下降沿或负边沿，Negative）变化时，该触点地址保持一个扫描周期的高电平，即对应常开触点接通一个扫描周期。触点边沿指令可以放置在程序段中除分支结尾外的任何位置。如图 3-6 所示，当 I0.0 从 0 到 1 变化时，Q0.0 接通一个扫描周期。当 I0.0 从 1 到 0 变化时，Q0.1 接通一个扫描周期。

%I0.0
P
%M0.0
%Q0.0
%I0.0
N
%M0.1
%Q0.1

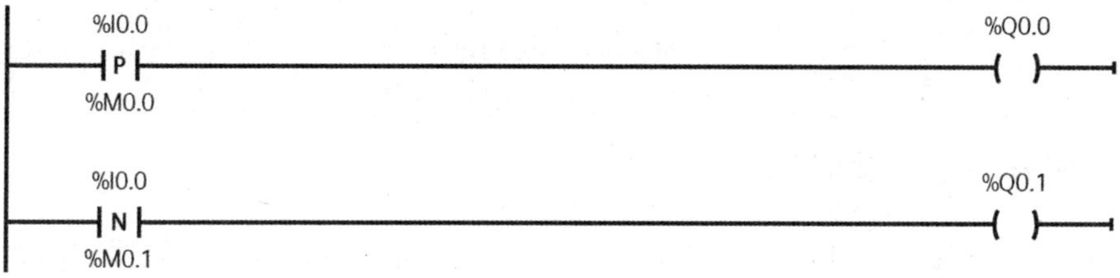

图 3-6　触点边沿

2）线圈边沿

线圈边沿包括 P 线圈和 N 线圈，是当进入线圈的能流中检测到上升沿或下降沿时，线圈对应的位地址接通一个扫描周期。线圈边沿指令可以放置在程序段中的任何位置。如图 3-7 所示，当 I0.0 从 0 到 1 变化时，Q0.0 接通一个扫描周期。当 I0.0 从 1 到 0 变化时，Q0.1 接通一个扫描周期。

%I0.0
%Q0.0
P
%M0.0
%I0.0
%Q0.1
N
%M0.1

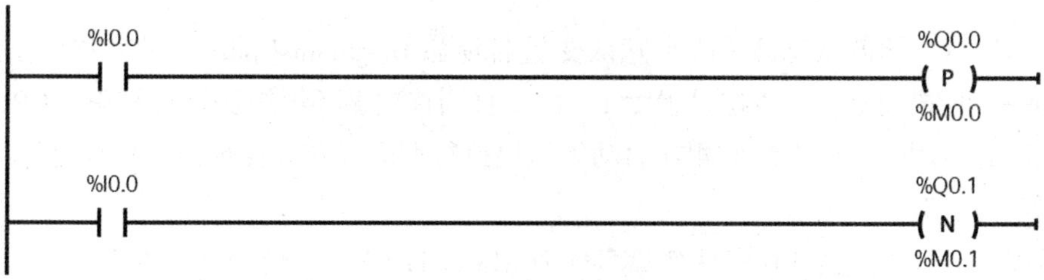

图 3-7　线圈边沿

3）TRIG 边沿

TRIG 边沿指令包括 P_TRIG 和 N_TRIG 指令，当在“CLK”输入端检测到上升沿或下降沿时，输出端接通一个扫描周期。如图 3-8 所示，当 I0.0 从 0 到 1 变化时，Q0.0 接通一个扫描周期。当 I0.0 从 1 到 0 变化时，Q0.1 接通一个扫描周期。

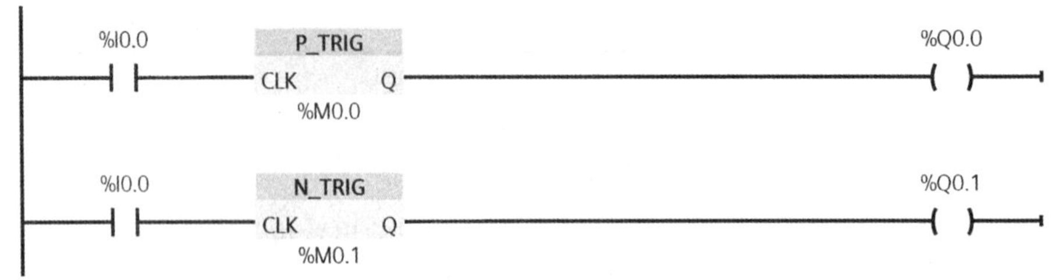

图 3-8　TRIG 边沿

按动一次瞬时按钮 I0.0，输出 Q0.0 亮，再按动一次按钮，输出 Q0.0 灭；重复以上操作。编写程序，如图 3-9 所示。

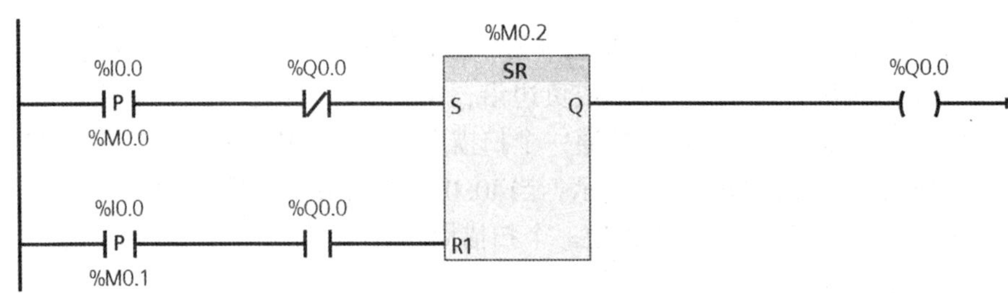

图 3-9　例题程序

（四）系统存储器和时钟存储器

在 PLC 的设备视图中的 CPU 的“属性”选项中，可以设置系统存储器和时钟存储器，并且可以修改系统存储器和时钟存储器字节的地址，默认的系统存储器字节的地址为 MB1，时钟存储器字节的地址为 MB0。如图 3-10 所示，本项目中选 MB10 为系统存储器字节的地址，时钟存储器字节的地址采用默认值。

系统存储器字节提供了以下 4 个位，用户程序可通过以下变量名称引用这 4 个位。

（1）M10.0（首次循环）默认变量名称为 FirstScan，在启动组织块执行完成后的第一个扫描周期内，该位设置为 1，在执行完第一次扫描，第二次扫描开始后“首次循环”位将设置为 0。

（2）M10.1（诊断状态已更改）默认变量名称为 DiagStatusUpdate，在 CPU 记录了诊断事件后的一个扫描周期内，该位设置为 1。由于直到首次循环组织块执行结束，CPU 才能置位该位。因此，用户程序无法检测在启动组织块执行期间或首次循环组织块执行期间是否发生过诊断状态更改。

（3）M10.2（始终为 1）默认变量名称为 AlwaysTRUE，该位始终设置为 1。

（4）M10.3（始终为 0）默认变量名称为 AlwaysFALSE，该位始终设置为 0。

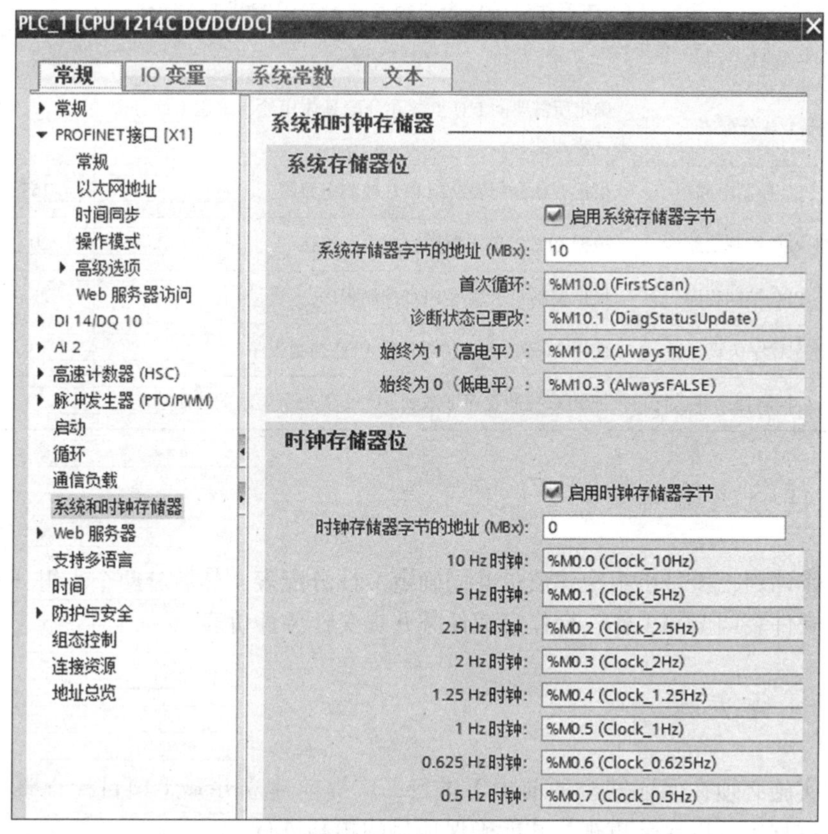

图 3-10　组态系统存储器和时钟存储器

时钟存储器字节中的每一位都可生成方波脉冲，时钟存储器字节提供了 8 种不同的频率，其范围为 0.5～10Hz。这些位可作为控制位（尤其在与边沿指令结合使用时），用于在用户程序中周期性触发动作。CPU 在从 STOP 模式切换到 STARTUP 模式时初始化这些字节。时钟存储器字节各位在 STARTUP 和 RUN 模式下会随 CPU 时钟同步变化。时钟存储器字节各位对应的时钟周期与频率见表 3-12。

表 3-12　时钟存储器字节各位对应的时钟周期与频率

位	7	6	5	4	3	2	1	0
周期/s	2	1.6	1	0.8	0.5	0.4	0.2	0.1
频率/Hz	0.5	0.625	1	1.25	2	2.5	5	10

二、 任务计划

根据项目需求，编制 I/O 分配表，编写四路抢答器的 PLC 控制程序并进行仿真调试，完成 PLC 控制电路的连接，下载程序到 PLC 并运行，实现所要求的控制功能。

按照通常的 PLC 控制程序编写及硬件装调工作流程，制定计划，见表 3-13。

表 3-13　应用位逻辑指令实现四路抢答器控制工作计划

序号	项目	内容	时间/min	人员
1	编制 I/O 分配表	确定所需要的 I/O 点数并分配具体用途，编制 I/O 分配表（需提交）	5	全体人员
2	绘制 PLC 控制电路图	根据 I/O 分配表绘制 PLC 控制电路图	15	全体人员
3	连接 PLC 控制电路	根据 PLC 控制电路图完成电路连接	20	全体人员
4	编写 PLC 控制程序	根据控制要求编写 PLC 控制程序	25	全体人员
5	PLC 控制程序仿真运行	使用 S7-PLCSIM 仿真运行 PLC 控制程序	10	全体人员
6	下载 PLC 控制程序并运行	把 PLC 控制程序下载到 PLC，实现所要求的控制功能	5	全体人员

三、 任务决策

按照工作计划，项目小组全体成员共同确定 I/O 分配表，然后分两个小组分别实施系统程序编写及硬件装调全部工作，合作完成任务并提交任务评价表。

四、 任务实施

项目的实施必须在保证安全的前提下进行，应提前建立并熟悉项目检查事项及评价要素，在实施过程中予以充分重视，才能确保项目的顺利进行。

（一）编制 I/O 分配表

根据控制要求列出所用的 I/O 点，并为其分配相应的地址，I/O 分配表见表 3-14。

表 3-14　I/O 分配表

输入			输出		
地址	元件符号	元件名称	地址	元件符号	元件名称
I0. 0	SB1	开始抢答按钮	Q0. 0	HL1	开始抢答指示灯
I0. 1	SB2	1 号抢答按钮	Q0. 1	HL2	1 号抢答指示灯
I0. 2	SB3	2 号抢答按钮	Q0. 2	HL3	2 号抢答指示灯
I0. 3	SB4	3 号抢答按钮	Q0. 3	HL4	3 号抢答指示灯
I0. 4	SB5	4 号抢答按钮	Q0. 4	HL5	4 号抢答指示灯
I0. 5	SB6	抢答器复位按钮	—	—	—

（二）绘制 PLC 控制系统电路图

根据表 3-14 和任务控制要求，设计抢答器系统的接线图，如图 3-11 所示。其中 1M 为 PLC 输入信号的公共端，3M 为 PLC 输出信号公共端。

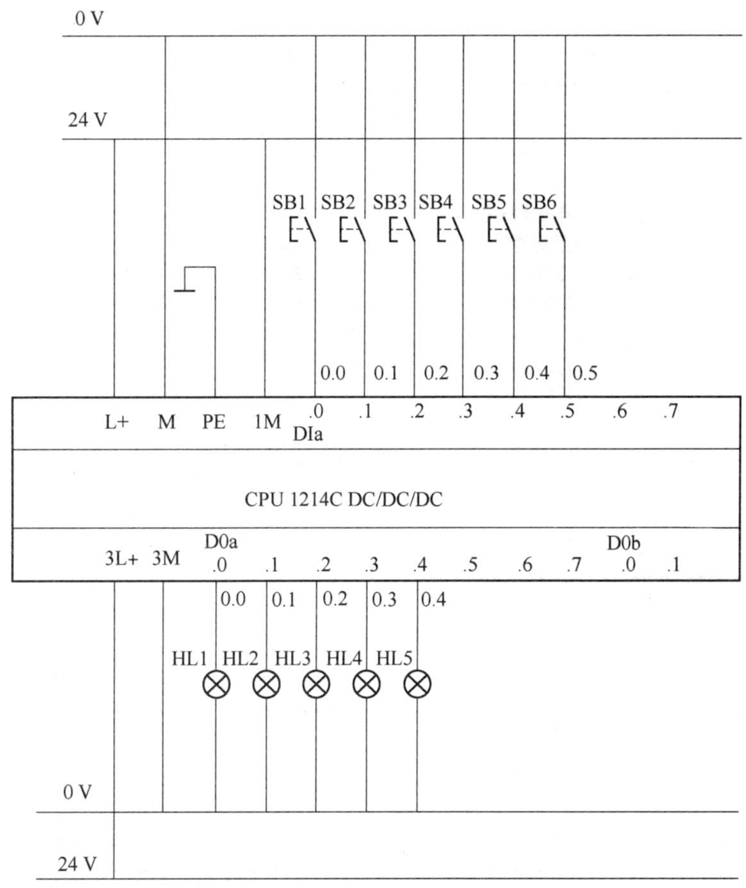

图 3-11　抢答器系统的接线图

（三）连接 PLC 控制电路

按工艺规范完成 PLC 控制电路的连接。电路的连接主要需要考虑元器件的布置安装、导线线径与颜色的选择、接线端子的选择与制作、线号标识的制作与排列，最终实现元器件布局间距合理、安装稳固可靠，布线整齐有序、松紧适宜，接线规范牢固、标识清晰明确。

（四）编写 PLC 控制程序

程序设计的重点在于各选手的抢答指示灯在主持人按下开始抢答按钮的前提下才有效，而且在任一抢答信号生效之后，另外三个抢答信号均无效，因此四个抢答信号应联锁。

1. PLC 控制程序的变量表

PLC 控制程序的变量表如图 3-12 所示。

2. 程序设计

根据控制要求，设计四个抢答信号联锁的梯形图程序，如图 3-13、图 3-14 所示。

3. 程序执行过程

在开始抢答之前，主持人需按下开始抢答按钮 SB1，在无选手抢答时，M0.0 置位为 1，控制输出信号 Q0.0 为 1，开始抢答指示灯亮。如果 1 号选手抢答成功，输入信号 I0.1 触发，

变量表_1

名称	数据类型	地址
开始抢答按钮	Bool	%I0.0
1号抢答按钮	Bool	%I0.1
2号抢答按钮	Bool	%I0.2
3号抢答按钮	Bool	%I0.3
4号抢答按钮	Bool	%I0.4
抢答器复位按钮	Bool	%I0.5
开始抢答指示灯	Bool	%Q0.0
1号抢答指示灯	Bool	%Q0.1
2号抢答指示灯	Bool	%Q0.2
3号抢答指示灯	Bool	%Q0.3
4号抢答指示灯	Bool	%Q0.4

图 3-12　PLC 控制程序的变量表

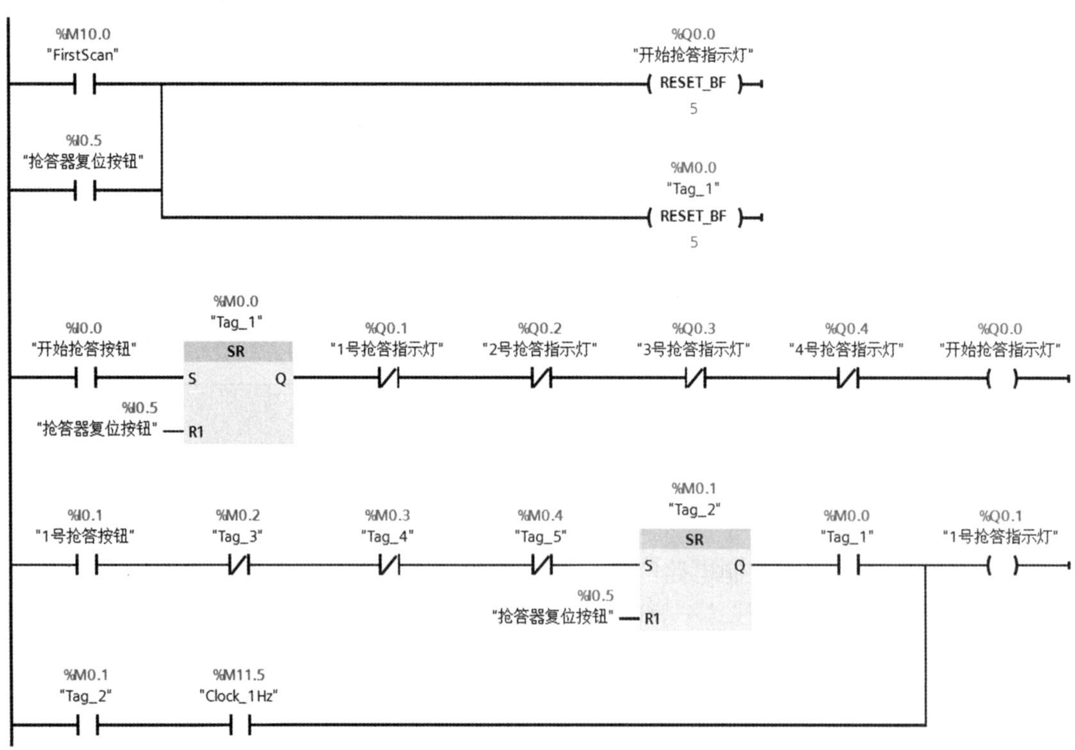

图 3-13　四路抢答器梯形图程序（1）

M0.1 为 1，输出信号 Q0.1 为 1，1 号抢答指示灯亮，抢答指示灯 Q0.0 熄灭，此次抢答有效。与此同时 M0.1 的动断触点断开，2 号、3 号和 4 号选手的抢答信号均无效，当主持人按下抢答器复位按钮时，输入信号 I0.5 的动合触点闭合，输出信号均为 0，抢答开始指示灯熄灭，一次抢答结束，等待下次抢答。2 号、3 号和 4 号选手与 1 号选手的抢答原理完全相同。

在主持人未按下开始抢答按钮之前，若有选手按下抢答按钮，以 1 号选手为例，输入信号 I0.1 的动合触点闭合，M0.1 为 1，其动合触点闭合，通过时钟脉冲信号，输出信号 Q0.1 导通并开始闪烁，表示其犯规，此次抢答无效。主持人按下抢答器复位按钮，使其抢答指示灯熄灭。

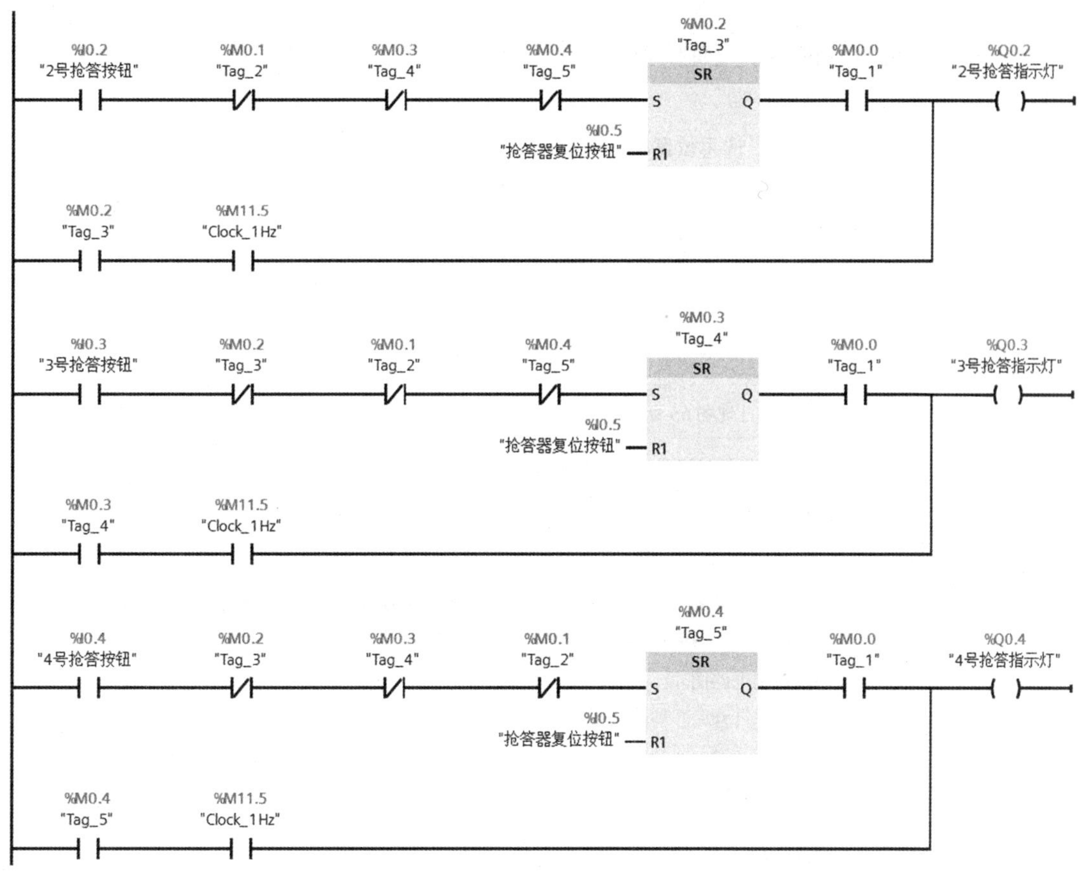

图 3-14　四路抢答器梯形图程序（2）

（五）仿真调试

参照项目 2 中的方法，将 PLC_1 站点下载到仿真器中，打开仿真器的项目视图，添加新项目。在项目树中，双击“SIM 表格_1”选项，在仿真器项目视图的工作区打开“SIM 表格_1”，在“SIM 表格_1”中的“地址”栏中输入 I/O 地址，对应的变量名称则显示在“名称”栏中。在“SIM 表格_1”中仿真即可。

（六）下载 PLC 控制程序并运行

通过仿真检查，确认程序编写无误后，连接编程计算机和 PLC，把程序下载到 PLC 中准备正式运行。在运行 PLC 控制程序前，要确认所有电路已正确连接，电源状态正常。运行 PLC 控制程序时，分别按下出题按钮和抢答按钮，观察抢答指示灯的运行状态是否正确。

五、任务检查

为了保证项目能顺利可靠地开展下去，必须对项目的实施过程和结果进行检查。检查点的设置原则主要包括两点：对影响项目正常实施和完成质量的因素，要设置为检查点，包括安全、操作、结果（中间结果和最终结果）等；所设置的检查点应尽可能量化表达，以便于客观评价项目的实施。

根据本项目的具体内容，设置检查表（表3-15），在实施过程中和终结时进行必要的检查并填写检查表。

表3-15 应用位逻辑指令实现四路抢答器控制项目检查表

评价项目	评价内容	分值	得分
职业素养（30分）	分工合理，制定计划能力强，严谨认真	5	
	爱岗敬业，具有安全意识、责任意识、服从意识	5	
	团队合作，具有交流沟通、互相协作、分享的能力	5	
	遵守行业规范、现场6S标准	5	
	主动性强，保质保量完成工作页相关任务	5	
	能采取多样化手段收集信息、解决问题	5	
专业能力（60分）	编制I/O分配表： （1）所有输入地址编排合理，节约硬件资源，元件符号与元件作用说明完整； （2）所有输出地址编排合理，节约硬件资源，元件符号与元件作用说明完整	10	
	绘制PLC控制电路图： （1）电路图元件齐全，标注正确； （2）电路功能完整，布局合理	10	
	连接PLC控制电路： （1）安全不违章； （2）安装达标	10	
	编写PLC控制程序： （1）功能正确，程序段合理； （2）符号表正确完整； （3）绝对地址、符号地址显示正确，程序段注释合理	10	
	PLC控制程序仿真运行： （1）S7-PLCSIM打开正确，程序下载正常； （2）仿真操作正确，能正确仿真运行程序	10	
	下载PLC控制程序并运行： （1）程序下载正确，PLC指示灯正常； （2）程序运行操作正确，能实现预定功能	10	
创新意识（10分）	具有创新性思维并付诸行动	10	
合计		100	

六、任务评价

根据项目实施、检查情况，填写评价表。评价表分为自评表（表3-16）和他评表（表3-17），主要内容应包括实施过程简要描述、检查情况描述、存在的主要问题、解决方案等。

表 3-16 应用位逻辑指令实现四路抢答器控制项目自评表

签名： 日期：

表 3-17 应用位逻辑指令实现四路抢答器控制项目他评表

签名： 日期：

实践练习（项目需求）

一、任务描述

设计八人竞赛抢答器，要求如下：首先由主持人给出题目，并按下开始抢答按钮，开始抢答指示灯亮，可以开始抢答；先按下抢答按钮的选手，其对应的抢答指示灯亮，后按下抢答按钮的选手，其对应的抢答指示灯不亮。抢答结束后，主持人按下抢答器复位按钮，抢答指示灯熄灭。

如果在主持人未按下开始抢答按钮，且开始抢答指示灯未亮之前，选手按下抢答按钮，则抢答指示灯闪亮，表示该选手犯规。

主持人按下抢答器复位按钮后，再次按下开始抢答按钮，系统又继续允许选手抢答，直至又有选手抢先按下抢答按钮。请根据控制要求完成以下任务。

（1）确定 I/O 分配表；

（2）绘制 PLC 控制电路图；

（3）完成 PLC 控制电路连接；

（4）完成 PLC 控制程序编写；

（5）完成 PLC 控制程序仿真运行；

（6）完成 PLC 控制程序下载并运行。

二、任务计划

应用位逻辑指令实现八人竞赛抢答器控制工作计划见表 3-18。

表 3-18　应用位逻辑指令实现八人竞赛抢答器控制工作计划

序号	项目	内容	时间/min	人员
1				
2				
3				
4				
5				
6				

三、 任务决策

根据任务要求和资源、人员的实际配置情况，按照工作计划，采取项目小组的方式开展工作，小组内实行分工合作，每位成员都要完成全部任务并提交任务评价表。

应用位逻辑指令实现八人竞赛抢答器控制项目决策表见表 3-19。

表 3-19　应用位逻辑指令实现八人竞赛抢答器控制项目决策表

签名： 日期：

四、 任务实施

（一）I/O 分配表

I/O 分配表见表 3-20。

表 3-20　I/O 分配表

输入			输出		
地址	元件符号	元件名称	地址	元件符号	元件名称

（二）PLC 控制电路图

（三）PLC 控制程序

应用位逻辑指令实现八人竞赛抢答器控制项目工作计划见表 3-21。

表 3-21　应用位逻辑指令实现八人竞赛抢答器控制项目工作计划实施记录表

签名： 日期：

五、 任务检查

应用位逻辑指令实现八人竞赛抢答器控制项目检查表见表 3-22。

表 3-22　应用位逻辑指令实现八人竞赛抢答器控制项目检查表

评价项目	评价内容	分值	得分
职业素养（30 分）	分工合理，制定计划能力强，严谨认真	5	
	爱岗敬业，具有安全意识、责任意识、服从意识	5	
	团队合作，具有交流沟通、互相协作、分享的能力	5	
	遵守行业规范、现场 6S 标准	5	
	主动性强，保质保量完成工作页相关任务	5	
	能采取多样化手段收集信息、解决问题	5	

续表

评价项目	评价内容	分值	得分
专业能力（60分）	编制I/O分配表： （1）所有输入地址编排合理，节约硬件资源，元件符号与元件作用说明完整； （2）所有输出地址编排合理，节约硬件资源，元件符号与元件作用说明完整	10	
	绘制PLC控制电路图： （1）电路图元件齐全，标注正确； （2）电路功能完整，布局合理	10	
	连接PLC控制电路 （1）安全不违章； （2）安装达标	10	
	编写PLC控制程序： （1）功能正确，程序段合理； （2）符号表正确完整； （3）绝对地址、符号地址显示正确，程序段注释合理	10	
	PLC控制程序仿真运行： （1）S7-PLCSIM软件打开正确，下载正常； （2）仿真操作正确，能正确仿真运行程序	10	
	下载PLC控制程序并运行： （1）程序下载正确，PLC指示灯正常； （2）程序运行操作正确，能实现预定功能	10	
创新意识（10分）	具有创新性思维并付诸行动	10	
合计		100	

六、 任务评价

应用位逻辑指令实现八人竞赛抢答器控制项目自评表和他评表见表3-23、表3-24。

表3-23　应用位逻辑指令实现八人竞赛抢答器控制项目自评表

签名： 日期：

表3-24　应用位逻辑指令实现八人竞赛抢答器控制项目他评表

签名： 日期：

扩展提升

有 5 台电动机，每按一次启动按钮启动 1 台电动机，每按一次停止按钮，停掉最后启动的那台电动机，按下紧急停止按钮，停止所有电动机，任意时候可以选择启动或停止。根据控制要求完成以下任务。

（1）确定 I/O 分配表；

（2）完成 PLC 控制电路图；

（3）完成 PLC 控制电路连接；

（4）完成 PLC 控制程序编写；

（5）完成 PLC 控制程序仿真运行；

（6）完成 PLC 控制程序下载并运行。

项目 4　应用定时器指令实现流水灯控制

背景描述

在继电器控制系统中，常使用时间继电器进行延时控制。在 PLC 控制系统中，类似的功能可以由定时器指令来实现。相比较继电器控制系统中的通电延时和断电延时，PLC 中定时器指令能实现更为丰富的控制功能。在 PLC 中，定时器按照设置好的时间基准进行计数，当计数值达到预设值时定时器的状态发生翻转，从而实现定时的功能。本项目应用定时器指令实现流水灯控制。

素养目标

从历史重大事件中体会精确控制时间的重要性。PLC 中的定时器就像生活中的时钟，要准确控制，时间在向前奔跑，时代的车轮挡不住，岁月的洪流冲不走。

【知识拓展】

“154 年的耻辱，我们多一秒都不能再等，0 分 0 秒升起中国国旗，这是我们的底线”——《我和我的祖国》之“回归篇”电影片断真实再现了 1997 年 7 月 1 日香港回归的盛况。为了确保香港分秒不差地回归祖国怀抱，大陆的官员和军人、香港的警察和市民，双方同心协力，默契配合，共同完成了香港回归的历史任务。

任务描述

控制 5 个指示灯，当按下启动按钮 SB1 时，每秒钟依次点亮 HL1～HL5 指示灯，当按下启动按钮 SB2 时，每秒钟依次点亮 HL5～HL1 指示灯，并不断循环。当按下停止按钮按 SB3 时指示灯全部熄灭。请根据控制要求完成以下任务。

（1）确定 I/O 分配表；

（2）完成 PLC 控制电路图；

（3）完成 PLC 控制电路连接；

（4）完成 PLC 控制程序编写；

（5）完成 PLC 控制程序仿真运行；

（6）完成 PLC 控制程序下载并运行。

示范实例

一、 知识储备

（一）定时器

S7-1200 PLC 定时器指令可创建编程的时间延时。在用户程序中可以使用的定时器数仅受 CPU 存储器容量限制。每个定时器均使用 16 字节的 IEC_Timer 数据类型的 DB 结构来存储功能框或线圈指令顶部指定的定时器数据。STEP 7 会在插入指令时自动创建该 DB。S7-1200 PLC 定时器共 4 种类型，见表 4-1。

表 4-1 S7-1200 PLC 定时器类型

LAD/FBD 功能框	LAD 线圈	说明
"IEC_Timer_0_DB" TP Time IN Q PT ET	TP Time	脉冲定时器（TP）可生成具有预设宽度时间的脉冲
"IEC_Timer_0_DB_1" TON Time IN Q PT ET	TON Time	接通延时定时器（TON）在预设的延时过后将输出 Q 设置为 ON
"IEC_Timer_0_DB_2" TOF Time IN Q PT ET	TOF Time	断开延时定时器（TOF）在预设的延时过后将输出 Q 重设为 OFF
"IEC_Timer_0_DB_3" TONR Time IN Q R ET PT	TONR Time	保持型接通延时定时器（TONR）在预设的延时过后将输出 Q 设置为 ON。在使用 R 输入重置经过的时间之前，会跨越多个定时时段一直累加经过的时间

定时器指令中的 IN 信号为输入信号，即定时器的启动信号，当输入信号从“0”状态跳变到“1”状态时，脉冲定时器、接通延时定时器、保持型接通延时定时器启动定时，但断开延时定时器在输入信号从“1”状态跳变到“0”状态时启动定时。PT 为定时器预置的时间，ET 为定时器开始计时后已消耗的时间，R 为保持型接通延时定时器的复位信号。

定时器指令属于功能块，在调用时需要知道配套的背景数据块，定时器指令的数据保存在背景数据块中。当在梯形图中输入定时器指令时，打开右边的指令窗口，将“定时器操作”文件夹中的定时器指令拖放到梯形图中合适的位置，可以修改将要生成的背景数据块的名称，也可采用默认的名称。单击“确定”按钮，会自动生成背景数据块。定时器指令没有编号，在对定时器使用复位指令时，可以用背景数据块编号或符号名来指定需要复位的定时器，如果没有必要，则可以不用复位指令。

1. 脉冲定时器指令

脉冲定时器指令及其波形如图 4-1、图 4-2 所示。脉冲定时器可生成具有预设宽度的脉冲，由图 4-2 所示的波形可见，脉冲定时器类似数字电路中上升沿触发的单稳态电路。在 I0.0 由 0 变为 1，Q0.0 输出为 1 时，开始输出脉冲，在达到预置的时间 10 s 时，Q0.0 输出变为 0。输入信号的脉冲宽度可以小于输出信号的脉冲宽度。在脉冲输出期间，即使输入信号又出现上升沿，也不会影响脉冲的输出。

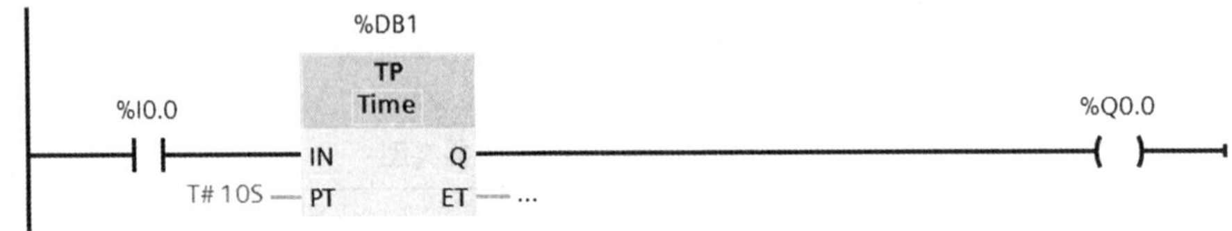

图 4-1　脉冲定时器指令

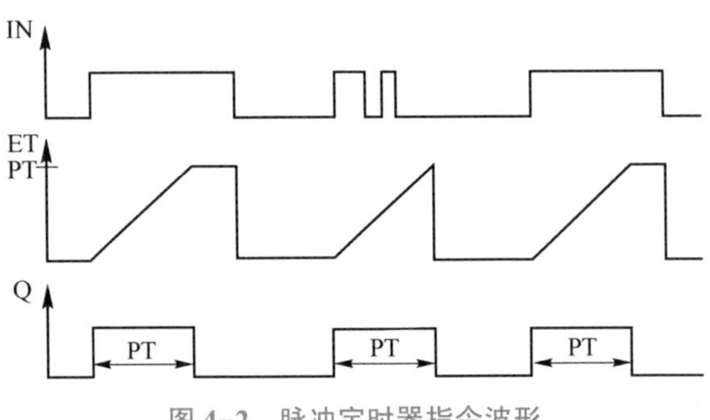

图 4-2　脉冲定时器指令波形

用程序状态监控功能可以观察已消耗时间的变化，从脉冲定时器开始计时，已消耗时间从 0 ms 开始不断增加，在达到预置的时间时不再增加，如果 IN 输入为 1，则已消耗时间保持不变；如果 IN 输入为 0，则已消耗时间变为 0 ms。在 IN 输入为 1 时，脉冲定时器复位指令可以复位已消耗时间，但不能复位输出值，复位信号消失，继续输出固定宽度的脉冲。

2. 接通延时定时器指令

接通延时定时器指令及其波形如图 4-3、图 4-4 所示。在 I0.0 由 0 变为 1 时，在达到预置的时间 10 s 时，Q0.0 输出变为 1。如果 I0.0 输入时间小于定时时间，则 Q0.0 没有输出。

图 4-3　接通延时定时器指令

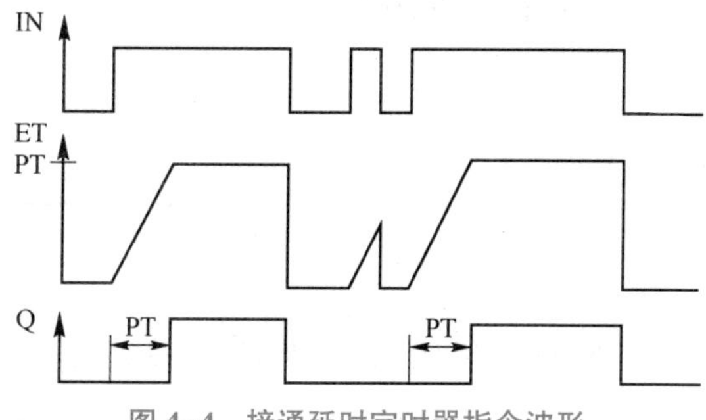

图 4-4　接通延时定时器指令波形

接通延时定时器在其输入端由断开变为接通时开始计时，当定时时间大于或等于预置的时间时，Q 输出为 1。当输入端断开时，接通延时定时器被复位，已消耗时间被清零，Q 输出变为 0。在 CPU 第一次扫描时，接通延时定时器输出被清零。

3. 断开延时定时器指令

断开延时定时器指令及其波形如图 4-5、图 4-6 所示。当其输入端 I0.0 接通时，输出 Q0.0 为 1；当其输入端 I0.0 由接通变为断开时，定时器开始计时，定时时间大于或等于预置的时间 10 s 时，输出 Q0.0 变为 0。

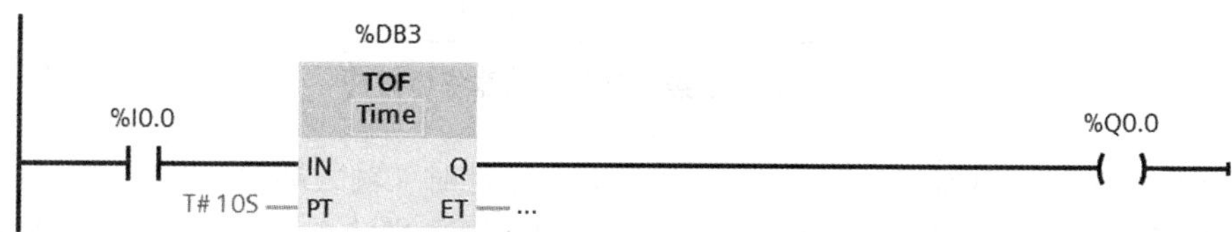

图 4-5　断开延时定时器指令

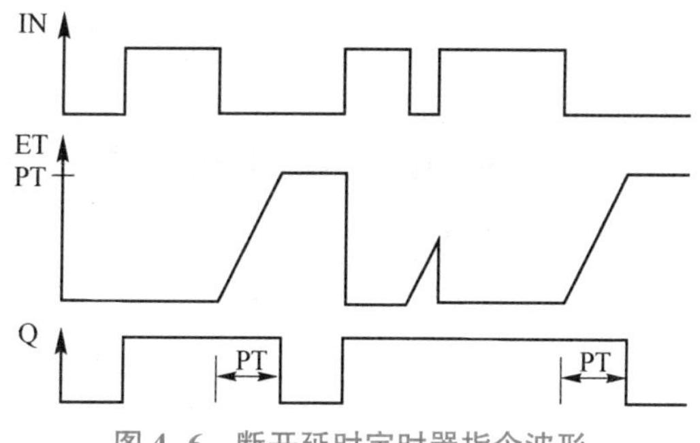

图 4-6　断开延时定时器指令波形

当 IN 输入为 1 时，断开延时定时器的位值 Q 立即为 1，并把预置的时间设为 0。当 IN 输入由 1 变为 0 时，断开延时定时器开始计时，当已消耗时间等于预置的时间时，断开延时定时器的位值 Q 立即复位为 0，并停止计时。断开延时定时器指令必须用负跳变的输入信号启动计时。

4. 保持型接通延时定时器指令

保持型接通延时定时器指令及其波形如图 4-7、图 4-8 所示。I0.0 接通 5 s 时，然后 I0.0 断开，累计的已消耗时间保持 5 s 不变。累计 I0.0 接通的时间间隔。当 I0.0 再次接通为 1 时，已消耗时间从 5 s 继续累加，大于等于 10 s 后，Q0.0 变为 1，I0.1 接通为 1 时，保持型接通延时定时器被复位，同时输出 Q0.0 变为 0。

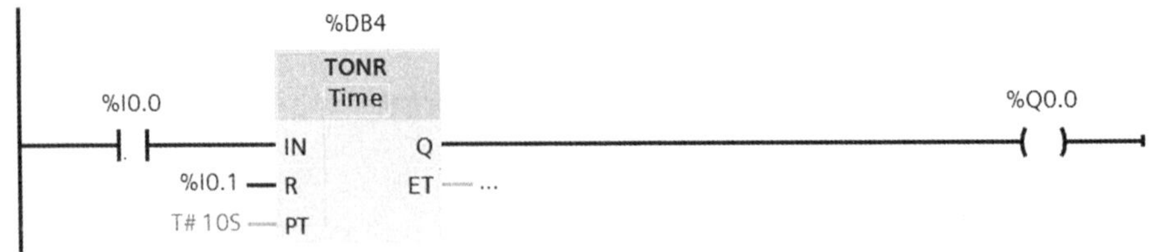

图 4-7　保持型接通延时定时器指令

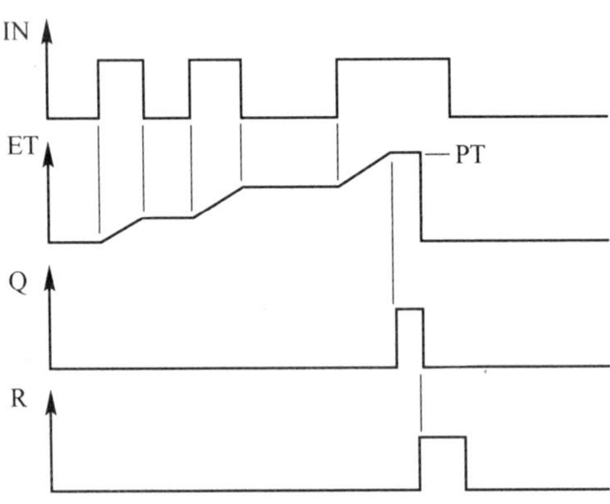

图 4-8　保持型接通延时定时器指令波形

保持型接通延时定时器在其输入端 IN 接通时开始计时，输入端 IN 断开，累计的已消耗时间保持不变。可以用来累计输入端 IN 接通的时间间隔。当输入端 R 为 1 时，保持型接通延时定时器被复位，其累计的已消耗时间变为 0，同时输出 Q 变为 0。

5. 定时器直接启动指令

对于 IEC 定时器指令，还有 4 种简单的直接启动指令：启动脉冲定时器、启动接通延时定时器、启动关断延时定时器和时间累加器。需要注意的是，-（TP）-、-（TON）-、-（TOF)-和-（TONR）-定时器线圈必须是 LAD 网络中的最后一个指令。应用启动脉冲定时器-（TP）-实现的实例如图 4-9 所示。

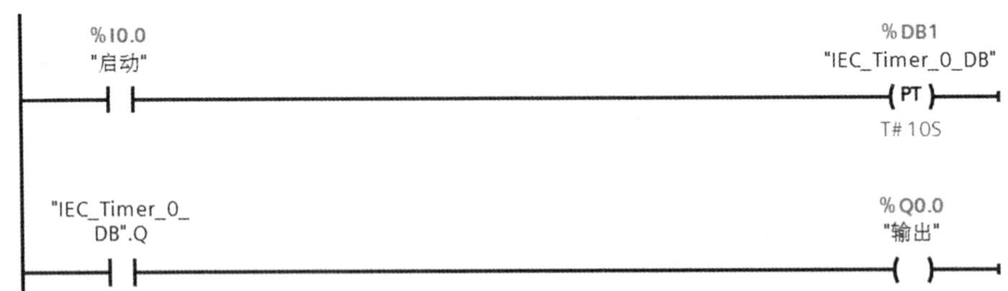

图 4-9　应用启动脉冲定时器-（TP）-实现的实例

当 I0.0 的值由 0 转换为 1 时，脉冲定时器启动。定时器开始运行并持续 5 s。只要定时器运行，"IEC_Timer_0_DB" .Q=1 且"Q0.0" =1。当经过定时时间 5 s 后，"IEC Timer_0_DB" .Q=0 且"Q0.0" =0。

6. 复位及加载持续时间指令

S7-1200 PLC 有专门的定时器复位指令 RT 和加载持续时间指令 PT，如图 4-10 所示。"%DB1" 为定时器的背景数据块，其功能为通过清除存储在指定定时器背景数据块中的时间数据来重置定时器。

可以使用加载持续时间指令为定时器设置时间。如果该指令输入逻辑运算结果（RLO）的信号状态为"1"，则每个周期都执行该指令。该指令将指定时间写入指定定时器的结构。如果在指令执行时指定定时器正在计时，指令将覆盖该指定定时器的当前值，从而改变定时器的状态。

当 I0.0 的值由 0 转换为 1 时,"IEC_Timer_0_DB" .PT=0S。当 I0.1 的值由 0 转换为 1 时,"IEC_Timer_0_DB" .PT=10S。

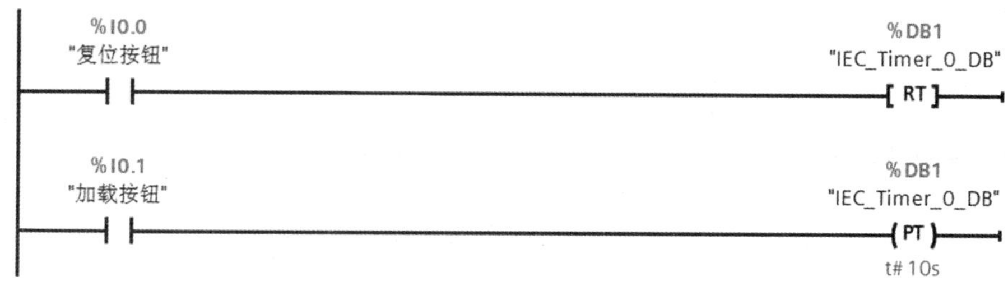

图 4-10　复位及加载持续时间指令

7. 定时器指令应用举例

用定时器设计输出脉冲周期和占空比可调的振荡电路，要求：接通 5 s、断开 5 s（闪烁电路）。

闪烁电路实际上是一个具有正反馈功能的振荡电路。第一个定时器"IEC_Time0_DB"，其输出的 Q 位信号可以表示为"IEC_Timer_0_DB" .Q：第二个定时器"IEC_Timer_0_DB_1"，其输出的 Q 位信号可以表示为"IEC_Timer_0_DB_1" .Q，如图 4-11 所示。

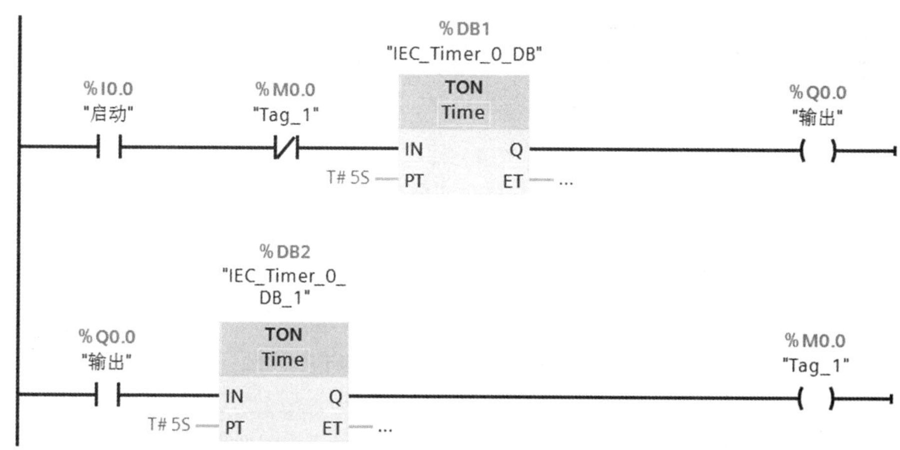

图 4-11　闪烁电路（接通延时定时器）

I0.0 接通时，第一个定时器"IEC_Timer_0_DB" IN 输入为 1，开始计时，5 s 后定时时间到，其输出的常开触点闭合，能流流入第二个定时器"IEC_Time0_DB1"，使其开始计时，同时 Q0.0 线圈接通。5 s 后第二个定时器定时时间到，Q 输出为 1，下一个扫描周期使其输出的常闭触点断开，第一个定时器输入开路，使 Q 输出为 0，Q0.0 和第二个定时器的 Q 输出也变为 0。再下一个扫描周期因第二个定时器的常闭触点接通，第一个定时器又从预置值开始计时，以后 Q0.0 线圈便这样周期性地接通与断开。

同样，可以用脉冲定时器实现以上功能，如图 4-12 所示。

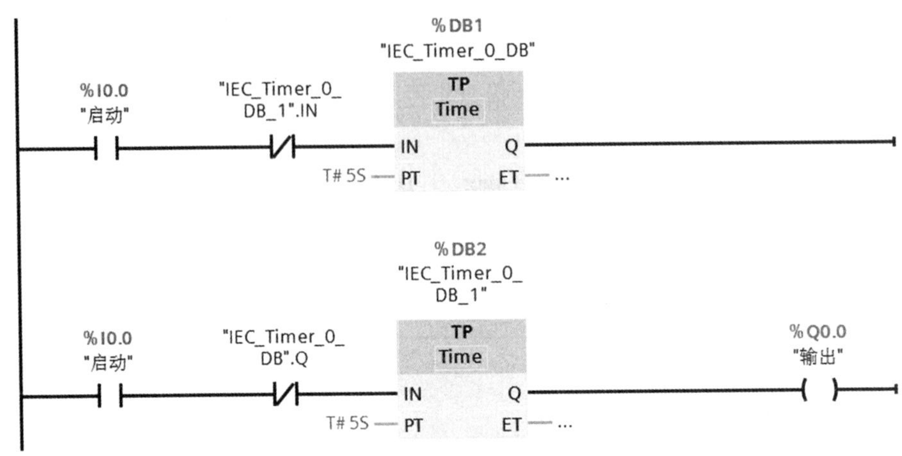

图 4-12　闪烁电路（脉冲定时器）

（二）比较指令

1. 比较指令

S7-1200 PLC 的比较指令见表 4-2。使用比较指令时可以通过单击指令从下拉菜单中选择比较的类型和数据类型。比较指令只能对两个相同数据类型的操作数进行比较。

表 4-2　S7-1200 PLC 的比较指令

指令	关系类型	满足以下条件时比较结果为真	支持的数据类型
== ???	=（等于）	IN1 等于 IN2	SInt，Int，DInt，USInt，UInt，UDInt，Real，LReal，String，Char，Time，DTL，Constant
<> ???	<>（不等于）	IN1 不等于 IN2	
>= ???	>=（大于等于）	IN1 大于等于 IN2	
<= ???	<=（小于等于）	IN1 小于等于 IN2	
> ???	>（大于）	IN1 大于 IN2	
< ???	<（小于）	IN1 小于 IN2	

指令	关系类型	满足以下条件时比较结果为真	支持的数据类型
IN_RANGE ??? MIN VAL MAX	IN_RANGE（值在范围内）	MIN <= VAL <= MAX	SInt，Int，DInts USInt，UInt，UDInt，Real，Constant
OUT_RANGE ??? MIN VAL MAX	OUT RANGE（值超出范围）	VAL<MIN 或 VAL>MAX	
┤OK├	OK（检查有效性）	输入值为有效 REAL 数	Real，LReal
┤NOT_OK├	NOT_OK（检查无效性）	输入值不是有效 REAL 数	

下面用接通延时定时器和比较指令组成占空比可调的脉冲发生器，如图 4-13 所示。

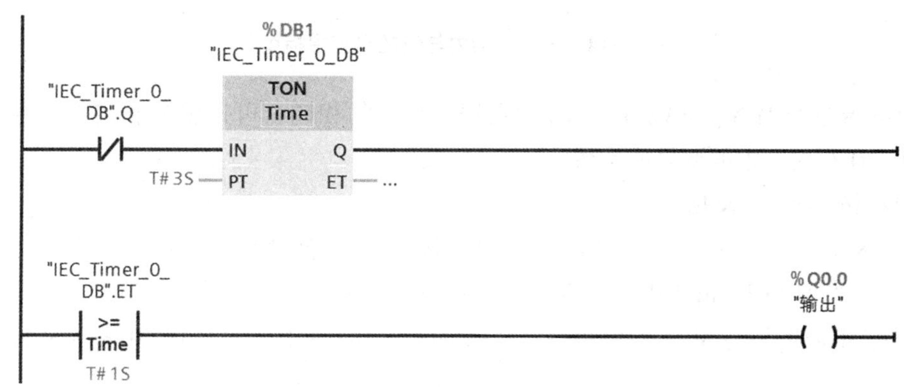

图 4-13　占空比可调的脉冲发生器

T1 是接通延时定时器的背景数据块的符号地址。" IEC_Timer_0_DB" .Q 是接通延时定时器的位输出。PLC 进入 RUN 模式时，接通延时定时器的 IN 输入端为“1”状态，定时器的当前值从 0 开始不断增大。当前值等于预设值时，" IEC_Timer_0_DB" .Q 变为“1”状态，其常闭触点断开，接通延时定时器被复位，" IEC_Timer_0_DB" .Q 变为“0”状态。下一扫描周期其常闭触点接通，接通延时定时器又开始定时。接通延时定时器和它的 Q 输出" IEC_Timer_0_DB". Q 的常闭触点组成了一个脉冲发生器，使接通延时定时器的当前时间" IEC_Timer_0_DB". ET 按锯齿波形变化。比较指令用来产生脉冲宽度可调的方波，" IEC_Timer_0_DB" .ET 小于 1 s 时，Q0. 0 为“0”状态，反之为“1”状态。

比较指令上面的操作数" IEC_Timer_0_DB" .ET 的数据类型为 Time，输入该操作数后，指令中“=”符号下面的数据类型自动变为“Time”。

2. 值在范围内与值超出范围指令

值在范围内指令 IN_RANGE 与值超出范围指令 OUT_RANGE 可以等效为一个触点。如果有能流流入指令方框，执行比较，反之不执行比较。图 4-14 中 IN RANGE 指令的参数 VAL 满足 MIN≤VAL≤MAX（-1500≤MW22≤27 555），或 OUT RANGE 指令的参数 VAL 满足 VAL<MIN 或 VAL>MAX（MB20<30 或 MB20>125）时，等效触点闭合，指令框为绿色。不满足比较条件则等效触点断开，指令框为蓝色的虚线。

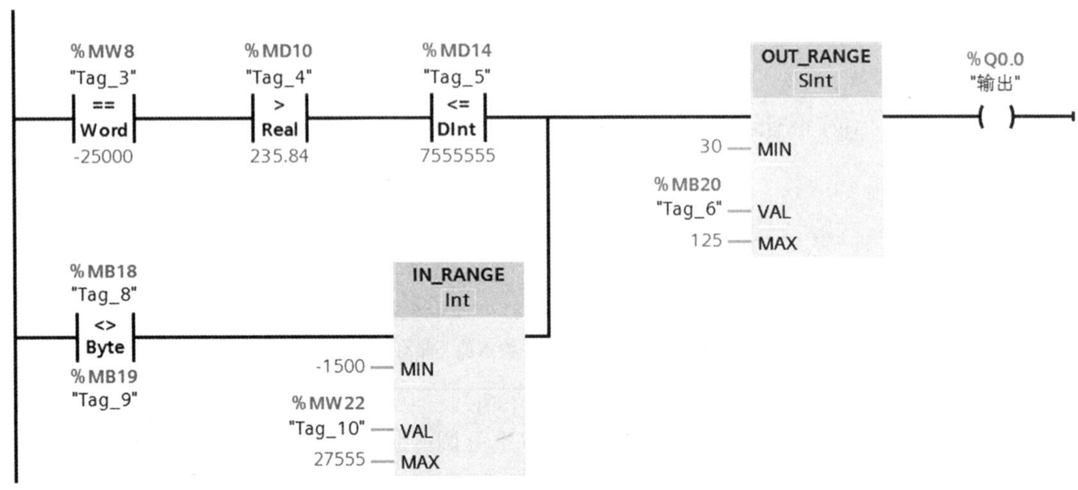

图 4-14　值在范围内与值超出范围指令

这两条指令的 MIN、MAX 和 VAL 的数据类型必须相同，可选整数和实数，可以是 1、Q、M、L、D 存储区中的变量或常数。

3. OK 和 NOT_OK 指令

使用 OK 和 NOT_OK 指令可测试输入的数据是否为符合 IEEE 规范 754 的有效实数。在图 4-15 中，当 MD0 和 MD4 中为有效的浮点数时，会激活“实数乘”（MUL）运算并置位输出，即将 MD0 的值与 MD4 的值相乘，结果存储在 MD10 中，同时 Q4. 0 输出为 1。

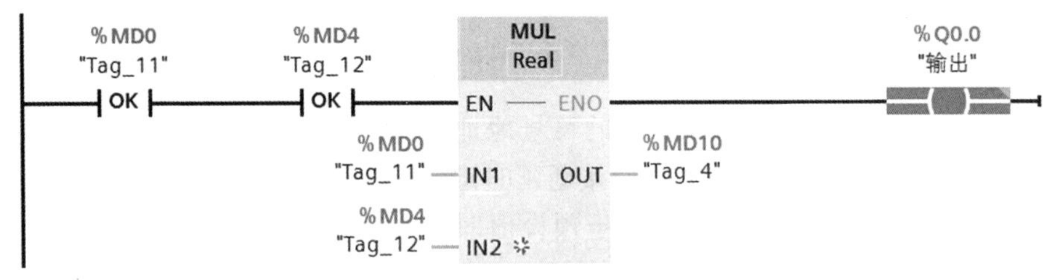

图 4-15　OK 指令

（三）上载程序

TIA Portal V16 软件主要包括两种上载方式：将设备作为新站上传和从设备上传（软件）。

1. 将设备作为新站上

使用该选项，可将设备中的项目数据作为新站上传到项目中，具体操作步骤见表 4-3。

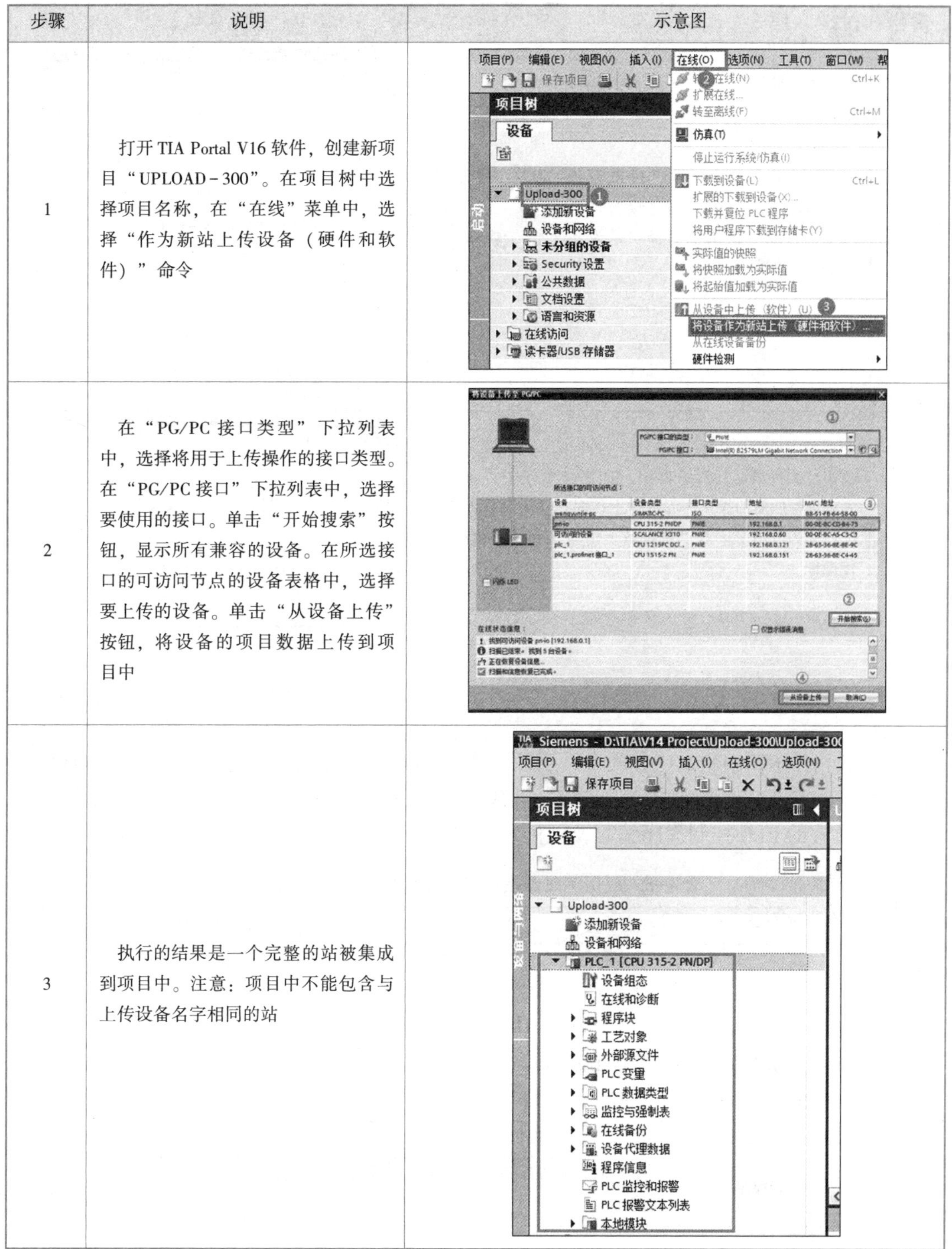

表 4-3　将设备作为新站上传步骤

步骤	说明	示意图
1	打开 TIA Portal V16 软件，创建新项目“UPLOAD-300”。在项目树中选择项目名称，在“在线”菜单中，选择“作为新站上传设备（硬件和软件）”命令	
2	在“PG/PC 接口类型”下拉列表中，选择将用于上传操作的接口类型。在“PG/PC 接口”下拉列表中，选择要使用的接口。单击“开始搜索”按钮，显示所有兼容的设备。在所选接口的可访问节点的设备表格中，选择要上传的设备。单击“从设备上传”按钮，将设备的项目数据上传到项目中	
3	执行的结果是一个完整的站被集成到项目中。注意：项目中不能包含与上传设备名字相同的站	

2. 从设备上传（软件）

使用该选项，可将设备中的软件数据上传到项目中组态的 PLC 中，具体操作步骤见表 4-4。

表 4-4　从设备上传（软件）步骤

步骤	说明	示意图
1	在项目树中选择一个 S7-300 设备。通过“转至在线”命令与设备建立在线连接。 在“在线”菜单中选择“从设备上传（软件）”命令	
2	在“上传预览”对话框中，查看报警并在“动作”列中选择所需的操作。可进行上传时，“从设备上传”按钮变为可用。单击“从设备上传”按钮，将执行上传操作	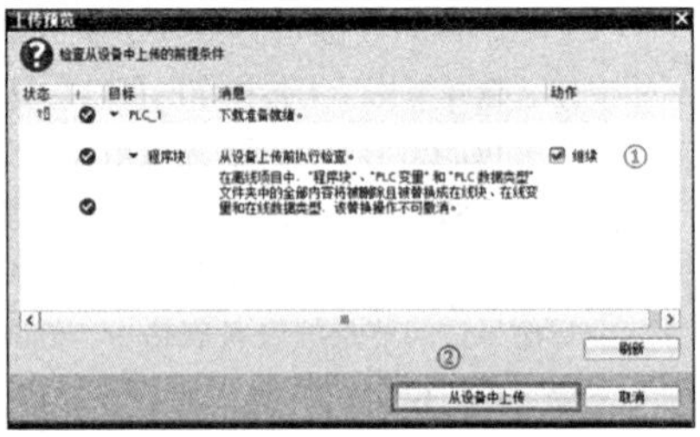

二、 任务计划

根据项目需求，编制 I/O 分配表，绘制、连接 PLC 控制电路，编写流水灯控制程序并进行仿真调试，完成 PLC 控制电路的连接，下载程序到 PLC 并运行，实现所要求的控制功能。

按照通常的 PLC 控制程序编写及硬件装调工作流程，制定工作计划，见表 4-5。

表 4-5　应用定时器指令实现流水灯控制工作计划

序号	项目	内容	时间/min	人员
1	编制 I/O 分配表	确定所需要的 I/O 点数并分配具体用途，编制 I/O 分配表（需提交）	5	全体人员
2	绘制 PLC 控制电路图	根据 I/O 分配表绘制 PLC 控制电路图	15	全体人员
3	连接 PLC 控制电路	根据电路图完成电路连接	20	全体人员
4	编写 PLC 控制程序	根据控制要求编写 PLC 控制程序	25	全体人员
5	PLC 控制程序仿真运行	使用 S7-PLCSIM 仿真运行 PLC 控制程序	10	全体人员
6	下载 PLC 控制程序并运行	把 PLC 控制程序下载到 PLC，实现所要求的控制功能	5	全体人员

三、 任务决策

按照工作计划，项目小组全体成员共同确定 I/O 分配表，然后分两个小组分别实施 PLC 控制程序编写及硬件装调全部工作，合作完成任务并提交任务评价表。

四、 任务实施

项目的实施必须在保证安全的前提下进行，应提前建立并熟悉项目检查事项及评价要素，在实施过程中予以充分重视，才能确保项目的顺利进行。

（一）编制 I/O 分配表

根据控制要求，各元件的 I/O 分配见表 4-6。

表 4-6 流水灯控制 I/O 分配表

输入			输出		
地址	元件符号	元件名称	地址	元件符号	元件名称
I0. 0	SB1	启动按钮	Q0. 0	HL1	指示灯 1
I0. 1	SB2	停止按钮	Q0. 1	HL2	指示灯 2
			Q0. 2	HL3	指示灯 3
			Q0. 3	HL4	指示灯 4
			Q0. 4	HL5	指示灯 5

（二）绘制 PLC 控制电路图

根据控制需求，绘制 PLC 控制电路图，如图 4-16 所示。

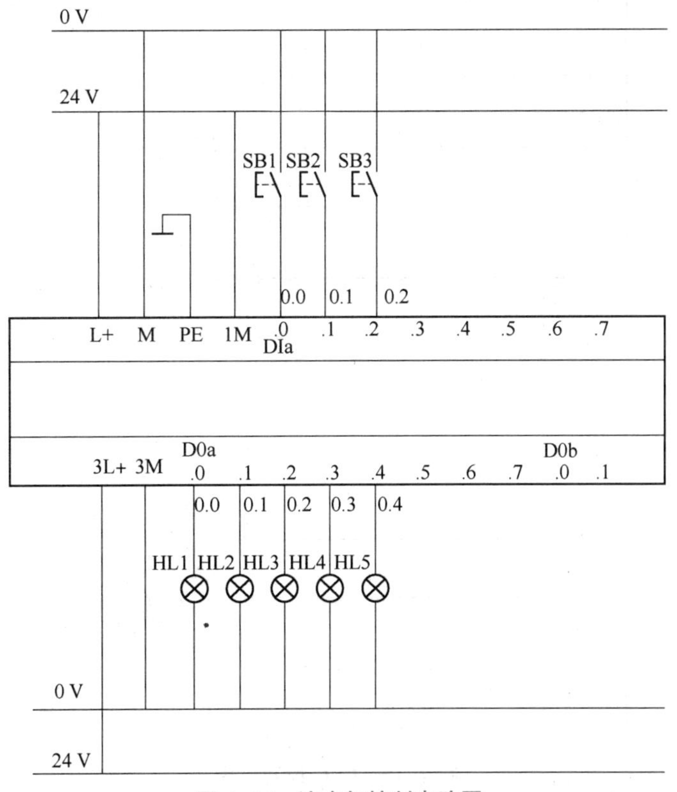

图 4-16 流水灯控制电路图

（三）连接 PLC 控制电路

按工艺规范完成 PLC 控制电路的连接。PLC 控制电路的连接主要需要考虑元器件的布置安装、导线线径与颜色的选择、接线端子的选择与制作、线号标识的制作与排列，最终实现元器件布局间距合理、安装稳固可靠，布线整齐有序、松紧适宜，接线规范牢固、标识清晰明确。

（四）编写 PLC 控制程序

PLC 控制程序如图 4-17 所示。

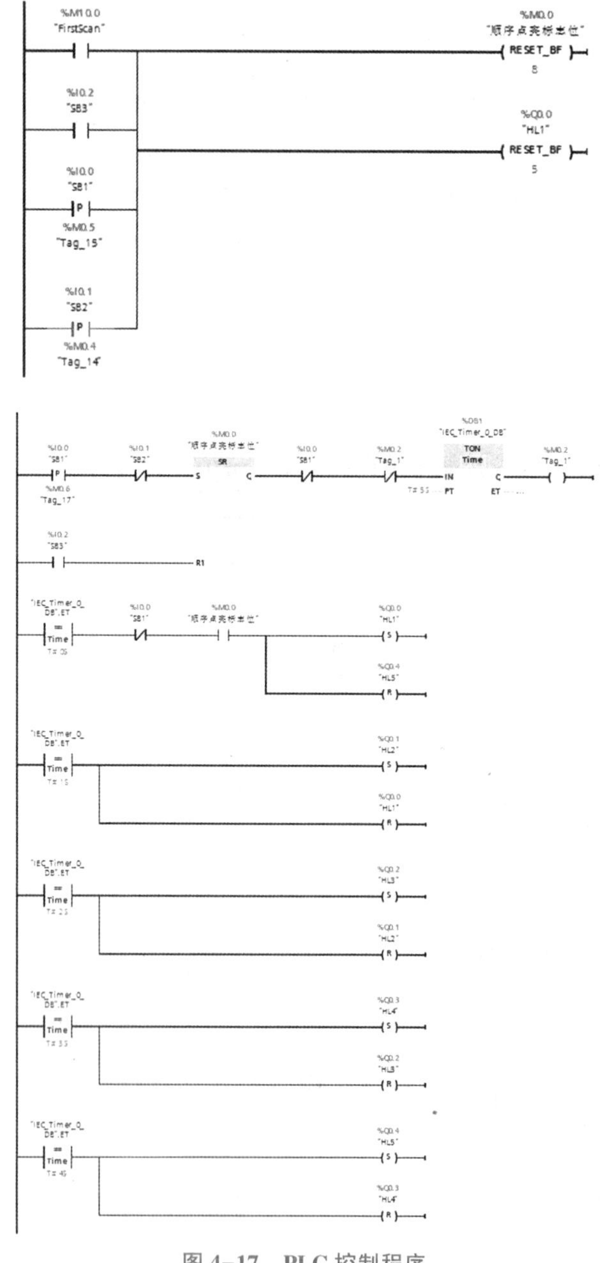

图 4-17　PLC 控制程序

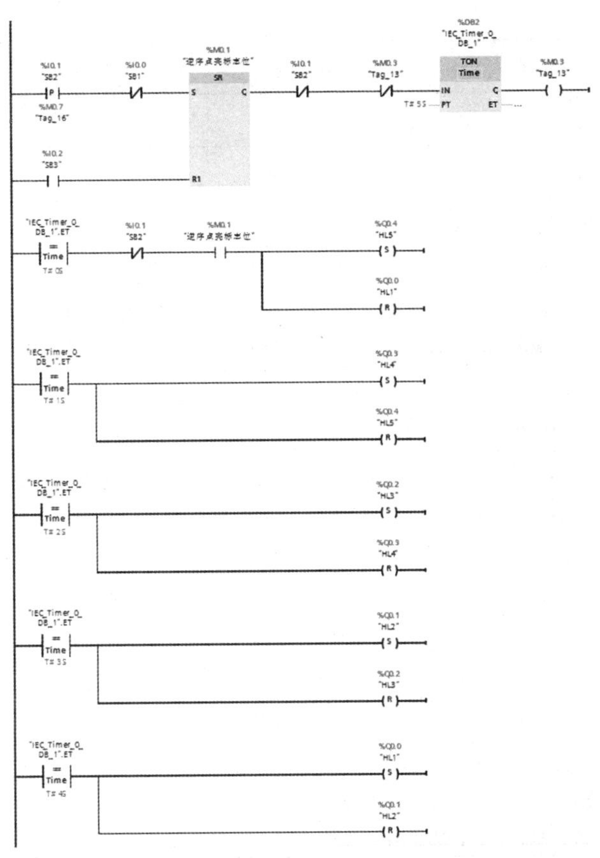

图 4-17　PLC 控制程序（续）

五、 任务检查

为了保证项目能顺利可靠地开展下去，必须对项目的实施过程和结果进行检查。检查点的设置原则主要包括两点：对影响项目正常实施和完成质量的因素，要设置为检查点，包括安全、操作、结果（中间结果和最终结果）等；所设置的检查点应尽可能量化表达，以便于客观评价项目的实施。

本项目主要任务是：确定 I/O 分配表；完成 PLC 控制电路图；完成 PLC 控制电路连接；完成 PLC 控制程序编写；完成 PLC 控制程序仿真运行；完成 PLC 控制程序下载并运行。

根据本项目的具体内容，设置检查表（表 4-7），在实施过程和终结时进行必要的检查并填写检查表。

表 4-7　流水灯控制项目检查表

评价项目	评价内容	分值	得分
职业素养 （30 分）	分工合理，制定计划能力强，严谨认真	5	
	爱岗敬业，具有安全意识、责任意识、服从意识	5	
	团队合作，具有交流沟通、互相协作、分享的能力	5	

续表

评价项目	评价内容	分值	得分
职业素养（30 分）	遵守行业规范、现场 6S 标准	5	
	主动性强，保质保量完成工作页相关任务	5	
	能采取多样化手段收集信息、解决问题	5	
专业能力（60 分）	编制 I/O 分配表： （1）所有输入地址编排合理，节约硬件资源，元件符号与元件作用说明完整； （2）所有输出地址编排合理，节约硬件资源，元件符号与元件作用说明完整	10	
	绘制 PLC 控制电路图： （1）电路图元件齐全，标注正确； （2）电路功能完整，布局合理	10	
	连接 PLC 控制电路 （1）安全不违章； （2）安装达标	10	
	编写 PLC 控制程序： （1）功能正确，程序段合理； （2）符号表正确完整； （3）绝对地址、符号地址显示正确，程序段注释合理	10	
	PLC 控制程序仿真并运行： （1）S7-PLCSIM 打开正确，下载正常； （2）仿真操作正确，能正确仿真运行程序	10	
	下载 PLC 控制程序并运行： （1）程序下载正确，PLC 指示灯正常； （2）程序运行操作正确，能实现预定功能	10	
创新意识（10 分）	具有创新性思维并付诸行动	10	
合计		100	

六、 任务评价

根据项目实施、检查情况，填写评价表。评价表可分为自评表（表 4-8）和他评表（表 4-9），主要内容应包括实施过程简要描述、检查情况描述、存在的主要问题、解决方案等。

表 4-8 流水灯控制项目自评表

签名： 日期：

表 4-9　流水灯控制项目他评表

签名： 日期：

实践练习（项目需求）

一、　任务描述

某设备有 5 台电动机，要求每台电动机间隔 5 s 顺序启动。试利用触点比较指令和置位/复位指令编写 PLC 控制程序。请根据控制要求完成以下任务。

（1）确定 I/O 分配表；

（2）完成 PLC 控制电路图；

（3）完成 PLC 控制电路连接；

（4）完成 PLC 控制程序编写；

（5）完成 PLC 控制程序仿真运行；

（6）完成 PLC 控制程序下载并运行。

二、　任务计划

5 台电动机顺序启动控制工作计划见表 4-10。

表 4-10　5 台电动机顺序启动控制工作计划

序号	项目	内容	时间/min	人员
1				
2				
3				
4				
5				
6				

三、　任务决策

根据任务要求和资源、人员的实际配置情况，按照工作计划，采取项目小组的方式开展工作，小组内实行分工合作，每位成员都要完成全部任务并提交任务评价表。

5 台电动机顺序启动控制项目决策表见表 4-11。

表 4-11　5 台电动机顺序启动控制项目决策表

签名： 日期：

四、任务实施

（一）I/O 分配表

I/O 分配表见表 4-12。

表 4-12　I/O 分配表

输入			输出		
地址	元件符号	元件名称	地址	元件符号	元件名称

（二）PLC 控制电路图

（三）PLC 控制程序

5 台电动机顺序启动控制项目实施记录表见表 4-13。

表 4-13　5 台电动机顺序启动控制项目实施记录表

签名： 日期：

五、任务检查

5 台电动机顺序启动控制项目检查表见表 4-14。

表 4-14　5 台电动机顺序启动控制项目检查表

评价项目	评价内容	分值	得分
职业素养（30 分）	分工合理，制定计划能力强，严谨认真	5	
	爱岗敬业，具有安全意识、责任意识、服从意识	5	
	团队合作，具有交流沟通、互相协作、分享的能力	5	
	遵守行业规范、现场 6S 标准	5	
	主动性强，保质保量完成工作页相关任务	5	
	能采取多样化手段收集信息、解决问题	5	
专业能力（60 分）	编制 I/O 分配表： （1）所有输入地址编排合理，节约硬件资源，元件符号与元件作用说明完整； （2）所有输出地址编排合理，节约硬件资源，元件符号与元件作用说明完整	10	
	绘制 PLC 控制电路图： （1）电路图元件齐全，标注正确； （2）电路功能完整，布局合理	10	
	连接 PLC 控制电路 （1）安全不违章； （2）安装达标	10	
	编写 PLC 控制程序： （1）功能正确，程序段合理； （2）符号表正确完整； （3）绝对地址、符号地址显示正确，程序段注释合理	10	
	PLC 控制程序仿真运行： （1）S7-PLCSIM 打开正确，下载正常； （2）仿真操作正确，能正确仿真运行程序	10	
	下载 PLC 控制程序并运行： （1）程序下载正确，PLC 指示灯正常； （2）程序运行操作正确，能实现预定功能	10	
创新意识（10 分）	具有创新性思维并付诸行动	10	
合计		100	

六、 任务评价

5 台电动机顺序启动控制项目自评表、他评表见表 4-15、表 4-16。

表 4-15　5 台电动机顺序启动控制项目自评表

签名： 日期：

表 4-16　5 台电动机顺序启动控制项目他评表

签名： 日期：

设计一个八路抢答器，SB8 为出题按钮，SB0～SB7 为 8 个抢答按钮，SB9 为复位按钮。当按下出题按钮后，对应的出题指示灯按亮 0.5 s、灭 0.5 s 闪烁，方可开始抢答。此后任何时刻按下一个抢答按钮，对应指示灯按亮 2s、灭 1s 闪烁，出题指示灯灭，表示抢答成功，此后再按其余 7 个抢答按钮，抢答无效。答题结束时，按复位按钮，对应的指示灯灭，方可进行新一轮抢答。如果开始抢答后 12s 内无人应答，则该题作废，此时按任何一个抢答按钮均无效。按复位按钮后，方可进行新一轮抢答。根据控制要求完成以下任务。

（1）确定 I/O 分配表；

（2）完成 PLC 控制电路图；

（3）完成 PLC 控制电路连接；

（4）完成 PLC 控制程序编写；

（5）完成 PLC 控制程序仿真运行；

（6）完成 PLC 控制程序下载并运行。

项目 5　应用计数器指令实现工业洗衣机控制

背景描述

在实际应用中很多时候需要进行计数，但在传统的继电器控制系统中不太容易实现。PLC 因为具有强大的计算能力，可以方便地实现多种计数器功能。PLC 计数器既可以对外部信号进行计数，也可以对 PLC 本身产生的信号计数。PLC 计数器对外部信号计数时需要适当的外部设备配合以获取所需的信号。计数的本质是根据计数信号进行加 1 或者减 1 的算数操作。当计数值达到某一预设值时，计数器的位逻辑状态发生翻转。本项目应用计数器指令实现工业洗衣机控制。

素养目标

把握好人生道路，不但需要学会运用人生的加法，还需要学会运用人生的减法，这样才能合理安排人生的进退取舍，保持张弛有度的生活状态，探寻丰富多彩的人生之旅。

【知识拓展】

世上有千条路万条路，每个人都在选择自己要走的路。“人生就像学算术，加法过后是减法。”一个人不仅要懂得人生的加法，还要懂得人生的减法，这样才能使人生不至于走向极端，让自己和谐，让周围的人和谐，让我们这个社会和谐。

任务描述

工业洗衣机的控制过程如下。按下起动按钮，洗衣机开始进水，水满时（即水位到达高水位，高水位开关由 0 变为 1），停止进水。洗衣机开始正转洗涤，正转洗涤 20 s 后，暂停 3 s 开始反转洗涤，反转洗涤 20 s 后，暂停 3 s。这样循环洗涤 10 次后，开始排水。水位信号下降到低水位时（即低水位开关由 1 变为 0），开始脱水并继续排水，30 s 后脱水结束，即完成一次从进水到脱水的大循环过程。大循环完成 3 次后，进行洗涤结束报警。报警 5 s 后结束整个过程，自动停机。

单独排水：按下排水按钮时，排水 30 s 后自动停机。

电动机的控制要求：洗衣机的洗涤和脱水采用同一台双速电动机驱动，在不同工作过程中电动机转速不同——洗涤时电动机为低速，脱水时电动机为高速。

请根据控制要求完成以下任务。

（1）确定 I/O 分配表；

（2）完成 PLC 控制电路图；
（3）完成 PLC 控制电路连接；
（4）完成 PLC 控制程序编写；
（5）完成 PLC 控制程序仿真运行；
（6）完成 PLC 控制程序下载并运行。

一、 知识储备

S7-1200 PLC 有 3 种计数器——加计数器（CTU）、减计数器（CTD）和加减计数器（CTUD），它们属于软件计数器，其最大计数速率受到它所在的 OB 的执行速率的限制，如果需要速率更高的计数器，可以使用 CPU 内置的高速计数器。调用计数器指令时，需要生成保存计数器数据的背景数据块。3 种计数器指令符号见表 5-1。

表 5-1　计数器指令符号

形式	名称		
	加计数器	减计数器	加减计数器
LAD	CTU ??? CU Q R CV PV	CTD ??? CD Q LD CV PV	CTUD ??? CU QU CD QD R CV LD PV

CU 和 CD 分别是加计数和减计数，当 CU 或 CD 从 0 变为 1 时，当前计数值 CV 加 1 或减 1。当复位参数 R 为 1 时，计数器被复位，CV 被清 0，计数器的 Q 输出变为 0。LD 为 1，将预置计数值 PV 装载到计数器中作为当前计数值。计数器指令的参数、数据类型及说明见表 5-2。

表 5-2　计数器指令的参数、数据类型及说明

参数	数据类型	说明
CU、CD	Bool	加计数、减计数，按加、减 1 计数
R（CTU、CTUD）	Bool	将计数值重置为 0
LD（CTD、CTUD）	Bool	预设值装载控制
PV	SInt、Int、DInt、USInt、UInt、UDInt	预设计数值
Q、QU	Bool	CV≥PV 时为真
QD	Bool	CV≤0 时为真
CV	SInt、Int、DInt、USInt、UInt、UDInt	当前计数值

（一）加计数器指令

加计数器指令：参数 CU 的值从 0 变为 1 时，加计数器使计数值加 1，直到 CV 达到指定的数据类型的上限值，此后，即使 CU 状态变化，CV 值也不再增加。如果参数 CV（当前计数值）的值等于或大于参数 PV（预设计数值）的值，则加计数器输出参数 Q=1。如果复位参数 R 的值从 0 变为 1，则当前计数值复位为 0。第一次执行程序时，CV 被清零。加计数器指令基本应用和波形如图 5-1、图 5-2 所示。

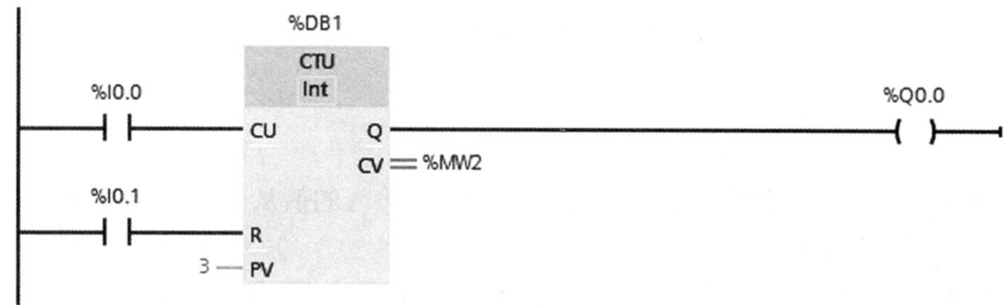

图 5-1　加计数器指令基本应用

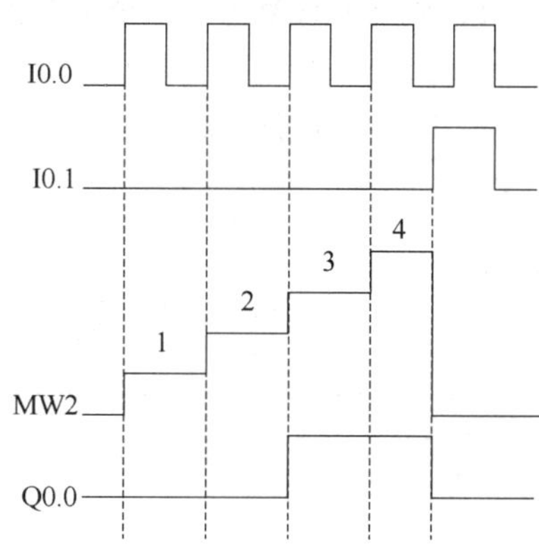

图 5-2　加计数器指令波形

（二）减计数器指令

减计数器指令：参数 LD 的值从 0 变为 1，则参数 PV（预设值）的值将作为新的 CV（当前计数值）装载到计数器，输出 Q 为 0。参数 CD 的值从 0 变为 1 时，减计数器使计数值减 1。如果参数 CV（当前计数值）的值等于或小于 0，则减计数器输出参数 Q=1。第一次执行程序时，CV 被清零。减计数器指令基本应用和波形如图 5-3、图 5-4 所示。

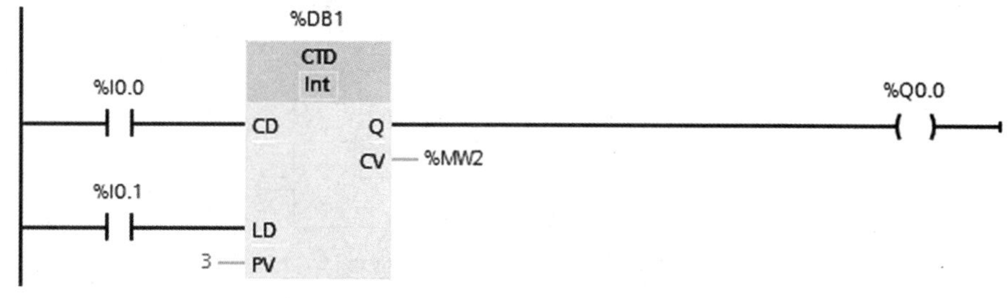

图 5-3　减计数器指令基本应用

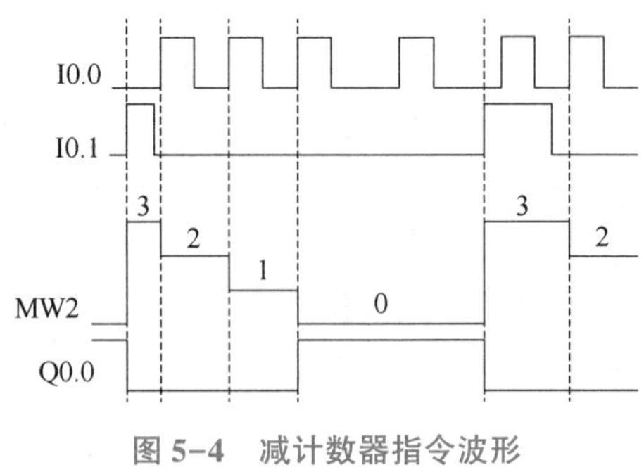

图 5-4　减计数器指令波形

（三）加减计数器指令

加减计数器指令：加计数（CU）或减计数（CD）输入的值从 0 跳变为 1 时，加减计数器会使计数值加 1 或减 1。

如果参数 CV（当前计数值）的值大于或等于参数 PV（预设值）的值，则加减计数器输出参数 QU = 1。如果参数 CV 的值小于或等于 0，则加减计数器输出参数 QD=1。

如果参数 LD 的值从 0 变为 1，则参数 PV（预设值）的值将作为新的 CV（当前计数值）装载到加减计数器。

如果复位参数 R 的值从 0 变为 1，则当前计数值复位为 0。加减计数器指令基本应用和波形如图 5-5、图 5-6 所示。

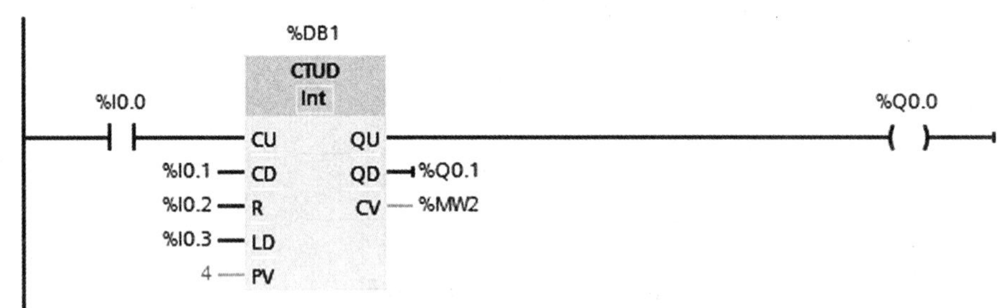

图 5-5　加减计数器指令基本应用

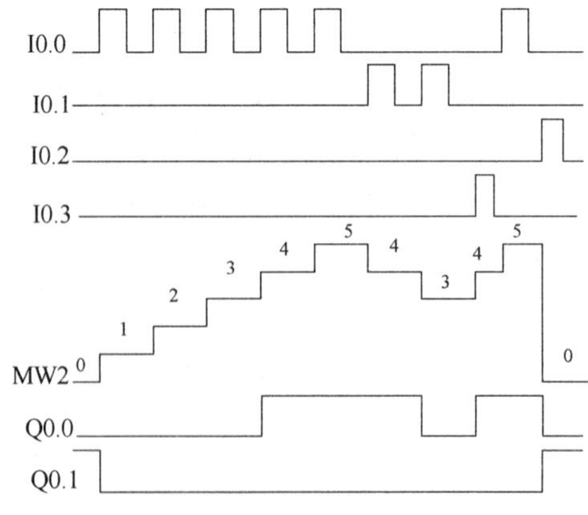

图 5-6　加减计数器指令波形

用单按钮来控制电动机的启动和停止，即第一次按下按钮时电动机启动，第二次按下按钮时电动机停止。程序如图 5-7 所示。

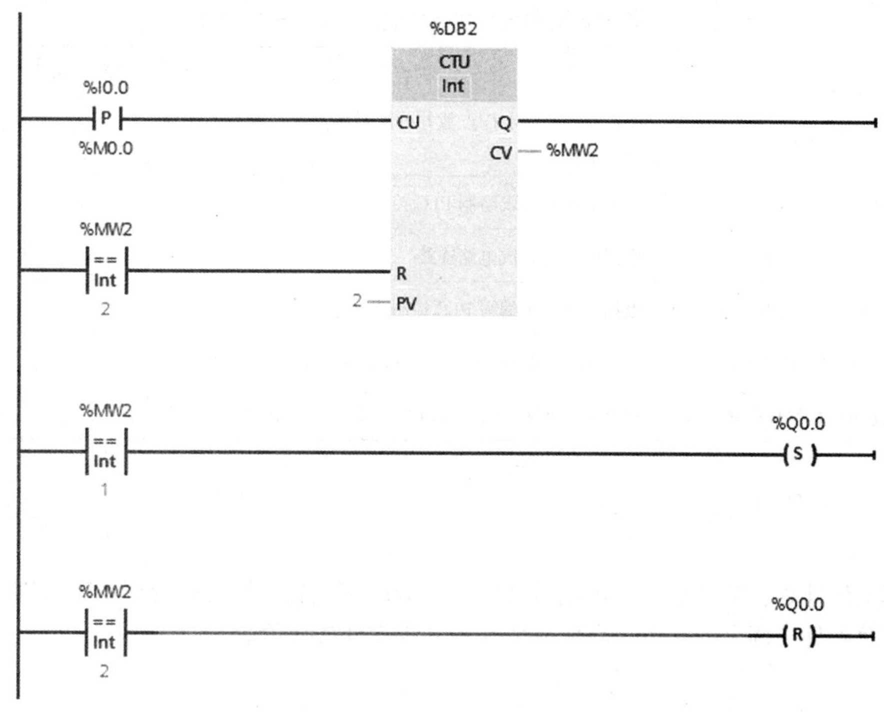

图 5-7　程序

可以通过仿真调试验证程序的正确性。将 PLC 站点下载到仿真器中，打开仿真器的项目视图，并在 SIM 表格_1 的“地址”栏中输入图 5-8 所示的绝对地址。

（1）选择“I0.0：P”所在的行，在其“位”栏中两次单击小方框，模拟启动按钮的按下和释放操作，Q0.0 的监视/修改值为“TRUE”，电动机启动。

（2）单击“I0.1：P”所在的行“位”栏中的小方框使其中出现“√”，电动机启动，再单击“I0.1：P”所在的行“位”栏中的小方框使其中的“√”消失，如此循环，每执行一次，Q0.0 的监视/修改值在“TRUE”和“FALSE”之间转换。

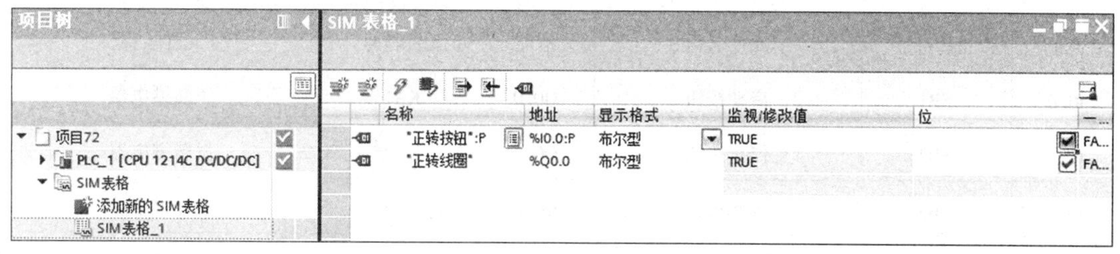

图 5-8　SIM 表格_1 仿真表

二、 任务计划

根据项目需求，编制 I/O 分配表，绘制、连接 PLC 控制电路，编写 PLC 控制程序并进

行仿真调试，完成 PLC 控制电路的连接，下载程序到 PLC 并运行，实现所要求的控制功能。

按照通常的 PLC 控制程序编写及硬件装调工作流程，制定计划，见表 5-3。

表 5-3　应用计数器指令实现工业洗衣机控制工作计划

序号	项目	内容	时间/min	人员
1	编制 I/O 分配表	确定所需要的 I/O 点数并分配具体用途，编制 I/O 分配表（需提交）	5	全体人员
2	绘制 PLC 控制电路图	根据 I/O 分配表绘制 PLC 控制电路图	15	全体人员
3	连接 PLC 控制电路	根据电路图完成电路连接	20	全体人员
4	编写 PLC 控制程序	根据控制要求编写 PLC 控制程序	25	全体人员
5	PLC 控制程序仿真运行	使用 S7-PLCSIM 仿真运行 PLC 控制程序	10	全体人员
6	下载 PLC 控制程序并运行	把 PLC 控制程序下载到 PLC，实现所要求的控制功能	5	全体人员

三、任务决策

按照工作计划，项目小组全体成员共同确定 I/O 分配表，然后分两个小组分别实施系统程序编写及硬件装调全部工作，合作完成任务并提交任务评价表。

四、任务实施

项目的实施必须在保证安全的前提下进行，应提前建立并熟悉项目检查事项及评价要素，在项目实施过程中予以充分重视，才能确保项目的顺利进行。

（一）编制 I/O 分配表

根据控制要求，各元件的 I/O 分配见表 5-4。

表 5-4　I/O 分配表

输入			输出		
地址	元件符号	元件名称	地址	元件符号	元件名称
I0.0	SB1	启动按钮	Q0.0	KA1	正转继电器
I0.1	SB2	停止按钮	Q0.1	KA2	反转继电器
I0.2	SB3	排水按钮	Q0.2	KA3	洗涤继电器
I0.3	SQ1	高水位开关	Q0.3	KA4	脱水继电器
I0.4	SQ2	低水位开关	Q0.4	YA1	进水电磁阀
I0.5	FR	过载保护	Q0.5	YA2	排水电磁阀
—	—	—	Q0.6	HA	报警蜂鸣器

（二）绘制 PLC 控制电路图

根据项目控制需求，绘制 PLC 控制电路图，如图 5-9 所示。

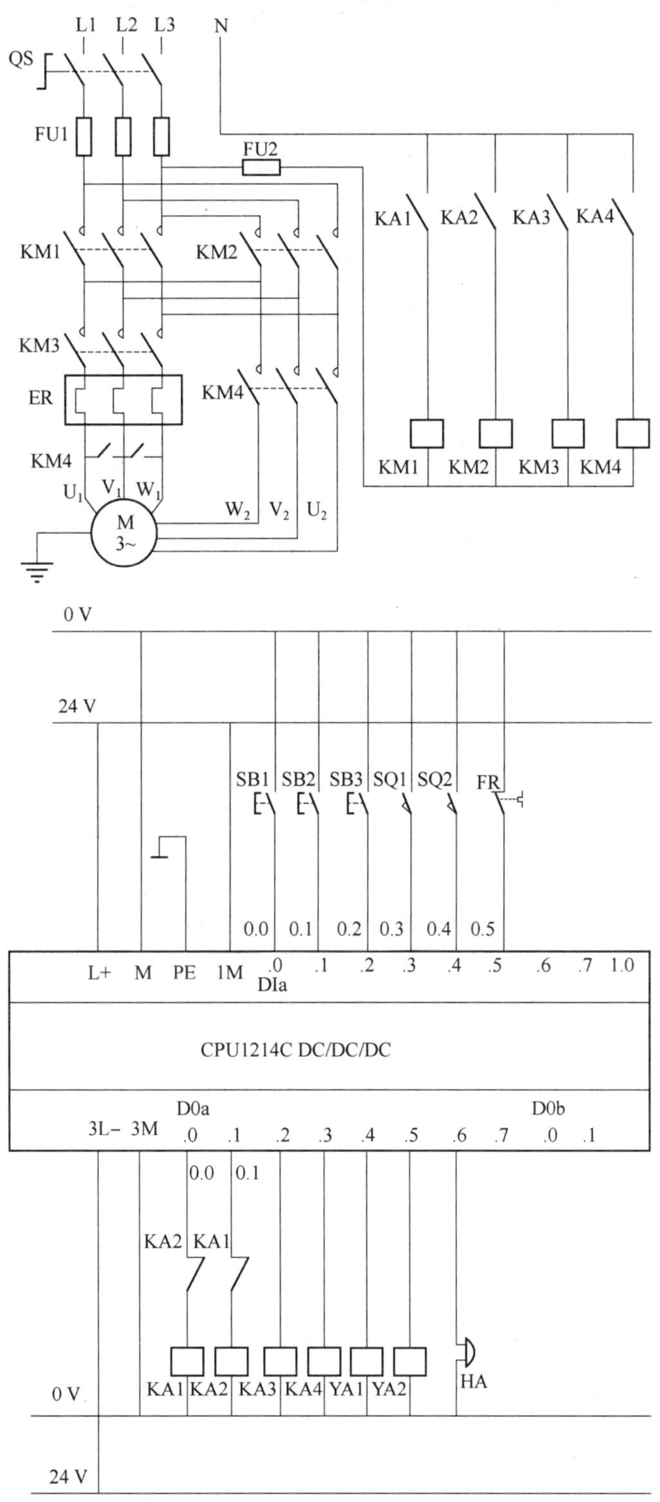

图 5-9　PLC 控制电路图

（三）连接 PLC 控制电路

按工艺规范完成 PLC 控制电路的连接。PLC 控制电路的连接主要需要考虑元器件的布置安装、导线线径与颜色的选择、接线端子的选择与制作、线号标识的制作与排列，最终实现元器件布局间距合理、安装稳固可靠，布线整齐有序、松紧适宜，接线规范牢固、标识清晰明确。

（四）编写 PLC 控制程序

根据项目控制需求，编写 PLC 控制程序，如图 5-10~图 5-13 所示。

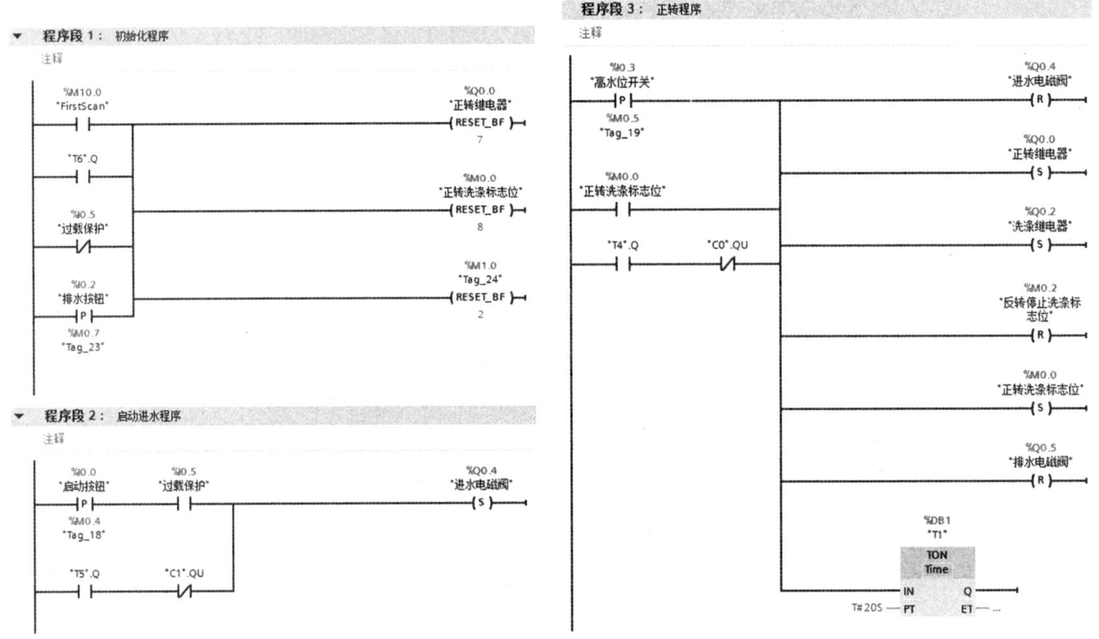

图 5-10　PLC 控制程序（1）

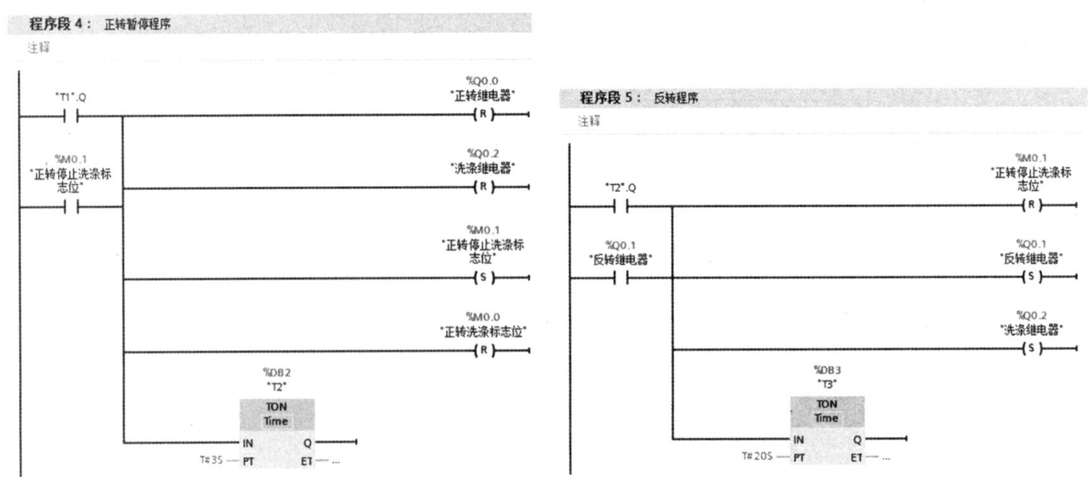

图 5-11　PLC 控制程序（2）

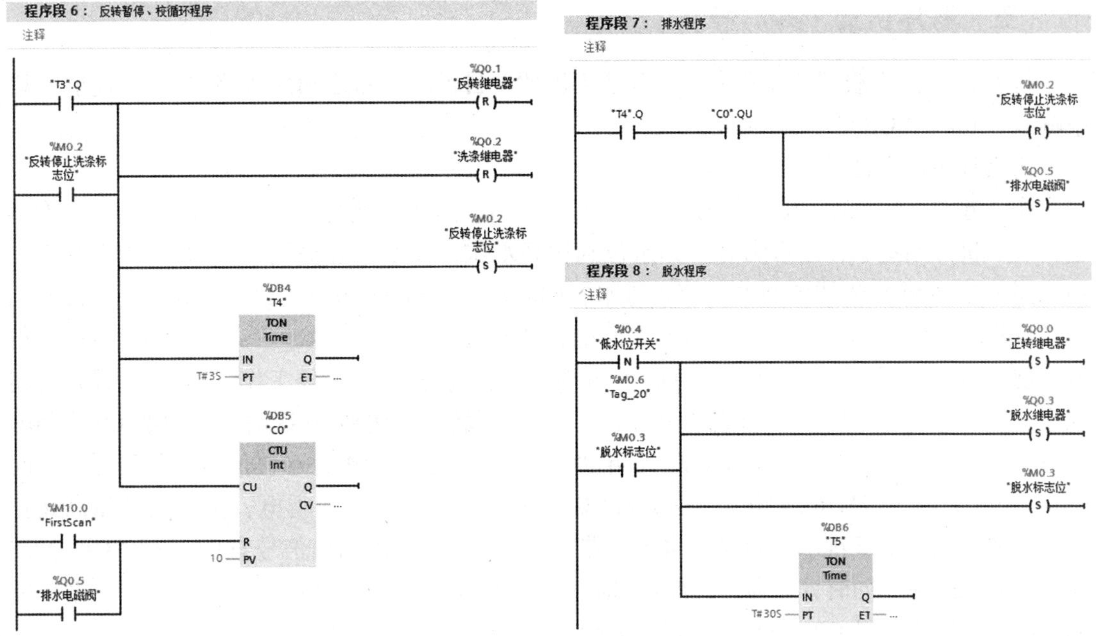

图 5-12　PLC 控制程序（3）

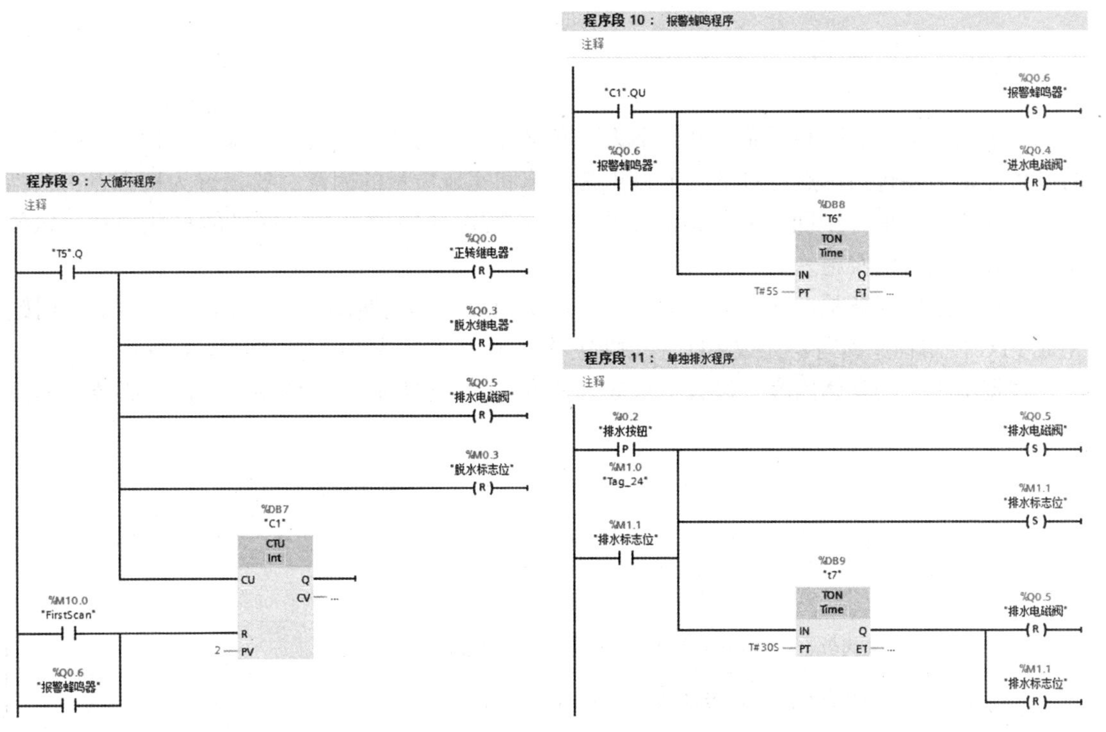

图 5-13　PLC 控制程序（4）

（五）程序仿真

将 PLC 站点下载到仿真器中，打开仿真器的项目视图，并在 SIM 表格_1 的“地址”栏中输入“IB0”“QB0”绝对地址。

仿真程序执行过程如下。

按下起动按钮 SB1，输入信号 I0.0 为 1，输出信号 Q0.4 得电，进水电磁阀 YA1 线圈得电，洗衣机开始进水，当水满时（即水位到达高水位，高水位开关输入信号 I0.3 由 0 变为 1），进水电磁阀 YA1 线圈断电，停止进水；同时输出信号 Q0.0 和 Q0.2 得电，洗衣机开始正转洗涤，正转 20 s 后，Q0.0 和 Q0.2 断电，洗衣机处于暂停状态，3 s 后 Q0.1 和 Q0.2 得电，洗衣机开始反转洗涤，20 s 后 Q0.1 和 Q0.2 断电，洗衣机暂停工作，3 s 后又开始正转洗涤，同时计数器 C0 加 1，如此循环 10 次。当正反转洗涤达到 10 次后，计数器 C0 控制输出信号 Q0.5 得电，排水电磁阀 YA2 线圈得电，洗衣机开始排水，水位信号下降到低水位时（低水位开关输入信号 I0.4 由 1 变为 0），输出信号 Q0.0 和 Q0.3 得电，洗衣机开始高速正转，开始脱水并继续排水；同时脱水定时器开始工作，30 s 后输出信号 Q0.0、Q0.3 和 Q0.5 断开，脱水结束，同时计数器 C1 加 1，即完成一次从进水到脱水的大循环过程。大循环完成 3 次后，输出信号 Q0.6 触发，控制报警蜂鸣器 HA 得电，进行洗涤结束报警（5 s），报警结束即整个洗涤过程结束。

按下排水按钮时，排水 30 s 后自动停机。

五、任务检查

为了保证项目能顺利可靠地开展下去，必须对项目的实施过程和结果进行检查。检查点的设置原则主要包括两点：对影响项目正常实施和完成质量的因素，要设置为检查点，包括安全、操作、结果（中间结果和最终结果）等；所设置的检查点应尽可能量化表达，以便于客观评价项目的实施。

本项目主要任务是：确定 I/O 分配表；完成 PLC 控制电路图；完成 PLC 控制电路连接；完成 PLC 控制程序编写；完成 PLC 控制程序仿真运行；完成 PLC 控制程序下载并运行。

根据本项目的具体内容，设置检查表（表 5-5），在实施过程和终结时进行必要的检查并填写检查表。

表 5-5　应用计数器指令实现工业洗衣机控制项目检查表

评价项目	评价内容	分值	得分
职业素养（30 分）	分工合理，制定计划能力强，严谨认真	5	
	爱岗敬业，具有安全意识、责任意识、服从意识	5	
	团队合作，具有交流沟通、互相协作、分享的能力	5	
	遵守行业规范、现场 6S 标准	5	
	主动性强，保质保量完成工作页相关任务	5	
	能采取多样化手段收集信息、解决问题	5	

续表

评价项目	评价内容	分值	得分
专业能力（60分）	编制 I/O 分配表： （1）所有输入地址编排合理，节约硬件资源，元件符号与元件作用说明完整； （2）所有输出地址编排合理，节约硬件资源，元件符号与元件作用说明完整	10	
	绘制 PLC 控制电路图： （1）电路图元件齐全，标注正确； （2）电路功能完整，布局合理	10	
	连接 PLC 控制电路 （1）安全不违章； （2）安装达标	10	
	编写 PLC 控制程序： （1）功能正确，程序段合理； （2）符号表正确完整； （3）绝对地址、符号地址显示正确，程序段注释合理	10	
	PLC 控制程序仿真运行： （1）S7-PLCSIM 打开正确，下载正常； （2）仿真操作正确，能正确仿真运行程序	10	
	下载 PLC 控制程序并运行： （1）程序下载正确，PLC 指示灯正常； （2）程序运行操作正确，能实现预定功能	10	
创新意识（10分）	具有创新性思维并付诸行动	10	
合计		100	

六、 任务评价

根据项目实施、检查情况，填写评价表。评价表可分为自评表（表 5-6）和他评表（表 5-7），主要内容应包括实施过程简要描述、检查情况描述、存在的主要问题、解决方案等。

表 5-6　应用计数器指令实现工业洗衣机控制项目自评表

签名： 日期：

表 5-7　应用计数器指令实现工业洗衣机控制项目他评表

签名： 日期：

实践练习（项目需求）

一、 任务描述

全自动洗衣机的控制过程如下。按下起动按钮，洗衣机开始进水，水满时（即水位到达高水位，高水位开关由 0 变为 1），停止进水。洗衣机开始正转洗涤，正转洗涤 30 s 后，暂停 3 s 开始反转洗涤，反转洗涤 30 s 后，暂停 3 s。这样循环洗涤 10 次后，开始排水。水位信号下降到低水位时（即低水位开关由 1 变为 0），开始脱水并继续排水，60 s 后脱水结束，即完成一次从进水到脱水的大循环过程。大循环完成 3 次后，进行洗涤结束报警。报警 10 s 后结束整个过程，自动停机。

单独排水：按下排水按钮时，排水 60 s 后自动停机。

电动机的控制要求：洗衣机的洗涤和脱水采用同一台双速电动机驱动，在不同过程中电动机转速不同——洗涤时电动机为低速，脱水时电动机为高速。

请根据控制要求完成以下任务。

（1）确定 I/O 分配表；

（2）完成 PLC 控制电路图；

（3）完成 PLC 控制电路连接；

（4）完成 PLC 控制程序编写；

（5）完成 PLC 控制程序仿真运行；

（6）完成 PLC 控制程序下载并运行。

二、 任务计划

全自动洗衣机控制项目工作计划见表 5-8。

表 5-8 全自动洗衣机控制项目工作计划

序号	项目	内容	时间/min	人员
1				
2				
3				
4				
5				
6				

三、 任务决策

根据任务要求和资源、人员的实际配置情况，按照工作计划，采取项目小组的方式开展工作，小组内实行分工合作，每位成员都要完成全部任务并提交任务评价表。全自动洗衣机控制项目决策表见表 5-9。

表 5-9 全自动洗衣机控制项目决策表

签名： 日期：

四、 任务实施

（一）I/O 分配表

I/O 分配表见表 5-10。

表 5-10 I/O 分配表

输入			输出		
地址	元件符号	元件名称	地址	元件符号	元件名称

（二）PLC 控制电路图

（三）PLC 控制程序

全自动洗衣机控制项目实施记录表见表 5-11。

表 5-11　全自动洗衣机控制项目实施记录表

签名： 日期：

五、任务检查

全自动洗衣机控制项目检查表见表 5-12。

表 5-12　全自动洗衣机控制项目检查表

评价项目	评价内容	分值	得分
职业素养（30 分）	分工合理，制定计划能力强，严谨认真	5	
	爱岗敬业，具有安全意识、责任意识、服从意识	5	
	团队合作，具有交流沟通、互相协作、分享的能力	5	
	遵守行业规范、现场 6S 标准	5	
	主动性强，保质保量完成工作页相关任务	5	
	能采取多样化手段收集信息、解决问题	5	
专业能力（60 分）	编制 I/O 分配表： （1）所有输入地址编排合理，节约硬件资源，元件符号与元件作用说明完整； （2）所有输出地址编排合理，节约硬件资源，元件符号与元件作用说明完整	10	
	绘制 PLC 控制电路图： （1）电路图元件齐全，标注正确； （2）电路功能完整，布局合理	10	
	连接 PLC 控制电路 （1）安全不违章； （2）安装达标	10	
	编写 PLC 控制程序： （1）功能正确，程序段合理； （2）符号表正确完整； （3）绝对地址、符号地址显示正确，程序段注释合理	10	
	PLC 控制程序仿真运行： （1）S7-PLCSIM 打开正确，下载正常； （2）仿真操作正确，能正确仿真运行程序	10	
	下载 PLC 控制程序并运行： （1）程序下载正确，PLC 指示灯正常； （2）程序运行操作正确，能实现预定功能	10	
创新意识 10 分	具有创新性思维并付诸行动	10	
合计		100	

六、 任务评价

全自动洗衣机控制项目自评表和他评表见表 5-13、表 5-14。

表 5-13　全自动洗衣机控制项目自评表

签名： 日期：

表 5-14　全自动洗衣机控制项目他评表

签名： 日期：

扩展提升 

用 PLC 控制程序对饮料生产线上的盒装饮料进行计数，计数输入信号为 I0.0，该饮料包装规格为 24 盒/箱，每计数 24 次（1 箱）打包装置（Q0.0）动作 5 s。请写出 I/O 分配表，画出 PLC 控制电路图并编写 PLC 控制程序。根据控制要求完成以下任务。

（1）确定 I/O 分配表；

（2）完成 PLC 控制电路图；

（3）完成 PLC 控制电路连接；

（4）完成 PLC 控制程序编写；

（5）完成 PLC 控制程序仿真运行；

（6）完成 PLC 控制程序下载并运行。

项目 6　应用数学函数和移动操作指令实现传送带控制

背景描述

PLC 是一种工业控制计算机，具有计算机系统特有的运算控制功能，可以实现较复杂的控制任务。本项目利用数学函数和移动操作指令实现传送带控制。

素养目标

从强调规范、安全注意事项，引出电梯伤人事件，要求学生在 PLC 控制电路安装、接线中发扬注重细节、一丝不苟、精益求精的工匠精神，按规范进行操作，注意操作安全。

【知识拓展】

“电梯吃人”事件如下。2015 年 7 月的某一天，湖北荆州市某百货商场内，一女子带着儿子搭乘商场内的手扶电梯上楼时，遭遇电梯故障。在危险关头，她将儿子托举出了险境，自己却被电梯吞没后身亡。事后经调查，事故元凶竟然是一颗螺母，因螺母拧不紧，电梯盖板松动，导致当事人坠入上机房驱动站内防护挡板与梯级回转部 分的间隙内，酿成悲剧。可见规范、安全是多么重要。

任务描述

用传送带输送 15 个工件，控制要求是：当计件数量小于 10 时，指示灯常亮；当计件数量等于或大于 10 时，指示灯闪烁；当计件数量为 15 时，5 s 后传送带停机，同时指示灯熄灭。请根据控制要求完成以下任务。

（1）确定 I/O 分配表；

（2）完成 PLC 控制电路图；

（3）完成 PLC 控制电路连接；

（4）完成 PLC 控制程序编写；

（5）完成 PLC 控制程序仿真运行；

（6）完成 PLC 控制程序下载并运行。

示范实例

一、知识储备

（一）数学函数

数学函数用于实现基本的加、减、乘、除、指数、三角函数等计算功能。数学函数指令汇总见表6-1。

表6-1　数学函数指令汇总

名称	指令	说明
计算	CALCULATE ??? EN ENO OUT := <???> IN1 OUT IN2	用于自定义数学表达式（也可使用字逻辑运算符），表达式中不能有常数，输入/输出数据类型保持一致
加	ADD Auto (???) EN ENO IN1 OUT IN2	计算两个整型、浮点型变量或者常数的加、减、乘、除
减	SUB Auto (???) EN ENO IN1 OUT IN2	
乘	MUL Auto (???) EN ENO IN1 OUT IN2	
除	DIV Auto (???) EN ENO IN1 OUT IN2	
返回除法的余数	MOD Auto (???) EN ENO IN1 OUT IN2	计算两个整型变量或者常数做除法后的余数

续表

名称	指令	说明
取反	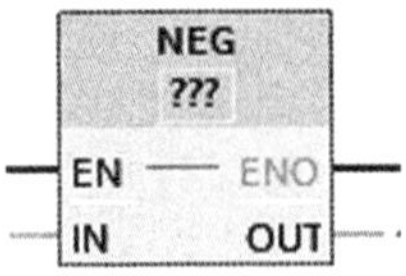 NEG ??? EN — ENO IN OUT	更改有符号整型、浮点型输入数据的正/负号
递增	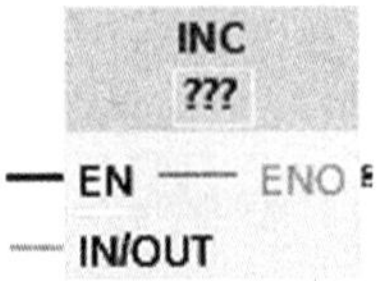 INC ??? EN — ENO IN/OUT	使整型变量自加 1 或自减 1
递减	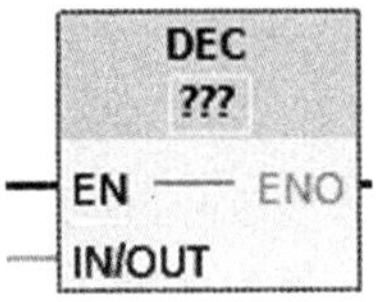 DEC ??? EN — ENO IN/OUT	
计算绝对值	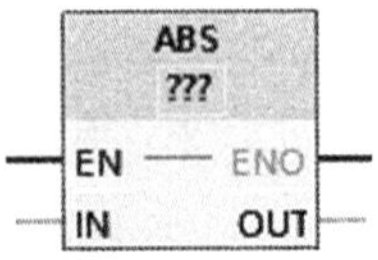 ABS ??? EN — ENO IN OUT	计算有符号整型、浮点型变量或者常数的绝对值
获取最小值	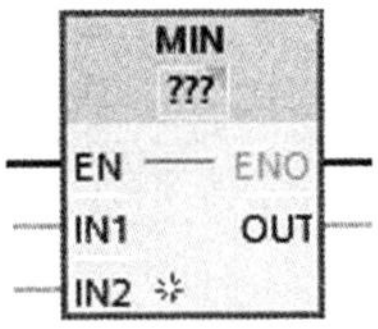 MIN ??? EN — ENO IN1 OUT IN2	计算相同数据类型（包括整数、浮点数、DTL）的变量或者常数的最小值、最大值
获取最大值	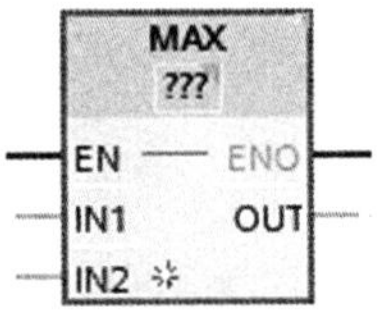 MAX ??? EN — ENO IN1 OUT IN2	
设置限值	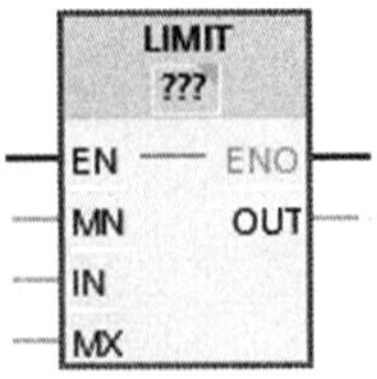 LIMIT ??? EN — ENO MN OUT IN MX	将整数、浮点数、DTL 数据类型的变量或者常数，限定输出在设定的最小值和最大值之间
计算平方	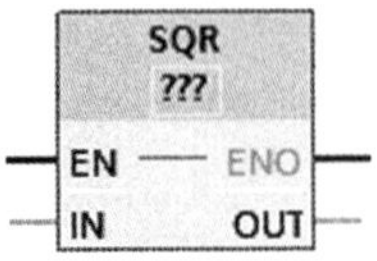 SQR ??? EN — ENO IN OUT	计算浮点型变量或者常数的平方、平方根

续表

名称	指令	说明
计算平方根	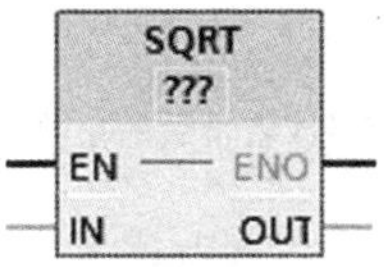 SQRT ??? EN ENO IN OUT	计算浮点型变量或者常数的平方、平方根
计算自然对数	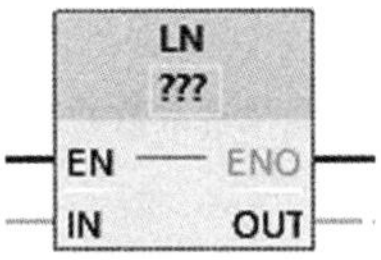 LN ??? EN ENO IN OUT	计算浮点型变量或者常数的自然对数和以自然常数为底的指数值
计算指数值	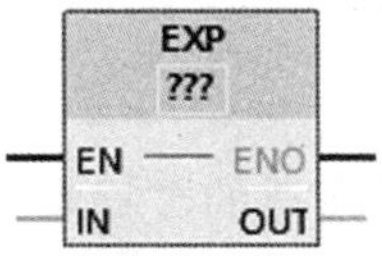 EXP ??? EN ENO IN OUT	
计算正弦值	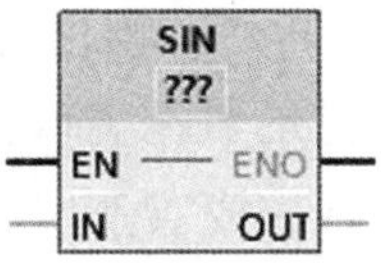 SIN ??? EN ENO IN OUT	计算浮点型变量或者常数的（该变量或常数为弧度制）正弦值、余弦值、正切值
计算余弦值	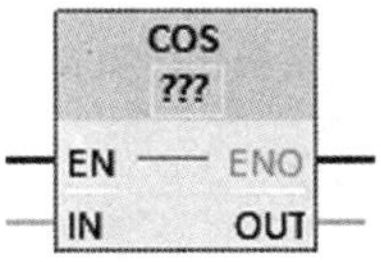 COS ??? EN ENO IN OUT	
计算正切值	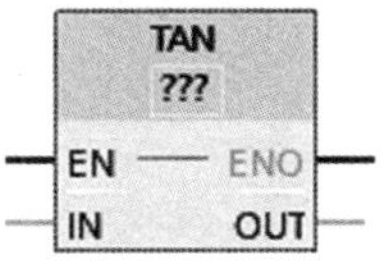 TAN ??? EN ENO IN OUT	计算浮点型变量或者常数的（该变量或常数为弧度制）正弦值、余弦值、正切值
计算反正弦值	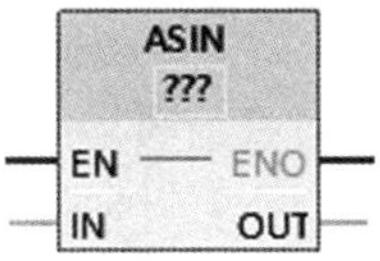 ASIN ??? EN ENO IN OUT	计算浮点型变量或者常数的反正弦值、反余弦值、反正切值，输出角度为弧度制
计算反余弦值	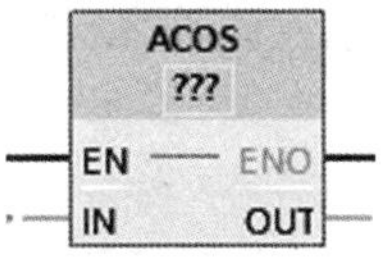 ACOS ??? EN ENO IN OUT	
计算反正切值	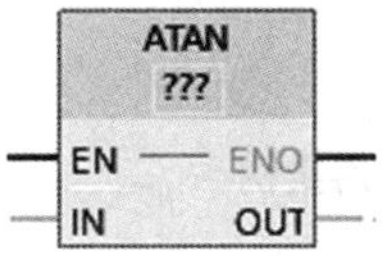 ATAN ??? EN ENO IN OUT	

续表

名称	指令	说明
返回小数	FRAC ??? EN — ENO IN OUT	计算浮点型变量或者常数的小数部分的值
取幂	EXPT ??? ** ??? EN — ENO IN1 OUT IN2	计算以浮点型变量或者常数为底，以整数、浮点型变量或者常数为指数的值

1. CALCULATE 指令

CALCULATE 指令可以定义和执行数学表达式，根据所选的数据类型进行复杂的数学运算或逻辑运算。

单击图 6-1 所示指令框中“CALCULATE”下面的“???”，用出现的下拉式列表选择 CALCULATE 指令所有操作数的数据类型为 Real。根据所选的数据类型，可以用某些指令组合的函数来执行复杂的计算。单击指令框右上角的图标，或双击指令框中间的数学表达式方框，打开图 6-1 中下半部分的对话框。该对话框给出了所选数据类型可以使用的指令，在该对话框中输入待计算的表达式，表达式可以包含输入参数的名称（INn）和运算符，不能指定数学表达式方框外的地址和常数。

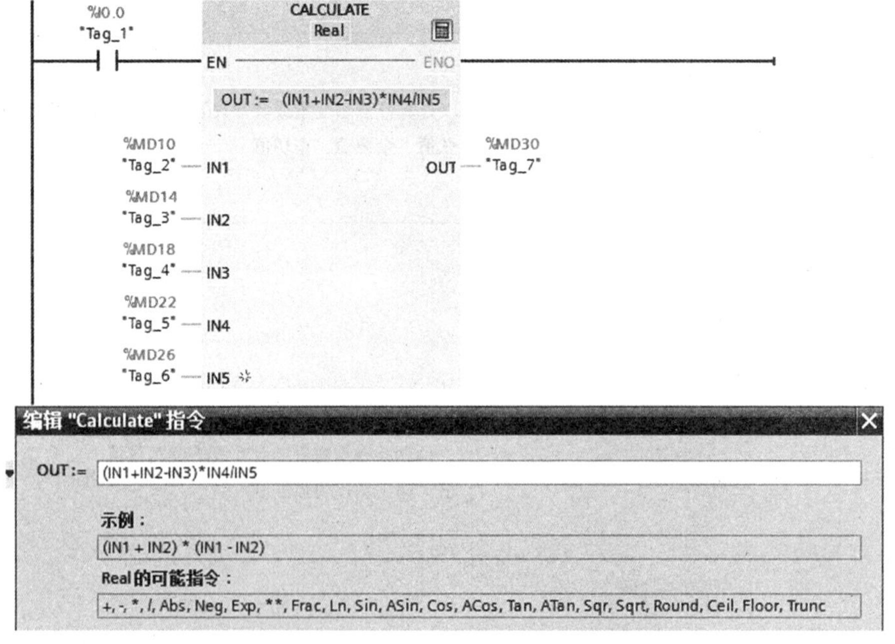

图 6-1　CALCULATE 指令应用实例

在初始状态下，指令框只有两个输入 IN1 和 IN2。单击指令框左下角的符号，可以增加输入参数的个数。功能框按升序对插入的输入编号，表达式可以不使用所有已定义的输入。运行时使用数学表达式方框外输入的值执行指定的表达式的运算，运算结果传送到 MD30 中。

2. 加、减、乘、除指令

加、减、乘、除指令应用实例如图 6-2 所示。

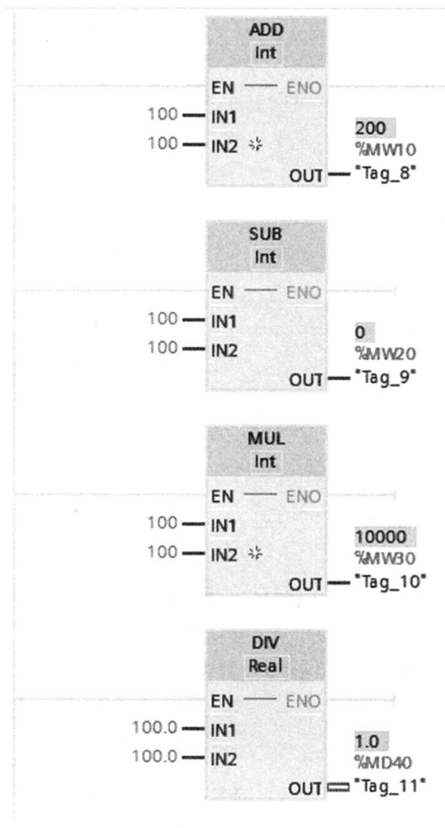

图 6-2　加、减、乘、除指令应用实例

3. 递增、递减指令

递增、递减指令应用实例如图 6-3 所示。MW100 和 MW200 中的初始数据为整数 10，则分别执行递增和递减指令 1 次后，其结果 MW100 中的数值为 11，MW200 中的数值为 9。

4. 获取最大值指令（MAX）、获取最小值指令（MIN）

获取最大值指令（MAX）、获取最小值指令（MIN）如图 6-4 所示。可以从指令框的 “<??? >” 下拉列表中选择指令的数据类型。单击指令框中的 ⁂ 图标可以添加可选输入项。当 M0. 0 闭合时，激活获取最大值指令，比较输入端的两个值的大小，MW100 = 5，第二个输入值为 10，显然两个数值中最大的为 10，故运算结果为 MW102 = 10。由于没有超出计算范围，所以激活获取最小值指令，比较输入端的两个值的大小，第二个输入值为 20，显然两个数值中最小的为 6，故运算结果为 MW106 = 6。

5. 设置限值指令（LIMIT）

设置限值指令（LIMIT）应用实例如图 6-5 所示，当 M0. 0 闭合时，激活设置限值指令，

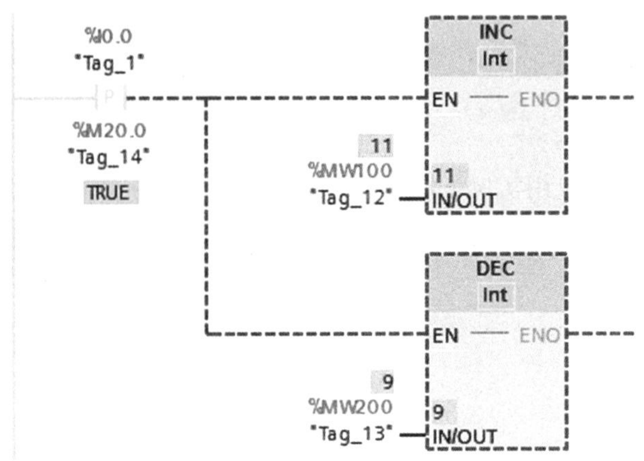

图 6-3　递增、递减指令应用实例

图 6-4　获取最大值指令（MAX）、获取最小值指令（MIN）应用实例

1<MW10<10，MW12=MW10=5；MW14<1，MW16=0；MW10>10，MW20=10。

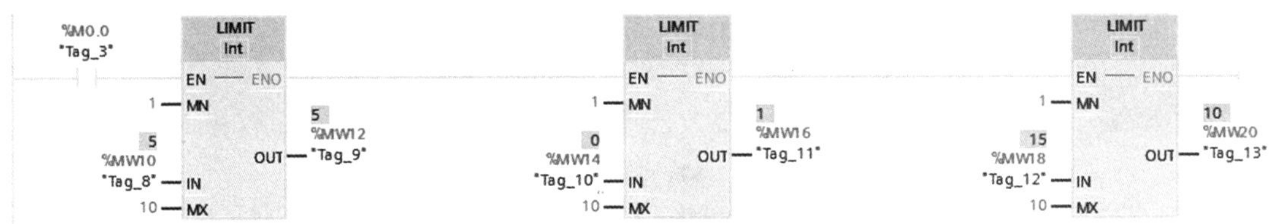

图 6-5　设置限值指令（LIMIT）应用实例

6. 计算绝对值指令（ABS）

计算绝对值指令（ABS）应用实例如图 6-6 所示。当 M0.0 闭合时，激活计算绝对值指令，IN 中的实数存储在 MW10 中，这个数为 5，实数求绝对值的结果存储在 OUT 端的 MW12 中，值为 5；IN 中存储的整数 MW1W14=-5，求绝对值的结果存储在 OUT 端的 MW16 中，值为 5。

7. 计算正弦值指令（SIN）

计算正弦值指令（SIN）应用实例如图 6-7 所示。当 M0.0 闭合时，激活计算正弦值指令，IN 中存储的实数 MD10=1（弧度），此正弦值为 0.841 471。

数学函数中还有计算余弦、计算正切、计算反正弦、计算反余弦、取幂、求平方、求平方根、计算自然对数、计算指数值和提取小数等指令，由于它们都比较容易掌握，故在此不再赘述。

图 6-6 计算绝对值指令（ABS）应用实例

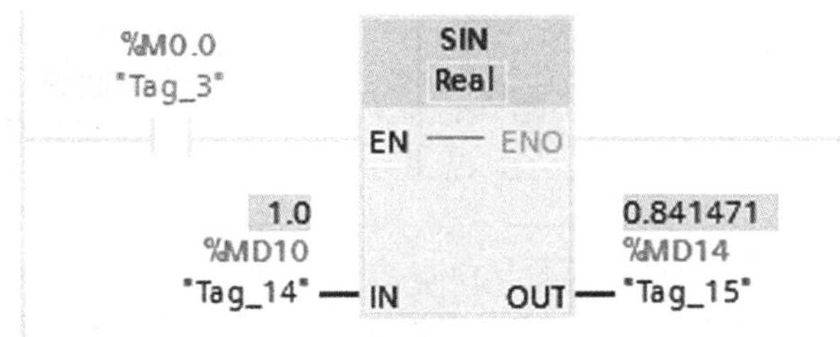

图 6-7 计算正弦值指令（SIN）应用实例

（二）移动操作

移动操作指令主要用于各种数据的移动、相同数据的不同排列的转换，以及 S7-1200 PLC CPU 的间接寻址功能部分的移动。移动操作指令汇总见表 6-2。

表 6-2 移动操作指令汇总

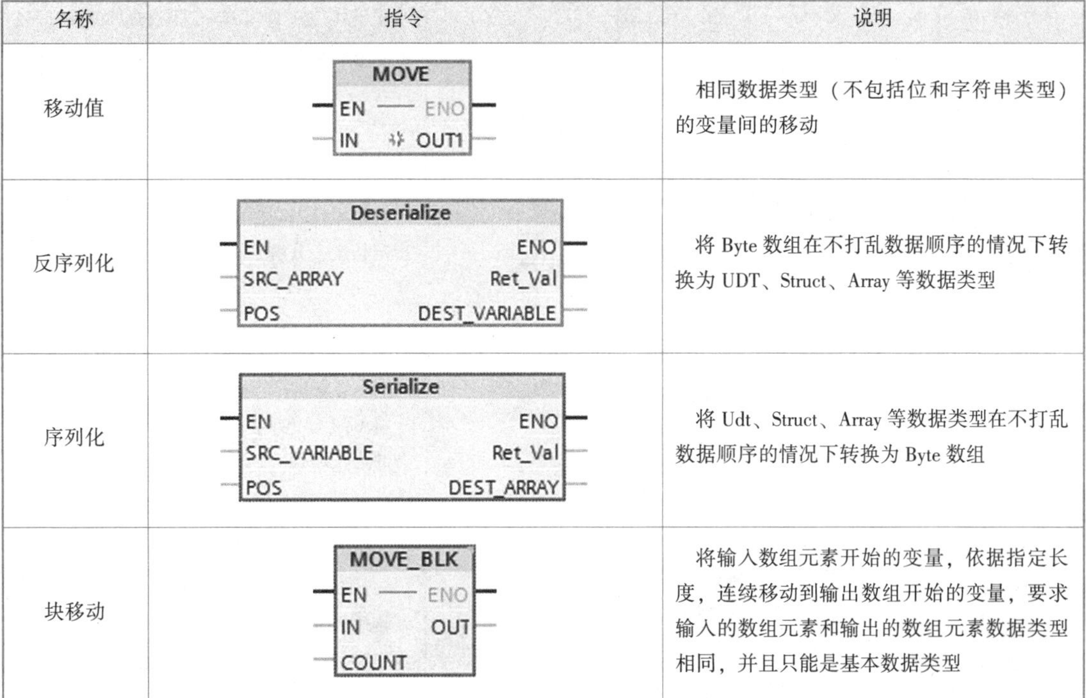

名称	指令	说明
移动值	MOVE EN ENO IN OUT1	相同数据类型（不包括位和字符串类型）的变量间的移动
反序列化	Deserialize EN ENO SRC_ARRAY Ret_Val POS DEST_VARIABLE	将 Byte 数组在不打乱数据顺序的情况下转换为 UDT、Struct、Array 等数据类型
序列化	Serialize EN ENO SRC_VARIABLE Ret_Val POS DEST_ARRAY	将 Udt、Struct、Array 等数据类型在不打乱数据顺序的情况下转换为 Byte 数组
块移动	MOVE_BLK EN ENO IN OUT COUNT	将输入数组元素开始的变量，依据指定长度，连续移动到输出数组开始的变量，要求输入的数组元素和输出的数组元素数据类型相同，并且只能是基本数据类型

续表

名称	指令	说明
存储区移动	MOVE_BLK_VARIANT EN ENO SRC Ret_Val COUNT DEST SRC_INDEX DEST_INDEX	用于将输入的变量连续传送至输出的变量，通常输入/输出为数组或单个变量，要求输入/输出的变量或数组元素变量数据类型相同，需要指定输入和输出的起始传送位置（从0开始），以及传送元素个数
不可中断的存储区移动	UMOVE_BLK EN ENO IN OUT COUNT	除了在移动过程中不可被中断程序打断以外，其他与块移动指令相同
填充块	FILL_BLK EN ENO IN OUT COUNT	将输入变量，依据指定长度，连续填充至以输出的数组元素开始的数组中，要求输入变量和输出的数组元素数据类型相同，并且只能是基本数据类型
不可中断的存储区填充	UFILL_BLK EN ENO IN OUT COUNT	除了在填充过程中不可被中断程序打断以外，其他与填充块指令相同
将位序列解析为单个位	SCATTER ??? EN ENO IN OUT	用于将位序列（Byte、Word、DWord）分解为Bool数组（8元素、16元素、32元素）
将位序列Array的元素解析为单个位	SCATTER_BLK ??? count: ??? EN ENO IN OUT COUNT_IN	将输入位序列数组元素开始的变量，依据指定长度，分解到输出Bool数组开始的变量
将单个位组合为位序列	GATHER ??? EN ENO IN OUT	将Bool数组（8元素、16元素、32元素）合并为位序列（Byte、Word、DWord）
将单个位合并到位序列Array的多个元素中	GATHER_BLK ??? count: ??? EN ENO IN OUT COUNT_OUT	将输入Bool数组元素开始的变量，依据指定长度，合并到输出位序列数组开始的变量

续表

名称	指令	说明
交换	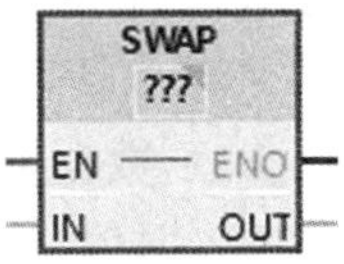 SWAP ??? EN — ENO IN OUT	将 Word/DWord 数据类型的变量字节反序后输出
读出 Variant 变量值	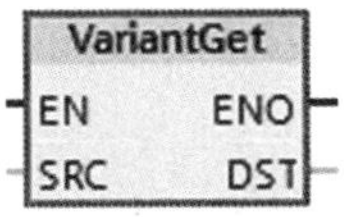 VariantGet EN ENO SRC DST	将类型为 Variant 的变量读取到指定变量
写入 Variant 变量值	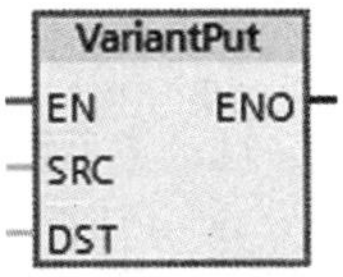 VariantPut EN ENO SRC DST	将指定变量写入类型为 Variant 的变量
获取 Array 元素的数量	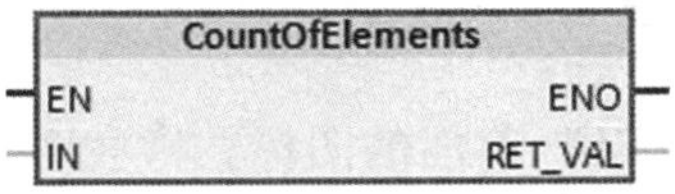 CountOfElements EN ENO IN RET_VAL	读取输入数组的元素数量
读取 Array 的下限	 LOWER_BOUND EN ENO ARR OUT DIM	当 FC/FB 的参数为变长数组 Array [ ] 时，读取实参指定维度下标的下限、上限
读取 Array 的上限	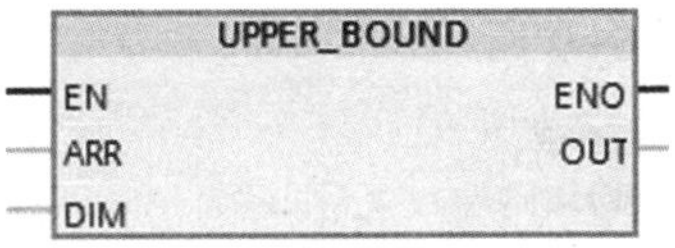 UPPER_BOUND EN ENO ARR OUT DIM	
读取域	 FieldRead ??? EN ENO INDEX VALUE MEMBER	根据输入数组的第一个元素以及数组下标，将该数组下标对应的数组元素移动到输出变量
写入域	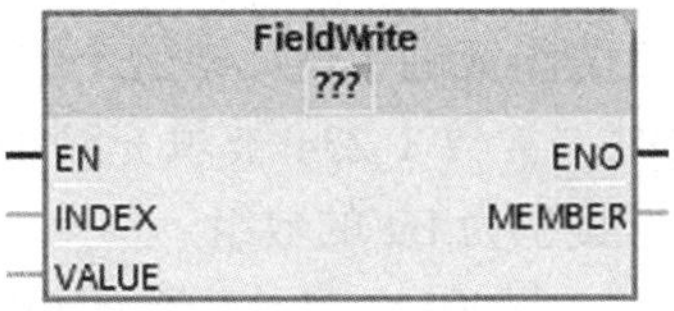 FieldWrite ??? EN ENO INDEX MEMBER VALUE	根据输入变量及数组下标，将该输入变量写入根据输出数组的第一个元素确定的数组下标对应的元素

1. 移动值指令（MOVE）

移动值指令（MOVE）如图 6-8 所示，用于将 IN 输入端的源数据传送给 OUT1 输出的目的地址，并且转换为 OUT1 允许的数据类型（与是否进行 IEC 检查有关），源数据保持不变。IN 和 OUT1 的数据类型可以是位字符串、整数、浮点数、定时器、日期时间、Char、Wchar、Struct、Array，IEC 定时器/计数器数据类型，PLC 数据类型，IN 还可以是常数。

可用于 S7-1200 PLC CPU 的不同数据类型之间的数据传送见 MOVE 指令的在线帮助。如果输入 IN 数据类型的位长度超出输出 OUT1 数据类型的位长度，则源值的高位会丢失。如果输入 IN 数据类型的位长度小于输出 OUT1 数据类型的位长度，则目标值的高位会被改写为 0。

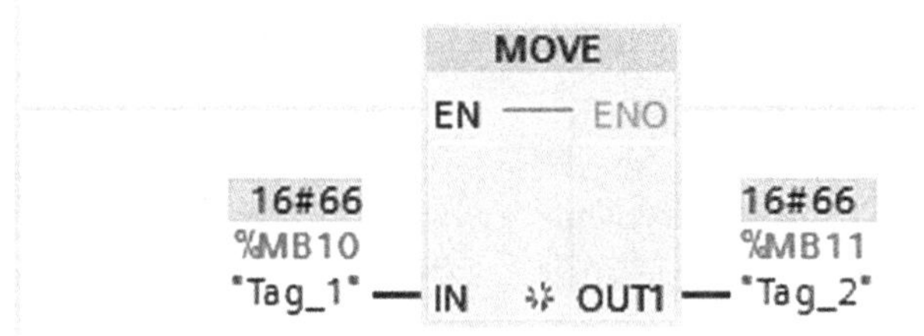

图 6-8　移动值指令（MOVE）

MOVE 指令允许有多个输出，单击“OUT1”前面的图标，将会增加一个输出，增加的输出的名称为 OUT2，以后增加的输出的编号按顺序排列。用鼠标右键单击某个输出的短线，执行快捷菜单中的“删除”命令，将会删除该输出参数。删除后自动调整剩下的输出的编号。

2. 交换指令（SWAP）

IN 和 OUT 为 Word 数据类型时，SWAP 指令交换输入 IN 的高、低字节后，保存到 OUT 指定的地址。IN 和 OUT 为数据类型 DWord 时，交换输入 IN 的高、低字后，再交换字中高、低字节，然后保存到 OUT 指定的地址，如图 6-9 所示。

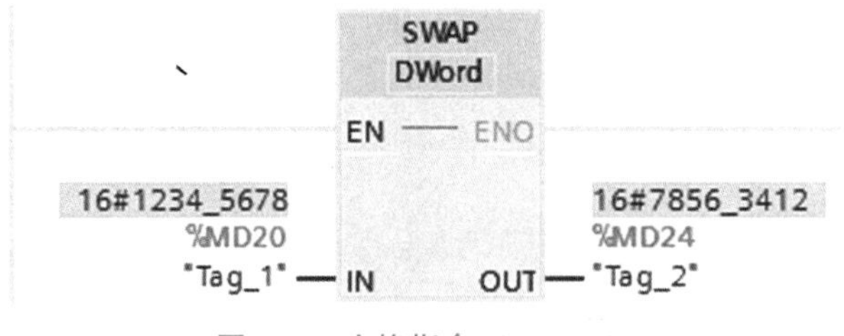

图 6-9　交换指令（SWAP）

3. 填充存储区指令（FILL_BLK）

填充存储区指令（FILL_BLK）将输入参数 IN 设置的值填充到输出参数 OUT 指定起始地址的目标数据区，如图 6-10 所示，COUNT 为填充的数组元素的个数，源区域和目标区域的数据类型应相同。M0.0 的常开触点接通时，常数 1 234 被填充到 DB1（数据块_1）的 DBW0 开始的 5 个字中。DB1 中为元素的数据类型为 Int 的数组。

不可中断的存储区填充指令（UFILL_BLK）与 FILL_BLK 指令的功能相同，其区别在于前者的填充操作不会被其他操作系统的任务打断。

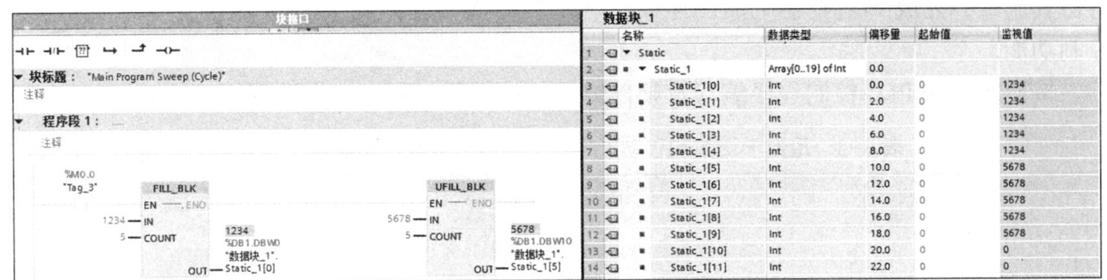

图 6-10　填充存储区指令（FILL_BLK）

4. 存储区移动指令（MOVE_BLK）

存储区移动指令（MOVE_BLK）用于将源存储区的数据移动到目标存储区，IN 和 OUT 是待复制的源区域和目标区域中的首个元素（并不要求是数组的第一个元素）。

图 6-11 中的常开触点接通时，数据块_1 中的数组 0 号元素开始的 5 个 Int 元素的值被复制给数据块_2 的数组 0 号元素开始的 5 个元素。COUNT 为要传送的数组元素的个数，复制操作按地址增大的方向进行，源区域和目标区域的数据类型应相同。

除了 IN 不能取常数外，MOVE_BLK 指令和 FILL_BLK 指令的参数的数据类型和存储区基本相同。不可中断的存储区移动指令（UMOVE_BLK）与 MOVE_BLK 指令的功能基本相同，其区别在于前者的复制操作不会被操作系统的其他任务打断。执行该指令时，CPU 的报警响应时间将延长。

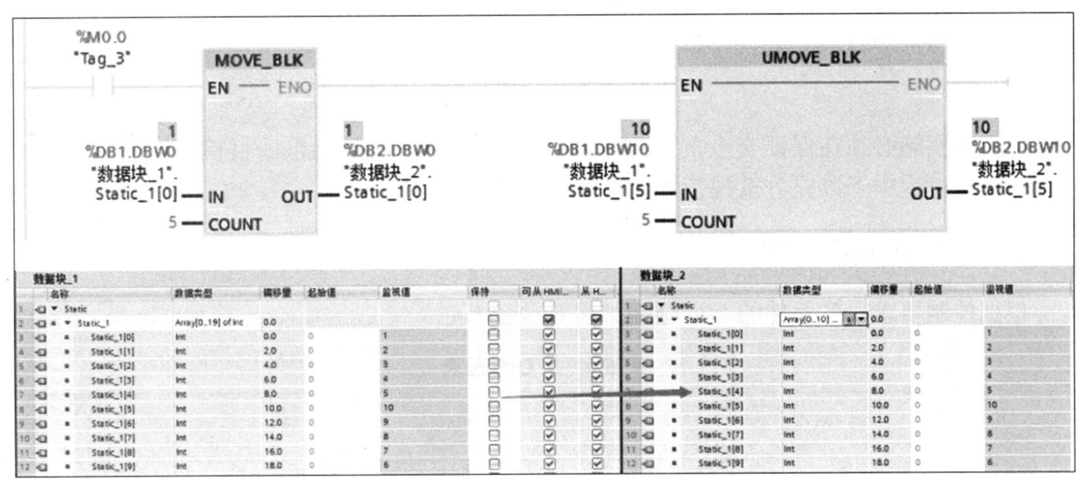

图 6-11　存储区移动指令（MOVE_BLK）

块移动指令（MOVE BLK_VARIANT）将一个存储区（源区域）的数据移动到另一个存储区（目标区域）。可以将一个完整的数组或数组的元素复制到另一个相同数据类型的数组中。源数组和目标数组的大小（元素个数）可能不同。可以复制一个数组内的多个或单个元素。

二、任务计划

根据项目需求，编制 I/O 分配表，绘制、连接 PLC 控制电路，编写 PLC 控制程序并进

行仿真调试，完成 PLC 控制电路的连接，下载 PLC 控制程序到 PLC 并运行，实现所要求的控制功能。

按照通常的 PLC 控制程序编写及硬件装调工作流程，制定工作计划，见表 6-3。

表 6-3 用数学函数和移动操作指令实现传送带控制项目工作计划

序号	项目	内容	时间/min	人员
1	编制 I/O 分配表	确定所需要的 I/O 点数并分配具体用途，编制 I/O 分配表（需提交）	5	全体人员
2	绘制 PLC 控制电路图	根据 I/O 分配表绘制 PLC 控制电路图	15	全体人员
3	连接 PLC 控制电路	根据电路图完成电路连接	20	全体人员
4	编写 PLC 控制程序	根据控制要求编写 PLC 控制程序	25	全体人员
5	PLC 控制程序仿真运行	使用 S7-PLCSIM 仿真运行 PLC 控制程序	10	全体人员
6	下载 PLC 控制程序并运行	把 PLC 控制程序下载到 PLC，实现所要求的控制功能	5	全体人员

三、任务决策

按照工作计划，项目小组全体成员共同确定 I/O 分配表，然后分两个小组分别实施系统程序编写及硬件装调全部工作，合作完成任务并提交任务评价表。

四、任务实施

项目的实施必须在保证安全的前提下进行，应提前建立并熟悉项目检查事项及评价要素，在实施过程中予以充分重视，才能确保项目的顺利进行。

（一）编制 I/O 分配表

根据控制要求，各元件的 I/O 分配见表 6-4。

表 6-4 I/O 分配表

输入			输出		
地址	元件符号	元件名称	地址	元件符号	元件名称
I0.2	光电传感器	计数	Q0.0	KA1	电动机继电器
I0.3	SB1	启动	Q0.1	HL	指示灯
I0.4	SB2	停止	—	—	—
I0.5	FR	过载保护	—	—	—

（二）绘制 PLC 控制电路图

根据项目控制需求，绘制 PLC 控制电路图，如图 6-12 所示。

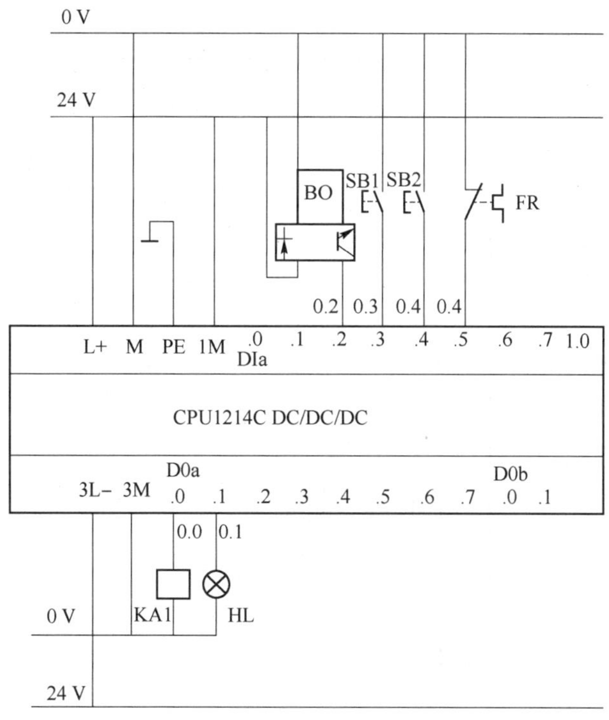

图 6-12　PLC 控制电路图

（三）连接 PLC 控制电路

按工艺规范完成 PLC 控制电路的连接。PLC 控制电路的连接主要需要考虑元器件的布置安装、导线线径与颜色的选择、接线端子的选择与制作、线号标识的制作与排列，最终实现元器件布局间距合理、安装稳固可靠，布线整齐有序、松紧适宜，接线规范牢固、标识清晰明确。

（四）写 PLC 控制程序

根据项目控制需求，编写 PLC 控制程序，如图 6-13 所示。

（五）程序仿真

将 PLC 站点下载到仿真器中，打开仿真器的项目视图，并在 SIM 表格_1 的“地址”栏中输入“IB0”“QB0”绝对地址。

仿真程序执行过程如下。

开机初始化，对计件数量存储器 MW10 清零。I0.3 接通，输出继电器 Q0.0 得电自锁，传送带工作。工件每次经过光电传感器时，光电开关（接到 I0.2）接通 1 次，MW10 加 1；MW10<10 时，指示灯常亮；MW10≥10 时，指示灯每秒闪烁 1 次。当工件数 MW10>15 时，T1 延时 5 s 断开 Q0.0，同时对 MW10 清零。

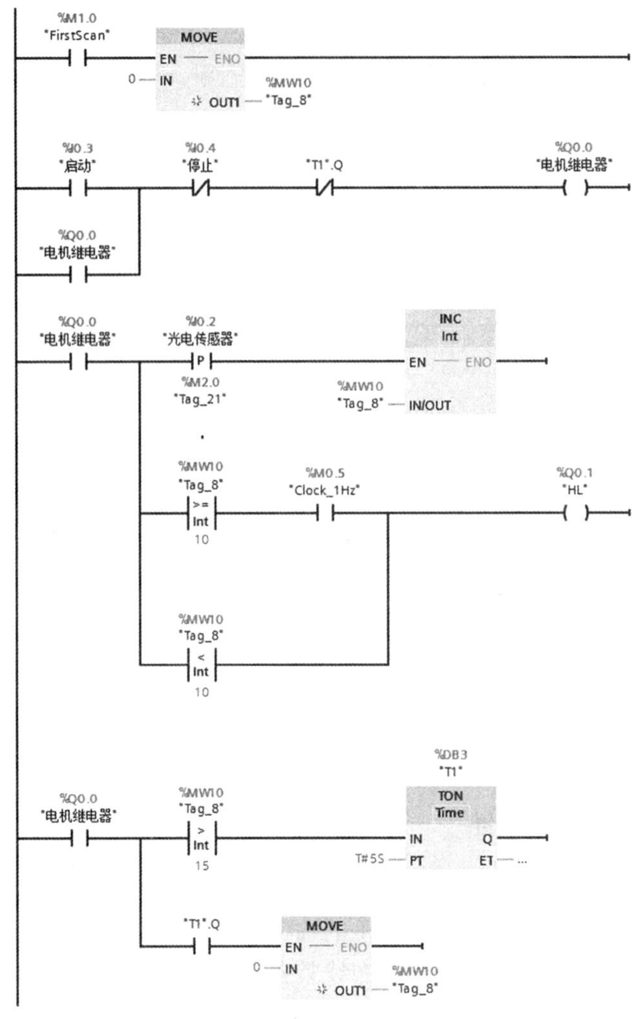

图 6-13　PLC 控制程序

五、 任务检查

为了保证项目能顺利可靠地开展下去，必须对项目的实施过程和结果进行检查。检查点的设置原则主要包括两点：对影响项目正常实施和完成质量的因素，要设置为检查点，包括安全、操作、结果（中间结果和最终结果）等；所设置的检查点应尽可能量化表达，以便于客观评价项目的实施。

本项目主要任务是：确定 I/O 分配表；完成 PLC 控制电路图；完成 PLC 控制电路连接；完成 PLC 控制程序编写；完成 PLC 控制程序仿真运行；完成 PLC 控制程序下载并运行。

根据本项目的具体内容，设置检查表（表 6-5），在项目实施过程中和终结时进行必要的检查并填写检查表。

表 6-5　应用数学函数和移动操作指令实现传送带控制项目检查表

评价项目	评价内容	分值	得分
职业素养（30 分）	分工合理，制定计划能力强，严谨认真	5	
	爱岗敬业，具有安全意识、责任意识、服从意识	5	
	团队合作，具有交流沟通、互相协作、分享的能力	5	
	遵守行业规范、现场 6S 标准	5	
	主动性强，保质保量完成工作页相关任务	5	
	能采取多样化手段收集信息、解决问题	5	
专业能力（60 分）	编制 I/O 分配表： （1）所有输入地址编排合理，节约硬件资源，元件符号与元件作用说明完整； （2）所有输出地址编排合理，节约硬件资源，元件符号与元件作用说明完整	10	
	绘制 PLC 控制电路图： （1）电路图元件齐全，标注正确； （2）电路功能完整，布局合理	10	
	连接 PLC 控制电路 （1）安全不违章； （2）安装达标	10	
	编写 PLC 控制程序： （1）功能正确，程序段合理； （2）符号表正确完整； （3）绝对地址、符号地址显示正确，程序段注释合理	10	
	PLC 控制程序仿真运行： （1）S7-PLCSIM 打开正确，下载正常； （2）仿真操作正确，能正确仿真运行程序	10	
	下载 PLC 控制程序并运行： （1）程序下载正确，PLC 指示灯正常； （2）程序运行操作正确，能实现预定功能	10	
创新意识（10 分）	具有创新性思维并付诸行动	10	
合计		100	

六、任务评价

根据项目实施、检查情况，填写评价表。评价表可分为自评表（表 6-6）和他评表（表 6-7），主要内容应包括实施过程简要描述、检查情况描述、存在的主要问题、解决方案等。

表 6-6　应用数学函数和移动操作指令实现传送带控制项目自评表

签名： 日期：

表 6-7　应用数学函数和移动操作指令实现传送带控制项目他评表

签名： 日期：

实践练习（项目需求）

一、 任务描述

由电动机带动传送带 KM1 启停，I0.0 接传送带的启动按钮，I0.1 接传送带的停止按钮，I0.2 接产品检测光电传感器，电动机接 Q0.0，Q0.1 控制机械手动作。传送带开始运行后，产品通过产品检测光电传感器，检测到信号，每检测到 5 个产品机械手动作 1 次，机械手动作后，延时 5 s，机械手电磁铁切断，重新开始下一次计数。请根据控制要求完成以下任务。

（1）确定 I/O 分配表；

（2）完成 PLC 控制电路图；

（3）完成 PLC 控制电路连接；

（4）完成 PLC 控制程序编写；

（5）完成 PLC 控制程序仿真运行；

（6）完成 PLC 控制程序下载并运行。

二、 任务计划

应用数学函数指令实现传送带控制项目工作计划见表 6-8。

表 6-8　应用数学函数指令实现传送带控制项目工作计划

序号	项目	内容	时间/min	人员
1				
2				
3				
4				
5				
6				

三、 任务决策

根据任务要求和资源、人员的实际配置情况，按照工作计划，采取项目小组的方式开展工作，小组内实行分工合作，每位成员都要完成全部任务并提交任务评价表。应用数学函数指令实现传送带控制项目决策表见表 6-9。

表 6-9　应用数学函数指令实现传送带控制项目决策表

签名： 日期：

四、 任务实施

（一）I/O 分配表

I/O 分配表见表 6-10。

表 6-10　I/O 分配表

输入			输出		
地址	元件符号	元件名称	地址	元件符号	元件名称

（二）PLC 控制电路图

（三）PLC 控制程序

应用数学函数指令实现传送带控制项目实施记录表见表 6-11。

表 6-11　应用数学函数指令实现传送带控制项目实施记录表

签名： 日期：

五、 任务检查

应用数学函数指令实现传送带控制项目检查表见表 6-12。

表 6-12　应用数学函数指令实现传送带控制项目检查表

评价项目	评价内容	分值	得分
职业素养（30 分）	分工合理，制定计划能力强，严谨认真	5	
	爱岗敬业，具有安全意识、责任意识、服从意识	5	
	团队合作，具有交流沟通、互相协作、分享的能力	5	
	遵守行业规范、现场 6S 标准	5	
	主动性强，保质保量完成工作页相关任务	5	
	能采取多样化手段收集信息、解决问题	5	

续表

评价项目	评价内容	分值	得分
专业能力（60 分）	编制 I/O 分配表： （1）所有输入地址编排合理，节约硬件资源，元件符号与元件作用说明完整； （2）所有输出地址编排合理，节约硬件资源，元件符号与元件作用说明完整	10	
	绘制 PLC 控制电路图： （1）电路图元件齐全，标注正确； （2）电路功能完整，布局合理	10	
	连接 PLC 控制电路 （1）安全不违章； （2）安装达标	10	
	编写 PLC 控制程序： （1）功能正确，程序段合理； （2）符号表正确完整； （3）绝对地址、符号地址显示正确，程序段注释合理	10	
	PLC 控制程序仿真运行： （1）S7-PLCSIM 打开正确，下载正常； （2）仿真操作正确，能正确仿真运行程序	10	
	下载 PLC 控制程序并运行： （1）程序下载正确，PLC 指示灯正常； （2）程序运行操作正确，能实现预定功能	10	
创新意识（10 分）	具有创新性思维并付诸行动	10	
合计		100	

六、 任务评价

应用数学函数指令实现传送带控制项目自评表、他评表见表 6-13、表 6-14。

表 6-13　应用数学函数指令实现传送带控制项目自评表

签名： 日期：

表 6-14　应用数学函数指令实现传送带控制项目他评表

签名： 日期：

扩展提升

在图 6-13 所示的 PLC 控制程序中，如果要求计件数量为 20 个，计件数量大于 20 个时延时 10 s 停止传送带，该如何修改程序？根据控制要求完成以下任务。

（1）确定 I/O 分配表；

（2）完成 PLC 控制电路图；

（3）完成 PLC 控制电路连接；

（4）完成 PLC 控制程序编写；

（5）完成 PLC 控制程序仿真运行；

（6）完成 PLC 控制程序下载并运行。

项目 7　应用字逻辑运算指令实现指示灯控制

背景描述

逻辑运算指令是对无符号数进行逻辑处理。字逻辑运算指令包括：与运算（AND）、或运算（OR）、异或运算（XOR）、求反码（INVERT）、解码（DECO）、编码（ENCO）、选择（SEL）、多路复用（MUX）和多路分用（DEMUX）等。“与”“或”“非”逻辑是开关量控制的基本逻辑关系。本项目利用字逻辑运算指令实现指示灯控制。

素养目标

培养严谨、条理、认真、努力勤奋的科学精神。

【知识拓展】

通过介绍逻辑代数的创始人乔治·布尔的生平，让学生体会到严谨、条理、认真、努力勤奋的科学精神，这是从事科学研究最基本的素养及成功的基础。

任务描述

设有 8 盏指示灯，利用字逻辑运算指令实现指示灯控制。当按下按钮 SB1 时，偶数灯亮；当按下按钮 SB2 时，奇数灯亮；当按下按钮 SB3 时，HL0～HL3 灯亮；当按下按钮 SB4 时，HL4～HL7 灯亮；当按下按钮 SB5 时，HL0～HL7 灭。请根据控制要求完成以下任务。

（1）确定 I/O 分配表；

（2）完成 PLC 控制电路图；

（3）完成 PLC 控制电路连接；

（4）完成 PLC 控制程序编写；

（5）完成 PLC 控制程序仿真运行；

（6）完成 PLC 控制程序下载并运行。

示范实例

一、知识储备

字逻辑运算指令

字逻辑运算主要用于实现位序列的与、或、异或等功能，字逻辑运算指令汇总见表 7-1。

表 7-1　字逻辑运算指令汇总

名称	指令	说明
与运算	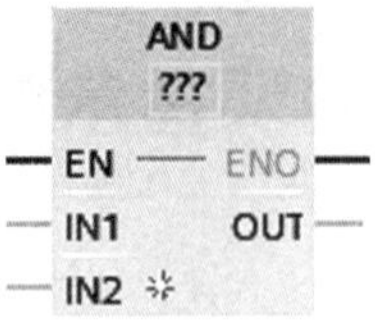 AND ??? EN — ENO IN1 OUT IN2	用于多个位序列数据类型的变量或常数的与、或、异或运算
或运算	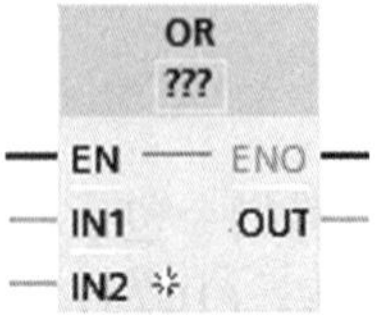 OR ??? EN — ENO IN1 OUT IN2	
异或运算	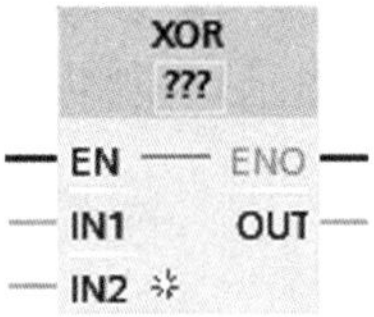 XOR ??? EN — ENO IN1 OUT IN2	
求反码	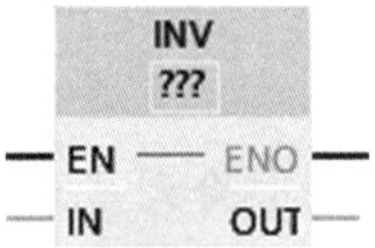 INV ??? EN — ENO IN OUT	用于将位序列、整数数据类型的变量或常数的所有位取反
解码	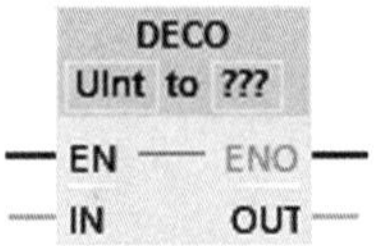 DECO UInt to ??? EN — ENO IN OUT	读取输入值，并将输出值中位号与读取值对应的那个位置位。输出值中的其他位以 0 填充
编码	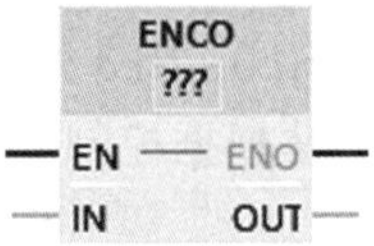 ENCO ??? EN — ENO IN OUT	选择输入值的最低有效位，并将该位号写入输出 OUT 的变量
选择	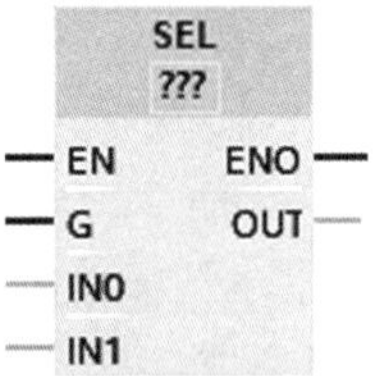 SEL ??? EN ENO G OUT IN0 IN1	根据输入逻辑的正/负，从两个输入中选择一个进行输出
多路复用	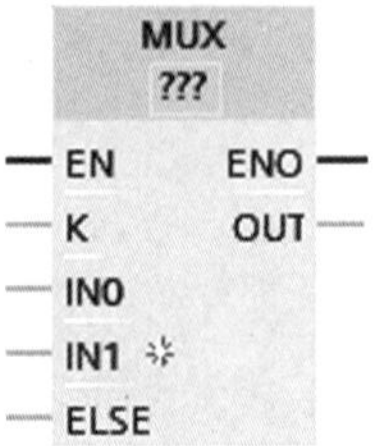 MUX ??? EN ENO K OUT IN0 IN1 ELSE	根据输入参数的值将多个输入值之一复制到输出

续表

名称	指令	说明
多路分用	DEMUX ??? EN ENO K OUT0 IN OUT1 ELSE	将输入内容复制到指定输出

（一）与运算指令（AND）

使用与运算指令将输入 IN1 的值和输入 IN2 的值按位进行与运算，并把与运算结果输入 OUT。可以从指令框的“<??? >”下拉列表中选择该指令的数据类型。单击指令框中的图标可以添加可选输入项。

与运算指令的位运算过程如图 7-1 所示。与运算规则为“全 1 出 1，有 0 出 0”。

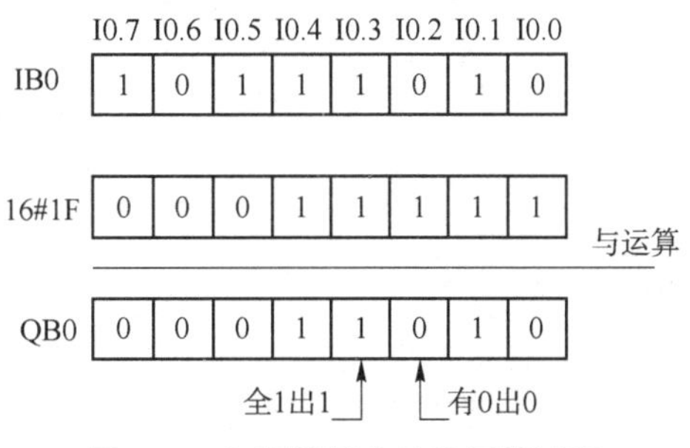

图 7-1　与运算指令的位运算过程

与运算指令示例如图 7-2 所示，需要把 MB10 传送到 BM20，但 BM20 的低 4 位要清零。

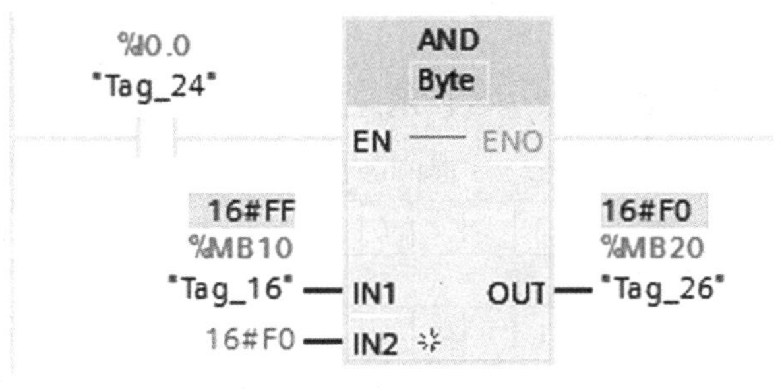

图 7-2　与运算指令示例

（二）或运算指令（WOR）

IN1、IN2 为两个相进行或运算的源操作数，OUT 为存储或运算结果的目标操作数。或运算指令的功能是将两个源操作数的数据进行二进制按位相或，并将运算结果存入目标操作数。

或运算指令的位运算过程如图 7-3 所示。或运算规则为“全 0 出 0，有 1 出 1”。

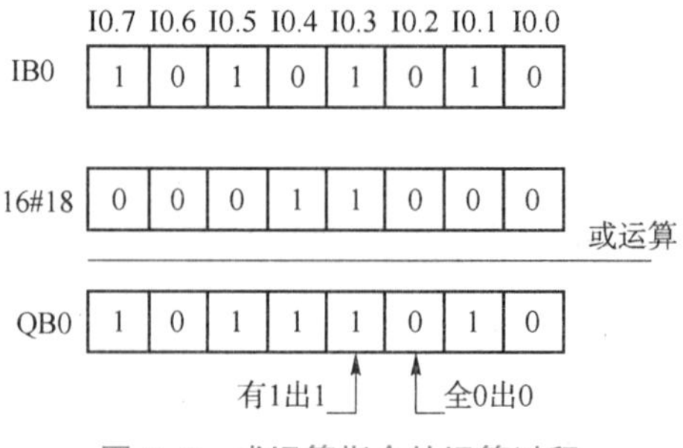

图 7-3 或运算指令的运算过程

或运算指令示例如图 7-4 所示。输入字节 MB10 的数据为 2#10101010，与输入字节 MB15 的数据 2#11110000 相或后，送到输出字节 MB20 的结果为 2#11111010。

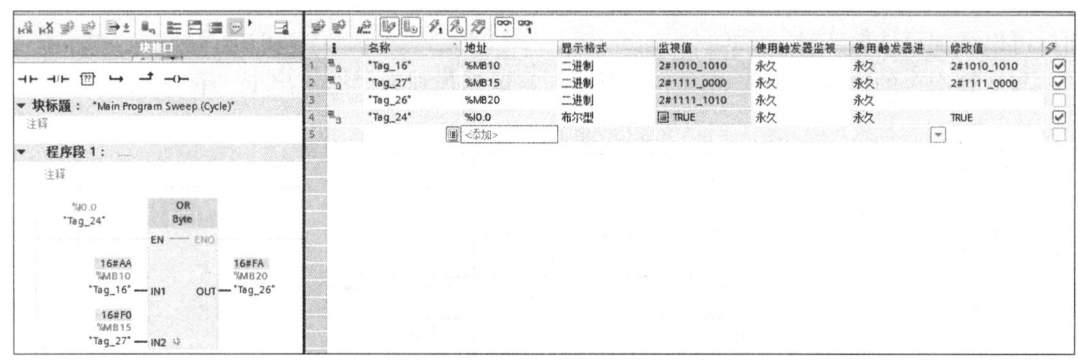

图 7-4 或运算指令示例

（三）异或运算指令（WXOR）

IN1、IN2 为两个进行异或运算的源操作数，OUT 为存储异或运算结果的目标操作数。异或运算指令的功能是将两个源操作数的数据进行二进制按位异或，并将运算结果存入目标操作数。

异或运算指令的位运算过程如图 7-5 所示。异或运算规则为“相同出 0，相异出 1”。

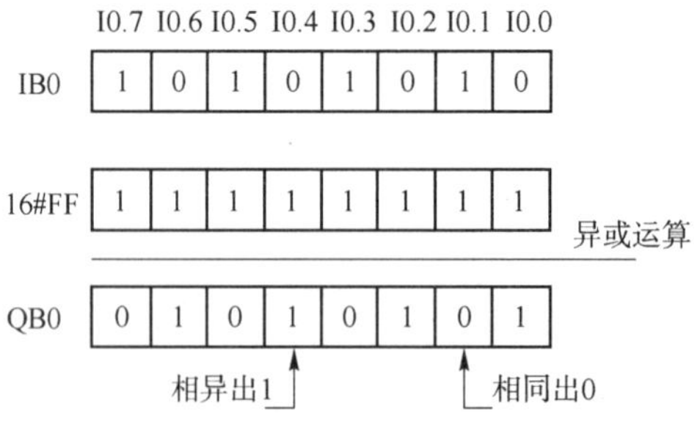

图 7-5 异或运算指令的位运算过程

异或运算指令示例如图 7-6 所示。输入字节 MB10 的数据为 2#10101010，与输入字节 MB15 的数据 2#11110000 进行按位异或后，送入输出字节 QB0 的结果为 2#01011010。由此可得出结论：异或运算指令具有逻辑“非”的功能。

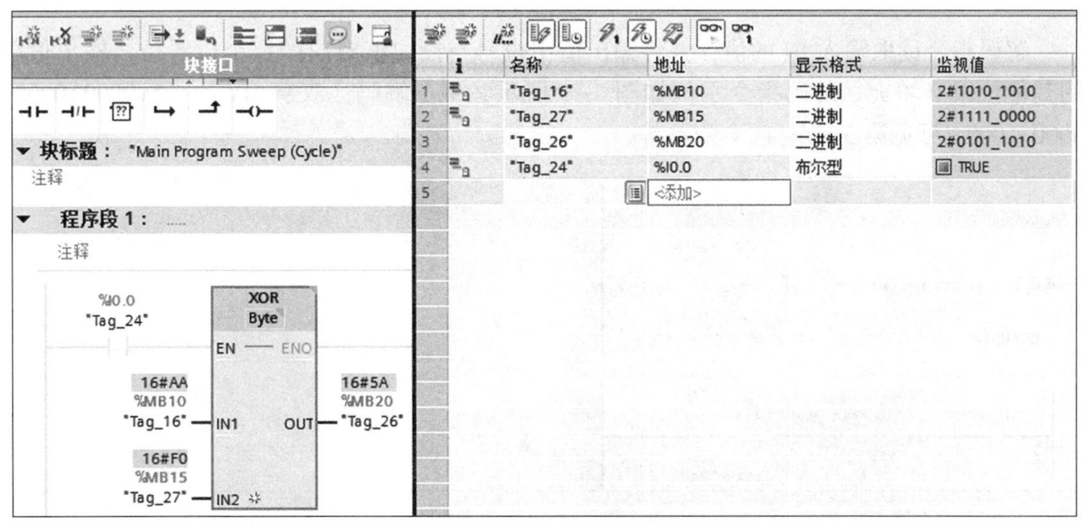
图 7-6　异或运算指令示例

（四）求反码指令（INVERT）

IN 为求反码逻辑运算的源操作数，OUT 为存储求反码逻辑运算结果的目标操作数。求反码指令的功能是将源操作数数据进行二进制按位求反码，并将运算结果存入目标操作数。

求反码指令的位运算过程如图 7-7 所示。求反码运算规则为“有 0 出 1，有 1 出 0”。

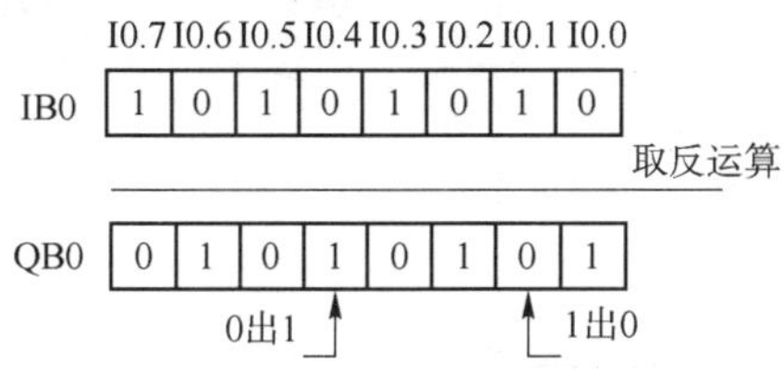

图 7-7　求反码指令的位运算过程

求反码指令示例如图 7-8 所示。输入字节 MB10 的数据为 2#10101010，经按位取反后，送入输出字节 QB0 的结果为 2#01010101。

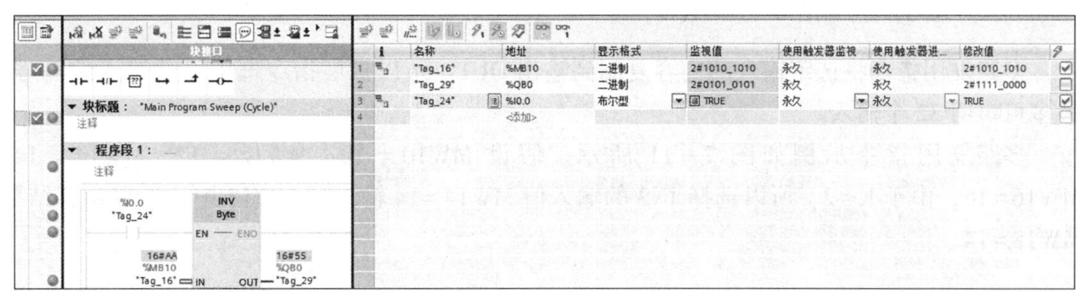
图 7-8　求反码指令示例

（五）解码指令（DECO）

解码指令读取输入 IN 的值，并将输出值中位号与读取值对应的那个位置位。输出值中的其他位以 0 填充。解码指令示例如图 7-9 所示，将 7 解码，双字 MW10 = 2#0000_0000_0000_1000，可见第 3 位置 1。

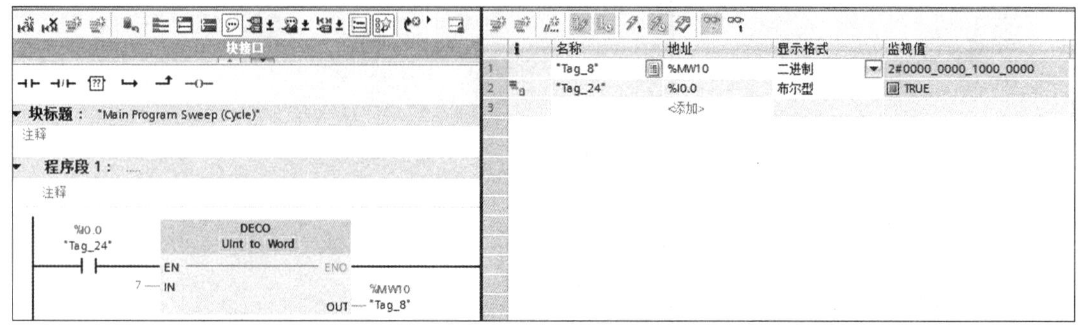

图 7-9　解码指令示例

（六）编码指令（ENCO）

编码指令选择输入 IN 值的最低有效位，并将该位号写入输出 OUT 的变量。

编码指令示例如图 7-10 所示，MW10 = 2#1000_0000_1000_0000，编码的结果输出到 MW20 中，因为 MW10 的最低有效位在第 7 位，所以 MW20=7。

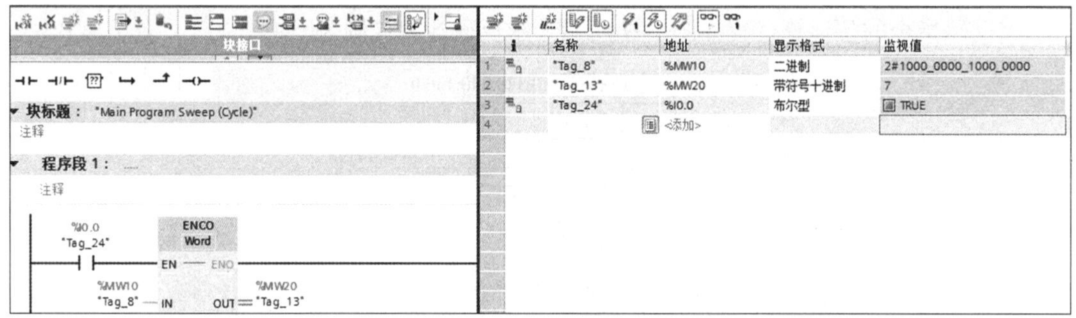

图 7-10　编码指令示例

（七）多路复用指令（MUX）

多路复用指令将选定输入的内容复制到输出 OUT。可以扩展指令框中可选输入的编号，最多可声明 32 个输入。

多路复用指令示例如图 7-11 所示。假设 MW10 = 10，MW12 = 12，MW14 = 14，MW16=16，由于 K=2，所以选择 IN2 的输入值 MW14=14 输出到 MW18 中，所以运算结果 MW18 = 14。

（八）多路分用指令（DEMUX）

多路分用指令将输入 IN 的内容复制到选定的输出。可以在指令框中扩展选定输出的编号。

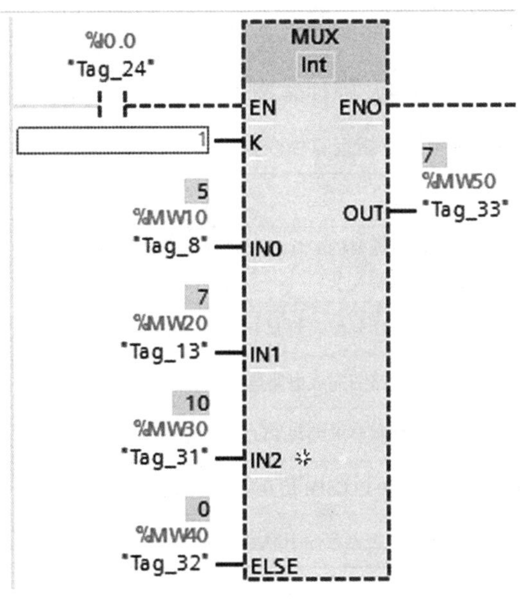

图 7-11　多路复用指令示例

在指令框中自动对输出编号。编号从 OUT0 开始，对于每个新输出，此编号连续递增。可以使用参数 K 定义要将输入 IN 的内容复制到的输出，其他输出则保持不变。如果参数 K 的值大于可用输出数，参数 ELSE 中输入 IN 的内容和使能输出 ENO 的信号状态将被分配为 0。

多路分用指令示例如图 7-12 所示。假设 MD10 = 10，由于 K = 2，所以 MD10 的数值 10 选择复制到 OUT2 中，所以运算结果 MD22 = 10，而 MD14、MD18、MD26 保持原来的数值不变。

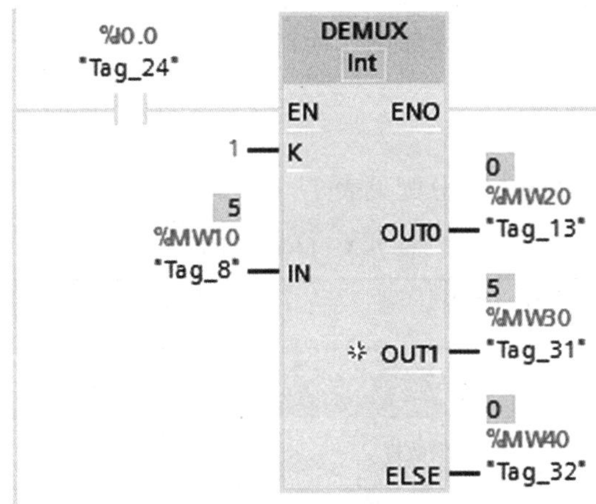

图 7-12　多路分用指令示例

二、 任务计划

根据项目需求，编制 I/O 分配表，绘制 PLC 控制电路图，编写 PLC 控制程序并进行仿真调试，完成 PLC 控制电路的连接，下载 PLC 控制程序到 PLC 并运行，实现所要求的控制功能。

按照通常的 PLC 控制程序编写及硬件装调工作流程，制定工作计划，见表 7-2。

表 7-2　应用字逻辑运算指令实现指示灯控制项目工作计划

序号	项目	内容	时间/min	人员
1	编制 I/O 分配表	确定所需要的 I/O 点数并分配具体用途，编制 I/O 分配表（需提交）	5	全体人员
2	绘制 PLC 控制电路图	根据 I/O 分配表绘制 PLC 控制电路图	15	全体人员
3	连接 PLC 控制电路	根据电路图完成电路连接	20	全体人员
4	编写 PLC 控制程序	根据控制要求编写 PLC 控制程序	25	全体人员
5	PLC 控制程序仿真运行	使用 S7-PLCSIM 仿真运行 PLC 控制程序	10	全体人员
6	下载 PLC 控制程序并运行	把 PLC 控制程序下载到 PLC，实现所要求的控制功能	5	全体人员

三、任务决策

按照工作计划，项目小组全体成员共同确定 I/O 分配表，然后分两个小组分别实施系统程序编写及硬件装调全部工作，合作完成任务并提交任务评价表。

四、任务实施

项目的实施必须在保证安全的前提下进行，应提前建立并熟悉项目检查事项及评价要素，在实施过程中予以充分重视，才能确保项目的顺利进行。

（一）编制 I/O 分配表

根据控制要求，各元件的 I/O 分配见表 7-3。

表 7-3　I/O 分配表

输入			输出		
地址	元件符号	元件名称	地址	元件符号	元件名称
I0. 0	SB1	控制偶数灯	Q0. 0～Q0. 7	HL0～HL7	指示灯
I0. 1	SB2	控制奇数灯	—	—	—
I0. 2	SB3	控制 HL0～HL3	—	—	—
I0. 3	SB4	控制 HL4～HL7	—	—	—
I0. 4	SB5	停止	—	—	—

（二）绘制 PLC 控制电路图

根据项目控制需求，绘制 PLC 控制电路，如图 7-13 所示。

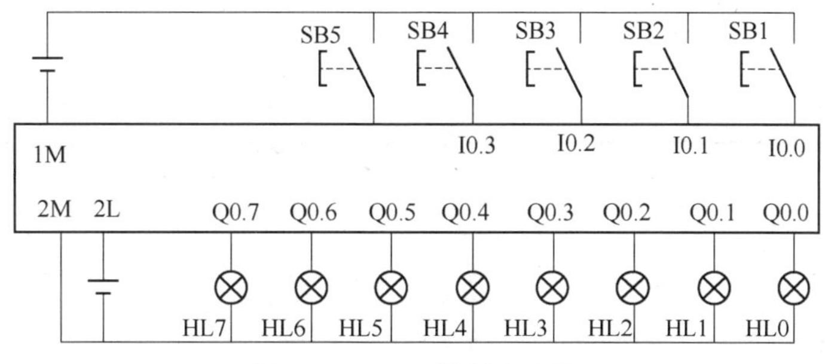

图 7-13　PLC 控制电路图

（三）连接 PLC 控制电路

按工艺规范完成 PLC 控制电路的连接。PLC 控制电路的连接主要需要考虑元器件的布置安装、导线线径与颜色的选择、接线端子的选择与制作、线号标识的制作与排列，最终实现元器件布局间距合理、安装稳固可靠，布线整齐有序、松紧适宜，接线规范牢固、标识清晰明确。

（四）编写 PLC 控制程序

根据项目控制需求，编写 PLC 控制程序，如图 7-14 所示。

（五）程序仿真

将 PLC 站点下载到仿真器中，打开仿真器的项目视图，并在 SIM 表格_1 的“地址”栏中输入“IB0”“QB0”绝对地址。

仿真程序执行过程如下。

当按下按钮 SB1 时，10. 0 接通，将 16#55（2#01010101）与 16#FF（2#11111111）按位相与，结果（2#01010101）送入 QBO，偶数灯亮。

当按下按钮 SB2 时，10. 1 接通，将 16#AA（2#10101010）与 0 按位相或，结果（2#10101010）送入 QB0，奇数灯亮。

当按下按钮 SB3 时，I0. 2 接通，将 16#F0（2#11110000）与 16#FF（2#11111111）按位异或，结果（2#00001111）送入 QB0，HL0~HL3 灯亮。

当按下按钮 SB4 时，10. 3 接通，将 16#0F（2#00001111）按位取反，结果（211110）送入 QB0，HL4~HL7 灯亮。

当按下按钮 SB5 时，HL0~HL7 灯灭。

五、任务检查

为保证项目能顺利可靠地开展，必须对项目的实施过程和结果进行检查。检查点的设置

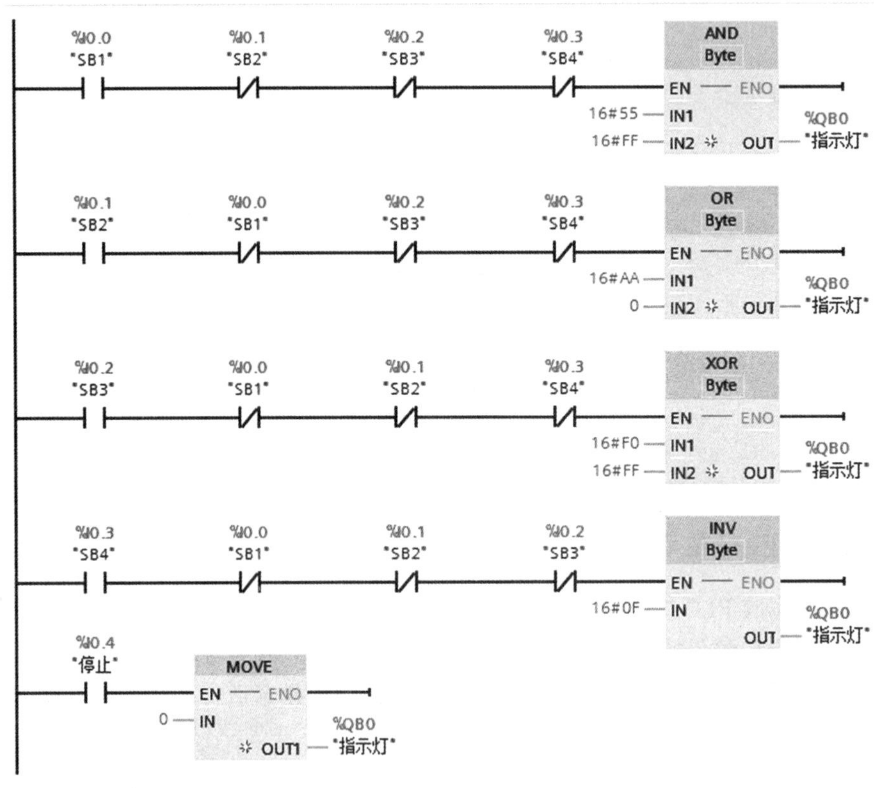

图 7-14　PLC 控制程序

原则主要包括两点：对影响项目正常实施和完成质量的因素，要设置为检查点，包括安全、操作、结果（中间结果和最终结果）等；所设置的检查点应尽可能量化表达，以便于客观评价项目的实施。

本项目的主要任务是：确定 I/O 分配表；完成 PLC 控制电路图；完成 PLC 控制电路连接；完成 PLC 控制程序编写；完成 PLC 控制程序仿真运行；完成 PLC 控制程序下载并运行。

根据本项目的具体内容，设置检查表（表 7-4），在项目实施过程和终结时进行必要的检查并填写检查表。

表 7-4　应用字逻辑运算指令实现指示灯控制项目检查表

评价项目	评价内容	分值	得分
职业素养（30 分）	分工合理，制定计划能力强，严谨认真	5	
	爱岗敬业，具有安全意识、责任意识、服从意识	5	
	团队合作，具有交流沟通、互相协作、分享的能力	5	
	遵守行业规范、现场 6S 标准	5	
	主动性强，保质保量完成工作页相关任务	5	
	能采取多样化手段收集信息、解决问题	5	

续表

评价项目	评价内容	分值	得分
专业能力（60 分）	编制 I/O 分配表： （1）所有输入地址编排合理，节约硬件资源，元件符号与元件作用说明完整； （2）所有输出地址编排合理，节约硬件资源，元件符号与元件作用说明完整	10	
	绘制 PLC 控制电路图： （1）电路图元件齐全，标注正确； （2）电路功能完整，布局合理	10	
	连接 PLC 控制电路 （1）安全不违章； （2）安装达标	10	
	编写 PLC 控制程序： （1）功能正确，程序段合理； （2）符号表正确完整； （3）绝对地址、符号地址显示正确，程序段注释合理	10	
	PLC 控制程序仿真运行： （1）S7-PLCSIM 打开正确，下载正常； （2）仿真操作正确，能正确仿真运行程序	10	
	下载 PLC 控制程序并运行： （1）程序下载正确，PLC 指示灯正常； （2）程序运行操作正确，能实现预定功能	10	
创新意识（10 分）	具有创新性思维并付诸行动	10	
合计		100	

六、任务评价

根据项目实施、检查情况，填写评价表。评价表可分为自评表（表 7-5）和他评表（表 7-6），主要内容应包括实施过程简要描述、检查情况描述、存在的主要问题、解决方案等。

表 7-5　应用字逻辑运算指令实现指示灯控制项目自评表

签名： 日期：

表 7-6　应用字逻辑运算指令实现指示灯控制项目他评表

签名：
日期：

实践练习（项目需求）

一、 任务描述

设有 8 盏指示灯，利用字逻辑运算指令实现指示灯控制。当按下按钮 SB1 时，奇数灯亮；当按下按钮 SB2 时，偶数灯亮；当按下按钮 SB3 时，HL4～HL7 灯亮；当按下按钮 SB4 时，HL0～HL3 灯亮；当按下按钮 SB5 时，HL0～HL7 灯灭。请根据控制要求完成以下任务。

（1）确定 I/O 分配表；

（2）完成 PLC 控制电路图；

（3）完成 PLC 控制电路连接；

（4）完成 PLC 控制程序编写；

（5）完成 PLC 控制程序仿真运行；

（6）完成 PLC 控制程序下载并运行。

二、 任务计划

应用字逻辑运算指令实现指示灯控制项目工作计划见表 7-7。

表 7-7　应用字逻辑运算指令实现指示灯控制项目工作计划

序号	项目	内容	时间/min	人员
1				
2				
3				
4				
5				
6				

三、 任务决策

根据任务要求和资源、人员的实际配置情况，按照工作计划，采取项目小组的方式开展工作，小组内实行分工合作，每位成员都要完成全部任务并提交任务评价表。应用字逻辑运算指令实现指示灯控制项目决策表见表 7-8。

表 7-8 应用字逻辑运算指令实现指示灯控制项目决策表

签名： 日期：

四、 任务实施

（一）I/O 分配表

I/O 分配表见表 7-9。

表 7-9 I/O 分配表

输入			输出		
地址	元件符号	元件名称	地址	元件符号	元件名称

（二）PLC 控制电路图

（三）PLC 控制程序

应用字逻辑运算指令实现指示灯控制项目实施记录表见表 7-10。

表 7-10　应用字逻辑运算指令实现指示灯控制项目实施记录表

签名： 日期：

五、任务检查

应用字逻辑运算指令实现指示灯控制项目检查表见表 7-11。

表 7-11　应用字逻辑运算指令实现指示灯控制项目检查表

评价项目	评价内容	分值	得分
职业素养（30 分）	分工合理，制定计划能力强，严谨认真	5	
	爱岗敬业，具有安全意识、责任意识、服从意识	5	
	团队合作，具有交流沟通、互相协作、分享的能力	5	
	遵守行业规范、现场 6S 标准	5	
	主动性强，保质保量完成工作页相关任务	5	
	能采取多样化手段收集信息、解决问题	5	
专业能力（60 分）	编制 I/O 分配表： （1）所有输入地址编排合理，节约硬件资源，元件符号与元件作用说明完整； （2）所有输出地址编排合理，节约硬件资源，元件符号与元件作用说明完整	10	
	绘制 PLC 控制电路图： （1）电路图元件齐全，标注正确； （2）电路功能完整，布局合理	10	
	连接 PLC 控制电路 （1）安全不违章； （2）安装达标	10	

续表

评价项目	评价内容	分值	得分
专业能力（60分）	编写 PLC 控制程序： （1）功能正确，程序段合理； （2）符号表正确完整； （3）绝对地址、符号地址显示正确，程序段注释合理	10	
	PLC 控制程序仿真运行： （1）S7-PLCSIM 打开正确，下载正常； （2）仿真操作正确，能正确仿真运行程序	10	
	下载 PLC 控制程序并运行： （1）程序下载正确，PLC 指示灯正常； （2）程序运行操作正确，能实现预定功能	10	
创新意识 10 分	具有创新性思维并付诸行动	10	
合计		100	

六、 任务评价

应用字逻辑运算指令实现指示灯控制项目自评表、他评表见表 7-12、表 7-13。

表 7-12　应用字逻辑运算指令实现指示灯控制项目自评表

签名： 日期：

表 7-13　应用字逻辑运算指令实现指示灯控制项目他评表

签名： 日期：

扩展提升

设计一个程序，将 16#88 传送到 MB10，将 16#55 传送到 MB20，并完成以下操作。

（1）求 MB10 与 MB20 的逻辑“与”，将结果送到 MB30 存储；

（2）求 MB10 与 MB20 的逻辑“或”，将结果送到 MB40 存储；

（3）求 MB10 与 MB20 的逻辑“异或”，将结果送到 MB50 存储。

根据控制要求完成以下任务。

（1）完成 PLC 控制程序编写；

（2）完成 PLC 控制程序仿真并运行。

项目 8 应用移位指令实现电动机顺序启动控制

背景描述

程序控制指令包括逻辑控制指令和程序控制指令。逻辑控制指令是指逻辑块中的跳转和循环指令。在没有执行跳转和循环指令之前，各语句按照先后顺序执行，也就是线性扫描。而逻辑控制指令终止了线性扫描，跳转到地址标号（LABEL）所指的地址，程序再次开始线性扫描。

移位指令能将累加器的内容逐位向左或者向右移动。移动的位数由 N 决定。向左移 N 位相当于累加器的内容乘以 2^N，向右移 N 位相当于累加器的内容除以 2^N。移位指令在逻辑控制中使用也很方便。本项目利用移位指令实现电动机顺序启动控制。

素养目标

培养学生树立坚持不懈、专注坚守的工匠精神。

【知识拓展】

1951 年，毛泽东主席题词“好好学习，天天向上”，它激励一代代中国人奋发图强。“成功的先兆不是智商，而是日复一日的坚持”，每天进步一点点，只要不间断，就可以收获很大的进步，这就是“天天向上”的力量！

任务描述

某台设备有 8 台电动机，为了减小电动机同时启动对电源的影响，利用移位指令和程序控制指令控制电动机 M1～M8 间隔 10 s 按顺序启动，或控制电动机 M8～M1 间隔 10 s 按逆序启动。按下停止按钮时，8 台电动机同时停止工作。为了满足控制要求，需要 3 个输入端口进行停止和启动方式选择，8 个输出端口接 8 个接触器线圈控制 8 台电动机。请根据控制要求完成以下任务。

（1）确定 I/O 分配表；

（2）完成 PLC 控制电路连接；

（3）完成 PLC 控制程序编写；

（4）完成 PLC 控制程序仿真运行；

（5）完成 PLC 控制程序下载并运行。

一、 知识储备

（一）程序控制指令

程序控制指令包含程序跳转、程序退出、错误处理等指令。程序控制指令汇总见表 8-1。

表 8-1　程序控制指令汇总

名称	指令	说明
若 RLO=1 则跳转	<???> —(JMP)—	当能流为“1”“0”时，程序立即跳转到指定标签的网络段执行
若 RLO=0 则跳转	<???> —(JMPN)—	
跳转标签	LABEL0	定义跳转指令指向的网络段
定义跳转列表	JMP_LIST EN　DEST0 K　DEST1	根据输入变量的值，决定跳转到的标签
跳转分支指令	SWITCH ??? EN　DEST0 K　DEST1 ==　ELSE <	根据输入变量的值及比较条件，决定跳转到的标签
返回	<??.?> —(RET)—	当能流为“1”时，结束当前执行的 OB、FC、FB 程序，并且可以设置该块的 ENO
限制和启用密码合法性	ENDIS_PW EN　ENO REQ　Ret_Val F_PWD　F_PWD_ON FULL_PWD　FULL_PWD_ON R_PWD　R_PWD_ON HMI_PWD　HMI_PWD_ON	查询当前 CPU 的访问权限以及设置当前 CPU 的访问密码是否生效
重置周期监视时间	RE_TRIGR EN　ENO	重置当前扫描周期监视时间

续表

名称	指令	说明
退出程序	STP EN ENO	结束当前 CPU 的运行
获取本地错误信息	GET_ERROR EN ENO ERROR	检查当前执行的 OB、FC、FB 程序的错误
获取本地错误 ID	GET_ERR_ID EN ENO ID	
测量程序运行时间	RUNTIME EN ENO MEM Ret_Val	测量两次调用该指令的时间差

1. 跳转指令（JMP）

若 RLO=1，则跳转指令中断程序的顺序执行，并从其他程序段继续执行。目标程序段必须用跳转标签（LABEL）进行标识。在指令上方的占位符指定该跳转标签的名称。

指定的跳转标签与执行的指令必须位于同一数据块中。指定的名称在数据块中只能出现一次。一个程序段中只能使用一个跳转线圈。

如果该指令输入的逻辑运算结果（RLO）为“1”，则将跳转到由指定跳转标签标识的程序段。可以跳转到更大或更小的程序段编号。

如果不满足该指令输入的条件（RLO=0），则程序继续执行下一程序段。

跳转指令示例如图 8-1 所示。当 I0.0 闭合时，跳转到 LABEL1 处，即执行程序段 3，不执行程序段 2，而 I0.0 不闭合时，程序按照顺序执行。

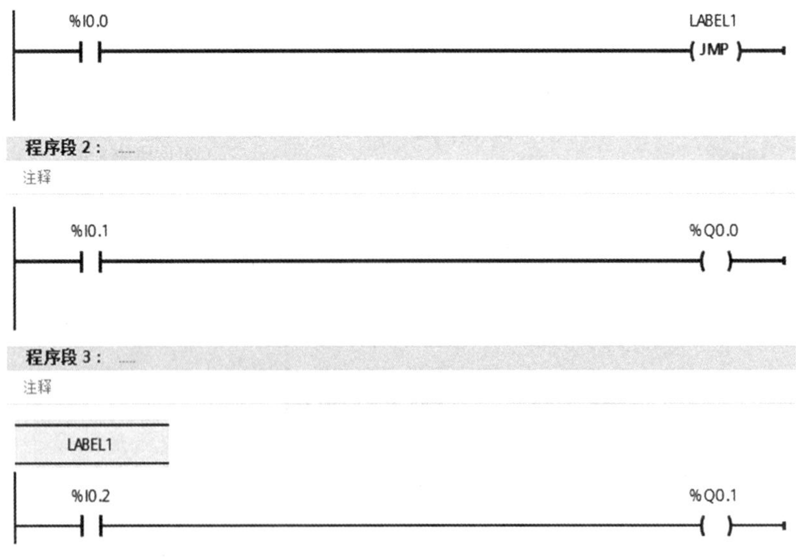

图 8-1　跳转指令示例

2. 定义跳转列表指令（JMP_LIST）

使用定义跳转列表指令，可定义多个有条件跳转，并继续执行由 K 参数的值指定的程序段中的程序。

定义跳转列表指令示例如图 8-2 所示。当 I0.0 闭合时，执行定义跳转列表指令，若 MW10=1，则跳转到 LABEL1 处。

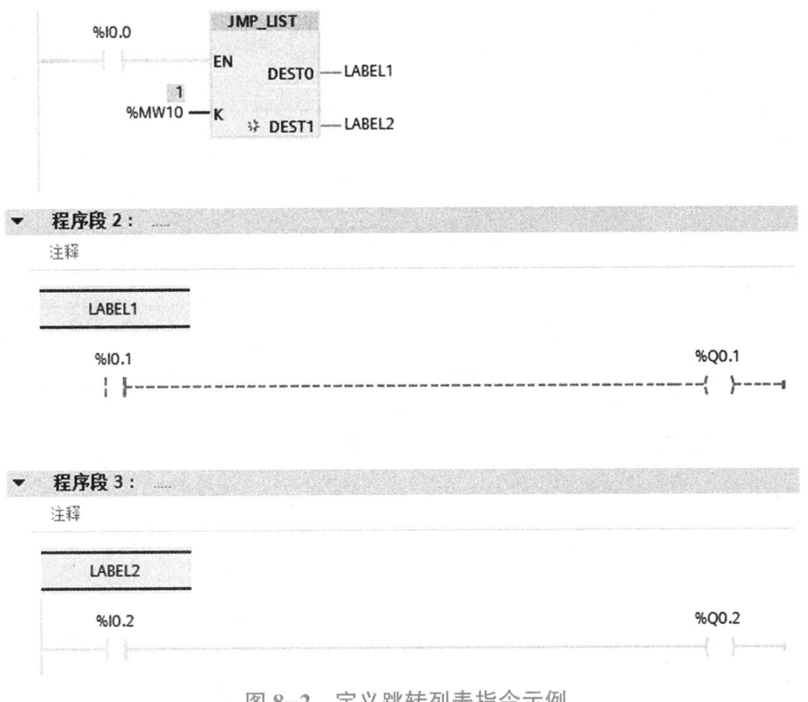

图 8-2　定义跳转列表指令示例

3. 跳转分支指令（SWITCH）

使用跳转分支指令，可根据一个或多个比较指令的结果，定义要执行的多个程序跳转。

在参数 K 中指定要比较的值。将该值与各个输入提供的值进行比较。可以为每个输入选择比较方法。各比较指令的可用性取决于指令的数据类型。

可以从指令框的“???”下拉列表中选择该指令的数据类型。如果选择了比较指令而尚未定义指令的数据类型，则“???”下拉列表将仅列出所选比较指令允许的那些数据类型。

该指令从第一个比较开始执行，直至满足比较条件为止。如果满足比较条件，则不考虑后续比较条件。如果未满足任何指定的比较条件，则在输出 ELSE 处执行跳转。如果输出 ELSE 中未定义程序跳转，则程序从下一个程序段继续执行。

可在指令框中增加输出的数量。输出从值“0”开始编号，每次新增输出后以升序继续编号。在指令的输出中指定跳转标签（LABEL）。不能在该指令的输出上指定指令或操作数。

输入将自动插入每个附加输出。如果满足输入的比较条件，则执行相应输出处设定的跳转。

跳转分支指令示例如图 8-3 所示。当 I0.0 闭合时，若 MW20<10，则跳转到 LABEL0 处；若 MW20=15，则跳转到 LABEL1 处；若 MW20>20，则跳转到 LABEL2 处；若未满足任何指定的比较条件，则在输出 ELSE 处执行跳转。

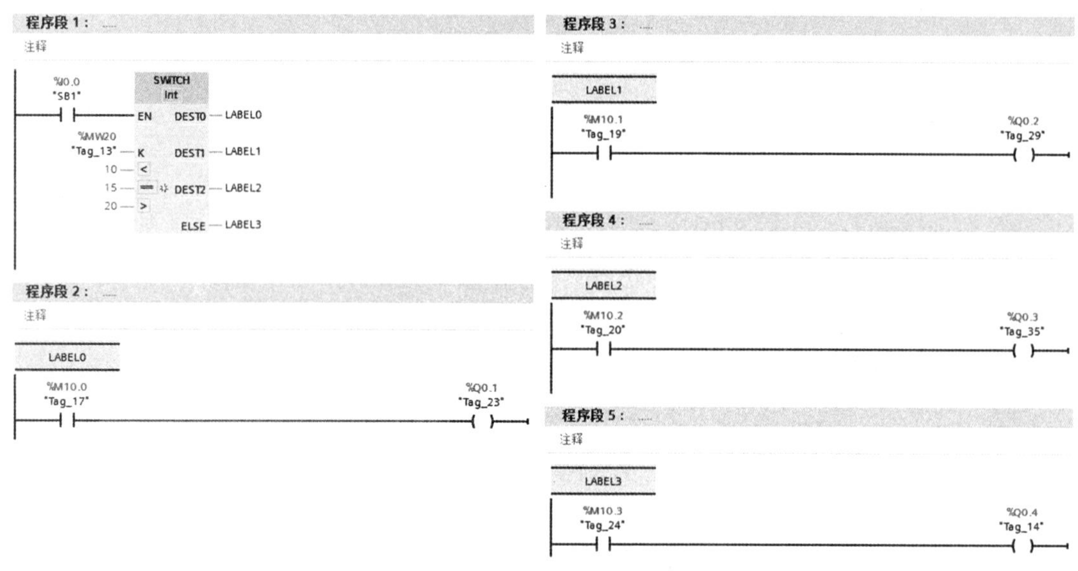

图 8-3　跳转分支指令示例

（二）移位和循环指令

移位和循环指令主要用于实现位序列的左右移动或者循环移动等功能。移位和循环指令说明见表 8-2。

表 8-2　移位和循环指令说明

名称	指令	说明
右移	SHR ??? EN ENO IN OUT N	将位序列、整数数据类型的变量或常数向右移、左移指定位数，移出的位丢失。对于空出的位，位序列数据类型变量补“0”，整数数据类型变量补符号位
左移	SHL ??? EN ENO IN OUT N	

续表

名称	指令	说明
循环右移	ROR ??? EN — ENO IN OUT N	将位序列数据类型的变量或常数向右移、左移指定位数
循环左移	ROL ??? EN — ENO IN OUT N	

1. 右移指令（SHR）

当右移指令的 EN 位为高电平“1”时，将执行移位指令，将 IN 端指令的内容送入累加器 1 低字，并右移 N 端指定的位数，然后写入 OUT 端指令的目的地址。右移指令示意如图 8-4 所示。

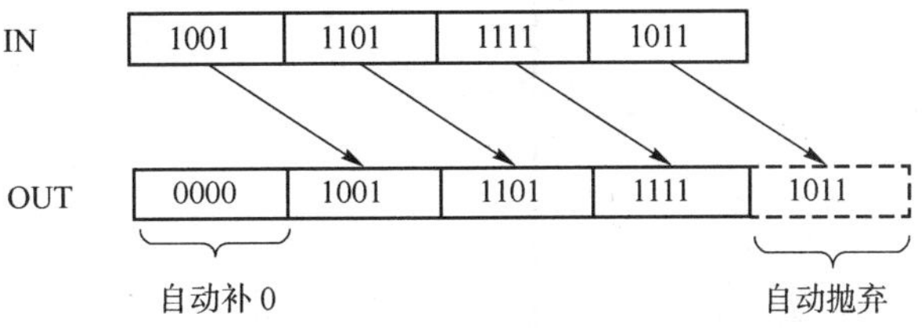

图 8-4　右移指令示意

右移指令示例如图 8-5 所示。当 10.0 闭合时，激活右移指令，IN 端的 MW20 中的数为 2#1001 1101 1111 1011，向右移 4 位后，OUT 端的 MW20 中的数为 2#00001001 11011111。

2. 左移指令（SHL）

当左移指令的 EN 位为高电平“1”时，将执行移位指令，将 IN 端指定的内容送入累加器 1 低字，并左移 N 端指定的位数，然后写入 OUT 端指令的目的地址。左移指令示意如图 8-6 所示。

左移指令示例如图 8-7 所示。当 I0.0 闭合时，激活左移指令，IN 中的字存储在 MW20 的数为 2 # 1001110111111011，向左移 4 位后，OUT 端的 MW20 中的数是 2 # 1101111110110000，左移指令示意图如图 8-7 所示。

3. 循环右移指令（ROR）

当循环右移指令的 EN 位为高电平“1”时，将执行双字循环右移指令，将 IN 端指定的内容循环右移 N 端指定的位数，然后写入 OUT 端指令的目的地址。循环右移指令示意如

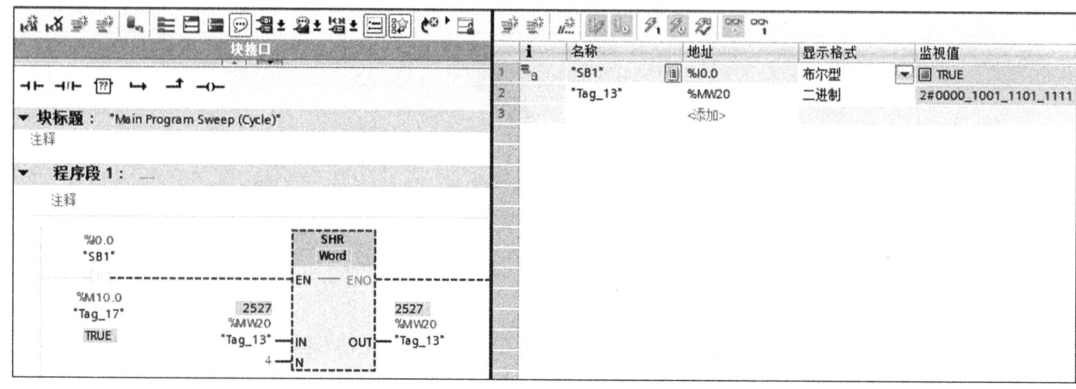

图 8-5　右移指令示例

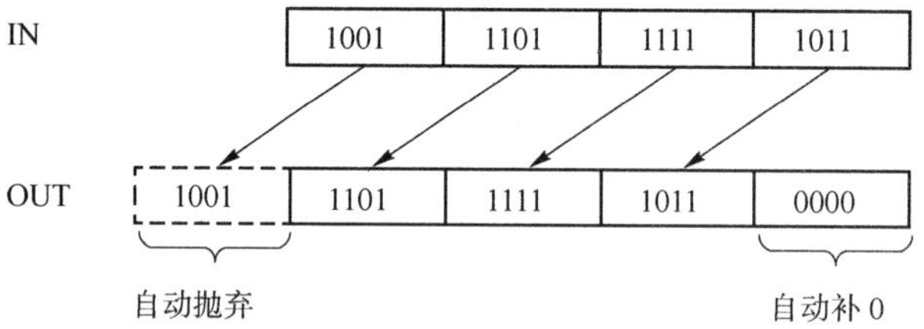

图 8-6　左移指令示意

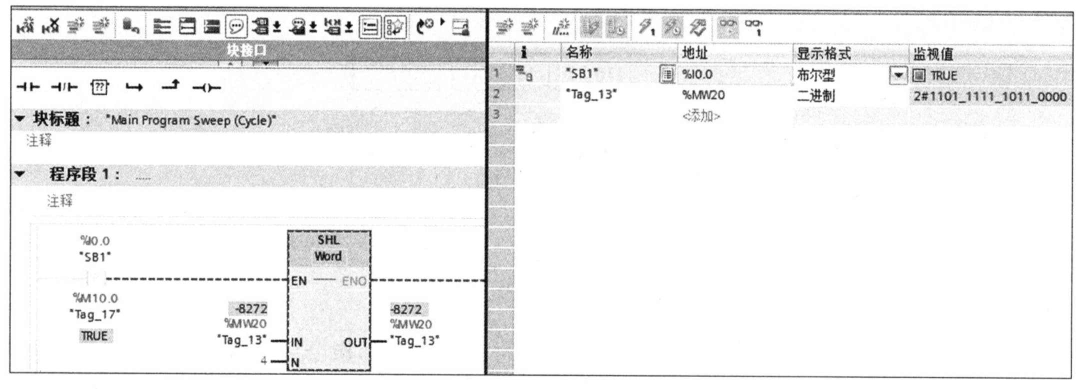

图 8-7　左移指令示例

图 8-8 所示。

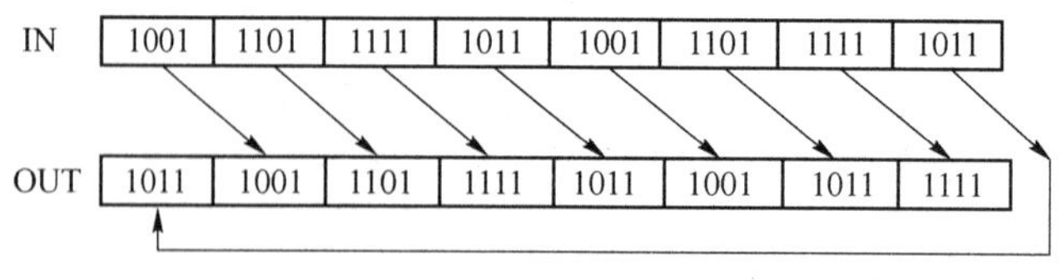

图 8-8　循环右移指令示意

循环右移指令示例如图 8-9 所示。当 I0.0 闭合时，激活双字循环右移指令，IN 中的双字存储在 MD20 中，假设这个数为 2#10011101111110111001110111111011，除最低 4 位外，其余各位向右移 4 位后，双字的最低 4 位，循环到双字的最高 4 位，结果是 OUT 端的 MD20

中的数为 2#10111001110111111011100111011111。

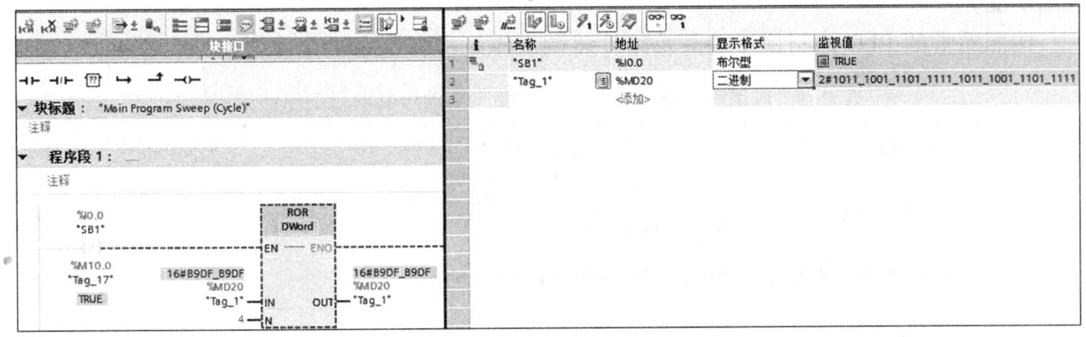

图 8-9　循环右移指令示例

4. 循环左移指令（ROL）

当循环左移指令的 EN 位为高电平“1”时，将执行双字循环左移指令，将 IN 端指定的内容循环左移 N 端指定的位数，然后写入 OUT 端指令的目的地址。循环左移指令示意如图 8-10 所示。

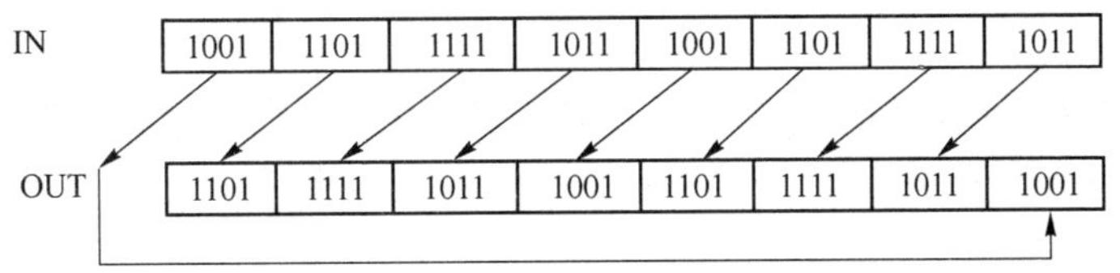

图 8-10　循环左移指令示意

循环左移指令示例如图 8-11 所示。当 I0.0 闭合时，激活双字循环左移指令，IN 中的双字存储在 MD20 中，其数为 2#1001110111111101110011101 111101，除最高 4 位外，其余各位向左移 4 位后，双字的最高 4 位循环到双字的最低 4 位，结果 OUT 端的 MD20 中的数为 2#11011111101110011101111110111001。

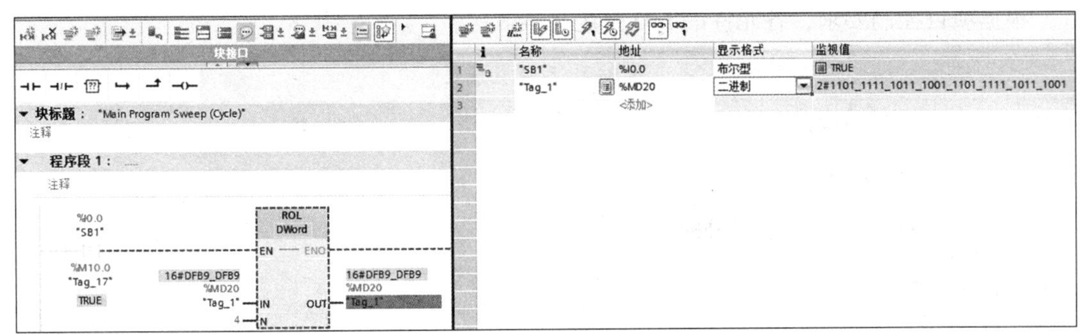

图 8-11　循环右移指令示例

二、 任务计划

根据项目需求，编制 I/O 分配表，绘制、连接 PLC 控制电路，编写 PLC 控制程序并进

行仿真调试，完成 PLC 控制电路的连接，下载 PLC 控制程序到 PLC 并运行，实现所要求的控制功能。

按照通常的 PLC 控制程序编写及硬件装调工作流程，制定工作计划，见表 8-3。

表 8-3　应用移位指令实现电动机顺序启动控制项目工作计划

序号	项目	内容	时间/min	人员
1	编制 I/O 分配表	确定所需要的 I/O 点数并分配具体用途，编制 I/O 分配表（需提交）	5	全体人员
2	绘制 PLC 控制电路图	根据 I/O 分配表绘制 PLC 控制电路图	15	全体人员
3	连接 PLC 控制电路	根据电路图完成电路连接	20	全体人员
4	编写 PLC 控制程序	根据控制要求编写 PLC 控制程序	25	全体人员
5	PLC 控制程序仿真运行	使用 S7-PLCSIM 仿真运行 PLC 控制程序	10	全体人员
6	下载 PLC 控制程序运行	把 PLC 控制程序下载到 PLC，实现所要求的控制功能	5	全体人员

三、任务决策

按照工作计划表，项目小组全体成员共同确定 I/O 分配表，然后分两个小组分别实施系统程序编写及硬件装调全部工作，合作完成任务并提交任务评价表。

四、任务实施

项目的实施必须在保证安全的前提下进行，应提前建立并熟悉项目检查事项及评价要素，在实施过程中予以充分重视，才能确保项目的顺利进行。

（一）编制 I/O 分配表

根据项目控制要求，各元件的 I/O 分配见表 8-4。

表 8-4　I/O 分配表

输入			输出		
地址	元件符号	元件名称	地址	元件符号	元件名称
I0.0	SB1	启动按钮	Q0.0～Q0.7	KA1～KA8	电动机组
I0.1	SB2	停止按钮	—	—	—
I0.2	SA	转换开关	—	—	—
I0.3	FR1～FR8	热继电器	—	—	—

（二）绘制 PLC 控制电路图

该项目的 PLC 控制电路比较简单，不再给出。

（三）连接 PLC 控制电路

按工艺规范完成 PLC 控制电路的连接。PLC 控制电路的连接主要需要考虑元器件的布置安装、导线线径与颜色的选择、接线端子的选择与制作、线号标识的制作与排列，最终实现元器件布局间距合理、安装稳固可靠，布线整齐有序、松紧适宜，接线规范牢固、标识清晰明确。

（四）编写 PLC 控制程序

根据项目控制需求，编写 PLC 控制程序，如图 8-12 所示。

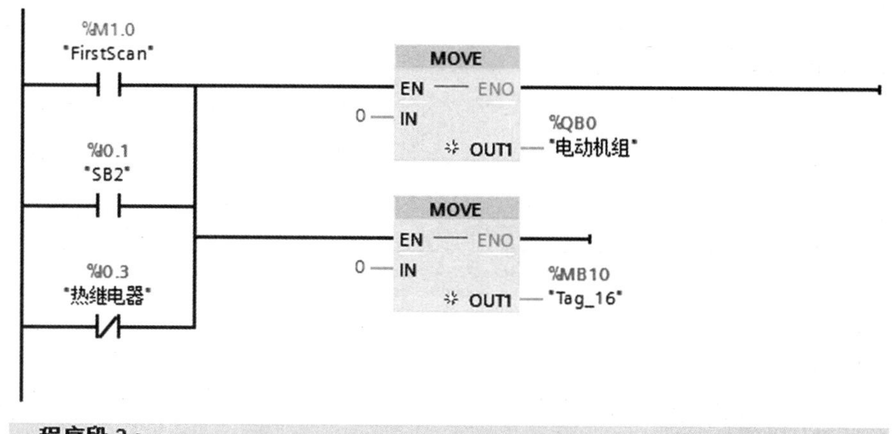

图 8-12　PLC 控制程序

（五）程序仿真

将 PLC 站点下载到仿真器中，打开仿真器的项目视图，并在 SIM 表格_1 的“地址”栏中输入“I0.0”“I0.1”“I0.2”“I0.3”“QB0”绝对地址。

仿真程序执行过程如下。

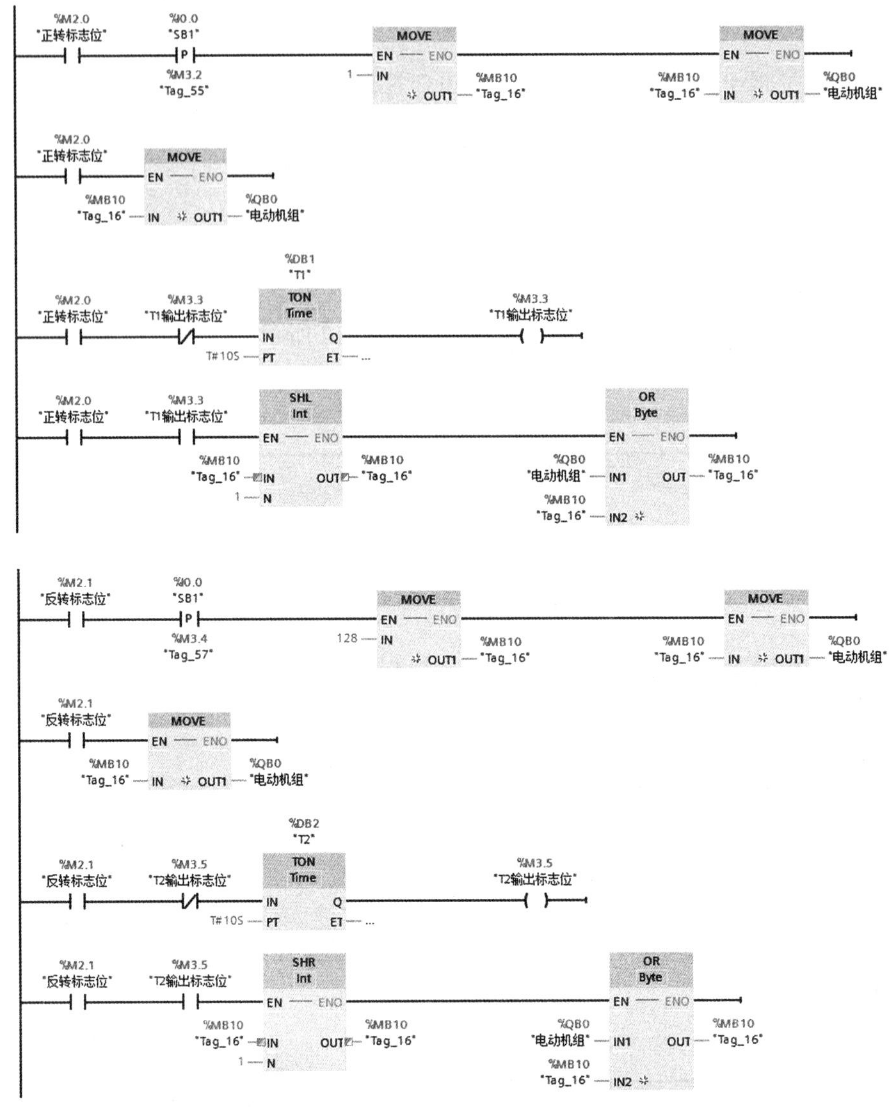

图 8-12　PLC 控制程序（续）

首先接通 I0.3，再接通 I0.2，然后接通 I0.0，电动机组按 M1～M8 的次序顺序启动；断开 I0.2，然后接通 I0.0，电动机组按 M8～M1 的次序逆序启动。

五、任务检查

为了保证项目能顺利可靠地开展下去，必须对项目的实施过程和结果进行检查。检查点的设置原则主要包括两点：对影响项目正常实施和完成质量的因素，要设置为检查点，包括安全、操作、结果（中间结果和最终结果）等；所设置的检查点应尽可能量化表达，以便于客观评价项目的实施。

本项目的主要任务是：确定 I/O 分配表；完成 PLC 控制电路图；完成 PLC 控制电路连接；完成 PLC 控制程序编写；完成 PLC 控制程序仿真运行；完成 PLC 控制程序下载并

运行。

根据本项目的具体内容，设置检查表（表 8-5），在项目实施过程中和终结时进行必要的检查并填写检查表。

表 8-5　应用移位指令实现电动机顺序启动控制项目检查表

评价项目	评价内容	分值	得分
职业素养（30 分）	分工合理，制定计划能力强，严谨认真	5	
	爱岗敬业，具有安全意识、责任意识、服从意识	5	
	团队合作，具有交流沟通、互相协作、分享的能力	5	
	遵守行业规范、现场 6S 标准	5	
	主动性强，保质保量完成工作页相关任务	5	
	能采取多样化手段收集信息、解决问题	5	
专业能力（60 分）	编制 I/O 分配表： （1）所有输入地址编排合理，节约硬件资源，元件符号与元件作用说明完整； （2）所有输出地址编排合理，节约硬件资源，元件符号与元件作用说明完整	10	
	绘制 PLC 控制电路图： （1）电路图元件齐全，标注正确； （2）电路功能完整，布局合理	10	
	连接 PLC 控制电路 （1）安全不违章； （2）安装达标	10	
专业能力（60 分）	编写 PLC 控制程序： （1）功能正确，程序段合理 （2）符号表正确完整； （3）绝对地址、符号地址显示正确，程序段注释合理	10	
	PLC 控制程序仿真运行： （1）S7-PLCSIM 打开正确，下载正常； （2）仿真操作正确，能正确仿真运行程序	10	
	下载 PLC 控制程序并运行： （1）程序下载正确，PLC 指示灯正常； （2）程序运行操作正确，能实现预定功能	10	
创新意识（10 分）	具有创新性思维并付诸行动	10	
合计		100	

六、任务评价

根据项目实施、检查情况，填写评价表。评价表可分为自评表（表 8-6）和他评表（表 8-7），主要内容应包括实施过程简要描述、检查情况描述、存在的主要问题、解决方案等。

表 8-6　应用移位指令实现电动机顺序启动控制项目自评表

签名： 日期：

表 8-7　应用移位指令实现电动机顺序启动控制项目他评表

签名： 日期：

实践练习（项目需求）

一、知识储备

某台设备有 16 台电动机，为了减小电动机同时启动对电源的影响，利用位移指令和程序控制指令控制电动机 M1~M16 间隔 5 s 按顺序启动，或控制电动机 M16~M1 间隔 5 s 按逆序启动。按下停止按钮时，16 台电动机同时停止工作。为了满足控制要求，需要 4 个输入端口进行停止和启动方式选择，16 个输出端口接 16 个线圈控制 16 台电动机。请根据控制要求完成以下任务。

（1）确定 I/O 分配表；

（2）完成 PLC 控制电路图；

（3）完成 PLC 控制电路连接；

（4）完成 PLC 控制程序编写；

（5）完成 PLC 控制程序仿真运行；

（6）完成 PLC 控制程序下载并运行。

二、任务计划

应用移位指令实现电动机顺序启动控制项目工作计划见表 8-8。

表 8-8　应用移位指令实现电动机顺序启动控制项目工作计划

序号	项目	内容	时间/min	人员
1				
2				
3				
4				
5				
6				

三、 任务决策

根据任务要求和资源、人员的实际配置情况，按照工作计划，采取项目小组的方式开展工作，小组内实行分工合作，每位成员都要完成全部任务并提交任务评价表。应用移位指令实现电动机顺序启动控制项目决策表见表 8-9。

表 8-9　应用移位指令实现电动机顺序启动控制项目决策表

签名： 日期：

四、 任务实施

（一）I/O 分配表

I/O 分配表见表 8-10。

表 8-10　I/O 分配表

输入			输出		
地址	元件符号	元件名称	地址	元件符号	元件名称

（二）PLC 控制电路图

（三）PLC 控制程序

应用移位指令实现电动机顺序启动控制项目实施记录表见表 8-11。

表 8-11　应用移位指令实现电动机顺序启动控制项目实施记录表

签名： 日期：

五、任务检查

应用移位指令实现电动机顺序启动控制项目检查表见表 8-12。

表 8-12　应用移位指令实现电动机顺序启动控制项目检查表

评价项目	评价内容	分值	得分
职业素养（30 分）	分工合理，制定计划能力强，严谨认真	5	
	爱岗敬业，具有安全意识、责任意识、服从意识	5	
	团队合作，具有交流沟通、互相协作、分享的能力	5	
	遵守行业规范、现场 6S 标准	5	
	主动性强，保质保量完成工作页相关任务	5	
	能采取多样化手段收集信息、解决问题	5	

续表

评价项目	评价内容	分值	得分
专业能力（60 分）	编制 I/O 分配表： （1）所有输入地址编排合理，节约硬件资源，元件符号与元件作用说明完整； （2）所有输出地址编排合理，节约硬件资源，元件符号与元件作用说明完整	10	
	绘制 PLC 控制电路图： （1）电路图元件齐全，标注正确； （2）电路功能完整，布局合理	10	
	连接 PLC 控制电路 （1）安全不违章； （2）安装达标	10	
	编写 PLC 控制程序： （1）功能正确，程序段合理； （2）符号表正确完整； （3）绝对地址、符号地址显示正确，程序段注释合理	10	
	PLC 控制程序仿真并运行： （1）S7-PLCSIM 打开正确，下载正常； （2）仿真操作正确，能正确仿真运行程序	10	
	下载 PLC 控制程序并运行： （1）程序下载正确，PLC 指示灯正常； （2）程序运行操作正确，能实现预定功能	10	
创新意识 10 分	具有创新性思维并付诸行动	10	
合计		100	

六、 任务评价

应用移位指令实现电动机顺序启动控制项目自评表、他评表见表 8-13、表 8-14。

表 8-13 应用移位指令实现电动机顺序启动控制项目自评表

签名： 日期：

表 8-14 应用移位指令实现电动机顺序启动控制项目他评表

签名： 日期：

扩展提升

某台设备有 6 个电动机负载，为了减小电动机同时启动对电源的冲击，利用移位指令实现间隔 5 s 的顺序通电启动控制。按下停止按钮时，间隔 1 s 顺序断电停机。根据控制要求完成以下任务。

（1）确定 I/O 分配表；

（2）完成 PLC 控制电路图；

（3）完成 PLC 控制电路连接；

（4）完成 PLC 控制程序编写；

（5）完成 PLC 控制程序仿真运行；

（6）完成 PLC 控制程序下载并运行。

项目 9　应用单流程模式实现机械手控制

背景描述

PLC 控制系统梯形图的设计方法分为两种，即经验设计法和顺序控制设计法。

经验设计法是根据被控对象对控制系统的具体要求，不断地修改和完善梯形图，没有普遍的规律可循，具有很大的试探性和随意性，最后结果不是唯一的，设计所用的时间、设计的质量与设计者的经验有关。同时，用经验设计法设计出的梯形图因人而异，没有可普遍遵循的规律，往往很难阅读，给系统维修和改进带来很大困难。

顺序控制设计法是指使各个执行机构按照生产工艺预先规定的顺序，在各个输入信号的作用下，根据内部状态和时间顺序，在生产过程中自动、有序地进行操作的设计方法。此方法有一定的设计步骤和规律，初学者很容易学会，有经验的工程师采用这种方法也可以提高设计效率。采用顺序控制设计法设计程序可使程序的阅读、调试、修改十分方便。本项目利用 单流程模式实现机械手控制。

素养目标

（1）让学生做到淡泊名利、返璞归真；

（2）在实践教学过程中培养精益求精工匠精神。

【知识拓展】

在复杂的控制过程中，运用单流程模式控制机械手，去繁求简，寻求统一规律，精益求精地分析、确定每一步的状态及状态转移条件。详细分析每个步骤，进行动作的分解。

任务描述

机械手的应用非常广泛。机械手在机床加工工件的装卸方面，特别是在自动化车床、组合机床上使用较为普遍。它在装配作业中应用广泛，如在电子行业中装配印制电路板、在机械行业中组装零部件。机械手可在劳动条件差、单调重复、易于疲劳的工作环境下工作，以代替人的劳动。它还可在危险场合下工作，如军工品的装卸、危险品及有害物质的搬运、宇宙及海洋的开发、军事工程及生物医学方面的研究和试验。机械手控制系统外形如图 9-1 所示。

机械手控制系统以左上方为原点（初始位置），其工作过程为下降→夹紧工件→上升→

右移→下降→松开工件→上升→左移回原点，以此完成一个工作循环，实现把工件从 A 处移送到 B 处，如图 9-2 所示。

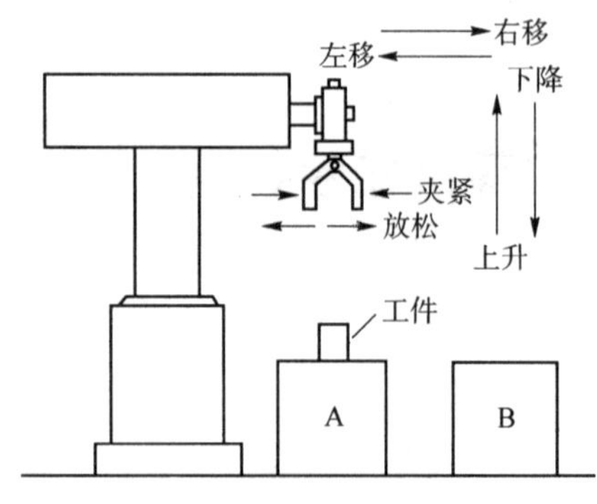

图 9-1 机械手控制系统外形

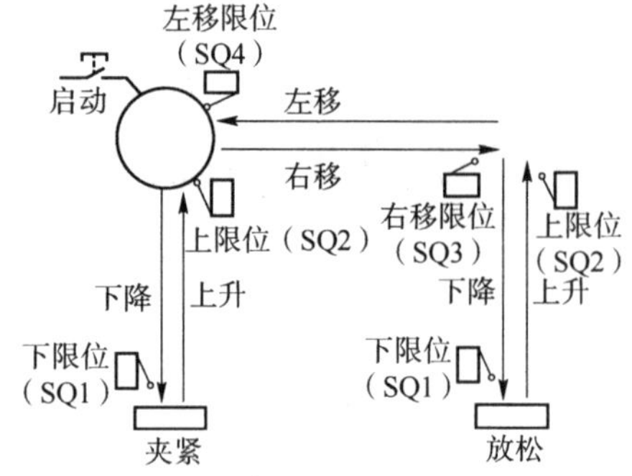

图 9-2 机械手控制系统工作过程示意

机械手的工作过程是通过位置信号实现控制，这里使用了 4 个限位开关 SQ1 ~ SQ4 来取得位置信号，从而使 PLC“识别”机械手目前的位置状况以实现控制。不使用时，机械手处于原位状态。按下启动按钮，机械手进入运行状态。

1. 原位状态

机械手停在原点位置，夹具处于松开状态，上限位和左限位开关闭合。

2. 运行状态

（1）机械手由原点位置开始向下运动，直到下限位开关闭合为止。

（2）机械手夹紧工件，其夹紧时间为 2 s。

（3）机械手夹紧工件后向上运动，直到上限位开关闭合为止。

（4）机械手向右运动，直到右限位开关闭合为止。

（5）机械手向下运动，直到下限位开关闭合为止。

（6）机械手将工件放到工作台 B 上，其松开时间为 2 s。

（7）机械手向上运动，直到上限位开关闭合为止。

（8）机械手向左运动，直到左限位开关闭合为止。

（9）转换开关未接通时，一个工作周期结束，机械手返回原位状态；转换开关接通时，机械手循环工作。

请根据控制要求完成以下任务。

（1）确定 I/O 分配表；

（2）完成 PLC 控制电路图；

（3）完成 PLC 控制电路连接；

（4）绘制顺序控制功能图；

（5）完成 PLC 控制程序编写；

（6）完成 PLC 控制程序仿真运行；

（7）完成 PLC 控制程序下载并运行。

示范实例

一、知识储备

（一）顺序控制设计法

功能图（SFC）是描述控制系统的控制过程、功能和特征的一种图解表示方法。它具有简单、直观等特点，不涉及控制功能的具体技术，是一种通用的语言，是 IEC（国际电工委员会）首选的编程语言，近年来在 PLC 编程中已经得到了普及与推广。功能图在 IEC 60848 中称为顺序功能图，在我国国家标准 GB 6988—2008 中称为功能表图。

顺序控制设计法的具体表现形式为顺序功能图，如图 9-3 所示，它是描述控制系统控制过程、功能和特性的一种图形，是设计 PLC 的顺序控制程序的有力工具。它主要分为以下几个部分。

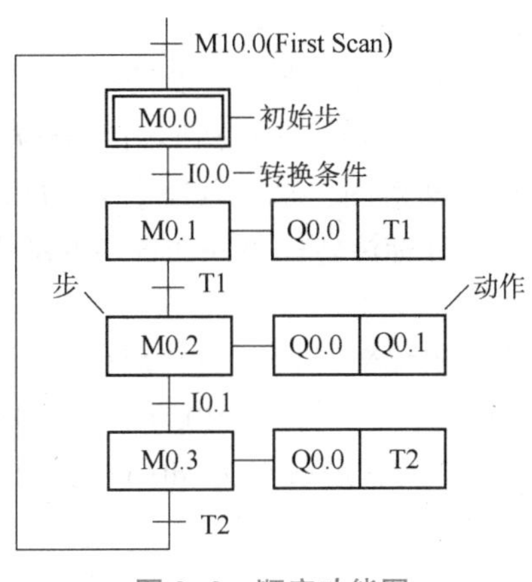

图 9-3　顺序功能图

1. 步

顺序控制设计法最基本的思想是将系统的一个工作周期划分为若干顺序相连的阶段，这些阶段称为“步”，并用编程元件（如位存储器 M）代表各步。当系统受到触发时，仍然保持相对静止的状态，等待启动命令。与这种相对静止的状态对应的步为初始步，每个顺序功能图至少对应一个初始步。

一般情况下，步是根据输出量的状态变化来划分的，在任何一步之内，各输出量的开关状态不同，步的这种划分方法使代表各步的编程元件的状态与各输出量的状态之间有着较为简单的逻辑关系。

顺序功能图按步执行，当系统正处于某一步所在的阶段时，该步处于活动状态，称该步为“活动步”，同时相应的动作被执行；处于不活动状态时，该步相应的非存储型动作被停止执行。

2. 转换条件

使系统由当前步进入下一步的信号称为转换条件。转换条件可以是外部的输入信号，如按钮，指令开关、限位开关的接通和断开等；也可以是 PLC 内部产生的信号，如定时器、计数器常开触点的接通等；转换条件还可以是若干信号的逻辑组合。

顺序控制设计法用转换条件控制代表各步的编程元件，让它们的状态按照规定的顺序变化，然后用代表各步的编程元件控制 PLC 的各输出位。

3. 动作

动作是每一步产生的结果，它是设备在实际工作中各部件的输出，如车床的切削、以及机器人末端执行器的抓取等。一个步可能对应一个动作，也可能对应好几个动作。

4. 有向连线

有向连线表示顺序控制继电器的转移方向。在绘制顺序功能图时，将代表各状态顺序控制继电器的方框按先后顺序排列，并用有向连线将它们连接起来。表示从上到下或从左到右这两个方向的有向连线的箭头也可以省略。

（二）单流程模式

下面介绍顺序功能图的结构分类。

根据步与步之间的进展情况，顺序功能图分为单流程模式、选择流程模式和并行流程模式 3 种结构。

单流程模式动作是一个接一个地完成，完成每步只连接一个转移，每个转移只连接一个步。以下用“启保停”电路来讲解顺序功能图和梯形图的对应关系。

为了便于将顺序功能图转换为梯形图，采用代表各步的编程元件的地址（比如 M0.0）作为步的代号，并用编程元件的地址标注转换条件和各步的动作和命令，某步对应的编程元件置“1”，代表该步处于活动状态。

（1）“启保停”电路对应的布尔代数式标准的“启保停”梯形图如图 9-4 所示，图中 I0.0 为 M0.0 的启动条件，当 I0.0 置“1”时，M0.0 得电；I0.1 为 M0.0 的停止条件，当 I0.1 置“1”时，M0.0 断电；M0.0 的辅助触点为 M0.0 的保持条件。该梯形图对应的布尔代数式为

$$\mathrm{M0.0}=(\mathrm{I0.0}+\mathrm{M0.0})\cdot\overline{\mathrm{I0.1}}$$

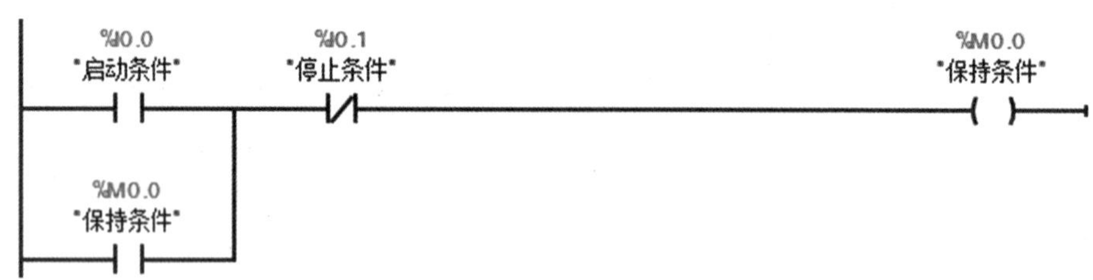

图 9-4　标准的“启保停”梯形图

（2）顺序控制梯形图存储位对应的布尔代数式的顺序功能图如图 9-3 所示，M0.1 转换为活动步的条件是 M0.1 的前一步是活动步，相应的转换条件（I0.0）得到满足，即 M0.1 的启动条件为 M0.0 · I0.0。当 M0.2 转换为活动步后，M0.1 转换为不活动步，因此，M0.2 可以看成 M0.1 的停止条件。由于大部分转换条件都是瞬时信号，即信号持续的时间比他激活的后续步的时间短，因此应当使用有记忆功能的电路控制代表步的存储位。在这种情况下，启动条件、停止条件和保持条件全部具备，就可以采用“启保停”方法设计顺序功能图的布尔代数

式和梯形图。顺序功能图中存储位对应的布尔代数式：$M0.0=(M0.3 \cdot T2+M10.0) \cdot \overline{M0.1}$；$M0.1=(M0.0 \cdot I0.0) \cdot \overline{M0.2}$；$M0.2=(M0.1 \cdot T1) \cdot \overline{M0.3}$；$M0.3=(M0.2 \cdot I0.1) \cdot \overline{M0.0}$。参照图 9-4 所示的标准“启保停”梯形图，就可以轻松地将图 9-3 所示的顺序功能图转换为图 9-5 所示的梯形图。

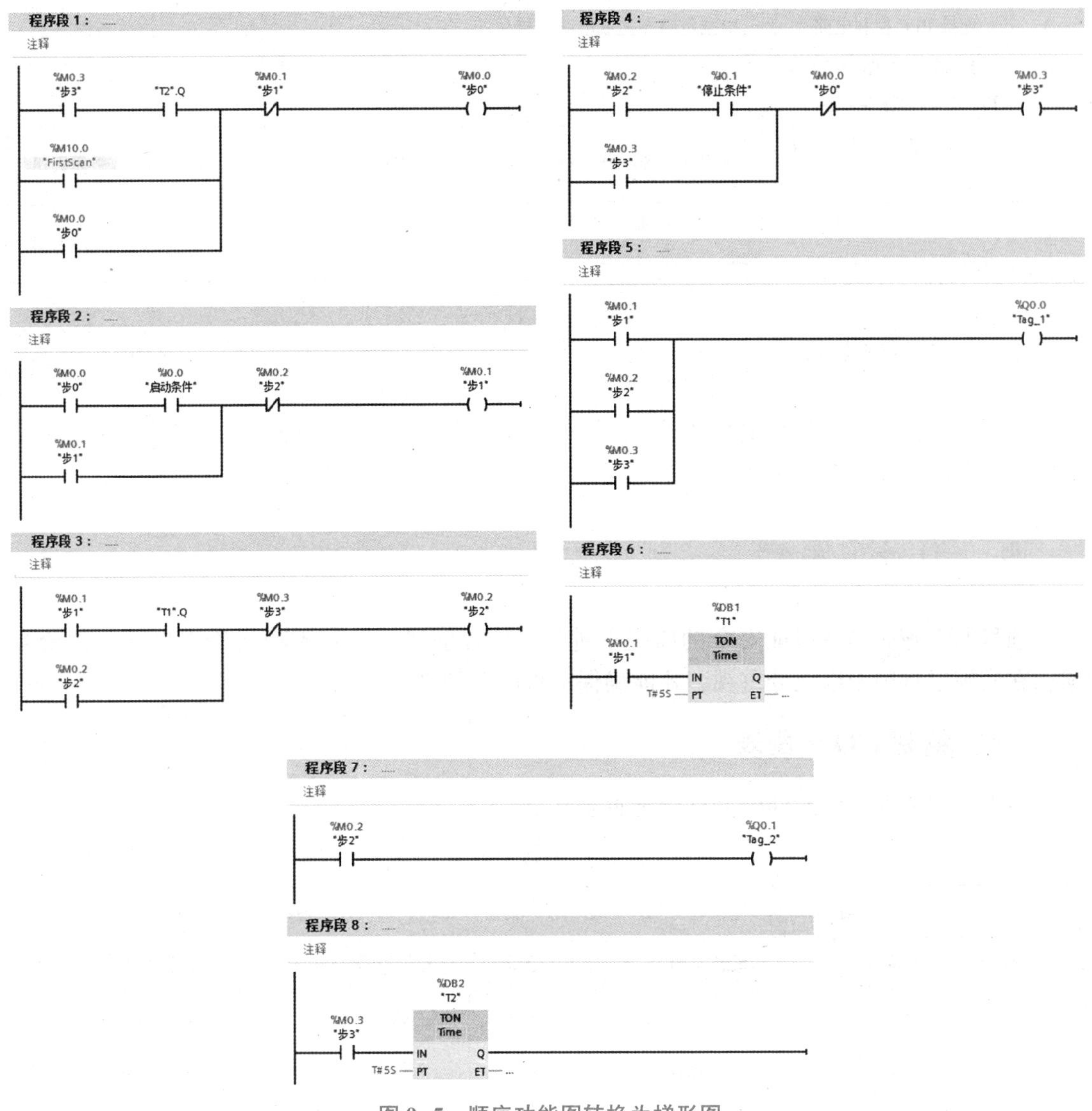

图 9-5　顺序功能图转换为梯形图

二、 任务计划

根据项目需求，编制 I/O 分配表，绘制、连接 PLC 控制电路，编写 PLC 控制程序并进行仿真调试，完成 PLC 控制电路的连接，下载 PLC 控制程序到 PLC 并运行，实现所要求的控制功能。

按照通常的 PLC 控制程序编写及硬件装调工作流程，制定工作计划，见表 9-1。

表 9-1　应用单流程模式实现机械手控制项目工作计划

序号	项目	内容	时间/min	人员
1	编制 I/O 分配表	确定所需要的 I/O 点数并分配具体用途，编制 I/O 分配表（需提交）	5	全体人员
2	绘制 PLC 控制电路图	根据 I/O 分配表绘制 PLC 控制电路图	15	全体人员
3	连接 PLC 控制电路	根据电路图完成电路连接	20	全体人员
4	绘制功能图并编写 PLC 控制程序	根据控制要求编写 PLC 控制程序	25	全体人员
5	PLC 控制程序仿真运行	使用 S7-PLCSIM 仿真运行 PLC 控制程序	10	全体人员
6	下载 PLCr 控制程序并运行	把 PLC 控制程序下载到 PLC，实现所要求的控制功能	5	全体人员

三、任务决策

按照工作计划，项目小组全体成员共同确定 I/O 分配表，然后分两个小组分别实施系统程序编写及硬件装调全部工作，合作完成任务并提交任务评价表。

四、任务实施

项目的实施必须在保证安全的前提下进行，应提前建立并熟悉项目检查事项及评价要素，在实施过程中予以充分重视，才能确保项目的顺利进行。

（一）编制 I/O 分配表

根据控制要求，各元件的 I/O 分配见表 9-2。

表 9-2　I/O 分配表

输入			输出		
地址	元件符号	元件名称	地址	元件符号	元件名称
I0. 0	SB1	启动按钮	Q0. 0	KV1	下降电磁阀
I0. 1	SB2	停止按钮	Q0. 1	KV2	上升电磁阀
I0. 2	SQ1	下限位开关	Q0. 2	KV3	右移电磁阀
I0. 3	SQ2	上限位开关	Q0. 3	KV4	左移电磁阀
I0. 4	SQ3	右限位开关	Q0. 4	KV5	夹紧/放松电磁阀
I0. 5	SQ4	左限位开关	—	—	—
I0. 6	SA	转换开关	—	—	—

（二）绘制 PLC 控制电路图

根据系统控制要求，设计机械手控制系统的 PLC 控制电路图，如图 9-6 所示。其中 1M 为 PLC 输入信号的公共端，3M 为 PLC 输出信号的公共端。

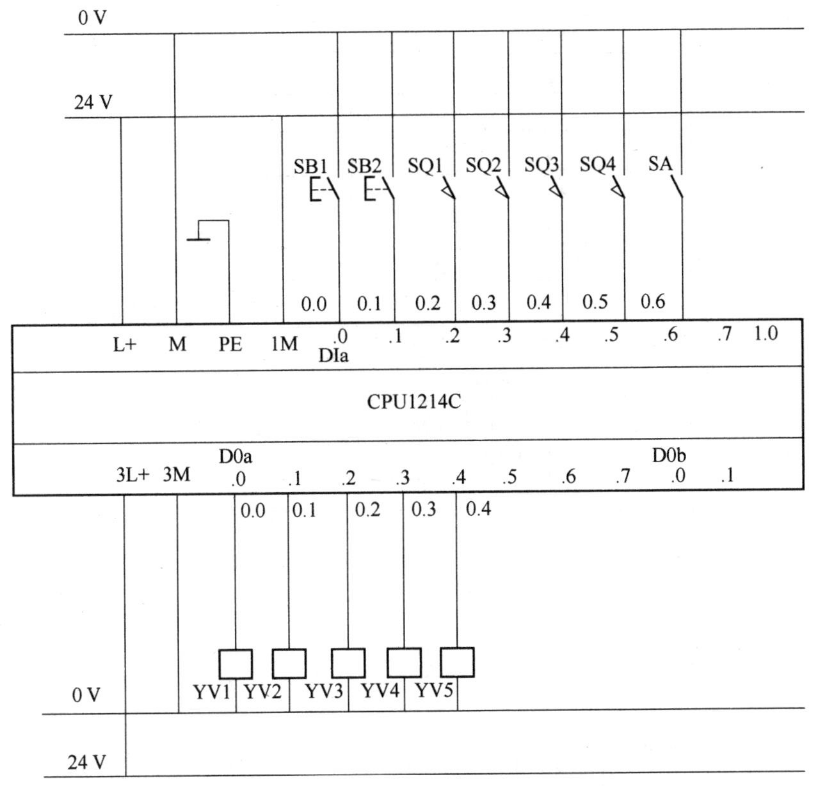

图 9-6　机械手控制系统的 PLC 控制电路图

（三）绘制顺序功能图

根据系统控制要求绘制顺序功能图，如图 9-7 所示。

（四）连接 PLC 控制电路

按工艺规范完成 PLC 控制电路的连接。PLC 控制电路的连接主要需要考虑元器件的布置安装、导线线径与颜色的选择、接线端子的选择与制作、线号标识的制作与排列，最终实现元器件布局间距合理、安装稳固可靠，布线整齐有序、松紧适宜，接线规范牢固、标识清晰明确。

（五）编写 PLC 控制程序

根据项目控制需求，编写 PLC 控制程序，如图 9-8 所示。

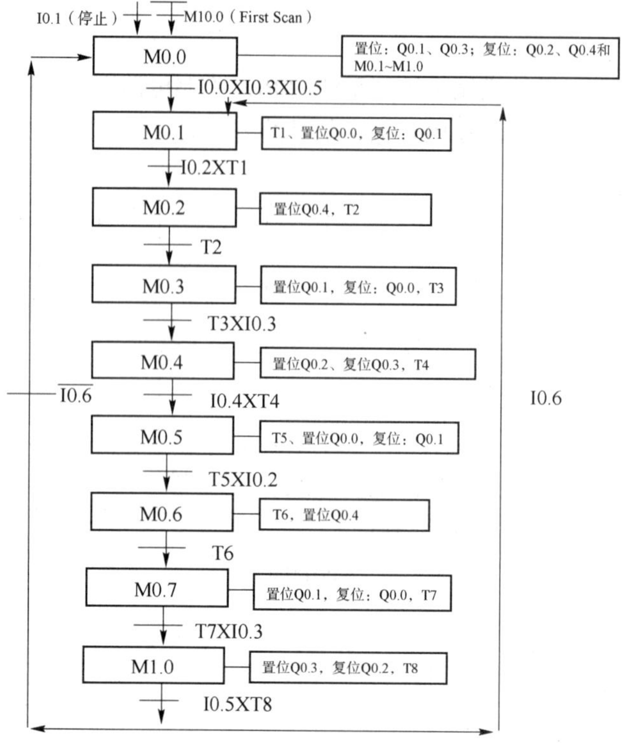

图 9–7　顺序功能图

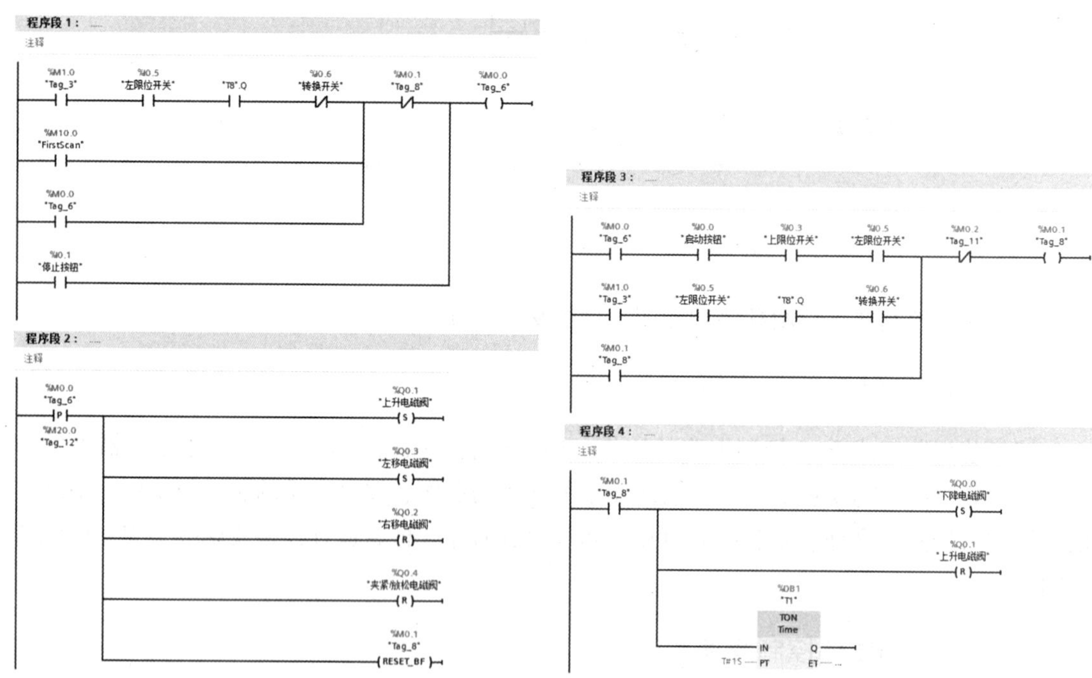

图 9–8　PLC 控制程序

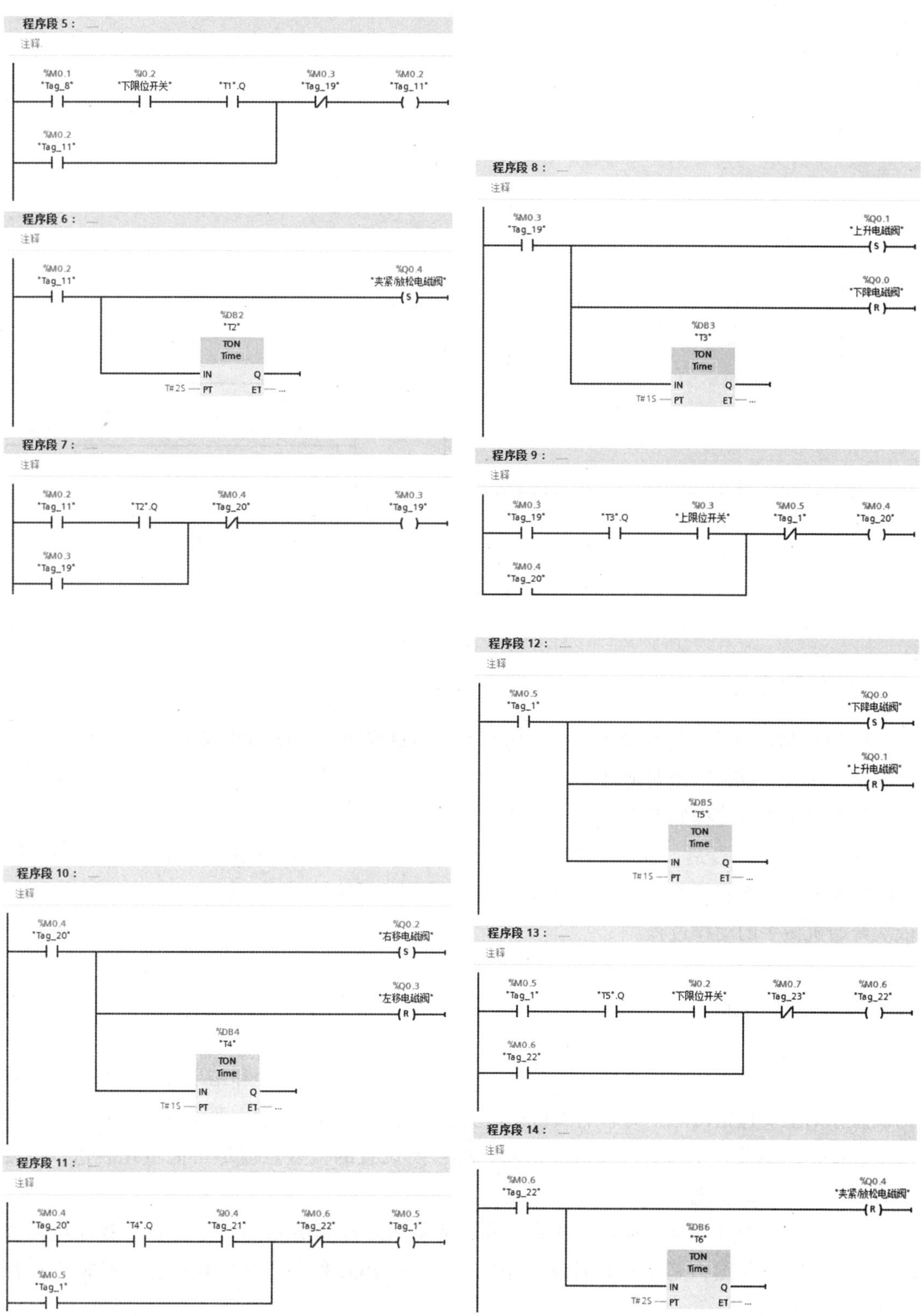

图 9-8 PLC 控制程序（续）

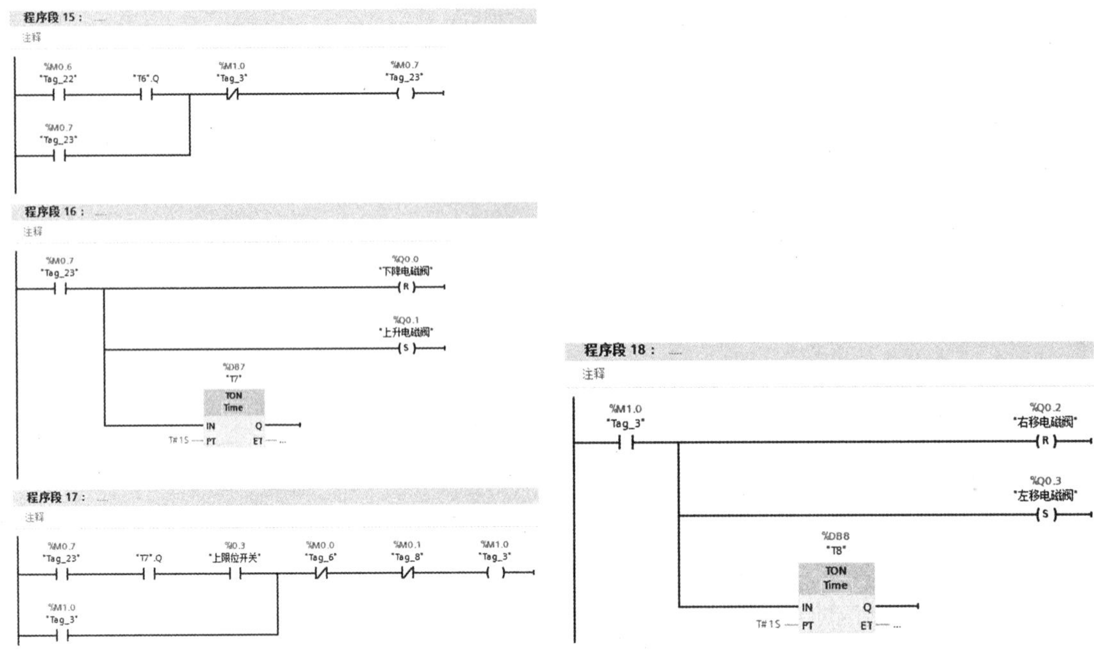

图 9-8　PLC 控制程序（续）

（六）程序仿真

将 PLC 站点下载到仿真器中，打开仿真器的项目视图，并在 SIM 表格_1 的“地址”栏中输入“IB0”“QB0”绝对地址。

仿真程序执行过程如下。

在 PLC 上电运行后，先复位 M0.0～M1.0 状态，如果机械手不处于原位状态（松开、左限位和上限位不满足条件），则对机械手进行调整。在初始条件满足后，按下启动按钮，依次开始机械手的动作过程。

五、任务检查

为了保证项目能顺利可靠地开展下去，必须对项目的实施过程和结果进行检查。检查点的设置原则主要包括两点：对影响项目正常实施和完成质量的因素，要设置为检查点，包括安全、操作、结果（中间结果和最终结果）等；所设置的检查点应尽可能量化表达，以便于客观评价项目的实施。

本项目的主要任务是：确定 I/O 分配表；完成 PLC 控制电路图；完成 PLC 控制电路连接；绘制顺序功能图；完成 PLC 控制程序编写；完成 PLC 控制程序仿真运行；完成 PLC 控制程序下载并运行。

根据本项目的具体内容，设置检查表（表 9-3），在项目实施过程中和终结时进行必要的检查并填写检查表。

表 9-3　应用单流程模式实现机械手控制项目检查表

评价项目	评价内容	分值	得分
职业素养（30 分）	分工合理，制定计划能力强，严谨认真	5	
	爱岗敬业，具有安全意识、责任意识、服从意识	5	
	团队合作，具有交流沟通、互相协作、分享的能力	5	
	遵守行业规范、现场 6S 标准	5	
	主动性强，保质保量完成工作页相关任务	5	
	能采取多样化手段收集信息、解决问题	5	
专业能力 60 分	编制 I/O 分配表： （1）所有输入地址编排合理，节约硬件资源，元件符号与元件作用说明完整； （2）所有输出地址编排合理，节约硬件资源，元件符号与元件作用说明完整	10	
	绘制 PLC 控制电路图： （1）电路图元件齐全，标注正确； （2）电路功能完整，布局合理	10	
	连接 PLC 控制电路 （1）安全不违章； （2）安装达标	10	
	编写 PLC 控制程序： （1）功能正确，程序段合理； （2）符号表正确完整； （3）绝对地址、符号地址显示正确，程序段注释合理	10	
	PLC 控制程序仿真运行： （1）S7-PLCSIM 打开正确，下载正常； （2）仿真操作正确，能正确仿真运行程序	10	
	下载 PLC 控制程序并运行： （1）程序下载正确，PLC 指示灯正常； （2）程序运行操作正确，能实现预定功能	10	
创新意识（10 分）	具有创新性思维并付诸行动	10	
合计		100	

六、任务评价

根据项目实施、检查情况，填写评价表。评价可分为自评表（表 9-4）和他评表（表 9-5），主要内容应包括实施过程简要描述、检查情况描述、存在的主要问题、解决方案等。

表 9-4 应用单流程模式实现机械手控制项目自评表

签名： 日期：

表 9-5 应用单流程模式实现机械手控制项目他评表

签名： 日期：

实践练习（项目需求）

一、任务描述

某机械手将工件从左工作台 A 搬到右工作台 B，为了满足生产需要，设备要有多种工作方式，包括手动方式和自动方式，其中自动运行状态控制要求是：上电机械手停于原位，当系统设为自动模式时，按下启动按钮 SB1 后，机械手按“下降—夹紧—上升—右行—下降—放松—上升—左行—回原位”的流程自动循环运行，在任何时候按下停止信号按钮 SB2，机械手回到原位后方可停止。请根据控制要求完成以下任务。

（1）确定 I/O 分配表；

（2）完成 PLC 控制电路图；

（3）完成 PLC 控制电路连接；

（4）绘制顺序功能图；

（5）完成 PLC 控制程序编写；

（6）完成 PLC 控制程序仿真运行；

（7）完成 PLC 控制程序下载并运行。

二、任务计划

应用单流程模式实现机械手控制项目工作计划见表 9-6。

表 9-6　应用单流程模式实现机械手控制项目工作计划

序号	项目	内容	时间/min	人员
1				
2				
3				
4				
5				
6				

三、 任务决策

根据任务要求和资源、人员的实际配置情况，按照工作计划，采取项目小组的方式开展工作，小组内实行分工合作，每位成员都要完成全部任务并提交任务评价表。应用单流程模式实现机械手控制项目决策表见表 9-7。

表 9-7　应用单流程模式实现机械手控制项目决策表

签名： 日期：

四、 任务实施

（一）I/O 分配表

I/O 分配表见表 9-8。

表 9-8　I/O 分配表

输入			输出		
地址	元件符号	元件名称	地址	元件符号	元件名称

（二）PLC 控制电路图

（三）PLC 顺序功能图

（四）PLC 控制程序

应用单流程模式实现机械手控制项目实施记录表见表 9-9。

表 9-9　应用单流程模式实现机械手控制项目实施记录表

签名： 日期：

五、 任务检查

应用单流程模式实现机械手控制项目检查表见表 9-10。

表 9-10 应用单流程模式实现机械手控制项目检查表

评价项目	评价内容	分值	得分
职业素养（30分）	分工合理，制定计划能力强，严谨认真	5	
	爱岗敬业，具有安全意识、责任意识、服从意识	5	
	团队合作，具有交流沟通、互相协作、分享的能力	5	
	遵守行业规范、现场 6S 标准	5	
	主动性强，保质保量完成工作页相关任务	5	
	能采取多样化手段收集信息、解决问题	5	
专业能力（60分）	编制 I/O 分配表： （1）所有输入地址编排合理，节约硬件资源，元件符号与元件作用说明完整； （2）所有输出地址编排合理，节约硬件资源，元件符号与元件作用说明完整	10	
	绘制 PLC 控制电路图： （1）电路图元件齐全，标注正确； （2）电路功能完整，布局合理	10	
	连接 PLC 控制电路 （1）安全不违章； （2）安装达标	10	
	编写 PLC 控制程序： （1）功能正确，程序段合理； （2）符号表正确完整； （3）绝对地址、符号地址显示正确，程序段注释合理	10	
	PLC 控制程序仿真运行： （1）S7-PLCSIM 打开正确，下载正常； （2）仿真操作正确，能正确仿真运行程序	10	
	下载 PLC 控制程序并运行： （1）程序下载正确，PLC 指示灯正常； （2）程序运行操作正确，能实现预定功能	10	
创新意识 10 分	具有创新性思维并付诸行动	10	
合计		100	

六、任务评价

应用单流程模式实现机械手控制项目自评表、他评表见表 9-11、表 9-12。

表 9-11 应用单流程模式实现机械手控制项目自评表

签名： 日期：

表 9-12　应用单流程模式实现机械手控制项目他评表

签名： 日期：

扩展提升

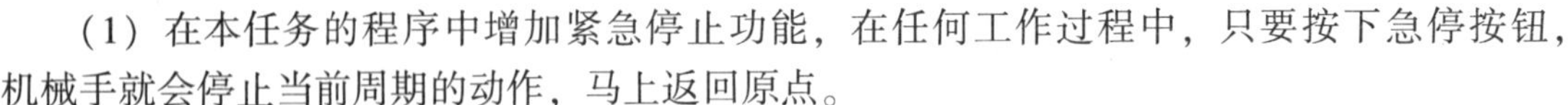

（1）在本任务的程序中增加紧急停止功能，在任何工作过程中，只要按下急停按钮，机械手就会停止当前周期的动作，马上返回原点。

（2）在学习移位循环和移位指令后，试用移位指令编制机械手控制程序。根据控制要求完成以下任务。

（3）完成 PLC 控制程序编写；

（4）完成 PLC 控制程序仿真运行。

项目 10　应用选择流程模式实现运料小车控制

背景描述

在多分支结构中，根据不同的转移条件来选择其中的某一个分支，就是选择流程模式。本项目应用选择流程模式实现运料小车控制。

素养目标

要让学生明白，一旦选择了正确的人生道路，就得脚踏实地地走下去，不能只顾眼前利益，以避免形成遇难则退的心态。

【知识拓展】

引导学生思考如何进行人生中的重大选择，如大学毕业后是直接去企业工作，还是选择专升本，或者考公务员。

任务描述

以图 10-1 所示的运料小车运送 3 种原料的控制为例，说明选择流程模式的应用。运料小车在装料处（I0.3 限位）从 a、b、c 三种原料中选择一种装入，右行送料，自动将原料对应卸在 A（I0.4 限位）、B（I0.5 限位）、C（I0.6 限位）处，20 s 后左行返回装料处。

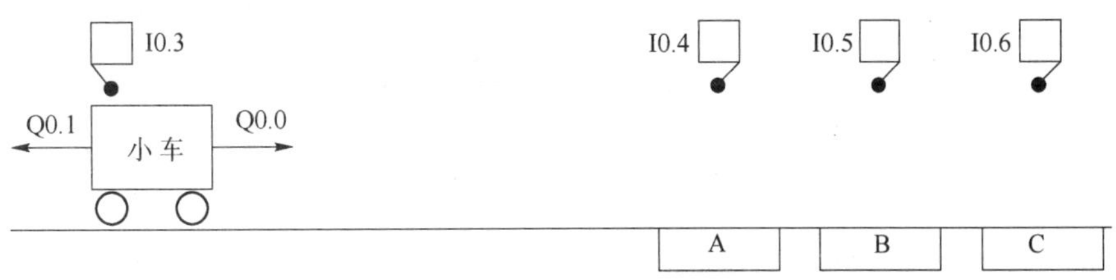

图 10-1　运料小车示意

用开关 I0.1、I0.0 的状态组合选择在何处卸料。

I0.1、I0.0=11，即 I0.1、I0.0 均闭合，选择在 A 处卸料；

I0.1、I0.0=10，即 I0.1 闭合，I0.0 断开，选择在 B 处卸料；

I0.1、I0.0=01，即 I0.1 断开，I0.0 闭合，选择在 C 处卸料。

请根据控制要求完成以下任务。

（1）确定 I/O 分配表；

(2) 完成 PLC 控制电路图；

(3) 完成 PLC 控制电路连接；

(4) 绘制顺序功能图；

(5) 完成 PLC 控制程序编写；

(6) 完成 PLC 控制程序仿真运行；

(7) 完成 PLC 控制程序下载并运行。

一、知识储备

选择流程模式介绍如下。

选择顺序是指某一步后有若干个单一顺序等待选择，称为分支，一般只允许选择进入一个顺序，转换条件只能标在水平线之下。选择顺序的结束称为合并，用一条水平线表示，水平线以下不允许有转换条件，如图 10-2 所示。

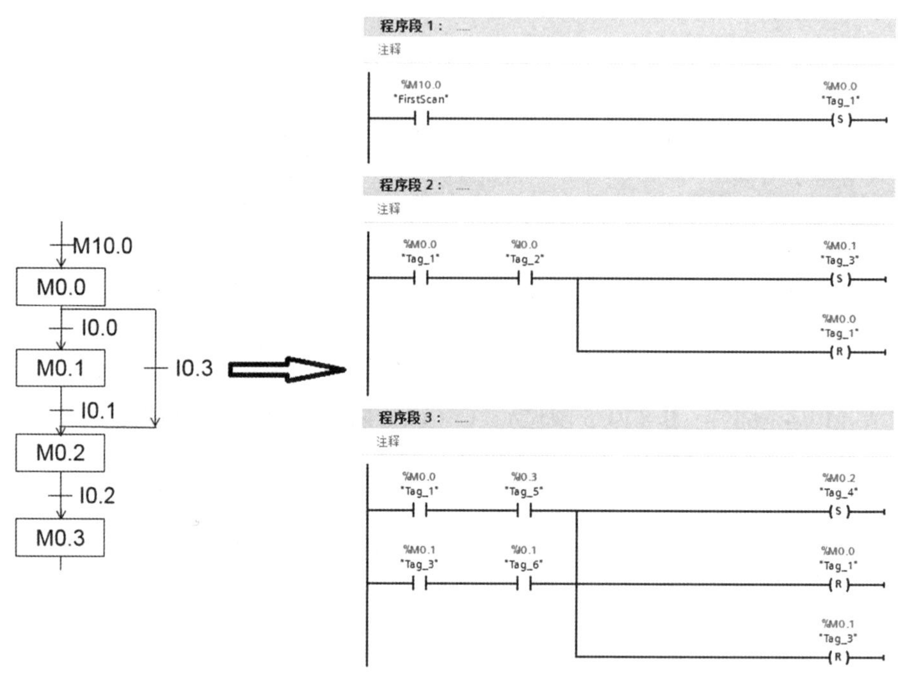

图 10-2 选择流程模式示意

二、任务计划

根据项目需求，编制 I/O 分配表，绘制、连接 PLC 控制电路，编写 PLC 控制程序并进行仿真调试，完成 PLC 控制电路的连接，下载 PLC 控制程序到 PLC 并运行，实现所要求的控制功能。

按照通常的PLC控制程序编写及硬件装调工作流程，制定工作计划，见表10-1。

表10-1　应用选择流程模式实现运料小车控制项目工作计划

序号	项目	内容	时间/min	人员
1	编制I/O分配表	确定所需要的I/O点数并分配具体用途，编制I/O分配表（需提交）	5	全体人员
2	绘制PLC控制电路图	根据I/O分配表绘制PLC控制电路图	15	全体人员
3	连接PLC控制电路	根据电路图完成电路连接	20	全体人员
4	绘制顺序功能图并编写PLC控制程序	根据控制要求编写PLC控制程序	25	全体人员
5	PLC控制程序仿真运行	使用S7-PLCSIM仿真运行PLC控制程序	10	全体人员
6	下载PLC控制程序并运行	把PLC控制程序下载到PLC，实现所要求的控制功能	5	全体人员

三、任务决策

按照工作计划，项目小组全体成员共同确定I/O分配表，然后分两个小组分别实施系统程序编写及硬件装调全部工作，合作完成任务并提交任务评价表。

四、任务实施

项目的实施必须在保证安全的前提下进行，应提前建立并熟悉项目检查事项及评价要素，在实施过程中予以充分重视，才能确保项目的顺利进行。

（一）编制I/O分配表

根据控制要求，各元件的I/O分配见表10-2。

表10-2　I/O分配表

输入			输出		
地址	元件符号	元件名称	地址	元件符号	元件名称
I0.0	SB1	选择开关	Q0.0	KA1	小车右行
I0.1	SB2	选择开关	Q0.1	KA2	小车左行
I0.2	SB3	启动按钮	—	—	—
I0.3	SQ1	左限位	—	—	—
I0.4	SQ2	A处限位	—	—	—
I0.5	SQ3	B处限位	—	—	—
I0.6	SQ4	C处限位	—	—	—

（二）绘制 PLC 控制电路图

根据系统控制要求，设计运料小车控制系统的 PLC 控制电路图，如图 10-3 所示。其中 1M 为 PLC 输入信号的公共端，3M 为 PLC 输出信号的公共端。

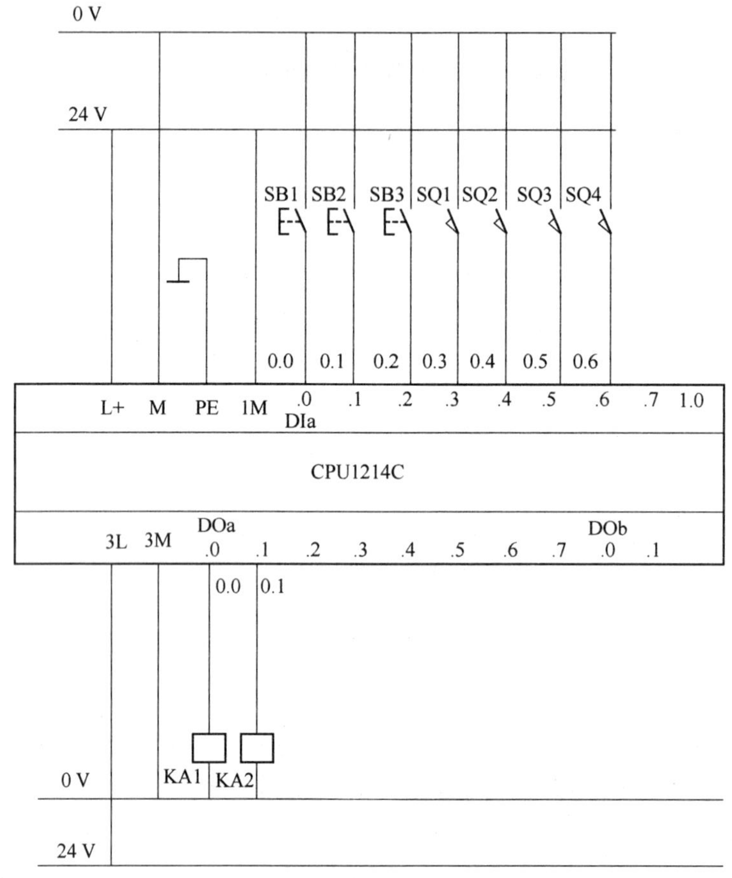

图 10-3　运料小车控制系统的 PLC 控制电路图

（三）绘制顺序功能图

根据系统控制要求绘制顺序功能图，如图 10-4 所示。

（四）连接 PLC 控制电路

按工艺规范完成 PLC 控制电路的连接。PLC 控制电路的连接主要需要考虑元器件的布置安装、导线线径与颜色的选择、接线端子的选择与制作、线号标识的制作与排列，最终实现元器件布局间距合理、安装稳固可靠，布线整齐有序、松紧适宜，接线规范牢固、标识清晰明确。

（五）编写 PLC 控制程序

根据项目控制需求，编写 PLC 控制程序，如图 10-5 所示。

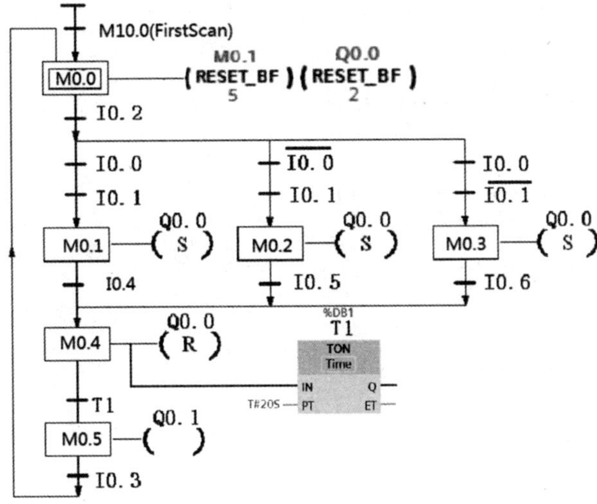

图 10-4　顺序功能图

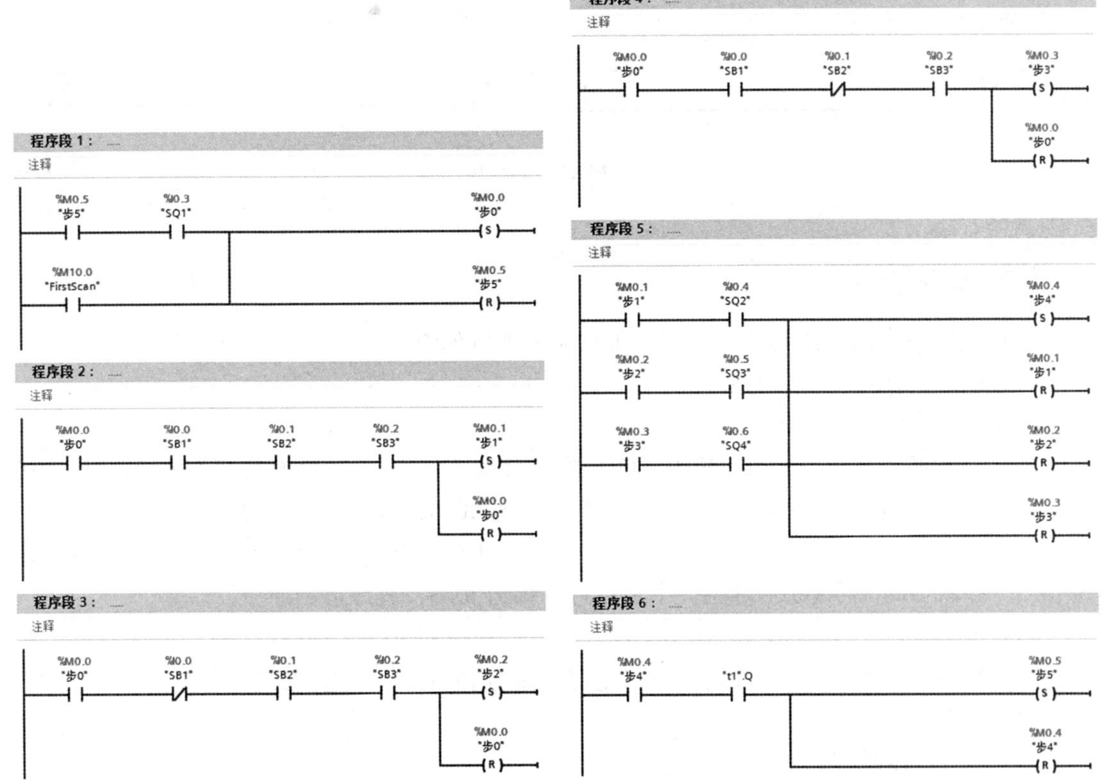

图 10-5　PLC 控制程序

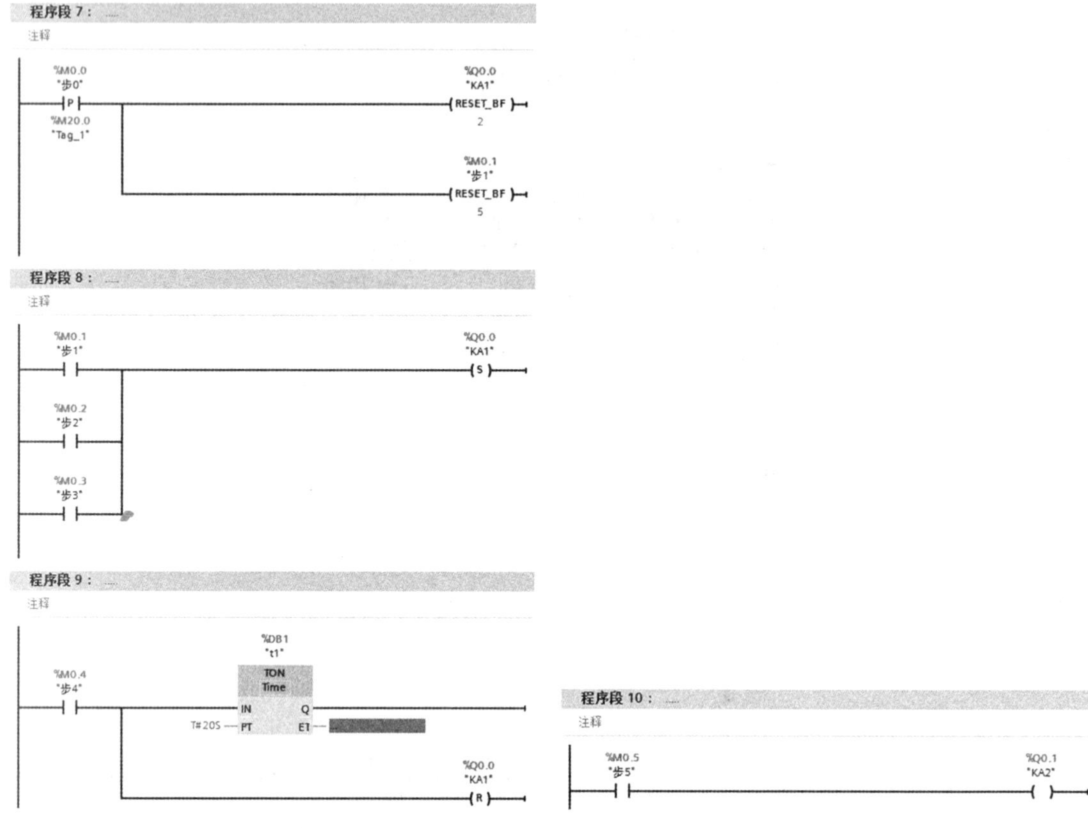

图 10-5　PLC 控制程序（续）

（六）程序仿真

将 PLC 站点下载到仿真器中，打开仿真器的项目视图，并在 SIM 表格_1 的“地址”栏中输入“IB0”“QB0”绝对地址。

仿真程序执行过程如下。

（1）原料卸在 A 处。I0.1、I0.0＝11，按下启动按钮 I0.2，Q0.0 灯亮，小车右行。接通 I0.4，卸料 20 s 后，Q0.1 灯亮，小车左行。接通 I0.3，程序返回原位。

（2）原料卸在 B 处。I0.1、I0.0＝10，按下启动按钮 I0.2，Q0.0 灯亮，小车右行。接通 I0.5，卸料 20 s 后，Q0.1 灯亮，小车左行。接通 I0.3，程序返回原位。

（3）原料卸在 C 处。I0.1、I0.0＝01，按下启动按钮 I0.2，Q0.0 灯亮，小车右行。接通 I0.6，卸料 20 s 后，Q0.1 灯亮，小车左行。接通 I0.3，程序返回原位。

五、任务检查

为了保证项目能顺利可靠地开展下去，必须对项目的实施过程和结果进行检查。检查点的设置原则主要包括两点：对影响项目正常实施和完成质量的因素，要设置为检查点，包括安全、操作、结果（中间结果和最终结果）等；所设置的检查点应尽可能量化表达，以便于客观评价项目的实施。

本项目的主要任务是：确定 I/O 分配表；完成 PLC 控制电路图；完成 PLC 控制电路连接；绘制顺序功能图；完成 PLC 控制程序编写；完成 PLC 控制程序仿真运行；完成 PLC 控制程序下载并运行。

根据本项目的具体内容，设置检查表（表 10-3），在项目实施过程中和终结时进行必要的检查并填写检查表。

表 10-3　用选择流程模式实现运料小车控制项目检查表

评价项目	评价内容	分值	得分
职业素养（30 分）	分工合理，制定计划能力强，严谨认真	5	
	爱岗敬业，具有安全意识、责任意识、服从意识	5	
	团队合作，具有交流沟通、互相协作、分享的能力	5	
	遵守行业规范、现场 6S 标准	5	
	主动性强，保质保量完成工作页相关任务	5	
	能采取多样化手段收集信息、解决问题	5	
专业能力（60 分）	编制 I/O 分配表： （1）所有输入地址编排合理，节约硬件资源，元件符号与元件作用说明完整； （2）所有输出地址编排合理，节约硬件资源，元件符号与元件作用说明完整	10	
	绘制 PLC 控制电路图： （1）电路图元件齐全，标注正确； （2）电路功能完整，布局合理	10	
	连接 PLC 控制电路 （1）安全不违章； （2）安装达标	10	
	编写 PLC 控制程序： （1）功能正确，程序段合理； （2）符号表正确完整； （3）绝对地址、符号地址显示正确，程序段注释合理	10	
	PLC 控制程序仿真运行： （1）S7-PLCSIM 打开正确，下载正常； （2）仿真操作正确，能正确仿真运行程序	10	
	下载 PLC 控制程序并运行： （1）程序下载正确，PLC 指示灯正常； （2）程序运行操作正确，能实现预定功能	10	
创新意识（10）分	具有创新性思维并付诸行动	10	
合计		100	

六、 任务评价

根据项目实施、检查情况，填写评价表。评价表可分为自评表（表 10-4）和他评表（表 10-5），主要内容应包括实施过程简要描述、检查情况描述、存在的主要问题、解决方案等。

表 10-4　应用选择流程模式实现运料小车控制项目自评表

签名： 日期：

表 10-5　应用选择流程模式实现运料小车控制项目他评表

签名： 日期：

实践练习（项目需求）

一、 任务描述

运料小车运送 4 种原料，在装料处（I0.3 限位）从 a、b、c、d 四种原料中选择一种装入，右行送料，自动将原料对应卸在 A（I0.4 限位）、B（I0.5 限位）、C（I0.6 限位）、D（I0.7 限位）处，20 s 后左行返回装料处。

请根据控制要求完成以下任务。

（1）确定 I/O 分配表；

（2）完成 PLC 控制电路图；

（3）完成 PLC 控制电路连接；

（4）绘制顺序功能图；

（5）完成 PLC 控制程序编写；

（6）完成 PLC 控制程序仿真运行；

（7）完成 PLC 控制程序下载并运行。

二、 任务计划

应用选择流程模式实现运料小车控制项目工作计划见表 10-6。

表 10-6　应用选择流程模式实现运料小车控制项目工作计划

序号	项目	内容	时间/min	人员
1				
2				
3				
4				
5				
6				

三、 任务决策

根据任务要求和资源、人员的实际配置情况，按照工作计划，采取项目小组的方式开展工作，小组内实行分工合作，每位成员都要完成全部任务并提交任务评价表。应用选择流程模式实现运料小车控制项目决策表见表 10-7。

表 10-7　应用选择流程模式实现运料小车控制项目决策表

签名： 日期：

四、 任务实施

（一） I/O 分配表

I/O 分配表见表 10-8。

表 10-8　I/O 分配表

输入			输出		
地址	元件符号	元件名称	地址	元件符号	元件名称

（二）PLC 控制电路图

（三）PLC 顺序功能图

（四）PLC 控制程序

应用选择流程模式实现运料小车控制项目实施记录表见表 10-9。

表 10-9　应用选择流程模式实现运料小车控制项目实施记录表

签名： 日期：

五、 任务检查

应用选择流程模式实现运料小车控制项目检查表见表 10-10。

表 10-10　应用选择流程模式实现运料小车控制项目检查表

评价项目	评价内容	分值	得分
职业素养 （30 分）	分工合理，制定计划能力强，严谨认真	5	
	爱岗敬业，具有安全意识、责任意识、服从意识	5	
	团队合作，具有交流沟通、互相协作、分享的能力	5	
	遵守行业规范、现场 6S 标准	5	
	主动性强，保质保量完成工作页相关任务	5	
	能采取多样化手段收集信息、解决问题	5	
专业能力 （60 分）	编制 I/O 分配表： （1）所有输入地址编排合理，节约硬件资源，元件符号与元件作用说明完整； （2）所有输出地址编排合理，节约硬件资源，元件符号与元件作用说明完整	10	
	绘制 PLC 控制电路图： （1）电路图元件齐全，标注正确； （2）电路功能完整，布局合理	10	
	连接 PLC 控制电路 （1）安全不违章； （2）安装达标	10	
	编写 PLC 控制程序： （1）功能正确，程序段合理； （2）符号表正确完整； （3）绝对地址、符号地址显示正确，程序段注释合理	10	
	PLC 控制程序仿真运行： （1）S7-PLCSIM 打开正确，下载正常； （2）仿真操作正确，能正确仿真运行程序	10	
	下载 PLC 控制程序并运行： （1）程序下载正确，PLC 指示灯正常； （2）程序运行操作正确，能实现预定功能	10	
创新意识（10 分）	具有创新性思维并付诸行动	10	
合计		100	

六、任务评价

应用选择流程模式实现运料小车控制项目自评表、他评表见表 10-11、表 10-12。

表 10-11　应用选择流程模式实现运料小车控制项目自评表

签名： 日期：

表 10-12 应用选择流程模式实现运料小车控制项目他评表

签名： 日期：

扩展提升

在本任务的程序中增加工作方式选择开关，可以分自动运行方式和手动控制方式。根据控制要求完成以下任务。

(1) 完成 PLC 控制程序编写；

(2) 完成 PLC 控制程序仿真运行。

项目 11　应用并行流程模式实现十字路口交通信号灯控制

背景描述

在多个分支结构中，当满足某个条件后使多个分支流程同时执行的多分支流程，称为并行结构流程。并行结构流程中，要等所有分支都执行完毕后，才能同时转移到下一个状态。本项目以并行流程模式实现十字路口交通信号灯控制为例，东西方向信号灯为一分支，南北方向信号灯为另一分支，两个分支应同时工作。

素养目标

（1）做任何事情都要守规则，懂规则；

（2）不要一意孤行，满不在乎，更不能触碰道德和法律的底线；

（3）倡导珍爱生命、热爱家人、健康生活的理念。

【知识拓展】

遵守十字路口交通信号灯指示，以身示范，用行动的力量引导遵纪守法，做到润物无声。倡导珍爱生命、热爱家人、健康生活的理念。

任务描述

十字路口交通信号灯控制系统时序图如图 11-1 所示。当启动开关 SA 闭合时，信号灯系统开始工作，初始状态为南北向红灯亮、东西向绿灯亮。当启动开关 SA 断开时，所有信号灯均熄灭。南北向红灯亮，并维持 35 s，在南北向红灯亮的同时东西向绿灯亮，并维持 30 s。30 s 后东西向绿灯闪烁，频率为 1 Hz，3 s 后熄灭。在东西向绿灯熄灭时，东西向黄灯亮，并维持 2 s。2 s 后东西向黄灯熄灭，东西向红灯亮，同时，南北向红灯熄灭，绿灯亮。东西向红灯亮，并维持 25 s。南北向绿灯亮，并维持 20 s，闪烁 3 s 后熄灭。同时南北向黄灯亮，维持 2 s 后熄灭，这时南北向红灯亮，东西向绿灯亮。如此周而复始。当按下急停按钮 SB 时，所有信号灯均熄灭。

请根据控制要求完成以下任务。

（1）确定 I/O 分配表；

（2）完成 PLC 控制电路图；

（3）完成 PLC 控制电路连接；

（4）绘制顺序功能图；

(5) 完成 PLC 控制程序编写；

(6) 完成 PLC 控制程序仿真运行；

(7) 完成 PLC 控制程序下载并运行。

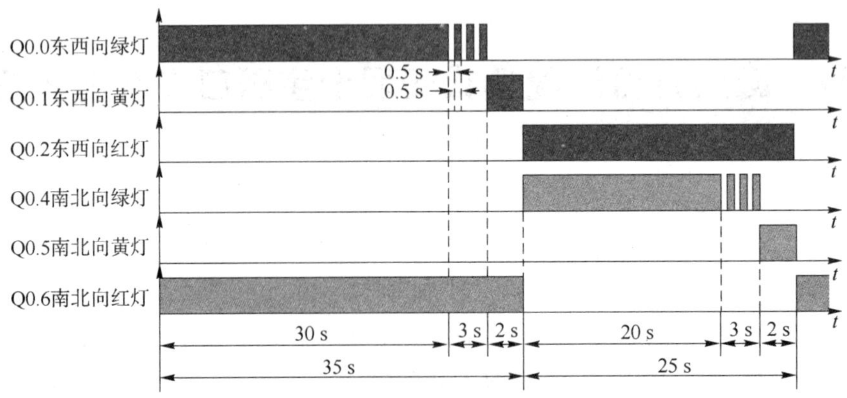

图 11-1　十字路口交通信号灯控制系统时序图

一、知识储备

并行流程模式介绍如下。

并行顺序是指在某一转换条件下同时启动若干个顺序，也就是说转换条件的实现导致几个分支同时被激活。并行顺序的开始和结束都用双水平线表示，如图 11-2 所示。

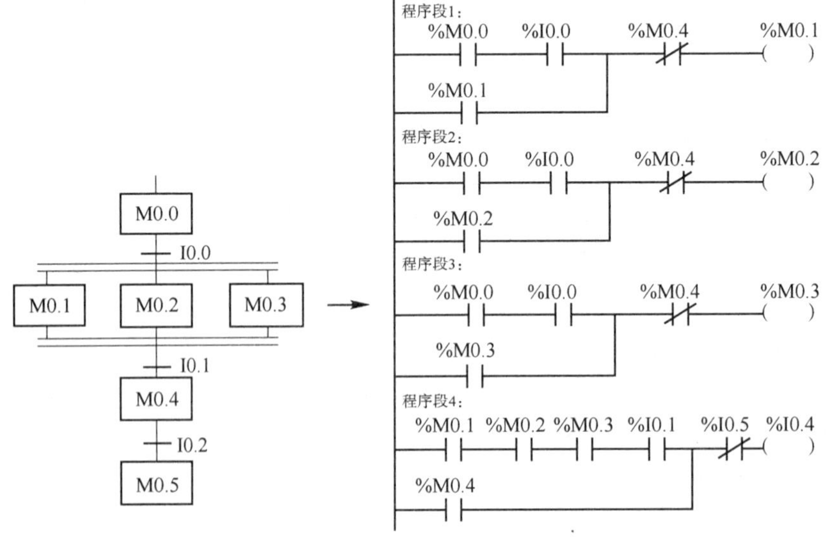

图 11-2　并行顺序示意

二、任务计划

根据项目需求，编制I/O分配表，绘制、连接PLC控制电路，编写PLC控制程序并进行仿真调试，完成PLC控制电路的连接，下载PLC控制程序到PLC并运行，实现所要求的控制功能。

按照通常的PLC控制程序编写及硬件装调工作流程，制定工作计划，见表11-1。

表11-1 应用并行流程模式实现十字路口交通信号灯控制项目工作计划

序号	项目	内容	时间/min	人员
1	编制I/O分配表	确定所需要的I/O点数并分配具体用途，编制I/O分配表（需提交）	5	全体人员
2	绘制PLC控制电路图	根据I/O分配表绘制PLC控制电路图	15	全体人员
3	连接PLC控制电路	根据电路图完成电路连接	20	全体人员
4	绘制顺序功能图并编写PLC控制程序	根据控制要求编写PLC控制程序	25	全体人员
5	PLC控制程序仿真运行	使用S7-PLCSIM仿真运行PLC控制程序	10	全体人员
6	下载PLC控制程序并运行	把PLC控制程序下载到PLC，实现所要求的控制功能	5	全体人员

三、任务决策

按照工作计划，项目小组全体成员共同确定I/O分配表，然后分两个小组分别实施系统程序编写及硬件装调全部工作，合作完成任务并提交任务评价表。

四、任务实施

项目的实施必须在保证安全的前提下进行，应提前建立并熟悉项目检查事项及评价要素，在实施过程中予以充分重视，才能确保项目的顺利进行。

（一）编制I/O分配表

根据控制要求，各元件的I/O分配见表11-2。

表11-2 I/O分配表

输入			输出		
地址	元件符号	元件名称	地址	元件符号	元件名称
I0.0	SA	启动开关	Q0.0	HL1	南北向绿灯
I0.1	SB	紧急按钮	Q0.1	HL2	南北向黄灯
—	—	—	Q0.2	HL3	南北向红灯
—	—	—	Q0.4	HL4	东西向绿灯

续表

输入			输出		
地址	元件符号	元件名称	地址	元件符号	元件名称
—	—	—	Q0.5	HL5	东西向黄灯
—	—	—	Q0.6	HL6	东西红灯

（二）绘制 PLC 控制电路图

根据系统控制要求，绘制十字路口交通信号灯控制系统的 PLC 控制电路图，如图 11-3 所示。其中 1M 为 PLC 输入信号的公共端，3M 为 PLC 输出信号的公共端。

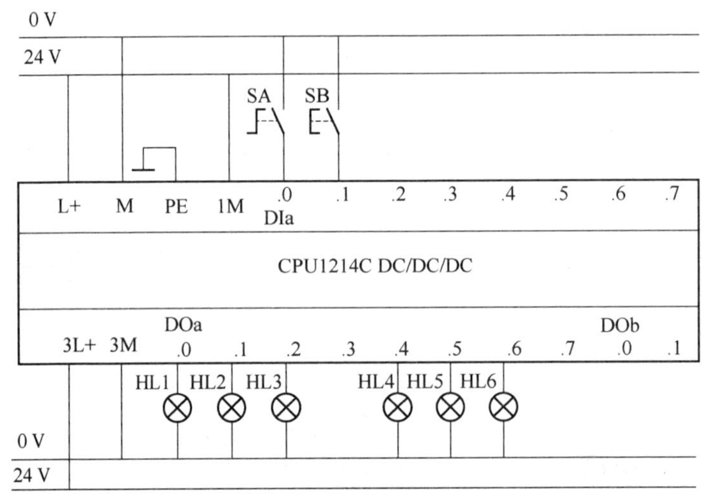

图 11-3 十字路口交通信号灯控制系统的 PLC 控制电路图

（三）绘制顺序功能图

根据系统控制要求绘制顺序功能图，如图 11-4 所示。

（四）连接 PLC 控制电路

按工艺规范完成 PLC 控制电路的连接。PLC 控制电路的连接主要需要考虑元器件的布置安装、导线线径与颜色的选择、接线端子的选择与制作、线号标识的制作与排列，最终实现元器件布局间距合理、安装稳固可靠，布线整齐有序、松紧适宜，接线规范牢固、标识清晰明确。

（五）编写 PLC 控制程序

根据项目控制需求，编写 PLC 控制程序，如图 11-5 所示。

（六）程序仿真

将 PLC 站点下载到仿真器中，打开仿真器的项目视图，并在 SIM 表格_1 的“地址”栏中输入“IB0”“QB0”绝对地址。

仿真程序执行过程如下。

开关 SA 闭合，十字路口交通信号灯按时序图循环运行。按下急停按钮 SB，所有信号灯熄灭。

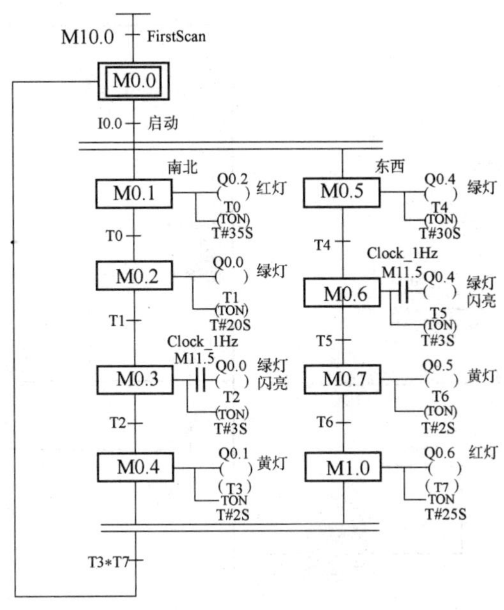

图 11-4　顺序功能图

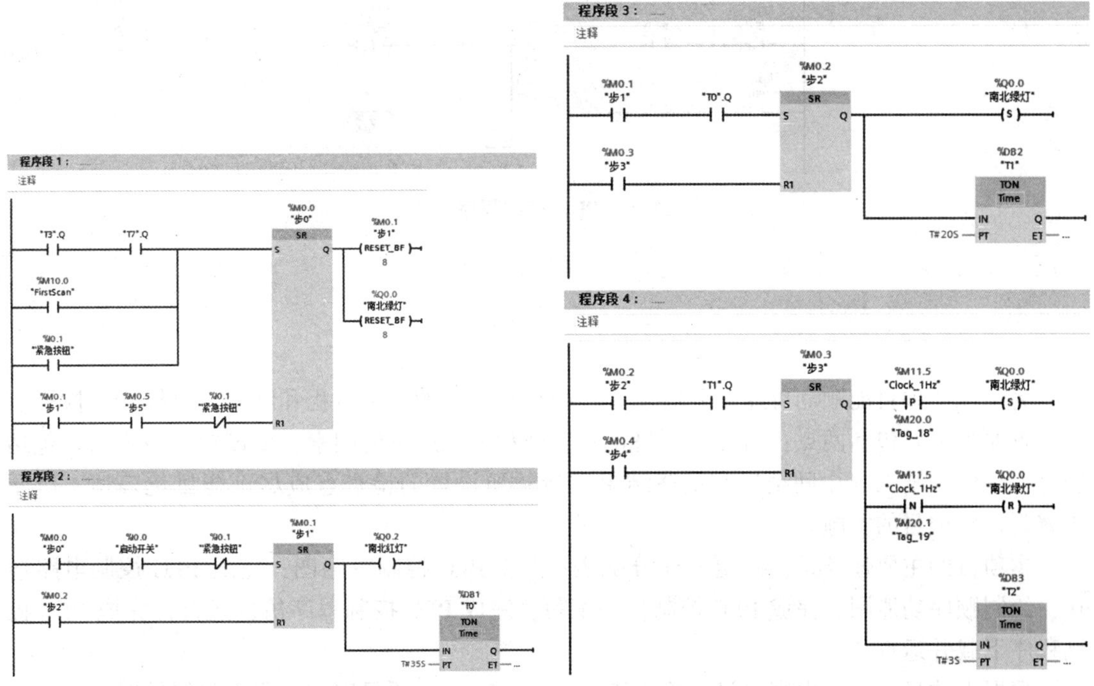

图 11-5　PLC 控制程序

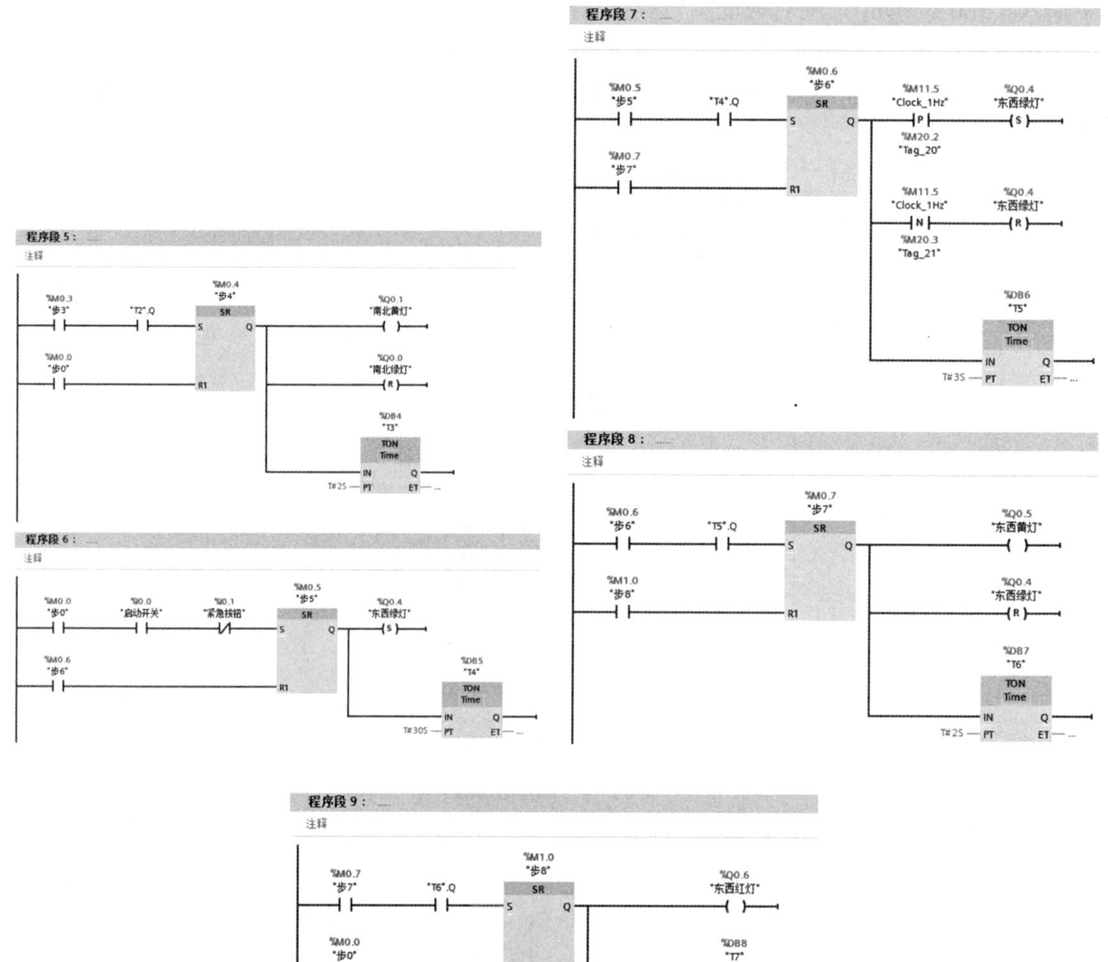

图 11-5　PLC 控制程序（续）

五、 任务检查

为了保证项目能顺利可靠地开展下去，必须对项目的实施过程和结果进行检查。检查点的设置原则主要包括两点：对影响项目正常实施和完成质量的因素，要设置为检查点，包括安全、操作、结果（中间结果和最终结果）等；所设置的检查点应尽可能量化表达，以便于客观评价项目的实施。

本项目的主要任务是：确定 I/O 分配表；完成 PLC 控制电路图；完成 PLC 控制电路连接；绘制顺序功能图；完成 PLC 控制程序编写；完成 PLC 控制程序仿真运行；完成 PLC 控制程序下载并运行。

根据本项目的具体内容，设置检查表（表 11-3），在项目实施过程中和终结时进行必要的检查并填写检查表。

表 11-3　应用并行流程模式实现十字路口交通信号灯控制项目检查表

评价项目	评价内容	分值	得分
职业素养（30 分）	分工合理，制定计划能力强，严谨认真	5	
	爱岗敬业，具有安全意识、责任意识、服从意识	5	
	团队合作，具有交流沟通、互相协作、分享的能力	5	
	遵守行业规范、现场 6S 标准	5	
	主动性强，保质保量完成工作页相关任务	5	
	能采取多样化手段收集信息、解决问题	5	
专业能力（60 分）	编制 I/O 分配表： （1）所有输入地址编排合理，节约硬件资源，元件符号与元件作用说明完整； （2）所有输出地址编排合理，节约硬件资源，元件符号与元件作用说明完整	10	
	绘制 PLC 控制电路图： （1）电路图元件齐全，标注正确； （2）电路功能完整，布局合理	10	
	连接 PLC 控制电路 （1）安全不违章； （2）安装达标	10	
	编写 PLC 控制程序： （1）功能正确，程序段合理； （2）符号表正确完整； （3）绝对地址、符号地址显示正确，程序段注释合理	10	
	PLC 控制程序仿真运行： （1）S7-PLCSIM 打开正确，下载正常； （2）仿真操作正确，能正确仿真运行程序	10	
	下载 PLC 控制程序并运行： （1）程序下载正确，PLC 指示灯正常； （2）程序运行操作正确，能实现预定功能	10	
创新意识（10 分）	具有创新性思维并付诸行动	10	
合计		100	

六、任务评价

根据项目实施、检查情况，填写评价表。评价表可分为自评表（表 11-4）和他评表（表 11-5），主要内容应包括实施过程简要描述、检查情况描述、存在的主要问题、解决方案等。

表 11-4　应用并行流程模式实现十字路口交通信号灯控制项目自评表

签名： 日期：

表 11-5　应用并行流程模式实现十字路口交通信号灯控制项目他评表

签名： 日期：

实践练习（项目需求）

一、 任务描述

十字路口交通信号灯控制要求如下。合上自动开关，东西向绿灯亮 4 s，闪 2 s 灭，黄灯亮 2 s 灭，红灯亮 8 s 灭。绿灯亮 4 s 灭，闪 2 s 灭，黄灯亮 2 s 灭，红灯亮 8 s 循环。对应东西向绿灯、黄灯亮时，南北向红灯亮 8 s，接着绿灯亮 4 s 闪 2 s 灭，黄灯亮 2 s 后，红灯又亮 2 s 循环。请根据控制要求完成以下任务。

（1）确定 I/O 分配表；

（2）完成 PLC 控制电路图；

（3）完成 PLC 控制电路连接；

（4）绘制顺序功能图；

（5）完成 PLC 控制程序编写；

（6）完成 PLC 控制程序仿真运行；

（7）完成 PLC 控制程序下载并运行。

二、 任务计划

应用并行流程模式实现十字路口交通信号灯控制项目工作计划见表 11-6。

表 11-6　应用并行流程模式实现十字路口交通信号灯控制项目工作计划

序号	项目	内容	时间/min	人员
1				
2				
3				
4				
5				
6				

三、 任务决策

根据任务要求和资源、人员的实际配置情况，按照工作计划，采取项目小组的方式开展工作，小组内实行分工合作，每位成员都要完成全部任务并提交任务评价表。应用并行流程模式实现十字路口交通信号灯控制项目决策表见表 11-7。

表 11-7　应用并行流程模式实现十字路口交通信号灯控制项目决策表

签名： 日期：

四、 任务实施

（一）I/O 分配表

I/O 分配表见表 10-8。

表 10-8　I/O 分配表

输入			输出		
地址	元件符号	元件名称	地址	元件符号	元件名称

（二）PLC 控制电路图

（三）PLC 顺序功能图

（四）PLC 控制程序

应用并行流程模式实现十字路口交通信号灯控制项目实施记录表见表 11-9。

表 11-9　应用并行流程模式实现十字路口交通信号灯控制项目实施记录表

签名： 日期：

五、 任务检查

应用并行流程模式实现十字路口交通信号灯控制项目检查表见表 11-10。

表 11-10　应用并行流程模式实现十字路口交通信号灯控制项目检查表

评价项目	评价内容	分值	得分
职业素养（30 分）	分工合理，制定计划能力强，严谨认真	5	
	爱岗敬业，具有安全意识、责任意识、服从意识	5	
	团队合作，具有交流沟通、互相协作、分享的能力	5	
	遵守行业规范、现场 6S 标准	5	
	主动性强，保质保量完成工作页相关任务	5	
	能采取多样化手段收集信息、解决问题	5	
专业能力（60 分）	编制 I/O 分配表： （1）所有输入地址编排合理，节约硬件资源，元件符号与元件作用说明完整； （2）所有输出地址编排合理，节约硬件资源，元件符号与元件作用说明完整	10	
	绘制 PLC 控制电路图： （1）电路图元件齐全，标注正确； （2）电路功能完整，布局合理	10	
	连接 PLC 控制电路 （1）安全不违章； （2）安装达标	10	
	编写 PLC 控制程序： （1）功能正确，程序段合理； （2）符号表正确完整； （3）绝对地址、符号地址显示正确，程序段注释合理	10	
	PLC 控制程序仿真运行： （1）S7-PLCSIM 打开正确，下载正常； （2）仿真操作正确，能正确仿真运行程序	10	
	下载 PLC 控制程序并运行： （1）程序下载正确，PLC 指示灯正常； （2）程序运行操作正确，能实现预定功能	10	
创新意识（10 分）	具有创新性思维并付诸行动	10	
合计		100	

六、 任务评价

应用并行流程模式实现十字路口交通信号灯控制项目自评表、他评表见表 11-11、表 11-12。

表 11-11　应用并行流程模式实现十字路口交通信号灯控制项目自评表

签名： 日期：

表 11-12 应用并行流程模式实现十字路口交通信号灯控制项目他评表

签名： 日期：

扩展提升

在某些特殊情况下，如救护车通过、交通管制等情况，需要加入紧急信号的处理功能。请改进程序，要求当按下紧急按钮时会使东西、南北方向同时点亮红灯，并固定延时 1 min，而后自动恢复正常运行流程。根据控制要求完成以下任务。

（1）完成 PLC 控制程序编写；

（2）完成 PLC 控制程序仿真运行。

项目 12　应用功能块实现电动机组启动控制

背景描述

PLC 有 3 种编程方法：线性化编程、模块化编程和结构化编程。

线性化编程是将整个用户程序放在主程序 OB1 中，在 CPU 循环扫描时执行 OB1 中的全部指令。其特点是结构简单，但效率低。另外，某些相同或相近的操作需要多次执行，这样会产生不必要的重复工作。同时，程序结构不清晰，会造成管理和调试的不方便。因此，在编写大型程序时，应避免线性化编程。

模块化编程是将程序根据功能分为不同的逻辑块，且每一逻辑块完成的功能不同。在 OB1 中可以根据条件调用不同的功能（FC）或功能块（FB）。其特点是易于分工合作，调试方便。由于逻辑块是有条件的调用，所以可以提高 CPU 的利用率。

结构化编程是将过程要求类似或相关的任务归类，在功能或功能块中编程，形成通用解决方案。通过不同的参数调用相同的功能或通过不同的背景数据块调用相同的功能块。

本项目应用功能块实现电动机组启动控制。

素养目标

培养学生良好的学习伦理，使学生具备敬畏自然、探索真理、志存高远、脚踏实地的素质，使学生在学习过程中体悟人性、弘扬人性、完善修养，培育学生在面对挫折时具有理性平和的心态。

【知识拓展】

电动机控制是机器人的重要部分，若想控制电动机从而使机器人更好地为人类服务，就要遵守阿西莫夫的“机器人三原则”，否则就会产生灾难性的后果，这种对科技道德、科学方法与科学精神的敬畏与操守就是大学生未来学习所必须具备的素养。

任务描述

有一组电动机需要按照不同的时序实现启动，控制要求具体如下。

（1）该电动机组共有 3 台电动机，每台电动机要求实现星-三角降压启动。

（2）在启动时，按下启动按钮，M1 启动，10 s 后 M2 启动，再过 10 s 后 M3 启动。

（3）在停止时，按下停止按钮，逆序停止，即 M3 先停止，10 s 后 M2 停止，再过 10 s 后 M1 停止。

（4）任何一台电动机，控制电源的接触器和采用星形接法的接触器接通电源 6 s 后，采用星形接法的接触器断电，1 s 后采用三角形接法的接触器接通。电动机组启停信号时序图如图 12-1 所示。

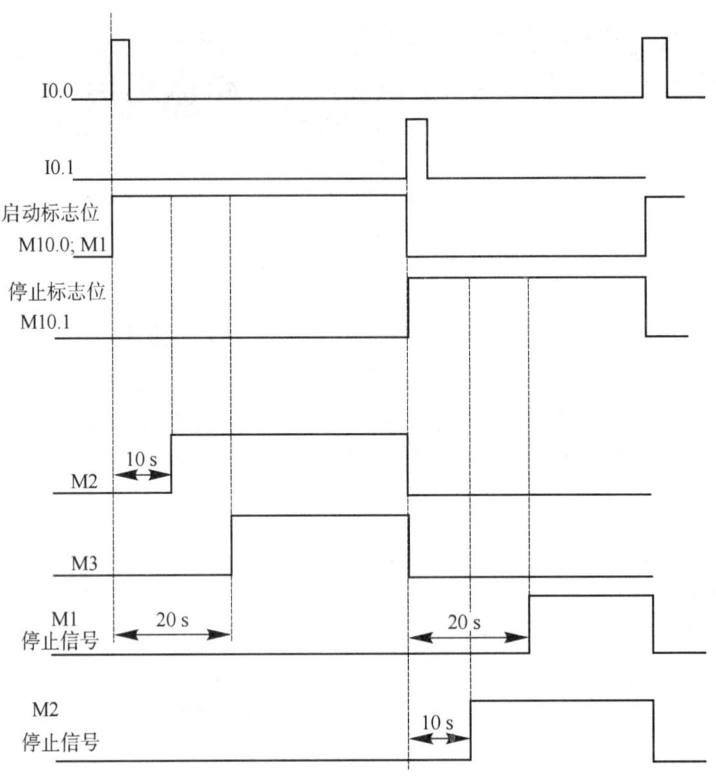

图 12-1　电动机组启停信号时序图

请根据控制要求完成以下任务。

（1）确定 I/O 分配表；

（2）完成 PLC 控制电路图；

（3）完成 PLC 控制电路连接；

（4）完成 PLC 控制程序编写；

（5）完成 PLC 控制程序仿真运行；

（6）完成 PLC 控制程序下载并运行。

一、知识储备

（一）程序结构

S7-1200 PLC 编程采用块（Block）的概念，即将程序分解为独立的、自成体系的各个部件，块类似子程序的功能，但类型更多，功能更强大。在工业控制中，程序往往是非常庞大和复杂的，采用块的概念便于大规模程序的设计和理解，可以设计标准化的块程序进行重复调用，程序结构清晰明了，修改方便，调试简单。采用块结构显著地增加了 PLC 程序的组织透明性、可理解性和易维护性。S7-1200 PLC 用户程序中的块见表 12-1。

表 12-1　S7-1200 PLC 用户程序中的块

块（Block）	简要描述
组织块（OB）	操作系统与用户程序的接口，决定用户程序的结构
功能块（FB）	用户编写的包含经常使用的功能的子程序，有存储区
功能（FC）	用户编写的包含经常使用的功能的子程序，无存储区
数据块（DB）	存储用户数据的数据区域

1. 组织块（OB）

组织块是操作系统和用户程序之间的接口。组织块只能由操作系统启动。各种组织块由不同的事件启动，且具有不同的优先级，而循环执行的主程序则在组织块 OB1 中。组织块包括程序循环组织块、启动组织块、延时中断组织块、循环中断组织块、硬件中断组织块、时间错误中断组织块、诊断错误组织块。

2. 功能块（FB）

功能块是通过数据块参数调用的。它们有一个放在数据块中的变量存储区，而数据块是与其功能块相关联的，称为背景数据块。

特点：每个功能块可以有不同的数据块，这些数据块虽然具有相同的数据结构，但具体数值可以不同。

3. 功能（FC）

功能没有指定的数据块，因此不能存储信息。功能常用于编制重复发生且复杂的自动化过程。

4. 数据块（DB）

数据块中包含程序所使用的数据。

（二）PLC 编程方法

S7-1200 PLC 为设计程序提供了线性化编程方法、模块化编程方法、结构化编程方法 3 种方法（图 12-2）。基于这些方法，可以选择最适合应用的程序设计方法。

1. 线性化编程方法

将用户的所有指令均放在 OB1 中，从第一条到最后一条顺序执行。这种方式适用于一个人完成的小项目，不适合多人合作设计和程序调试。

2. 模块化编程方法

当工程项目比较大时，可以将大项目分解成多个子项目，由不同的人员编写相应的子程序块［如图 12-2（b）中的 FC1、FC2、FC3］，在 OB1 中调用子程序块，最终多人合作完成项目的设计与调试。

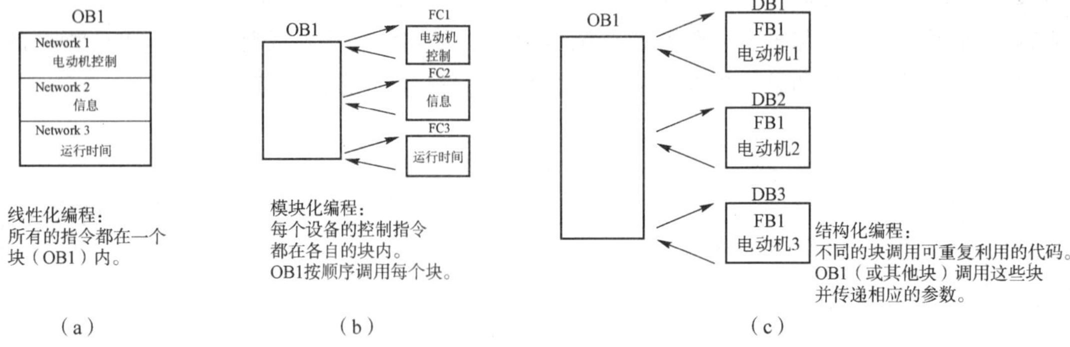

图 12-2　PLC 编程方法

(a) 线性化编程方法；(b) 模块化编程方法；(c) 结构化编程方法

模块化编程方法的优点如下。

(1) 程序较清晰，可读性强，容易理解。

(2) 程序便于修改、扩充或删节，可改性好。

(3) 程序可标准化，特别是一些功能程序，如实现 PID 算法的程序等。

(4) 程序设计与调试可分块进行，便于发现错误并及时修改，提高程序调试的效率。

(5) 程序设计可实现多人参与编程，提高编程的速度。

(6) 如果程序中有不需要每次都执行的程序块，则可以节约扫描周期的时间，提高 PLC 的响应速度。

模块化编程支持嵌套，可嵌套程序块的数目（嵌套深度）取决于 CPU 的型号。

3. 结构化编程方法

结构化编程方法有以下优点：通过结构化更容易进行大程序编程；各个程序段都可实现标准化，通过更改参数反复使用；程序结构更简单；更改程序变得更容易；可分别测试程序段，从而可简化程序排错过程；可简化调试。

与模块化编程方法不同，结构化编程方法中通用的数据和代码可以共享。如对多个电动机进行同样的控制，就可以采用结构化编程方法。

结构化编程方法采用解决单个任务的块和局部变量来实现对其自身数据的管理。它仅通过其块参数来实现与外部的通信。在块的指令段中不允许访问如输入、输出、位存储器或数据块中的变量这样的全局地址。

在给功能块编程时使用的是“形参”（形式参数），调用它时需要将“实参”（实际参数）赋值给形参。形参的种类有 3 种：输入参数（Input 类型）、输出参数（Output 类型）和输入/输出参数（InOut 类型）。输入参数只能读，输出参数只能写，输入/输出类型可读可写。在一个项目中可以多次调用一个块。图 12-2（c）所示为结构化程序示意。程序循环组织块依次调用一些功能块中对电动机的处理程序。在功能和功能块中都可以定义形参。

（三）应用举例

1. 模块化编程举例

(1) 不带参数的两台电动机的“起保停”控制示例如图 12-3 所示。

(2) 带参数的两台电动机的“起保停”控制示例如图 12-4 所示。

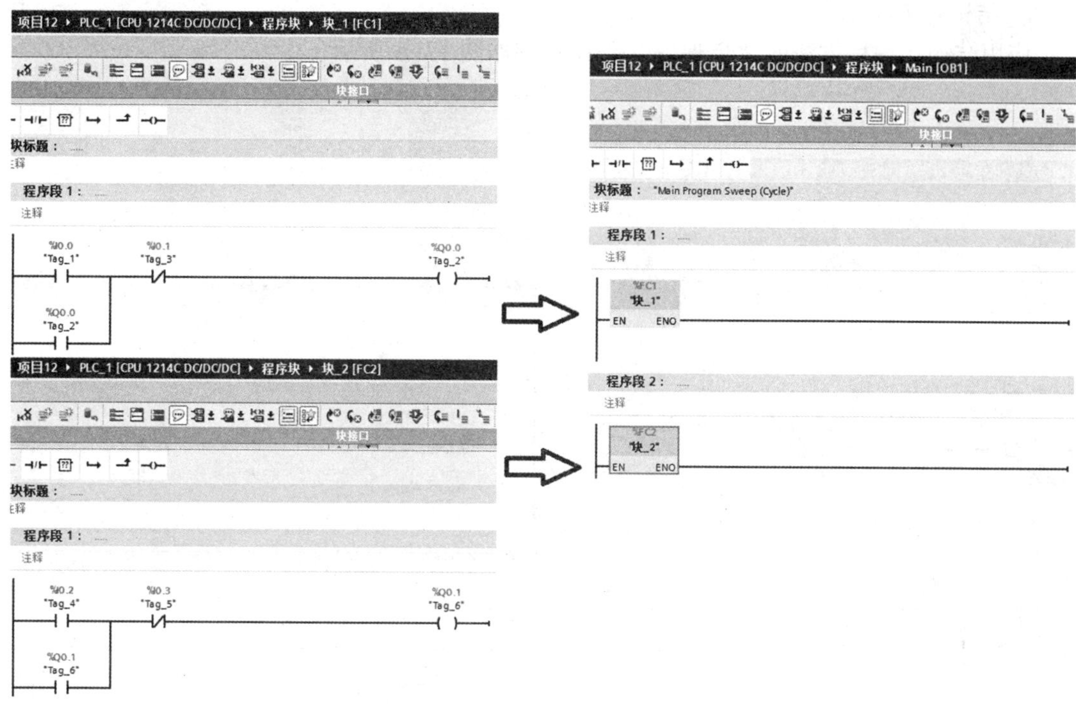

图 12-3　不带参数的两台电动机的“起保停”控制示例

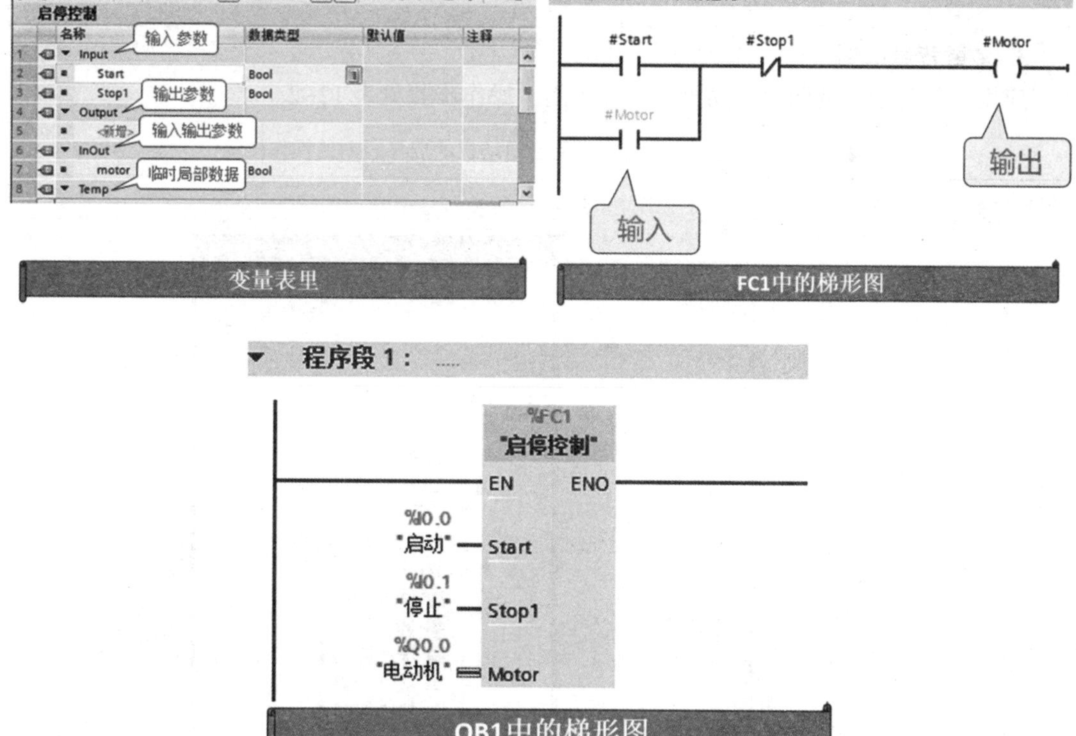

图 12-4　带参数的两台电动机的“起保停”控制示例

2. 结构化编程举例

应用结构化编程方法的“启保停”程序示例如图 12-5 所示。

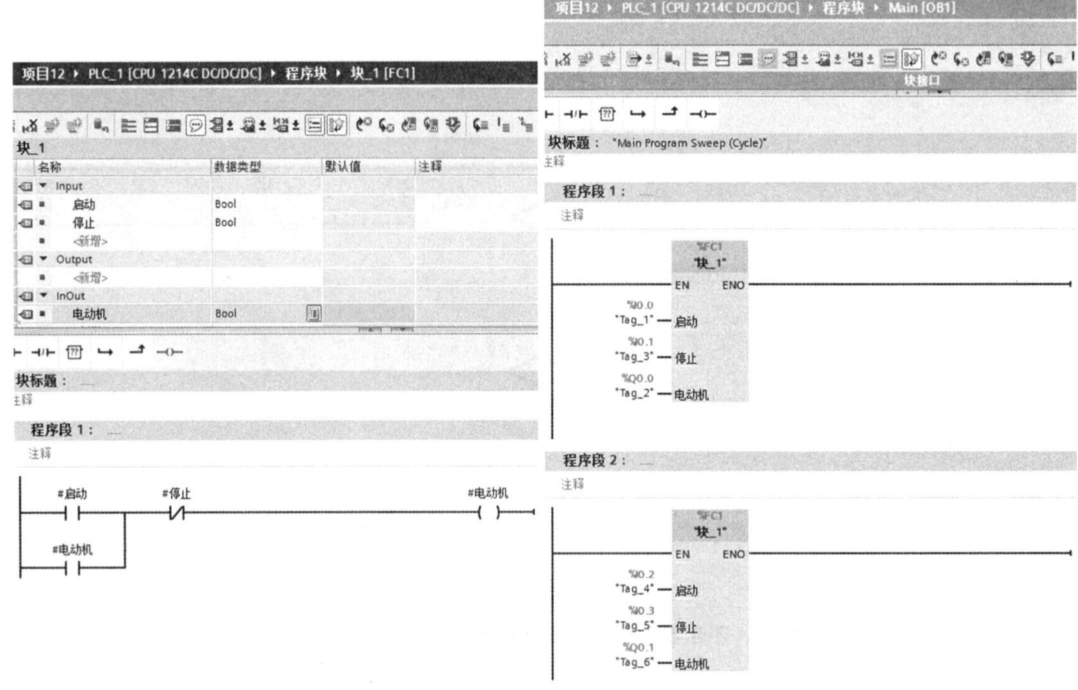

图 12-5　应用结构化编程方法的“启保停”程序示例

3. 多重背景举例

应用多重背景实现两台电动机的启停控制，操作步骤见表 12-2。

表 12-2　应用多重背景实现两台电动机的启停控制的操作步骤

步骤	说明	示意图
1	新建项目和 3 个空的 FB 函数块	项目树 设备 多重背景 添加新设备 设备和网络 PLC_1 [CPU 1214C DC/DC/DC] 设备组态 在线和诊断 程序块 添加新块 Main [OB1] 块_1 [FB1] 块_2 [FB2] 块_3 [FB3]

续表

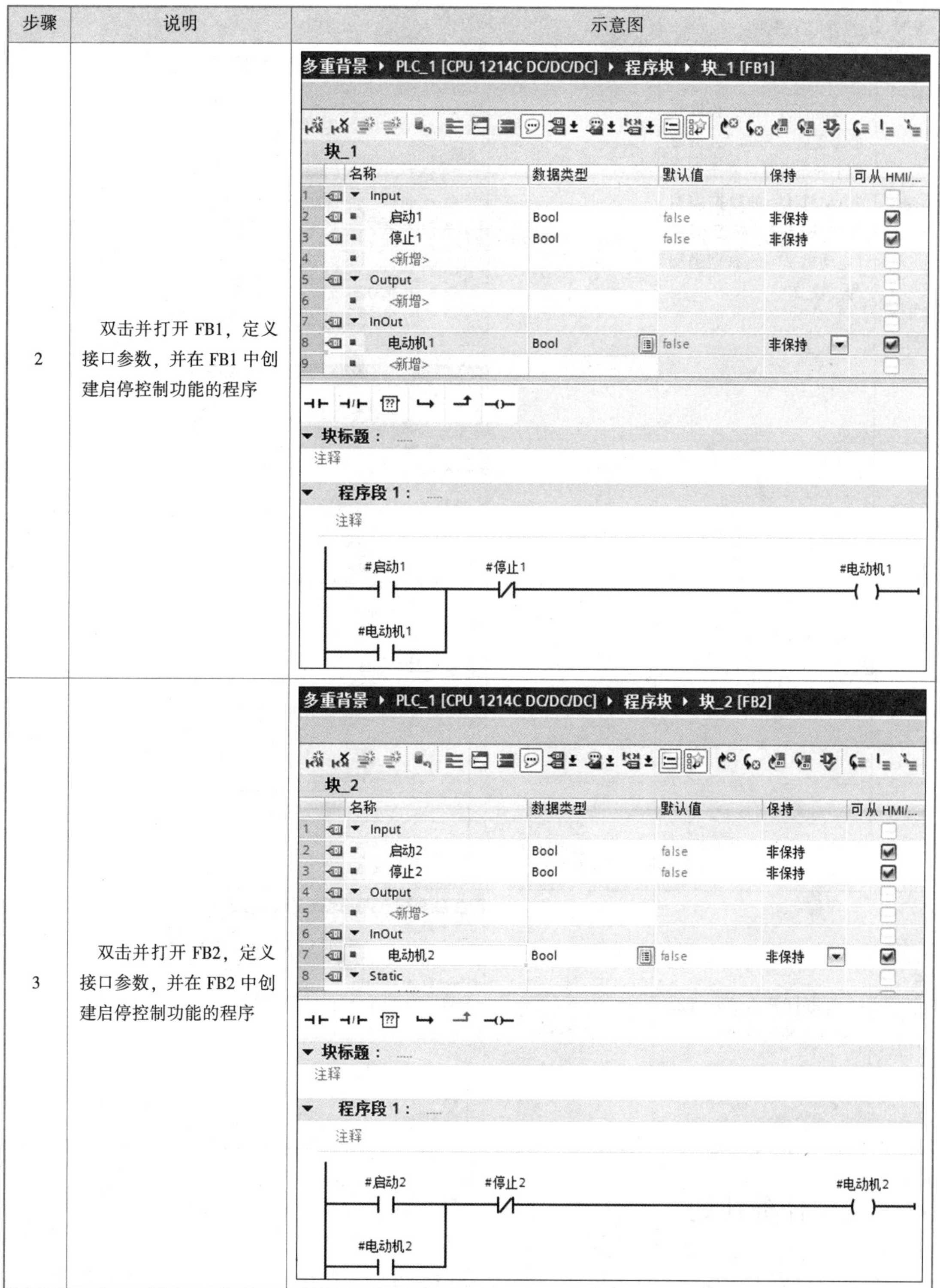

步骤	说明	示意图
2	双击并打开 FB1，定义接口参数，并在 FB1 中创建启停控制功能的程序	
3	双击并打开 FB2，定义接口参数，并在 FB2 中创建启停控制功能的程序	

续表

步骤	说明	示意图
4	双击打开 FB3，再展开静态变量 “Static”，创建两个静态变量，静态变量 “电动机 1” 的数据类型为 “块_1”，静态变量 “电动机 2” 的数据类型为 “块_2”	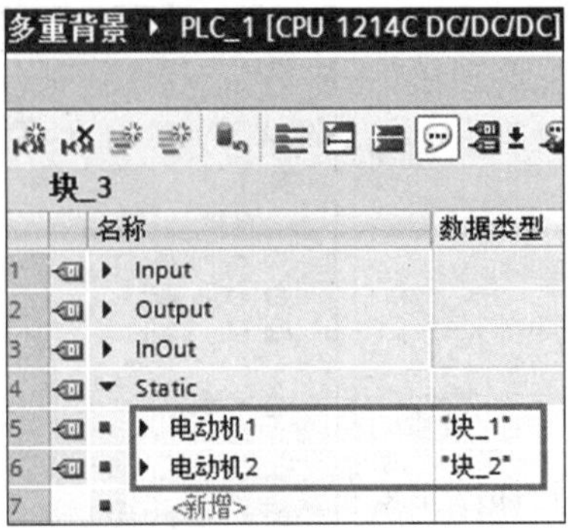
5	在 FB3 中调用 FB1、FB2，并赋实参	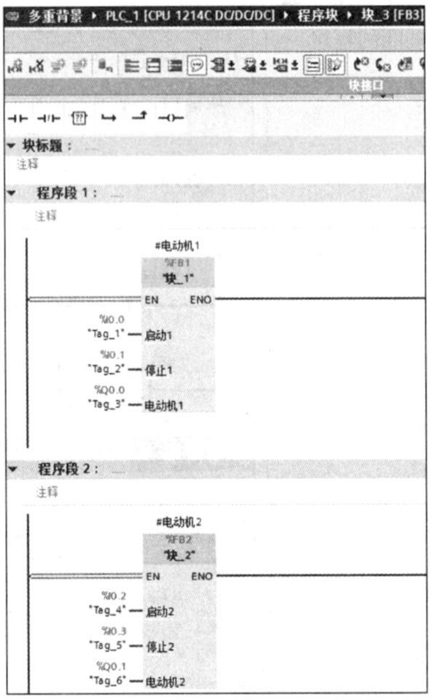
6	双击打开组织块 Main［OB1］并调用 FB3	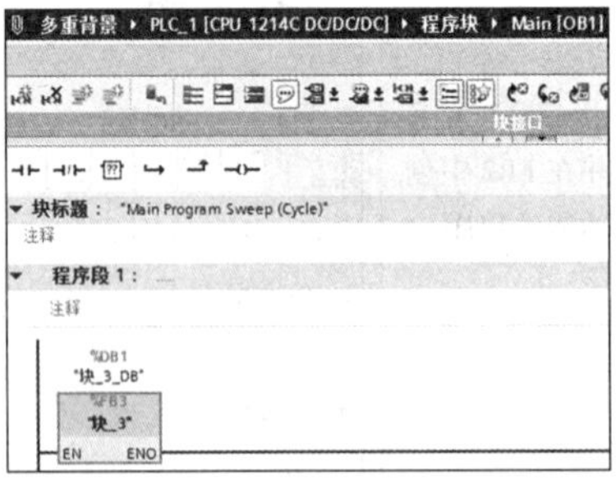

二、 任务计划

根据项目需求，编制 I/O 分配表，绘制、连接 PLC 控制电路，编写 PLC 控制程序并进行仿真调试，完成 PLC 控制电路的连接，下载 PLC 控制程序到 PLC 并运行，实现所要求的控制功能。

按照通常的 PLC 控制程序编写及硬件装调工作流程，制定工作计划，见表 12-3。

表 12-3 应用功能块实现电动机组启动控制项目工作计划

序号	项目	内容	时间/min	人员
1	编制 I/O 分配表	确定所需要的 I/O 点数并分配具体用途，编制 I/O 分配表（需提交）	5	全体人员
2	绘制 PLC 控制电路图	根据 I/O 分配表绘制 PLC 控制电路图	15	全体人员
3	连接 PLC 控制电路	根据电路图完成电路连接	20	全体人员
4	编写 PLC 控制程序	根据控制要求编写 PLC 控制程序	25	全体人员
5	PLC 控制程序仿真运行	使用 S7-PLCSIM 仿真运行 PLC 控制程序	10	全体人员
6	下载 PLC 控制程序并运行	把 PLC 控制程序下载到 PLC，实现所要求的控制功能	5	全体人员

三、任务决策

按照工作计划，项目小组全体成员共同确定 I/O 分配表，然后分两个小组分别实施系统程序编写及硬件装调全部工作，合作完成任务并提交任务评价表。

四、 任务实施

项目的实施必须在保证安全的前提下进行，应提前建立并熟悉项目检查事项及评价要素，在项目实施过程中予以充分重视，才能确保项目的顺利进行。

（一）编制 I/O 分配表

根据控制要求，各元件的 I/O 分配见表 12-4。

表 12-4 I/O 分配表

输入			输出		
地址	元件符号	元件名称	地址	元件符号	元件名称
I0. 0	SB1	启动按钮	Q0. 0	KM1	M1 控制电源接触器
I0. 1	SB2	停止按钮	Q0. 1	KM2	M1 星形绕组接触器
I0. 2	FR1～FR3	过载保护	Q0. 2	KM3	M1 三角形绕组接触器
—	—	—	Q0. 3	KM4	M2 控制电源接触器
—	—	—	Q0. 4	KM5	M2 星形绕组接触器
—	—	—	Q0. 5	KM6	M2 三角形绕组接触器
—	—	—	Q0. 6	KM7	M3 控制电源接触器
—	—	—	Q0. 7	KM8	M3 星形绕组接触器
—	—	—	Q1. 0	KM9	M3 三角形绕组接触器

（二）绘制 PLC 控制电路图

根据系统控制要求，绘制电动机组启动控制系统的 PLC 控制电路图，如图 12-6 所示。其中 1M 为 PLC 输入信号的公共端，3M 为 PLC 输出信号的公共端。

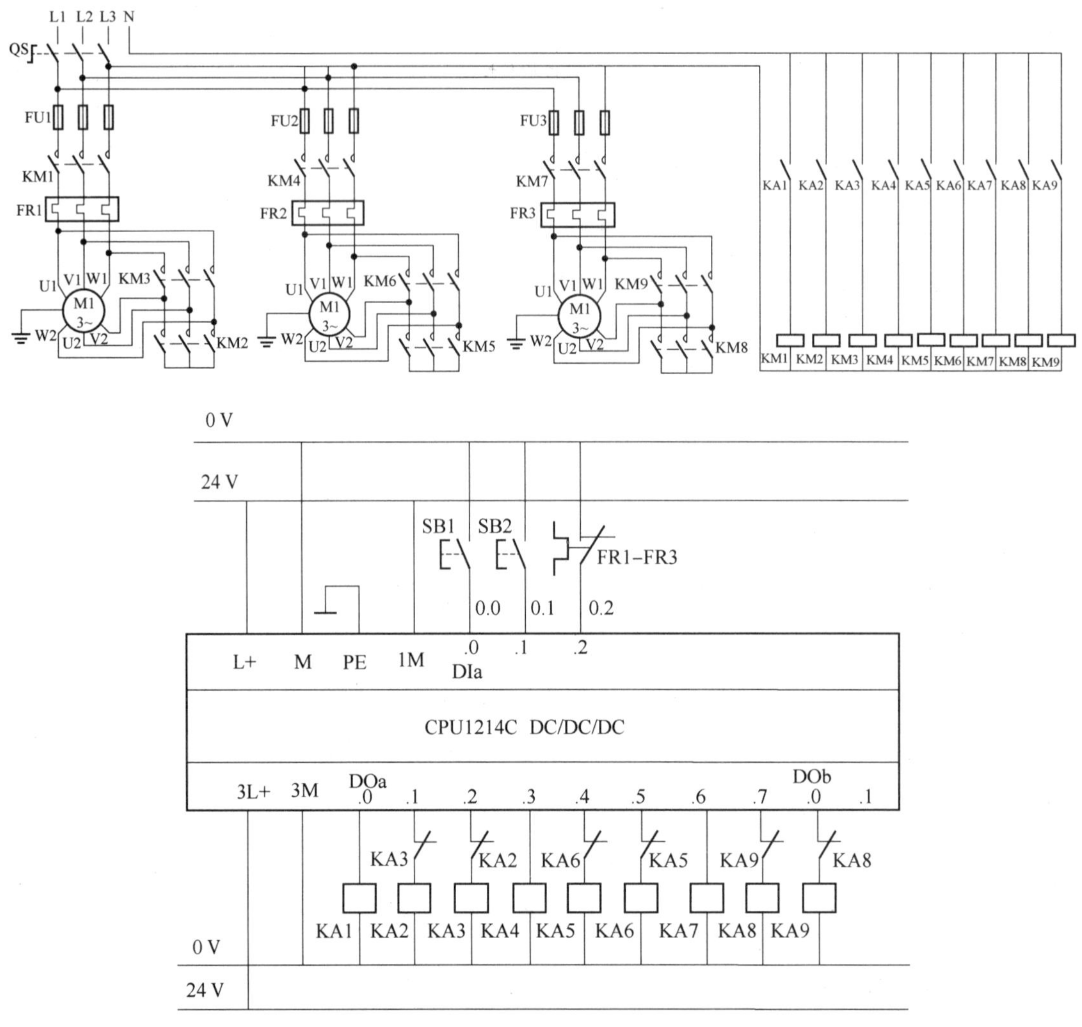

图 12-6　电动机组启动控制系统的 PLC 控制电路图

（三）连接 PLC 控制电路

按工艺规范完成 PLC 控制电路的连接。PLC 控制电路的连接主要需要考虑元器件的布置安装、导线线径与颜色的选择、接线端子的选择与制作、线号标识的制作与排列，最终实现元器件布局间距合理、安装稳固可靠，布线整齐有序、松紧适宜，接线规范牢固、标识清晰明确。

（四）编写 PLC 控制程序

（1）定义功能块的接口参数。

首先添加一个电动机星-三角降压启动功能块 FB1，打开接口参数的定义界面，定义接口参数，包括输入参数（Input）、输出参数（Output）、输入/输出参数（InOut），以及临时参数（Temp），如图 12-7 所示。

项目12 ▸ PLC_1 [CPU 1214C DC/DC/DC] ▸ 程序块 ▸ 块_1 [FB1]

块_1

	名称	数据类型	默认值	保持	可从 HMI/...	从 H...	在 HMI ...
1	▼ Input				☐	☐	☐
2	启动按钮	Bool	false	非保持	☑	☑	☑
3	停止按钮	Bool	false	非保持	☑	☑	☑
4	过载保护	Bool	false	非保持	☑	☑	☑
5	星形定时时间	Time	T#0ms	非保持	☑	☑	☑
6	三角形定时时间	Time	T#0ms	非保持	☑	☑	☑
7	<新增>				☐	☐	☐
8	▼ Output				☐	☐	☐
9	星型绕组接触器	Bool	false	非保持	☑	☑	☑
10	三角型绕组接触器	Bool	false	非保持	☑	☑	☑
11	<新增>				☐	☐	☐
12	▼ InOut				☐	☐	☐
13	控制电源接触器	Bool	false	非保持	☑	☑	☑
14	<新增>				☐	☐	☐
15	▼ Static				☐	☐	☐
16	▸ T1	IEC_TIMER		非保持	☑	☑	☑
17	▸ T2	IEC_TIMER		非保持	☑	☑	☑
18	<新增>				☐	☐	☐

图 12-7　接口参数

（2）根据项目控制需求，编写 PLC 控制程序，如图 12-8 所示。

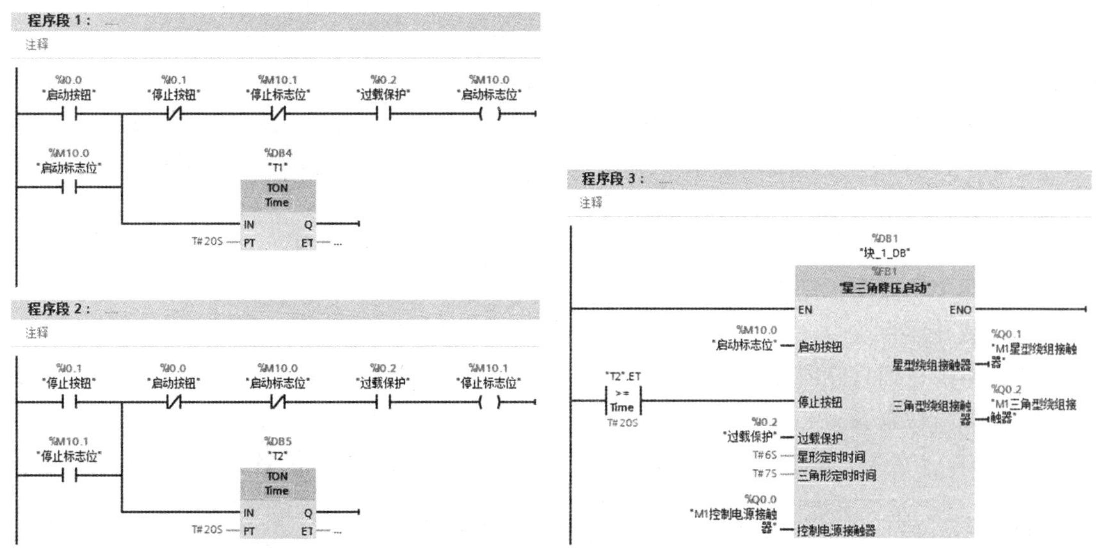

图 12-8　PLC 控制程序

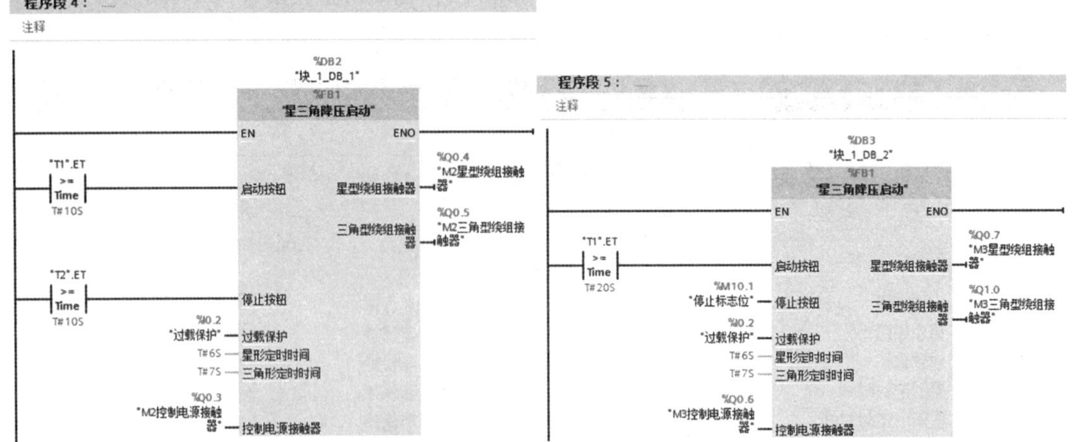

图 12-8　PLC 控制程序（续）

（五）程序仿真

将 PLC 站点下载到仿真器中，打开仿真器的项目视图，并在 SIM 表格_1 的“地址”栏中输入“IB0”及“Q0.0”～“Q1.0”绝对地址。

仿真程序执行过程如下。

先选择过载保护 I0.2，当按下启动按钮 I0.0 时，电动机组按 10 s 间隔顺序启动；当按下停止按钮 I0.1 时，电动机组按 10 s 间隔逆序停止；当电动机组运行，过载保护 I0.2 断开时，电动机组全部停止。

五、任务检查

为了保证项目能顺利可靠地开展下去，必须对项目的实施过程和结果进行检查。检查点的设置原则主要包括两点：对影响项目正常实施和完成质量的因素，要设置为检查点，包括安全、操作、结果（中间结果和最终结果）等；所设置的检查点应尽可能量化表达，以便于客观评价项目的实施。

本项目的主要任务是：确定 I/O 分配表；完成 PLC 控制电路图；完成 PLC 控制电路连接；绘制顺序功能图；完成 PLC 控制程序编写；完成 PLC 控制程序仿真运行；完成 PLC 控制程序下载并运行。

根据本项目的具体内容，设置检查表（表 12-5），在项目实施过程中和终结时进行必要的检查并填写检查表。

表 12-5　应用功能块实现电动机组启动控制项目检查表

评价项目	评价内容	分值	得分
职业素养（30 分）	分工合理，制定计划能力强，严谨认真	5	
	爱岗敬业，具有安全意识、责任意识、服从意识	5	
	团队合作，具有交流沟通、互相协作、分享的能力	5	

续表

评价项目	评价内容	分值	得分
职业素养（30分）	遵守行业规范、现场6S标准	5	
	主动性强，保质保量完成工作页相关任务	5	
	能采取多样化手段收集信息、解决问题	5	
专业能力（60分）	编制I/O分配表： （1）所有输入地址编排合理，节约硬件资源，元件符号与元件作用说明完整； （2）所有输出地址编排合理，节约硬件资源，元件符号与元件作用说明完整	10	
	绘制PLC控制电路图： （1）电路图元件齐全，标注正确； （2）电路功能完整，布局合理	10	
	连接PLC控制电路 （1）安全不违章； （2）安装达标	10	
	编写PLC控制程序： （1）功能正确，程序段合理； （2）符号表正确完整； （3）绝对地址、符号地址显示正确，程序段注释合理	10	
	PLC控制程序仿真运行： （1）S7-PLCSIM打开正确，下载正常； （2）仿真操作正确，能正确仿真运行程序	10	
	下载PLC控制程序并运行： （1）程序下载正确，PLC指示灯正常； （2）程序运行操作正确，能实现预定功能	10	
创新意识（10分）	具有创新性思维并付诸行动	10	
合计		100	

六、任务评价

根据项目实施、检查情况，填写评价表。评价表可分为自评表（表12-6）和他评表（表12-7），主要内容应包括实施过程简要描述、检查情况描述、存在的主要问题、解决方案等。

表12-6　应用FB块实现电动机组启动控制项目自评表

签名： 日期：

表 12-7　应用 FB 块实现电动机组启动控制项目他评表

签名： 日期：

实践练习（项目需求）

一、任务描述

有一组电动机需要按照不同的时序实现启动，控制要求具体如下。

（1）该电动机组共有 4 台电动机，每台电动机要求实现星—三角降压启动控制。

（2）在启动时，按下启动按钮，M1 启动，10 s 后 M2 启动，10 s 后 M3 启动，再过 10 s 后 M4 启动。

（3）在停止时，按下停止按钮，逆序停止，即 M4 先停止，10 s 后 M3 停止，10 s 后 M2 停止，再过 10 s 后 M1 停止。

（4）任何一台电动机，控制电源的接触器和采用星形接法的接触器接通电源 6 s 后，采用星形接法的接触器断电，1 s 后采用三角形接法的接触器接通。

请根据控制要求完成以下任务。

（1）确定 I/O 分配表；

（2）完成 PLC 控制电路图；

（3）完成 PLC 控制电路连接；

（4）完成 PLC 控制程序编写；

（5）完成 PLC 控制程序仿真运行；

（6）完成 PLC 控制程序下载并运行。

二、任务计划

应用功能块实现电动机组启动控制项目工作计划见表 12-8。

表 12-8　应用功能块实现电动机组启动控制项目工作计划

序号	项目	内容	时间/min	人员
1				
2				
3				

续表

序号	项目	内容	时间/min	人员
4				
5				
6				

三、 任务决策

根据任务要求和资源、人员的实际配置情况，按照工作计划，采取项目小组的方式开展工作，小组内实行分工合作，每位成员都要完成全部任务并提交任务评价表。应用功能块实现电动机组启动控制项目决策表见表 12-9。

表 12-9　应用功能块实现电动机组启动控制项目决策表

签名： 日期：

四、 任务实施

（一）I/O 分配表

I/O 分配表见表 12-10。

表 12-10　I/O 分配表

输入			输出		
地址	元件符号	元件名称	地址	元件符号	元件名称

（二）PLC 控制电路图

（三）PLC 控制程序

应用功能块实现电动机组启动控制项目实施记录表见表 12-11。

表 12-11　应用功能块实现电动机组启动控制项目实施记录表

签名： 日期：

五、 任务检查

应用功能块实现电动机组启动控制项目检查表见表 12-12。

表 12-12　应用功能块实现电动机组启动控制项目检查表

评价项目	评价内容	分值	得分
职业素养 （30 分）	分工合理，制定计划能力强，严谨认真	5	
	爱岗敬业，具有安全意识、责任意识、服从意识	5	
	团队合作，具有交流沟通、互相协作、分享的能力	5	
	遵守行业规范、现场 6S 标准	5	
	主动性强，保质保量完成工作页相关任务	5	
	能采取多样化手段收集信息、解决问题	5	

续表

评价项目	评价内容	分值	得分
专业能力（60分）	编制I/O分配表： （1）所有输入地址编排合理，节约硬件资源，元件符号与元件作用说明完整； （2）所有输出地址编排合理，节约硬件资源，元件符号与元件作用说明完整	10	
	绘制PLC控制电路图： （1）电路图元件齐全，标注正确； （2）电路功能完整，布局合理	10	
	连接PLC控制电路 （1）安全不违章； （2）安装达标	10	
	编写PLC控制程序： （1）功能正确，程序段合理； （2）符号表正确完整； （3）绝对地址、符号地址显示正确，程序段注释合理	10	
	PLC控制程序仿真运行： （1）S7-PLCSIM打开正确，下载正常； （2）仿真操作正确，能正确仿真运行程序	10	
	下载PLC控制程序并运行： （1）程序下载正确，PLC指示灯正常； （2）程序运行操作正确，能实现预定功能	10	
创新意识（10分）	具有创新性思维并付诸行动	10	
合计		100	

六、 任务评价

应用功能块实现电动机组启动控制项目自评表、他评表见表12-13、表12-14。

表12-13　应用功能块实现电动机组启动控制项目自评表

签名： 日期：

表12-14　应用功能块实现电动机组启动控制项目他评表

签名： 日期：

扩展提升

某发动机组由一台汽油发动机和一台柴油发动机组成，现要求用 PLC 控制发动机组，并控制散热风扇的启动和延时关闭。当汽油发动机或柴油发动机启动时，风扇打开；当汽油发动机或柴油发动机停止时，风扇延时 10 s 停止。每台发动机均设置一个启动按钮和一个停止按钮。根据控制要求完成以下任务。

（1）完成 PLC 控制程序编写；

（2）完成 PLC 控制程序仿真运行。

项目 13　应用转换操作指令实现 G120 变频器控制

转换操作指令主要用于基本数据类型的显式转换，根据转换源和目的变量来确定转换双方的数据类型。

本项目应用 SCALE_X、NORM_X 指令实现西门子 G120 变频器控制。

通过抗击新冠疫情行动的中国表现，加强学生增加“四个意识”、坚定“四个自信”和做到“两个维护”认识。

【知识拓展】

归一化指令（NORM_X）把数据变换为 0.0~1.0 之间的实数，可方便数据处理，使不同类型的物理量具有可比性。通过学习归一化指令，可以得到启迪：2020 年的抗击新冠疫情行动，从中央、省市到县乡村镇，全国人民一盘棋，政令统一，思想统一，行动统一，很快就控制住疫情，相比其他西方国家的糟糕表现，体现出中国社会主义制度的优越性，向全世界展示了中国速度、中国效率、中国模式。

任务描述

有一台 JW-6314 三相异步电动机，要求运行频率在 0~50 Hz 之间连续可调，通过 G120 变频器（控制单元类型为 CU250S-2 PN Vector，订货号为 6SL3246-0BA22-1FA0；功率模块为 PM240 IP20，订货号为 6SL3224-0B122-2UA0）控制。G120 变频器频率通过 S7-1200 PLC 模拟量扩展模块 SM1234 的电位器调节控制，同时 PLC 读取电动机实际转速。设备设有启动按钮、复位按钮以及停止按钮。请根据控制要求完成以下任务。

（1）确定 I/O 分配表；

（2）完成 PLC-变频器控制电路图；

（3）完成 PLC-变频器控制电路连接；

（4）完成 PLC 控制程序编写；

（5）完成 PLC 控制程序下载并控制电动机变频运行。

一、知识储备

（一）转换操作指令

转换操作指令汇总见表 13-1。

表 13-1　转换操作指令汇总

名称	指令	说明
转换	CONV ??? to ??? EN ENO IN OUT	用于基本类型的显式转换
取整	ROUND Real to ??? EN ENO IN OUT	将浮点型变量或常数根据四舍六入的规则转换为整数或浮点数
向上取整	CEIL Real to ??? EN ENO IN OUT	将浮点型变量或常数根据向上取整的规则转换为整数或浮点数
向下取整	FLOOR Real to ??? EN ENO IN OUT	将浮点型变量或常数根据向下取整的规则转换为整数或浮点数
截尾取整	TRUNC Real to ??? EN ENO IN OUT	将浮点型变量或常数根据截去小数的规则转换为整数或浮点数
缩放	SCALE_X ??? to ??? EN ENO MIN OUT VALUE MAX	将浮点数映射到指定的取值范围
归一化	NORM_X ??? to ??? EN ENO MIN OUT VALUE MAX	将输入变量的值归一化

1. 转换指令（CONV）

转换指令将数据从一种数据类型转换为另一种数据类型。使用时单击指令框中的“???”位置，可以从下拉列表中选择输入数据类型和输出数据类型。转换指令支持的数据类型包括整型、双整型、实型、无符号短整型、无符号整型、无符号双整型、短整型、长实型、字、双字、字节、Bcd16 及 Bcd32 等。

2. 取整指令（ROUND）和截尾取整指令（TRUNC）

取整指令用于将实数转换为整数。实数的小数部分舍大为最接近的整数值。如果实数刚好是两个连续整数的一半，则实数舍入为偶数。如 ROUND（10.5）= 10。截尾取整指令用于将实数转换为整数，实数的小数部分被截成零。

3. 向上取整指令（CEIL）和向下取整指令（FLOOR）

向上取整指令用于将实数转换为大于或等于该实数的最小整数。

向下取整指令用于将实数转换为小于或等于该实数的最大整数。

4. 缩放指令（SCALE_X）、和归一化指令（NORM_X）

缩放指令用于按参数 MIN 和 MAX 所指定的数据类型和取值范围对标准化的实参数 VALUE 进行标定，OUT=VALUE *（MAX-MIN）+MIN，其中，0.0≤VALUE≤1.0。对于缩放指令，参数 MIN、MAX 和 OUT 的数据类型必须相同。归一化指令用于标准化通过参数 MIN 和 MAX 指定的取值范围内的参数 VALUE，OUT=(VALUE-MIN)/(MAX-MIN)，其中，0.0≤OUT≤1.0。对于归一化指令，参数 MIN、VALUE 和 MAX 的数据类型必须相同。

将缩放指令和归一化指令联合使用，可以将模拟量输入转换为工程量（如图 13-1 所示），以及将工程量转换为模拟量输出（如图 13-2 所示）。

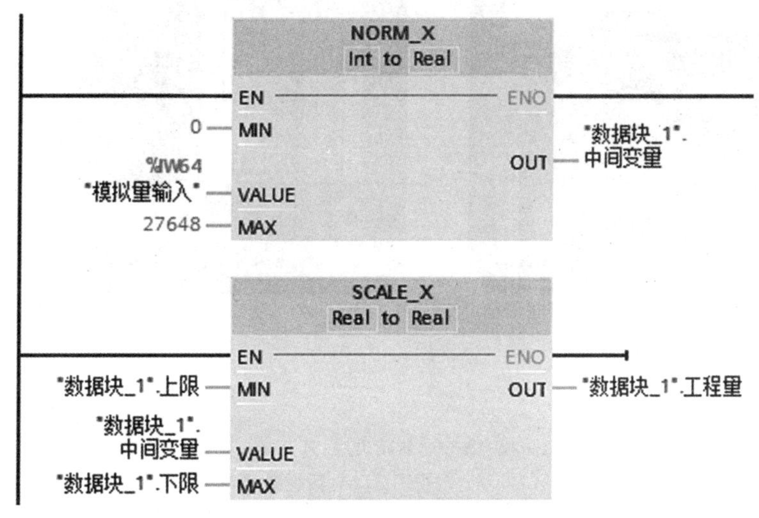

图 13-1　将模拟量输入转换为工程量程序示例

（二）西门子 G120 变频器

1. IOP 简介

为了增强 G120 变频器的通信能力，将 IOP（智能型操作面板）通过一个 RS-232 接口连接到 G120 变频器的控制单元，IOP 的实体布局如图 13-3 所示。

IOP 的操作使用 1 个推轮和 5 个按钮实现，推轮和按钮的具体功能见表 13-2。

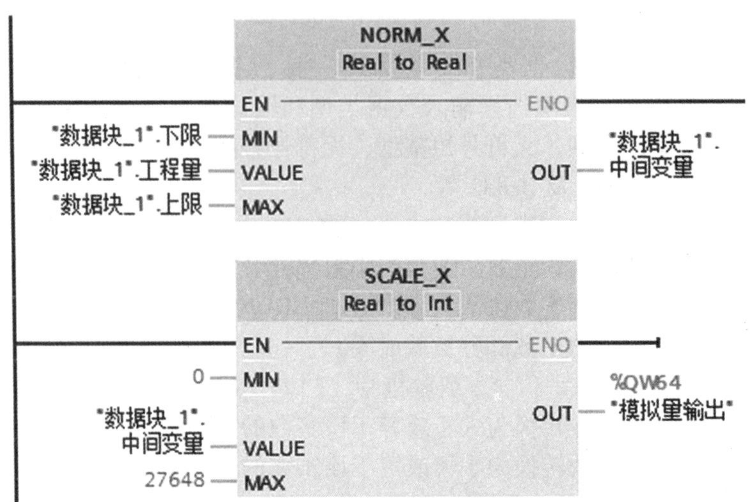

图 13-2　将工程量转换为模拟量输出程序示例

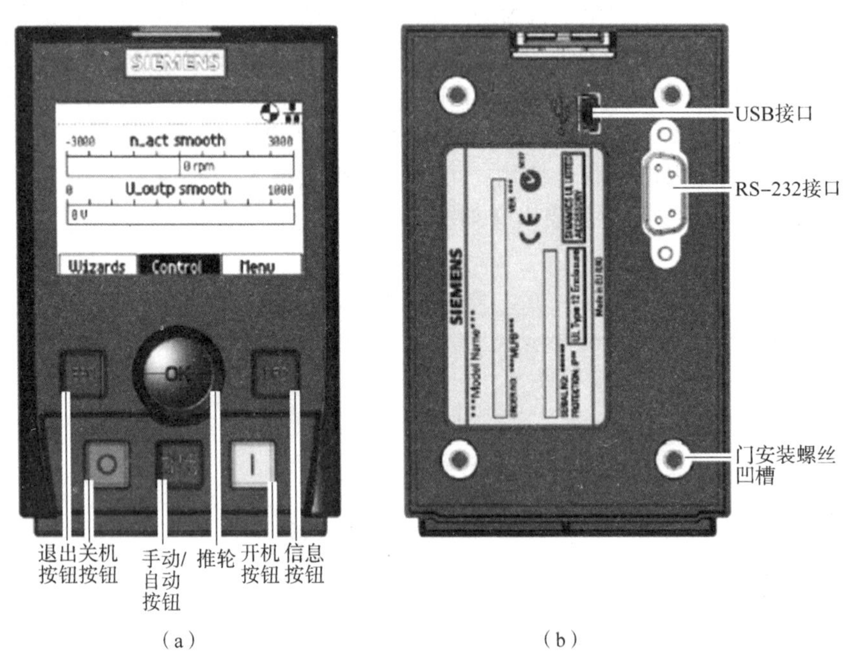

图 13-3　IOP 的实体布局

(a) 前视图；(b) 后视图

表 13-2　推轮和按钮的具体功能

推轮和按钮	功能
OK	推轮具有以下功能。 在菜单中通过旋转推轮改变选择。 当选择突出显示时，按压推轮以确认选择。 当编组一个参数时，旋转推轮以改变显示值，顺时针旋转增加显示值，逆时针旋转减小显示值。 当编辑参数或搜索值时，可以选择编辑单个数字或整个值，长按（>3 s）推轮，可在两个不同值的编辑模式之间切换

续表

推轮和按钮	功能
I	开机按钮具有以下功能。 在自动模式下，屏幕为信息显示屏幕，说明该命令源为自动，可通过按手动/自动按钮切换手动/自动模式。 在手动模式下启动变频器，变频器状态图标开始转动
O	关机按钮具有以下功能。 如果按下时间超过 3 s，则变频器执行 OFF2 命令，电动机停机
ESC	退出按钮具有以下功能。 如果按下时间不超过 3 s，则 IOP 返回上一页，如果正在编辑数值，则新数值不会被保存。 如果按下时间超过 3 s，则 IOP 返回状态屏幕。 在参数编辑模式下使用退出按钮时，除非先按确认按钮，否则数据不能被保存
INFO	信息按钮具有以下功能。 显示当前选定项的额外信息。再次按下信息按钮会显示上一页
HAND AUTO	手动/自动按钮用于切换手动/自动模式之间的命令源。 手动设置到 IOP 的命令源。 自动设置到外部数据源的命令源，如现场总线

2. G120 变频器常用参数

G120 变频器的参数很多，下面列出常用参数及其作用。

（1）参数的访问级别。P03-3，访问级别为专家级，这些参数可以供专家使用（如通过 BICO 设置）：P0003=4，访问级别为维修级，这些参数必须由专业维修人员输入相应口令（如 P3950）才能访问，默认设置为 3。

（2）调试参数筛选。P0010 参数可以筛选出在不同调试阶段可写入的参数，其中 0 表示就绪；1 表示快速调试；2 表示功率单元调试；3 表示电动机调试；5 表示工艺应用/单元；15 表示数据组；29 表示仅西门子内部；30 表示参数复位；39 表示仅西门子内部；49 表示仅西门子内部：95 表示 Safety Integrated 调试。

（3）读取电动机的实际参数。r0021/r0022 表示滤波后的电动机转速实际值；r0025 表示滤波后的变频器功率单元输出电压；r0027 表示滤波后的电流实际值；r0032 表示滤波后的有功功率实际值；r0035 表示电动机的当前温度；r0038 表示已滤波的功率因数实际值。

（4）状态字。r0052［0…15］反映当前 G120 变频器的运行状态，一共有 15 位，每一位的名称及参数设置见表 13-3。

表 13-3 状态字名称及参数设置

位	名称	值 1	值 0	参数设置
0	接通就绪	是	否	P2080［0］=1899.0
1	运行就绪	是	否	P2080［1］=T899.1
2	运行使能	是	否	P2080［2］=1899.2
3	故障有效	是	否	P2080［3］=1899.3
4	缓慢停止当前有效（OFF2）	否	是	P2080［4］=T899.4
5	快速停止当前有效（OFF3）	否	是	P2080［5］=1899.5
6	接通禁止当前有效	是	否	P2080［6］=1899.6
7	警告有效	是	否	P2080［7］=12139.7
8	设定/实际转速偏差	否	是	P2080［8］=12197.7
9	控制请求	是	否	P2080［9］=1899.7
10	达到最大转速	是	否	P2080［10］=12197.6
11	达到 I、M、P 极限	否	是	P2080［11］=T0056.13（取反）
12	电动机抱闸打开	是	否	P2080［12］=1899.12
13	电动机超温警告	否	是	P2080［13］=T2135.14（取反）
14	电动机正向旋转	是	否	P2080［14］=T2197.3
15	显示 CDS 位 0 状态变频器/过载警告	否	是	P2080［15］=r2135.15（取反）

（5）控制字。r2090［0…15］为二进制互连输出，用于以位方式连接 PROFIdrive 控制器接收到的 PZD1，其每一位的名称及参数设置见表 13-4。根据各位的含义，常用控制字有：OFF1 停车的控制字（047E，十六进制）；正转启动的控制字（047F，十六进制）；反转启动的控制字（0C7F，十六进制）；故障复位的控制字（04FE，十六进制）。

表 13-4 控制字名称及参数设置

位	名称	值 1	值 0	参数设置
0	ON/OFF1 命令	是	否	P840=r2090.0
1	OFF2 按惯性自由停车命令	是	否	P844=r2090.1
2	OFF3 快速停车	是	否	P848=r2090.2
3	脉冲使能	是	否	P852=r2090.3
4	谐波函数发生器使能	是	否	P1140=r2090.4
5	RFG 开始	是	否	P1141=r2090.5
6	设定值使能	是	否	P1142=r2090.6

续表

位	名称	值1	值0	参数设置
7	故障确认	是	否	P2103=r2090.7
8	未用	—	—	—
9	未用	—	—	—
10	由 PLC 进行控制	是	否	P854=r2090.10
11	反向运行（设定值反向）	是	是	P1113=r2090.11
12	未用	—	—	—
13	用电动电位计（MOP）升速	是	否	P1035=r2090.13
14	用 MOP 降速	是	否	P1036=r2090.14
15	CDSO 位本机/远程	是	否	P810=r2090.15

（6）电动机命令源。P0700 用于设置电动机的命令源，其取值含义见表 13-5。

表 13-5　命令源参数 P0700 的取值含义

P0700 的值	取值含义
0	没有宏
2	端子
6	现场总线
100	EAQ1
101	EAQ2
110	设置使能
120	FBM
130	安全 0
140	CDS
150	MOP1
152	MOP3
160	固定设定点 0
162	固定设定点 2
181	2 线类型 2
182	2 线类型 3
183	3 线类型 1
184	3 线类型 2

（7）参考参数。参考参数（如电动机的额定参数）是百分数值，参考值相当于 100%或 4000HEX（十六进制）的参数值。P2000 存放电动机的额定频率；P2001 存放电动机的额定电压；P2002 存放电动机的额定电流；P2004 存放电动机的额定功率。

二、 任务计划

根据项目需求，编制I/O分配表，绘制PLC-变频器控制电路图并完成电路连接，设置变频器参数，编写无级调速变频的PLC控制程序，下载程序到PLC并运行，实现电动机的无级调速变频运行。

按照项目工作流程，制定工作计划，见表13-6。

表13-6 应用转换操作指令实现G120变频器控制项目工作计划

序号	项目	内容	时间/min	人员
1	编制I/O分配表	确定所需要的I/O点数并分配具体用途，编制I/O分配表（需提交）	5	全体人员
2	绘制PLC-变频器控制电路图	根据I/O分配表绘制PLC-变频器控制电路图	15	全体人员
3	连接PLC-变频器控制电路	根据PLC-变频器控制电路图完成电路连接	20	全体人员
4	设置变频器参数	根据控制要求设置变频器参数	10	全体人员
5	编写无级调速变频的PLC控制程序	根据控制要求编写无级调速变频的PLC控制程序	20	全体人员
6	下载PLC控制程序并运行	把PLC控制程序下载到PLC，控制变频器实现电动机的无级调速变频运行	10	全体人员

三、 任务决策

按照工作计划，项目小组全体成员共同确定I/O分配表，然后分两个小组分别实施系统程序编写及硬件装调全部工作，合作完成任务并提交任务评价表。

四、 任务实施

项目的实施必须在保证安全的前提下进行，应提前建立并熟悉项目检查事项及评价要素，在实施过程中予以充分重视，才能确保项目的顺利进行。

（一）编制I/O分配表

根据控制要求，各元件的I/O分配见表13-7。

表13-7 I/O分配表

输入			输出		
地址	元件符号	元件名称	地址	元件符号	元件名称
I0.0	SB1	启动按钮	—	—	—
I0.1	SB2	停止按钮	—	—	—
I0.2	SB2	复位按钮	—	—	—

（二）绘制 PLC 控制电路图

根据系统控制要求，绘制 PLC 控制电路图，如图 13-4 所示。

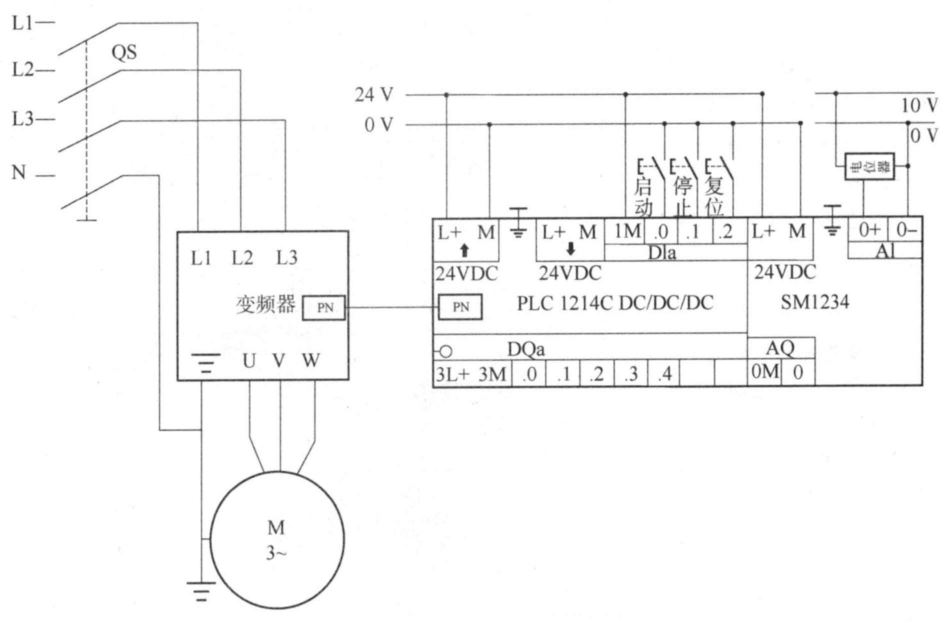

图 13-4　PLC 控制电路图

（三）连接 PLC 控制电路

按工艺规范完成 PLC 控制电路的连接。PLC 控制电路的连接主要需要考虑元器件的布置安装、导线线径与颜色的选择、接线端子的选择与制作、线号标识的制作与排列，最终实现元器件布局间距合理、安装稳固可靠，布线整齐有序、松紧适宜，接线规范牢固、标识清晰明确。

（四）编写 PLC 控制程序

1. 在线设置变频器参数及编程

应用 NORM_X、SCALE_X 指令实现 G120 变频器控制，操作步骤见表 13-8。

表 13-8　应用 NORM_X、SCALE_X 指令实现 G120 变频器控制的操作步骤

步骤	说明	示意图
1	新建项目，添加 PLC，勾选“启用系统存储器字节”复选框	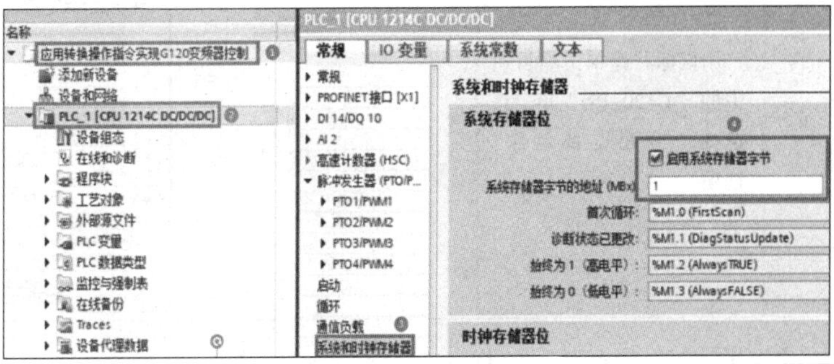

续表

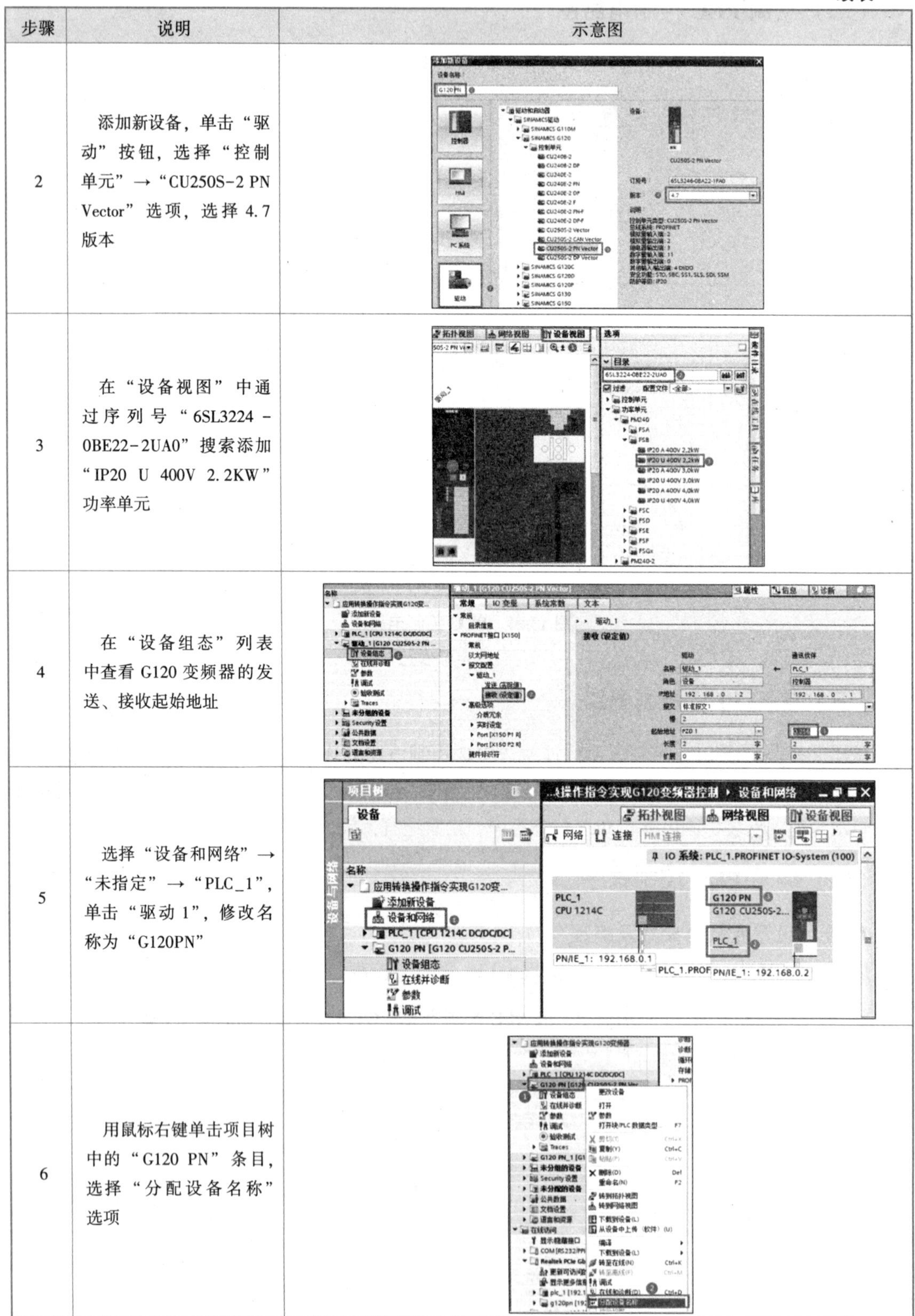

步骤	说明	示意图
2	添加新设备，单击“驱动”按钮，选择“控制单元”→“CU250S-2 PN Vector”选项，选择 4.7 版本	
3	在“设备视图”中通过序列号“6SL3224-0BE22-2UA0”搜索添加“IP20 U 400V 2.2KW”功率单元	
4	在“设备组态”列表中查看 G120 变频器的发送、接收起始地址	
5	选择“设备和网络”→“未指定”→“PLC_1”，单击“驱动 1”，修改名称为“G120PN”	
6	用鼠标右键单击项目树中的“G120 PN”条目，选择“分配设备名称”选项	

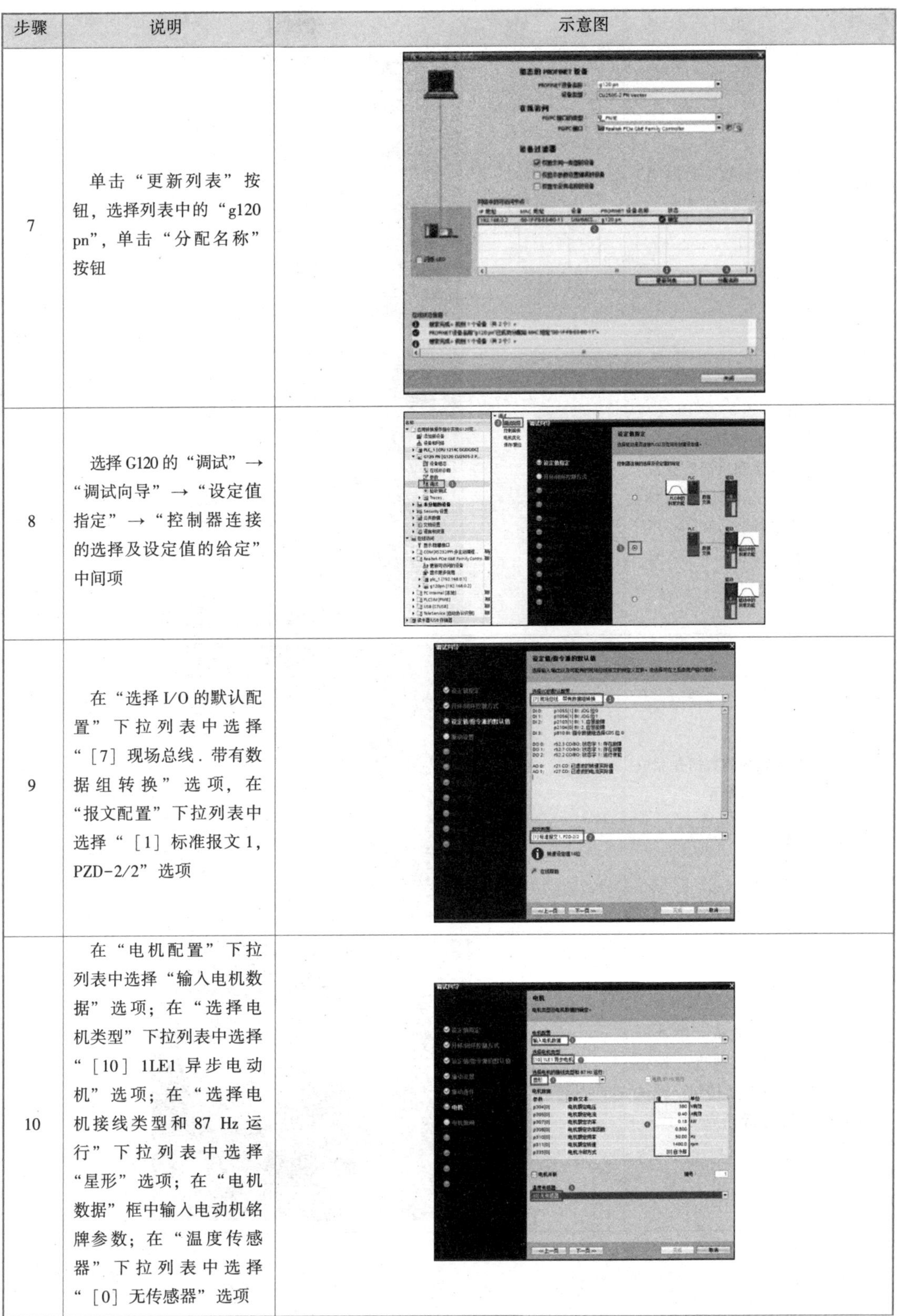

步骤	说明	示意图
7	单击“更新列表”按钮，选择列表中的“g120 pn”，单击“分配名称”按钮	
8	选择G120的“调试”→“调试向导”→“设定值指定”→“控制器连接的选择及设定值的给定”中间项	
9	在“选择I/O的默认配置”下拉列表中选择“[7] 现场总线．带有数据组转换”选项，在“报文配置”下拉列表中选择“[1] 标准报文1，PZD-2/2”选项	
10	在“电机配置”下拉列表中选择“输入电机数据”选项；在“选择电机类型”下拉列表中选择“[10] 1LE1 异步电动机”选项；在“选择电机接线类型和87 Hz运行”下拉列表中选择“星形”选项；在“电机数据”框中输入电动机铭牌参数；在“温度传感器”下拉列表中选择“[0] 无传感器”选项	

续表

步骤	说明	示意图
11	配置“斜坡上升时间”和“斜坡下降时间”	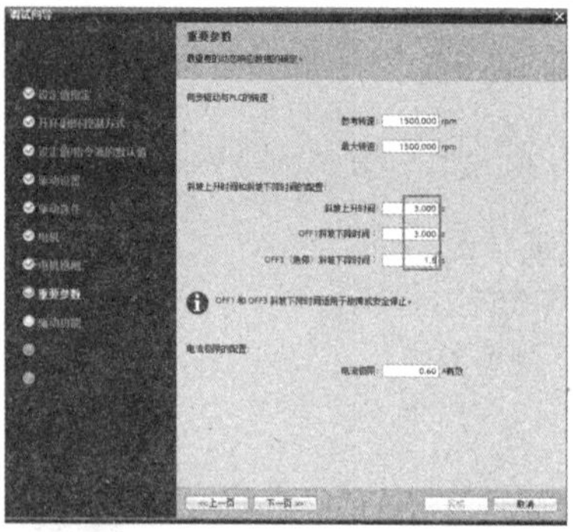
12	在“工艺应用（应用）”下拉列表中选择“［1］泵和风扇”选项；在“电机识别”下拉列表中选择“［0］禁用”选项	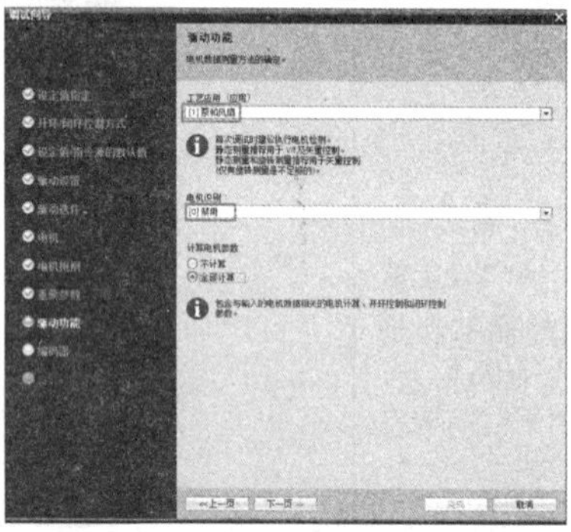
13	检查输入的数据并完成配置，下载配置	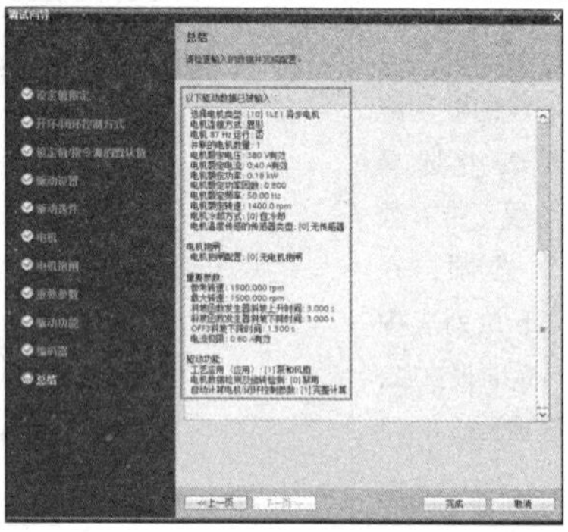
14	在IOP面板“手动模式”下输入速度“设定值”，按启动按钮，调试验证配置是否成功	

续表

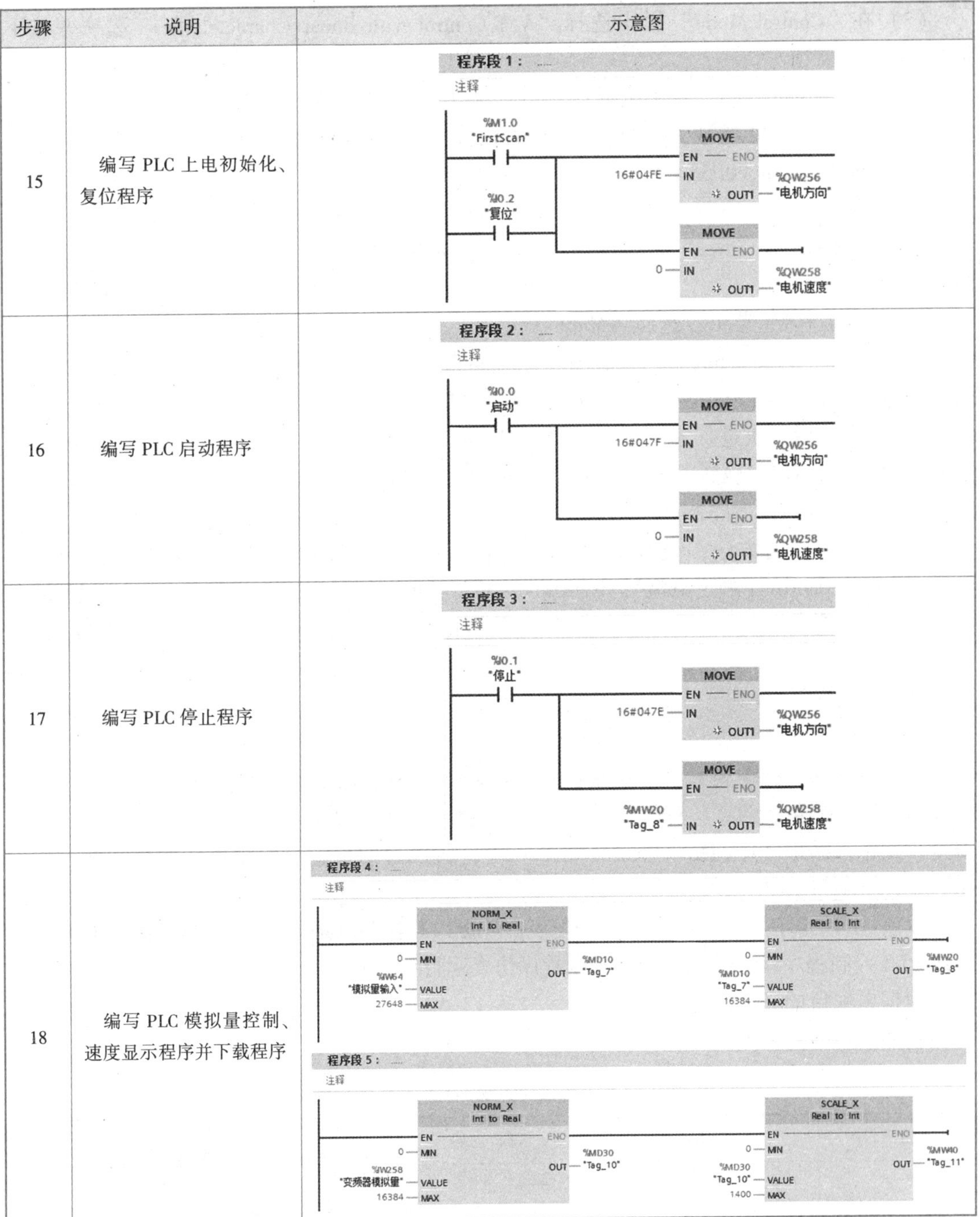

步骤	说明	示意图
15	编写 PLC 上电初始化、复位程序	程序段 1： …… 注释 %M1.0 "FirstScan" %I0.2 "复位" MOVE：EN — ENO；16#04FE — IN；OUT1 — %QW256 "电机方向" MOVE：EN — ENO；0 — IN；OUT1 — %QW258 "电机速度"
16	编写 PLC 启动程序	程序段 2： …… 注释 %I0.0 "启动" MOVE：EN — ENO；16#047F — IN；OUT1 — %QW256 "电机方向" MOVE：EN — ENO；0 — IN；OUT1 — %QW258 "电机速度"
17	编写 PLC 停止程序	程序段 3： …… 注释 %I0.1 "停止" MOVE：EN — ENO；16#047E — IN；OUT1 — %QW256 "电机方向" MOVE：EN — ENO；%MW20 "Tag_8" — IN；OUT1 — %QW258 "电机速度"
18	编写 PLC 模拟量控制、速度显示程序并下载程序	程序段 4： …… 注释 NORM_X Int to Real：EN — ENO；0 — MIN；%IW64 "模拟量输入" — VALUE；27648 — MAX；OUT — %MD10 "Tag_7" SCALE_X Real to Int：EN — ENO；0 — MIN；%MD10 "Tag_7" — VALUE；16384 — MAX；OUT — %MW20 "Tag_8" 程序段 5： …… 注释 NORM_X Int to Real：EN — ENO；0 — MIN；%IW258 "变频器模拟量" — VALUE；16384 — MAX；OUT — %MD30 "Tag_10" SCALE_X Real to Int：EN — ENO；0 — MIN；%MD30 "Tag_10" — VALUE；1400 — MAX；OUT — %MW40 "Tag_11"

2. 变频器 IOP 面板参数设置

如果变频器未处于在线状态，可用 IOP 面板设置 G120 变频器的参数，具体步骤如下。

（1）变频器上电，待其上电完成后，通过旋转推轮在 IOP 的主菜单中选择“Wizards”选项，按下推轮，进入向导菜单。

（2）选择“Basic Commissioning”选项，弹出“Factory Reset”界面，选择“YES”选

项并按下推轮，在保存基本调试过程中所做的所有参数变更之前恢复出厂设置。

（3）在“Control Mode”栏中选择“V/f Control with linear Characteristic”选项并按下推轮。

（4）在“Motor Data”栏中选择“Europe 50 Hz，kW”选项并按下推轮。

（5）设置电动机参数，根据铭牌上的信息填写，本项目中分别为 50 Hz、380 V、1.40 A、1 425 r/min、0.55 kW。

（6）在“Motor Data Id”栏中选择“Disabled”选项并按下推轮。

（7）在“Macro Source”栏中选择“conveyor with fieldbus”选项并按下推轮，此后采用默认设置。

（8）重新进入主菜单，选择“Menu”选项。

（9）选择“Parameters”→“Search by number”选项，输入要查找的参数号“922”后，选择“999：Free config BICO”选项。

（10）完成后再次进入主菜单，选择“Menu”→“Parameters”→“Search by number”选项，输入“2051”，设置 P2051.1 为 21（转速），P2051.2 为 27（实际电流），P2051.3 为 25（电压），P2051.4 为 32（功率），P2051.5 为 35（电动机温度）。

（11）用同样的方法，设置 P2000 = 1400r/min（额定转速），P2001 = 380V（额定电压），P2002 = 0.40A（额定电流），P2003 = 3.69。至此完成了通过 IOP 设置项目中变频器参数的操作。

五、任务检查

为了保证项目能顺利可靠地开展下去，必须对项目的实施过程和结果进行检查。检查点的设置原则主要包括两点：对影响项目正常实施和完成质量的因素，要设置为检查点，包括安全、操作、结果（中间结果和最终结果）等；所设置的检查点应尽可能量化表达，以便于客观评价项目的实施。

本项目的主要任务是：确定 I/O 分配表；完成 PLC 控制电路图；完成 PLC 控制电路连接；完成 PLC 控制程序编写；完成 PLC 控制程序仿真运行；完成 PLC 控制程序下载并运行。

根据本项目的具体内容，设置检查表（表 13-9），在项目实施过程中和终结时进行必要的检查并填写检查表。

表 13-9　应用转换操作指令实现 G120 变频器控制项目检查表

评价项目	评价内容	分值	得分
职业素养 （30 分）	分工合理，制定计划能力强，严谨认真	5	
	爱岗敬业，具有安全意识、责任意识、服从意识	5	
	团队合作，具有交流沟通、互相协作、分享的能力	5	
	遵守行业规范、现场 6S 标准	5	
	主动性强，保质保量完成工作页相关任务	5	
	能采取多样化手段收集信息、解决问题	5	

续表

评价项目	评价内容	分值	得分
专业能力（60 分）	编制 I/O 分配表： （1）所有输入地址编排合理，节约硬件资源，元件符号与元件作用说明完整； （2）所有输出地址编排合理，节约硬件资源，元件符号与元件作用说明完整	10	
	绘制 PLC-变频器控制电路图： （1）电路图元件齐全，标注正确； （2）电路功能完整，布局合理	10	
	连接 PLC-变频器控制电路： （1）安全不违章； （2）安装达标	10	
	设置变频器参数：能根据需要正确修改参数设定值	10	
	编写无级调速变频的 PLC 控制程序： （1）功能正确，程序段合理； （2）符号表正确完整； （3）绝对地址、符号地址显示正确，程序段注释合理	10	
	下载 PLC 控制程序并运行： （1）程序下载正确，PLC 指示灯正常； （2）程序运行操作正确，能实现预定功能	10	
创新意识 10 分	具有创新性思维并付诸行动	10	
合计		100	

六、 任务评价

根据项目实施、检查情况，填写评价表。评价表可分为自评表（表 13-10）和他评表（表 13-11），主要内容应包括实施过程简要描述、检查情况描述、存在的主要问题、解决方案等。

表 13-10 应用转换操作指令实现 G120 变频器控制项目自评表

签名： 日期：

表 13-11 应用转换操作指令实现 G120 变频器控制项目他评表

签名： 日期：

实践练习（项目需求）

一、 任务描述

有一台 JW-6314 三相异步电动机，要求运行速度在 0~1 400 r/min 范围内连续可调，通过 G120 变频器（控制单元类型为 CU250S-2 PN Vector，订货号为 6SL3246-0BA22-1FA0；功率模块为 PM240 IP20，订货号为 6SL3224-OB122-2UA0）控制。G120 变频器频率通过 S7-1200 PLC 模拟量扩展模块 SM1234 的电位器调节控制，同时 PLC 读取电动机实际转速。设备设有启动按钮、复位按钮以及停止按钮。请根据控制要求完成以下任务。

（1）确定 I/O 分配表；

（2）完成 PLC-变频器控制电路图；

（3）完成 PLC-变频器控制电路连接；

（4）完成 PLC 控制程序编写；

（5）完成 PLC 控制程序下载并控制电动机变频运行。

二、 任务计划

应用转换操作指令实现 G120 变频器控制项目工作计划见表 13-12。

表 13-12 应用转换操作指令实现 G120 变频器控制项目工作计划

序号	项目	内容	时间/min	人员
1				
2				
3				
4				
5				
6				

三、 任务决策

根据任务要求和资源、人员的实际配置情况，按照工作计划，采取项目小组的方式开展工作，小组内实行分工合作，每位成员都要完成全部任务并提交任务评价表。应用转换操作指令实现 G120 变频器控制项目决策表见表 13-13。

表 13-13 应用转换操作指令实现 G120 变频器控制项目决策表

签名： 日期：

四、任务实施

（一）I/O 分配表

I/O 分配表见表 13-14。

表 13-14 I/O 分配表

输入			输出		
地址	元件符号	元件名称	地址	元件符号	元件名称

（二）PLC 控制电路图

（三）PLC 控制程序

应用转换操作指令实现 G120 变频器控制项目实施记录表见表 13-15。

表 13-15 应用转换操作指令实现 G120 变频器控制项目实施记录表

签名： 日期：

五、任务检查

应用转换操作指令实现 G120 变频器控制项目检查表见表 13-16。

表 13-16 应用转换操作指令实现 G120 变频器控制项目检查表

评价项目	评价内容	分值	得分
职业素养（30 分）	分工合理，制定计划能力强，严谨认真	5	
	爱岗敬业，具有安全意识、责任意识、服从意识	5	
	团队合作，具有交流沟通、互相协作、分享的能力	5	
	遵守行业规范、现场 6S 标准	5	
	主动性强，保质保量完成工作页相关任务	5	
	能采取多样化手段收集信息、解决问题	5	
专业能力（60 分）	编制 I/O 分配表： （1）所有输入地址编排合理，节约硬件资源，元件符号与元件作用说明完整； （2）所有输出地址编排合理，节约硬件资源，元件符号与元件作用说明完整	10	
	绘制 PLC-变频器控制电路图： （1）电路图元件齐全，标注正确； （2）电路功能完整，布局合理	10	
	连接 PLC-变频器控制电路： （1）安全不违章； （2）安装达标	10	
	设置变频器参数：能根据需要正确修改参数设定值	10	
	编写无级调速变频的 PLC 控制程序： （1）功能正确，程序段合理； （2）符号表正确完整； （3）绝对地址、符号地址显示正确，程序段注释合理	10	
	下载 PLC 控制程序并运行： （1）程序下载正确，PLC 指示灯正常； （2）程序运行操作正确，能实现预定功能	10	
创新意识（10 分）	具有创新性思维并付诸行动	10	
合计		100	

六、 任务评价

应用转换操作指令实现 G120 变频器控制项目自评表、他评表见表 13-17、表 13-18。

表 13-17　应用转换操作指令实现 G120 变频器控制项目自评表

签名： 日期：

表 13-18　应用转换操作指令实现 G120 变频器控制项目他评表

签名： 日期：

扩展提升

有一台 JW-6314 三相异步电动机，要求运行频率在 0~50 Hz 之间连续可调，通过 G120 变频器（控制单元类型为 CU250S-2 PN Vector，订货号为 6SL3246-0BA22-1FA0；功率模块为 PM240 IP20，订货号为 6SL3224-0B122-2UA0）控制。G120 变频器频率通过触摸屏控制，同时 PLC 读取电动机实际转速。设备设有启动按钮、复位按钮以及停止按钮。请根据控制要求完成以下任务。

（1）确定 I/O 分配表；

（2）完成 PLC-变频器控制电路图；

（3）完成 PLC-变频器控制电路连接；

（4）完成 PLC 控制程序编写；

（5）完成 PLC 控制程序下载并控制电动机变频运行。

项目 14　S7-1200 PLC 之间的 S7 通信

背景描述

西门子的工业自动化通信网络 SIMATIC NET 的顶层为工业以太网，它是基于国际标准 IEEC SO2.3 的开放式网络，可以方便地集成到互联网中。S7-1200 PLC 至少集成一个 PROFINE 接口，可以与计算机、HMI 和其他 S7-1200 PLC 通信，也可以通过交换机构建小型局域网。该以太网通信接口同时支持 10/100MB/s 的 RJ45 接口和电缆交叉自适应接口。

S7 协议是专门为西门子控制产品优化设计的通信协议，它是面向连接的协议，在进行数据交换之前，必须与通信伙伴建立连接。面向连接的协议具有较高的安全性。

本项目应用 GET、PUT 指令实现 S7-1200 PLC 之间的 S7 通信。

素养目标

激发学生的学习热情、创新热情、爱国情怀和民族自豪感。

【知识拓展】

我国工业网络建设起步较晚，技术发展相对滞后，但随着大批信息科技工作者的努力和国家的大力投入，一些企业巨头每年投入大量资金进行科研，在工业互联网等 IT 的发展中付出了极大努力，同时也获得了极大成功，我国在工业网络领域的贡献与发展迅速崛起，在科技创新等方面赶上甚至超越了发达国家。

任务描述

应用 S7 通信实现 2 个 S7-1200 PLC 的 CPU 之间的以太网通信。

（1）将 PLC-1 的 IB0 中的数据发送到 PLC-2 的 QB0 中；

（2）将 PLC-2 的 IB0 中的数据发送到 PLC-1 的 QB0 中。

请根据控制要求完成以下任务。

（1）确定 I/O 分配表；

（2）完成 PLC 控制电路图；

（3）完成 PLC 控制电路连接；

（4）完成 PLC 控制程序编写；

（5）完成 PLC 控制程序仿真运行；

（6）完成 PLC 控制程序下载并运行。

示范实例

一、知识储备

（一）工业以太网简介

所谓工业以太网，通俗地讲就是应用于工业的以太网，它在技术上与商用以太网（IEEE802.3 标准）兼容，但是实际产品和应用却又与之不同。对工业以太网进行产品设计时，材质的选用，产品的强度和适用性，以及实时性、互用性、可靠性、抗干扰性、本质安全性等方面应能满足工业现场的需要。因此，在工业现场控制应用的工业以太网与普通以太网不完全相同。

工业以太网技术具有价格低廉、稳定可靠、通信速率高、软/硬件产品丰富、应用广泛以及支持技术成熟等优点，已成为最受欢迎的通信网络之一。工业以太网的技术特点如下。

（1）工业以太网是全开放、全数字化的网络。遵照网络协议，不同厂商的设备可以很容易地实现互连。

（2）工业以太网能实现工业控制网络与企业信息网络的无缝连接，形成企业级管控一体化的全开放网络。

（3）软/硬件成本低廉。工业以太网技术已经非常成熟，支持工业以太网的软/硬件受到厂商的高度重视和广泛支持，有多种软件开发环境和硬件设备供用户选择。

（4）通信速率高。随着企业信息系统规模的扩大和复杂程度的提高，人们对信息量的需求也越来越大，有时甚至需要音频、视频数据的传输，当前通信速率为 100 Mbit/s 的快速以太网开始广泛应用，千兆以太网技术也逐渐成熟，10 G 以太网正在成形，这些工业以太网的传输速率比现场总线快很多。

（5）可持续发展潜力大。在信息时代，企业的生存与发展在很大程度上依赖于快速而有效的通信管理网络，信息技术与通信技术的发展将更加迅速，也将更加成熟，由此保证了工业以太网技术不断地持续向前发展。

（二）工业以太网相关协议

当以太网用于信息技术时，应用层包括 HTTP、FTP、SNMP 等常用协议，但当它用于工业控制时，体现在应用层的是实时通信、用于系统组态的对象以及工程模型的应用协议。目前，工业以太网还没有统一的应用层协议，工业以太网应用最广泛的有 4 种主要协议，分别是 Modbus TCP/IP、Profinet、HSE、Ethernet/IP。其中，Modbus TCP/IP 由施耐德公司推出，它以较为简单的方式将 Modbus 数据帧嵌入 TCP 数据帧，使 Modbus 得以与以太网和 TCP/IP 结合，成为 Modbus TCP/IP。

（三）西门子工业以太网的通信协议

西门子工业以太网的通信主要利用第二层（ISO）和第四层（TCP）的协议。西门子工业以太网的通信方式有 ISO 传输协议、ISO-on-TCP、UDP、TCP/IP、S7 通信、PG/OP

通信。

S7 通信集成在每一个 SIMATIC S7/M7 和 C7 的系统中，属于 OSI 参考模型第七层（应用层）的协议。它独立于各个网络，可以应用于多种网络（MPI、Profibus、工业以太网）。S7 通信通过不断地重复接收数据来保证网络报文的正确。在 SIMATICS7 中，通过组态建立 S7 连接来实现 S7 通信，在个人计算机上，S7 通信需要通过 SAPI-S7 接口函数或 OPC（过程控制用对象链接与嵌入）来实现。在 TIA Portal 软件中，S7 通信需要调用功能块 SFB，其最大的通信数据可达 64KB。

S7-1200 PLC CPU 与其他 S7-300/400/1200/1500 PLC CPU 通信可采用多种通信方式，但是最常用的、最简单的还是 S7 通信。S7-1200 PLC CPU 进行 S7 通信时，需要在客户端侧调用 PUT/GET 指令。PUT 指令用于将数据写入伙伴 CPU，GET 指令用于从伙伴 CPU 读取数据。

S7 连接可在单端组态或双端组态。

1. 单端组态

单端组态的 S7 连接，只需在通信的发起方（S7 通信客户端）组态一个连接到伙伴方的未指定的 S7 连接。伙伴方（S7 通信服务器）无须组态 S7 连接。

2. 双端组态

双端组态的 S7 连接，需要在通信双方都进行连接组态。

（四）S7-1200 PLC CPU 的 PROFIENT 接口网络连接方法

1. 直接连接

当一个 S7-1200 PLC CPU 与一个编程设备，或一个 HMI，或一个 PLC 通信时，也就是说，只有两个通信设备时，实现的是直接连接。直接连接不需要使用交换机，用网线直接连接两个设备即可，如图 14-1 所示。

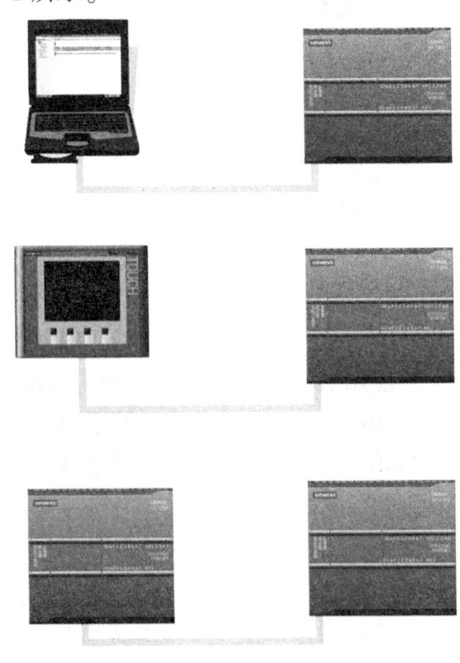

图 14-1　直接连接示意

2. 网络连接

当多个通信设备进行通信时，也就是说，通信设备数量为两个以上时，实现的是网络连接，如图 14-2 所示。多个通信设备的网络连接需要使用以太网交换机来实现。可以使用导轨安装的西门子 CSM1277 的 4 口交换机连接其他 CPU 及 HMI 设备。CSM1277 交换机是即插即用的，使用前不用进行任何设置。

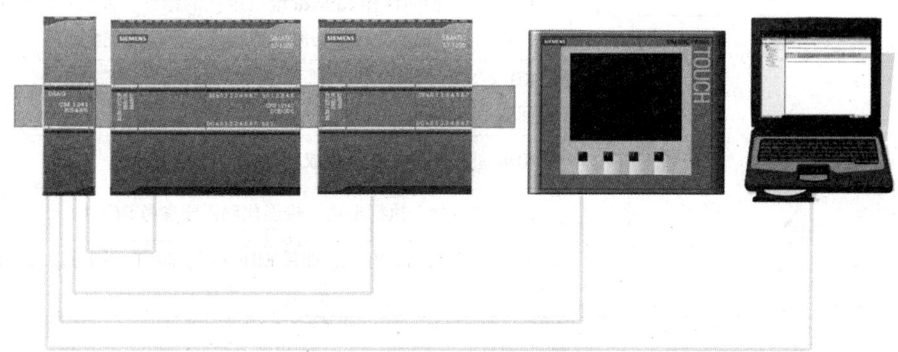

图 14-2　网络连接示意

3. 仿真试验

TIA Portal V16 PLCSIM 支持 S7-1200 PLC 对通信指令 PUT/GET、TSEND/TRCV 和 TSEND_C/TRCV_C 的仿真。

（五）PUT/GET 指令

PUT/GET 指令说明见表 14-1。

表 14-1　PUT/GET 指令说明

指令	说明
%DB2 "PUT_DB" PUT Remote - Variant EN　ENO REQ　DONE ID　ERROR ADDR_1　STATUS SD_1	REQ：用于触发 PUT 指令的执行，每个上升沿触发一次
	ID：S7 通信连接 ID，该连接 ID 在组态 S7 连接时生成
	ADDR_x：指向伙伴 CPU 写入区域的指针。如果写入区域为数据块，则该数据块须为标准访问的数据块，不支持优化访问。示例：P# DB10. DBX0. 0BYTE100，表示伙伴方被写入数据的区域为从 DB10. DBBO 开始的连续 100 个字节区域
	SD-x：指向本地 CPU 发送区域的指针。本地数据区域可支持优化访问或标准访问
	DONE：数据被成功写入伙伴 CPU
	ERROR：指令执行出错，错误代码需要参考 STATUS
	STATUS：通信状态字，如果 ERROR 为 TRUE，则可以通过其查看通信错误原因

续表

指令	说明
%DB3 "GET_DB" GET Remote - Variant EN ENO REQ NDR ID ERROR ADDR_1 STATUS RD_1	REQ：用于触发 GET 指令的执行，每个上升沿触发一次
	ID：S7 通信连接 ID，该连接 ID 在组态 S7 连接时生成
	ADDR_x：指向伙伴 CPU 待读取区域的指针。如果读取区域为数据块，则该数据块须为标准访问的数据块，不能为优化访问
	RD_x：指向本地 CPU 要写入区域的指针。本地数据区域可支持优化访问或标准访问
	NDR：伙伴 CPU 数据被成功读取
	ERROR：指令执行出错，错误代码需要参考 STATUS
	STATUS：通信状态字，如果 ERROR 为 TRUE，则可以通过其查看通信错误原因

二、 任务计划

根据项目需求，编制 I/O 分配表，绘制、连接 PLC 控制电路，编写 PLC 控制程序并进行仿真调试，完成 PLC 控制电路的连接，下载 PLC 控制程序到 PLC 并运行，实现所要求的控制功能。

按照通常的 PLC 控制程序编写及硬件装调工作流程，制定工作计划，见表 14-2。

表 14-2　S7-1200 PLC 之间的 S7 通信项目工作计划

序号	项目	内容	时间/min	人员
1	编制 I/O 分配表	确定所需要的 I/O 点数并分配具体用途，编制 I/O 分配表（需提交）	5	全体人员
2	绘制 PLC 控制电路图	根据 I/O 分配表绘制 PLC 控制电路图	15	全体人员
3	连接 PLC 控制电路	根据电路图完成电路连接	20	全体人员
4	编写 PLC 控制程序	根据控制要求编写 PLC 控制程序	25	全体人员
5	PLC 控制程序仿真运行	使用 S7-PLCSIM 仿真运行 PLC 控制程序	10	全体人员
6	下载 PLC 控制程序并运行	把 PLC 控制程序下载到 PLC，实现所要求的控制功能	5	全体人员

三、 任务决策

按照工作计划，项目小组全体成员共同确定 I/O 分配表，然后分两个小组分别实施系统程序编写及硬件装调全部工作，合作完成任务并提交任务评价表。

四、 任务实施

项目的实施必须在保证安全的前提下进行，应提前建立并熟悉项目检查事项及评价要素，在实施过程中予以充分重视，才能确保项目的顺利进行。

（一）编制 I/O 分配表

根据控制要求，PLC-1、PLC-2 各元件的 I/O 分配相同，见表 14-3。

表 14-3　I/O 分配表

输入			输出		
地址	元件符号	元件名称	地址	元件符号	元件名称
I0.0	SB1	按钮 1	Q0.0	HL1	指示灯 1
I0.1	SB2	按钮 2	Q0.1	HL2	指示灯 2
I0.2	SB3	按钮 3	Q0.2	HL3	指示灯 3
I0.3	SB4	按钮 4	Q0.3	HL4	指示灯 4
I0.4	SB5	按钮 5	Q0.4	HL5	指示灯 5
I0.5	SB6	按钮 6	Q0.5	HL6	指示灯 6
I0.6	SB7	按钮 7	Q0.6	HL7	指示灯 7
I0.7	SB8	按钮 8	Q0.7	HL8	指示灯 8

（二）绘制 PLC 控制电路图

根据系统控制要求，绘制 S7-1200 PLC 之间 S7 通信的 PLC 控制电路图，如图 14-3 所示。其中 1M 为 PLC 输入信号的公共端，3M 为 PLC 输出信号的公共端。

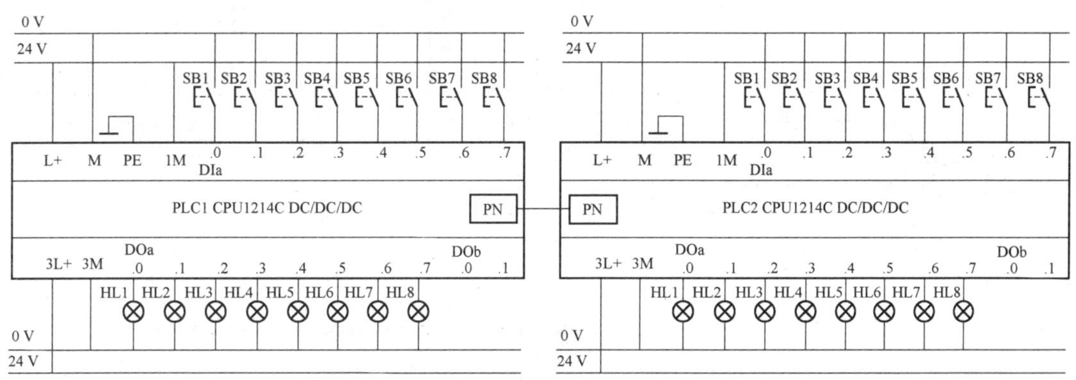

图 14-3　S7-1200 PLC 之间 S7 通信的 PLC 控制电路图

（三）连接 PLC 控制电路

按工艺规范完成 PLC 控制电路的连接。PLC 控制电路的连接主要需要考虑元器件的布置安装、导线线径与颜色的选择、接线端子的选择与制作、线号标识的制作与排列，最终实现元器件布局间距合理、安装稳固可靠，布线整齐有序、松紧适宜，接线规范牢固、标识清晰明确。

（四）编写 PLC 控制程序

1. 同一项目中的 ST 通信操作

根据项目控制要求，在同一项目中进行 S7 通信的组态、编程和仿真的操作步骤见表 14-4。

表 14-4　同一项目中的 S7 通信操作步骤

步骤	操作说明	示意图
1	创建一个新项目，并通过“添加新设备”选项组态 S7-1200 站 PLC_1、PLC_2，选择 CPU1214C DC/DC/DC	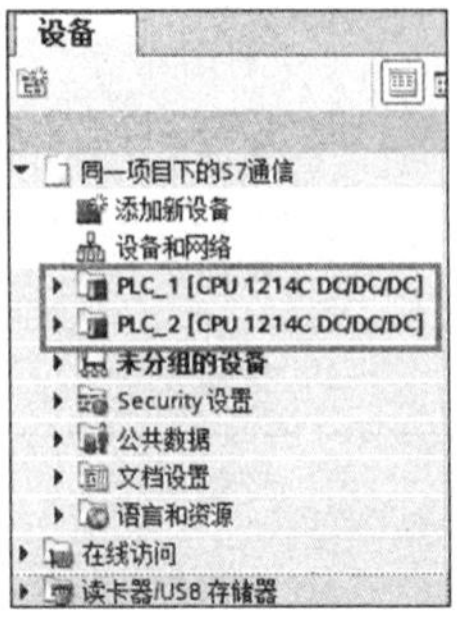
2	设置 PLC_1 以太网地址：192.168.0.1，添加新子网“PN/IE_1”；设置 PLC_2 以太网地址：192.168.0.2，在“子网”下拉列表中选择“PN/IE_1”	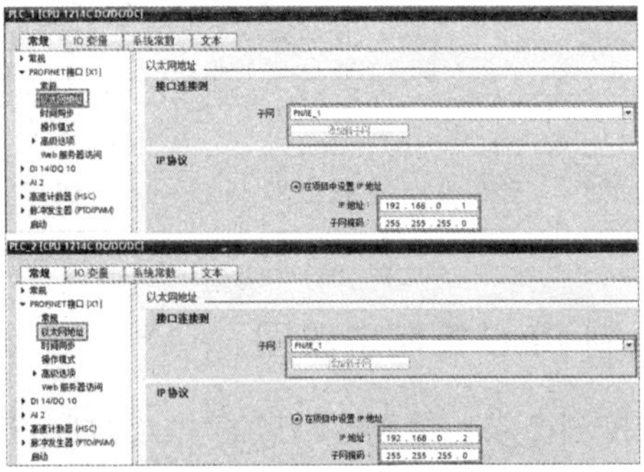
3	通过“设备和网络”选项配置网络，单击左上角的“连接”图标，在“连接”下拉列表中选择“S7 连接”选项，然后选中 PLC_1，单击鼠标右键选择“添加新的连接”选项	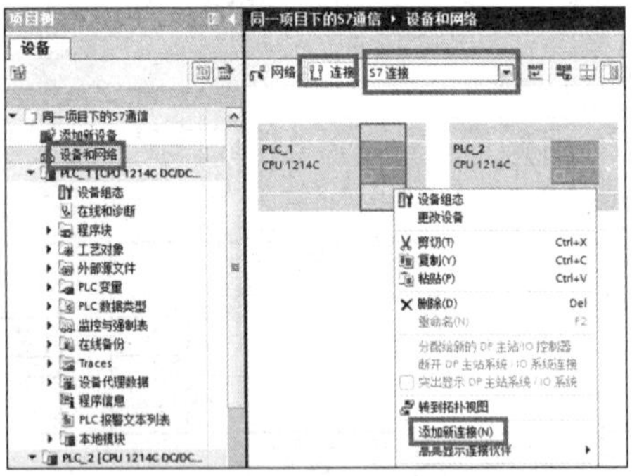
4	在创建新连接对话框内，选择连接对象 PLC_2，选择“主动建立连接”选项后建立新连接，单击“添加”按钮	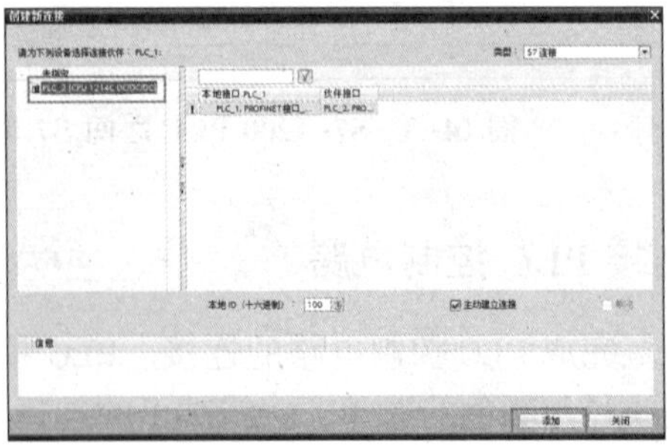

续表

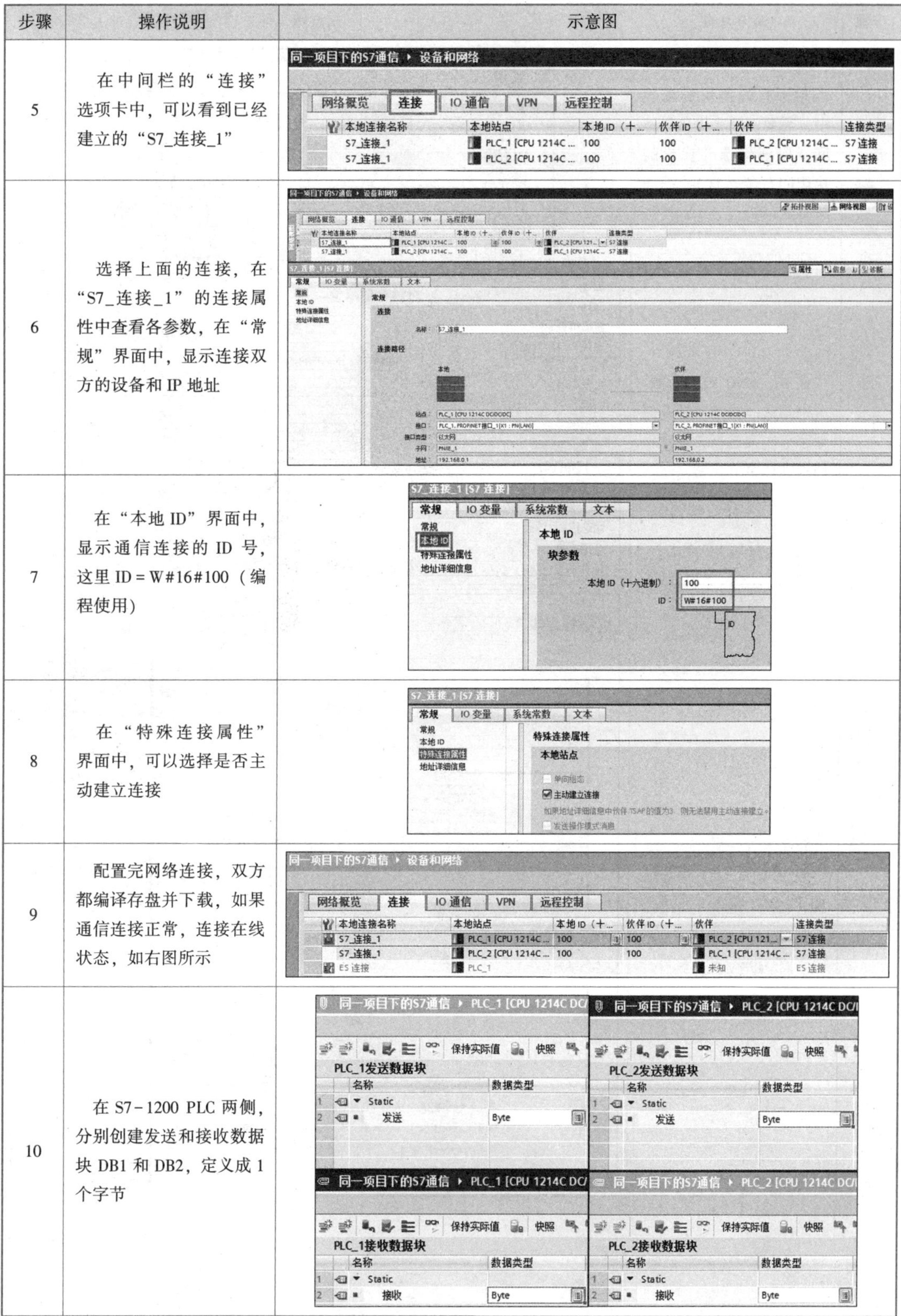

步骤	操作说明	示意图
5	在中间栏的“连接”选项卡中，可以看到已经建立的“S7_连接_1”	
6	选择上面的连接，在“S7_连接_1”的连接属性中查看各参数，在“常规”界面中，显示连接双方的设备和 IP 地址	
7	在“本地 ID”界面中，显示通信连接的 ID 号，这里 ID＝W#16#100（编程使用）	
8	在“特殊连接属性”界面中，可以选择是否主动建立连接	
9	配置完网络连接，双方都编译存盘并下载，如果通信连接正常，连接在线状态，如右图所示	
10	在 S7-1200 PLC 两侧，分别创建发送和接收数据块 DB1 和 DB2，定义成 1 个字节	

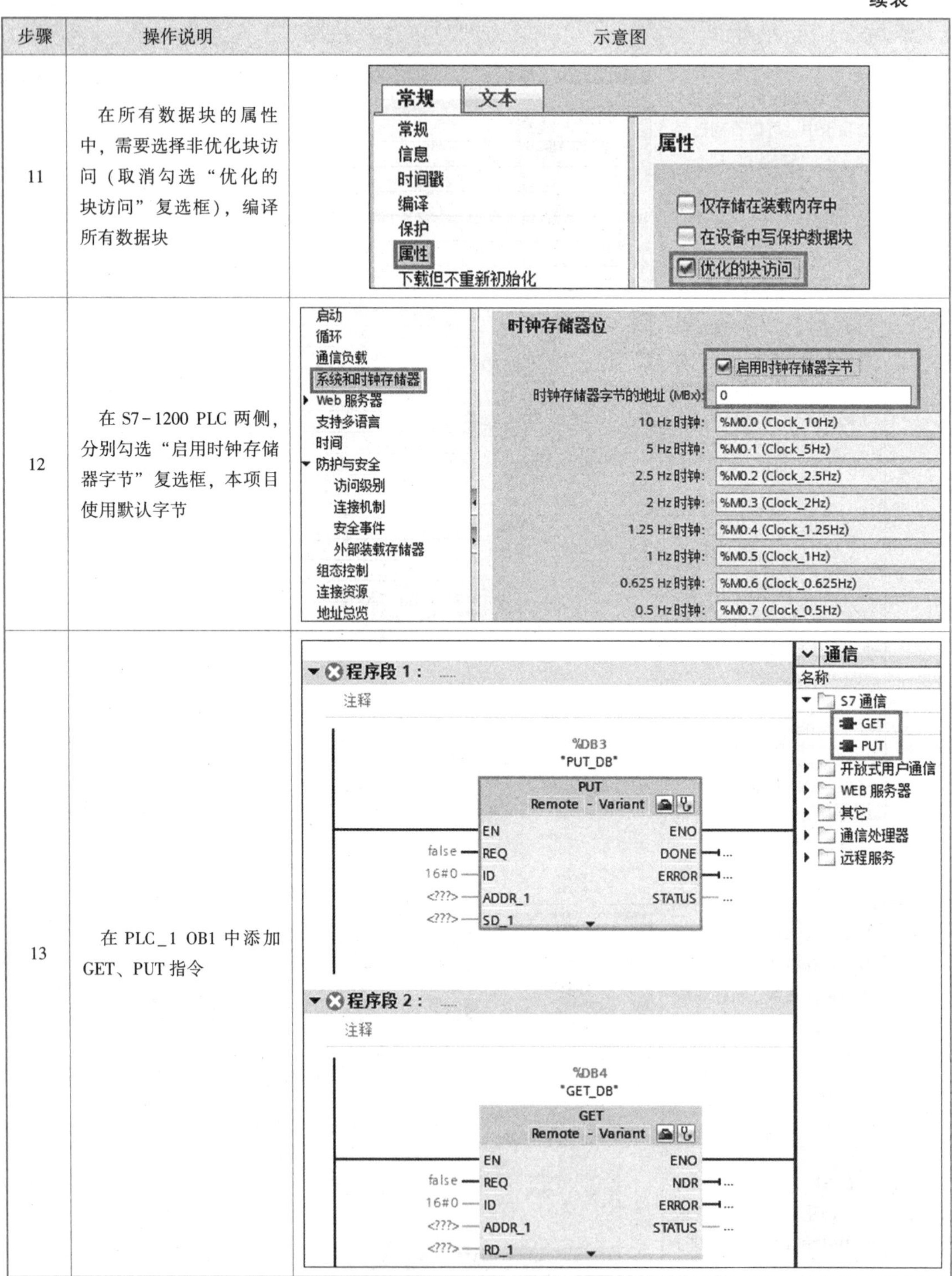

步骤	操作说明	示意图
11	在所有数据块的属性中，需要选择非优化块访问（取消勾选“优化的块访问”复选框），编译所有数据块	
12	在 S7-1200 PLC 两侧，分别勾选“启用时钟存储器字节”复选框，本项目使用默认字节	
13	在 PLC_1 OB1 中添加 GET、PUT 指令	

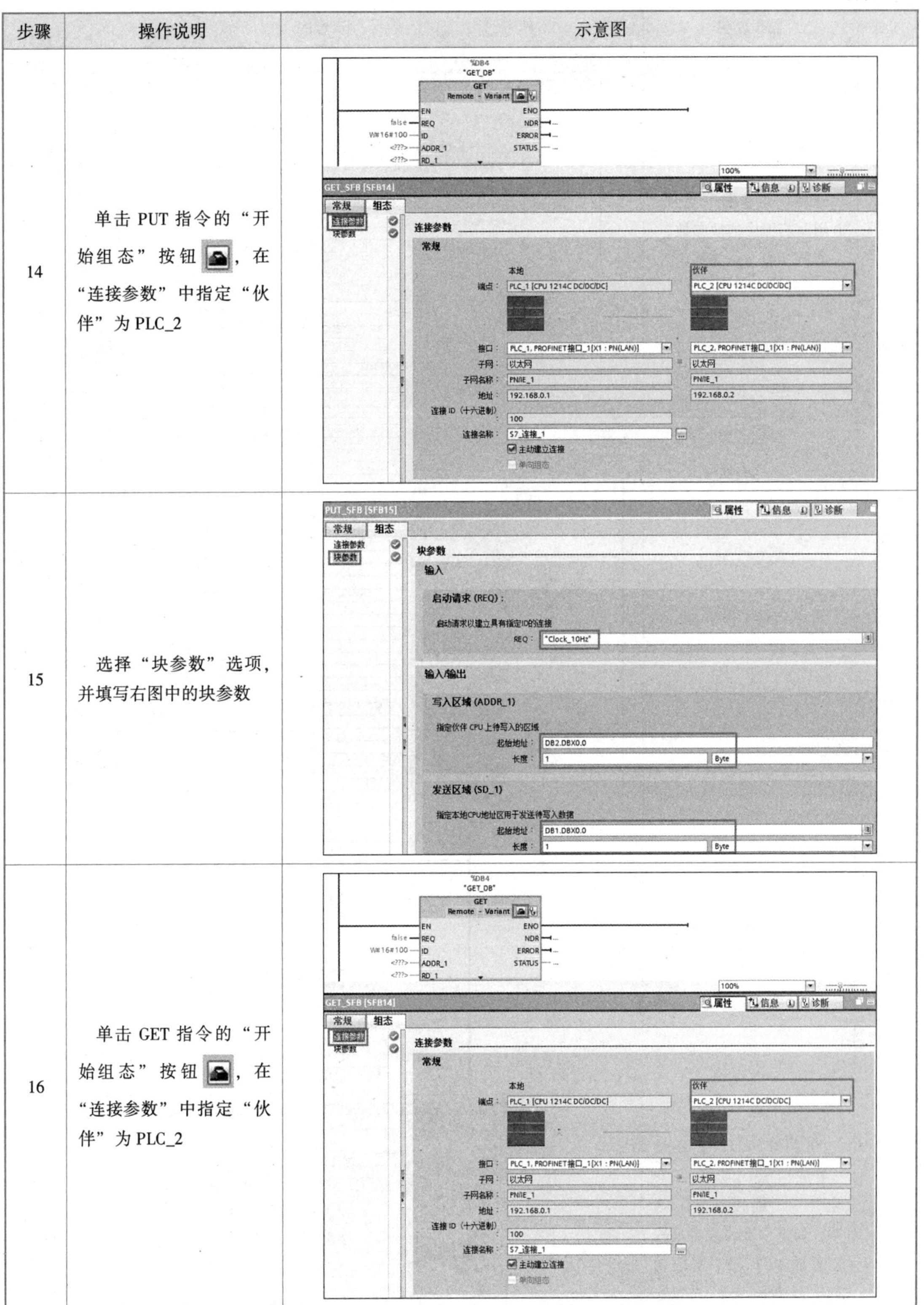

步骤	操作说明	示意图
14	单击 PUT 指令的“开始组态”按钮，在“连接参数”中指定“伙伴”为 PLC_2	
15	选择“块参数”选项，并填写右图中的块参数	
16	单击 GET 指令的“开始组态”按钮，在“连接参数”中指定“伙伴”为 PLC_2	

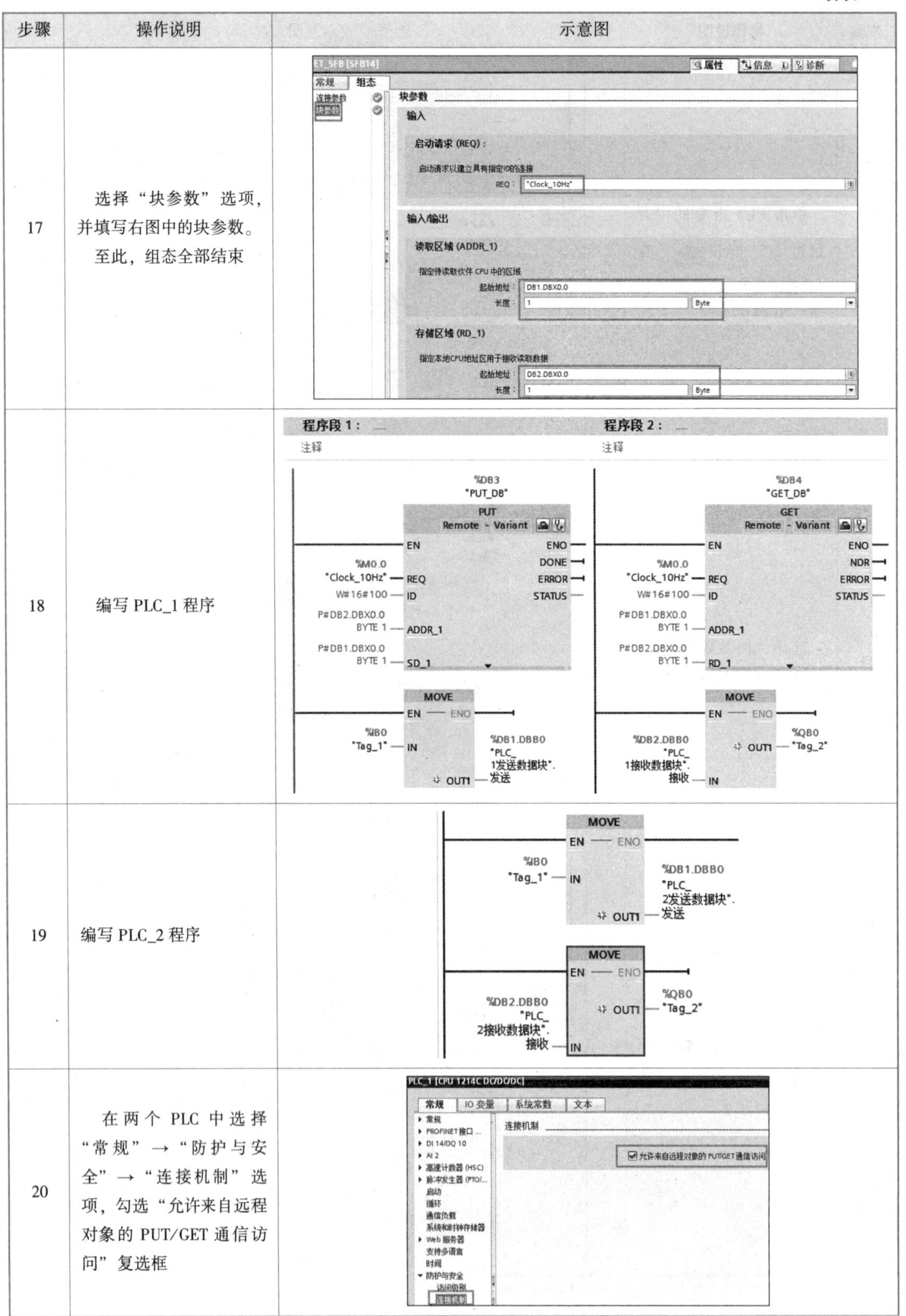

步骤	操作说明	示意图
17	选择“块参数”选项，并填写右图中的块参数。至此，组态全部结束	
18	编写 PLC_1 程序	
19	编写 PLC_2 程序	
20	在两个 PLC 中选择“常规”→“防护与安全”→“连接机制”选项，勾选“允许来自远程对象的 PUT/GET 通信访问”复选框	

续表

步骤	操作说明	示意图
21	分别下载并仿真	

2. 不同项目中的 S7 通信操作

根据项目控制要求，在不同项目中进行 S7 通信的组态、编程和仿真的步骤见表 14-5。

表 14-5　不同项目中的 S7 通信操作步骤

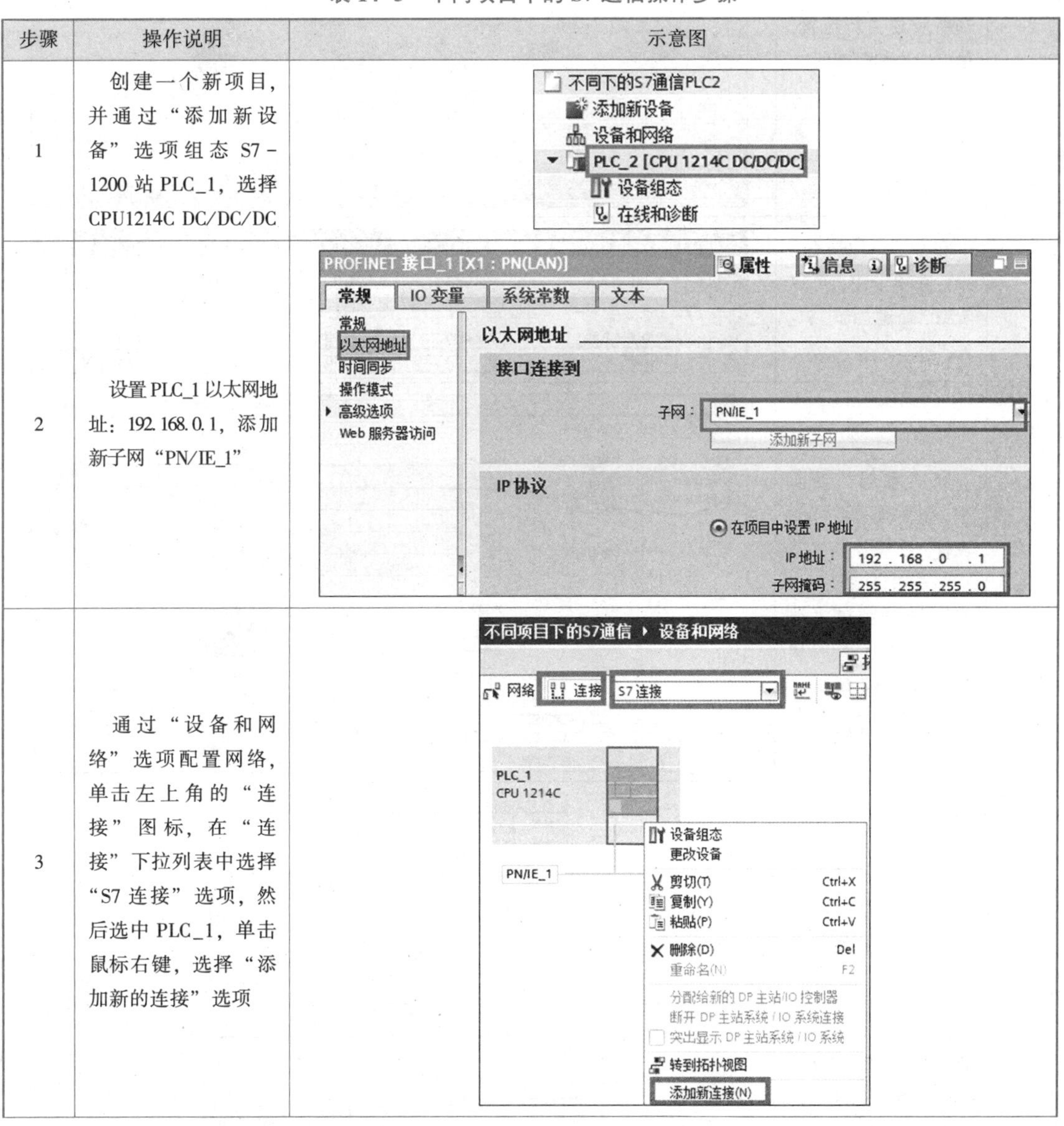

步骤	操作说明	示意图
1	创建一个新项目，并通过“添加新设备”选项组态 S7-1200 站 PLC_1，选择 CPU1214C DC/DC/DC	
2	设置 PLC_1 以太网地址：192.168.0.1，添加新子网“PN/IE_1”	
3	通过“设备和网络”选项配置网络，单击左上角的“连接”图标，在“连接”下拉列表中选择“S7 连接”选项，然后选中 PLC_1，单击鼠标右键，选择“添加新的连接”选项	

续表

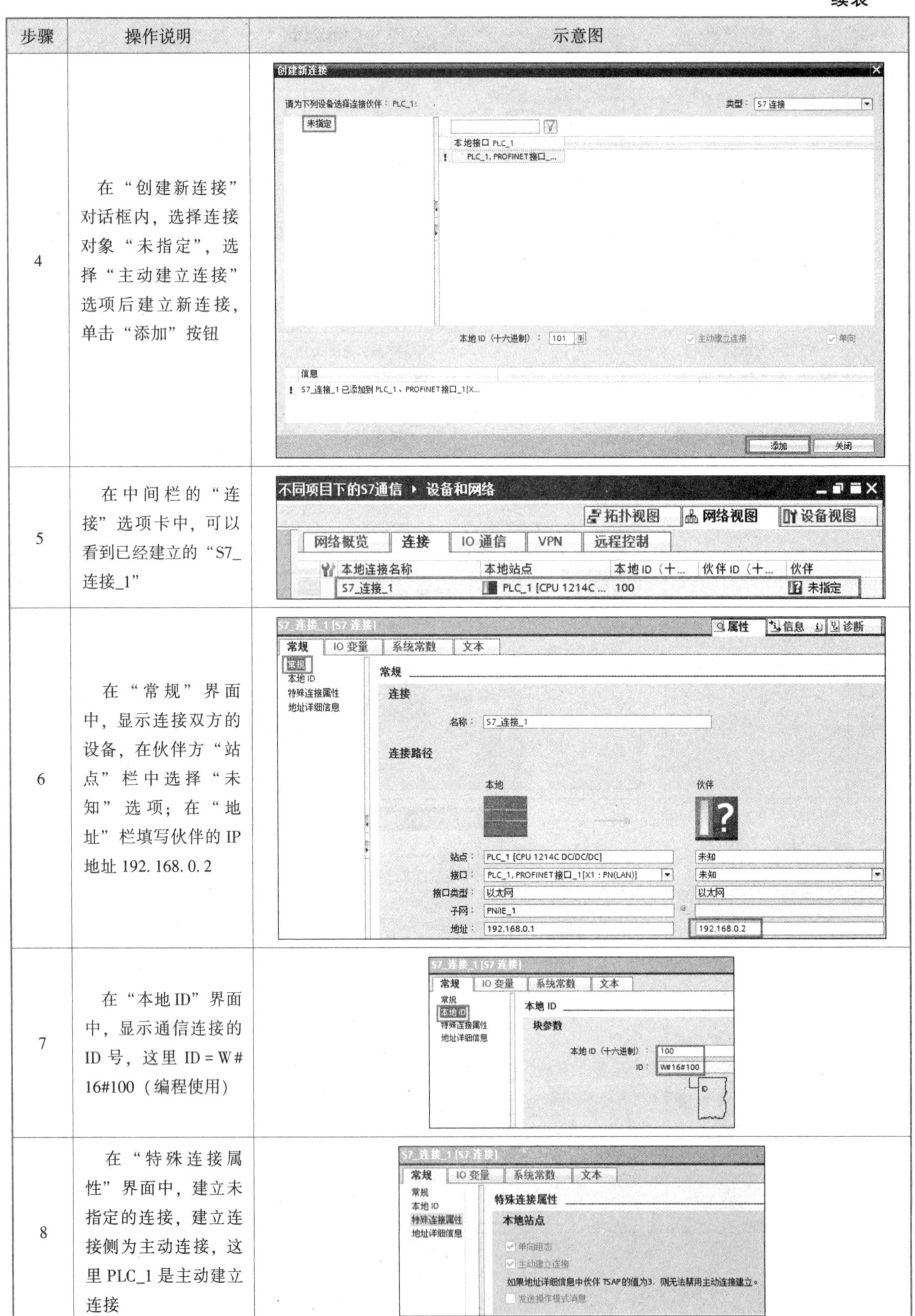

步骤	操作说明	示意图
4	在“创建新连接”对话框内，选择连接对象“未指定”，选择“主动建立连接”选项后建立新连接，单击“添加”按钮	
5	在中间栏的“连接”选项卡中，可以看到已经建立的“S7_连接_1”	
6	在“常规”界面中，显示连接双方的设备，在伙伴方“站点”栏中选择“未知”选项；在“地址”栏填写伙伴的 IP 地址 192. 168. 0. 2	
7	在“本地 ID”界面中，显示通信连接的 ID 号，这里 ID = W#16#100（编程使用）	
8	在“特殊连接属性”界面中，建立未指定的连接，建立连接侧为主动连接，这里 PLC_1 是主动建立连接	

续表

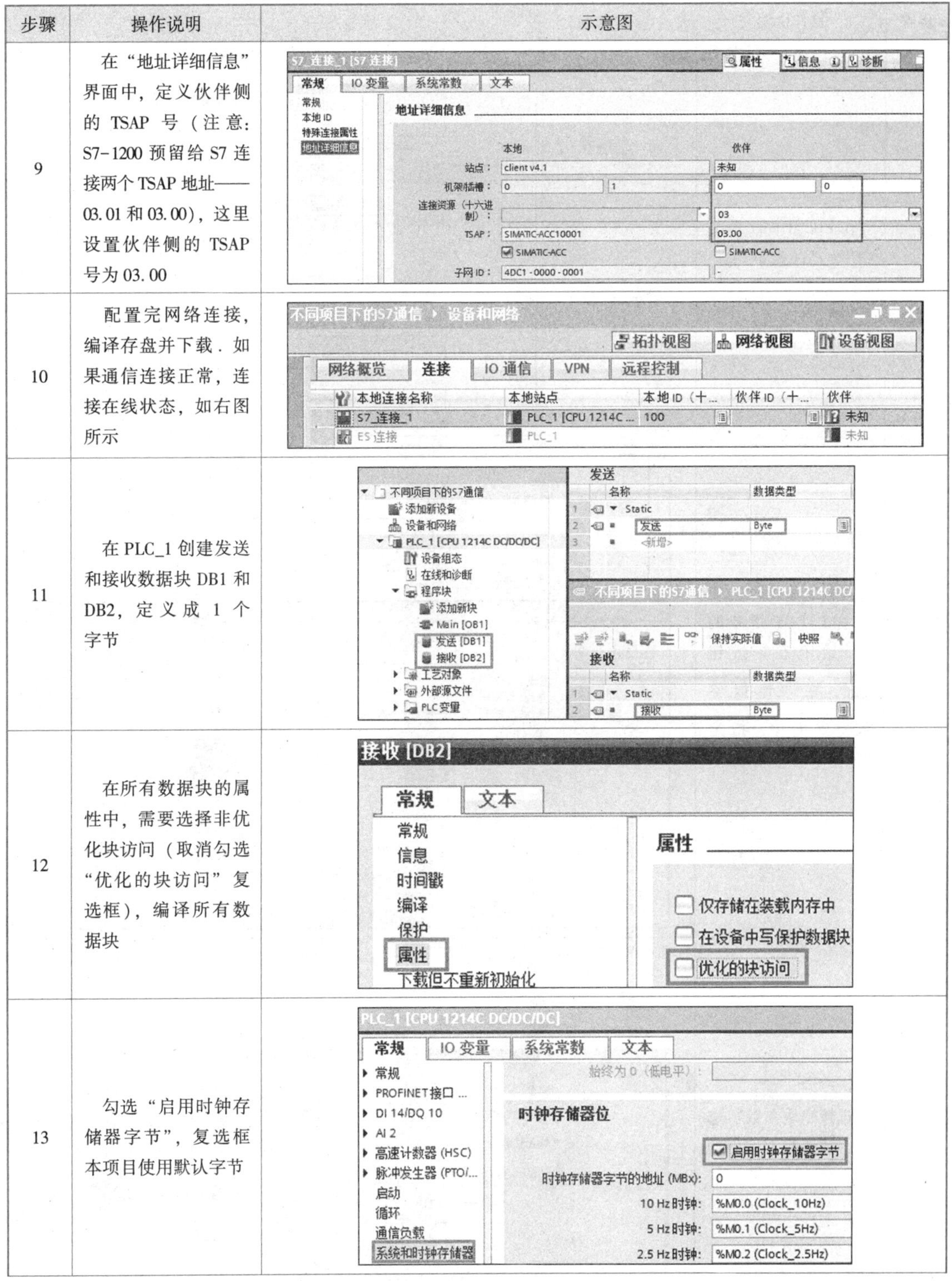

步骤	操作说明	示意图
9	在“地址详细信息”界面中，定义伙伴侧的 TSAP 号（注意：S7-1200 预留给 S7 连接两个 TSAP 地址——03.01 和 03.00），这里设置伙伴侧的 TSAP 号为 03.00	
10	配置完网络连接，编译存盘并下载．如果通信连接正常，连接在线状态，如右图所示	
11	在 PLC_1 创建发送和接收数据块 DB1 和 DB2，定义成 1 个字节	
12	在所有数据块的属性中，需要选择非优化块访问（取消勾选“优化的块访问”复选框），编译所有数据块	
13	勾选“启用时钟存储器字节”，复选框本项目使用默认字节	

续表

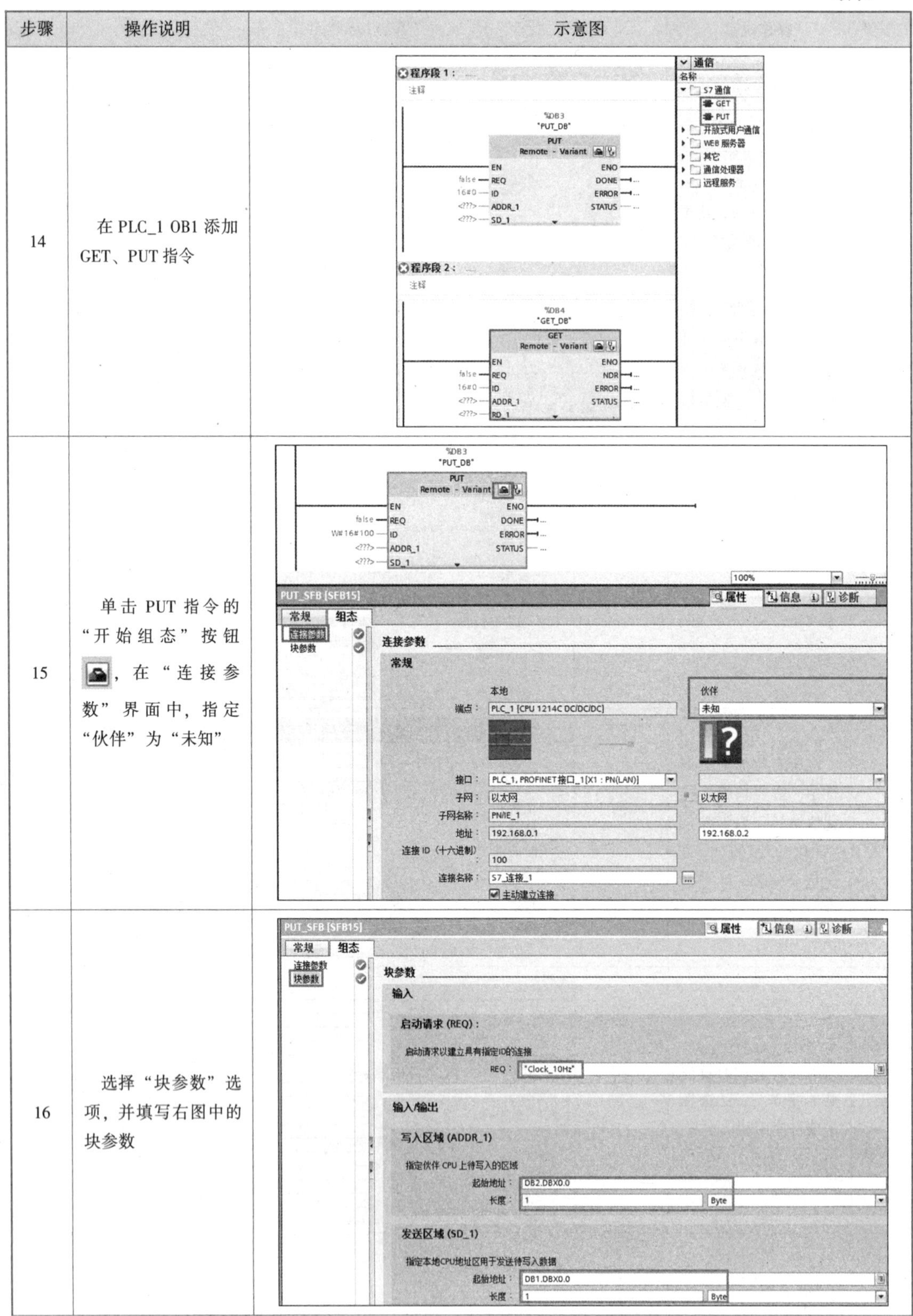

步骤	操作说明	示意图
14	在 PLC_1 OB1 添加 GET、PUT 指令	
15	单击 PUT 指令的“开始组态”按钮 ，在“连接参数”界面中，指定“伙伴”为“未知”	
16	选择“块参数”选项，并填写右图中的块参数	

续表

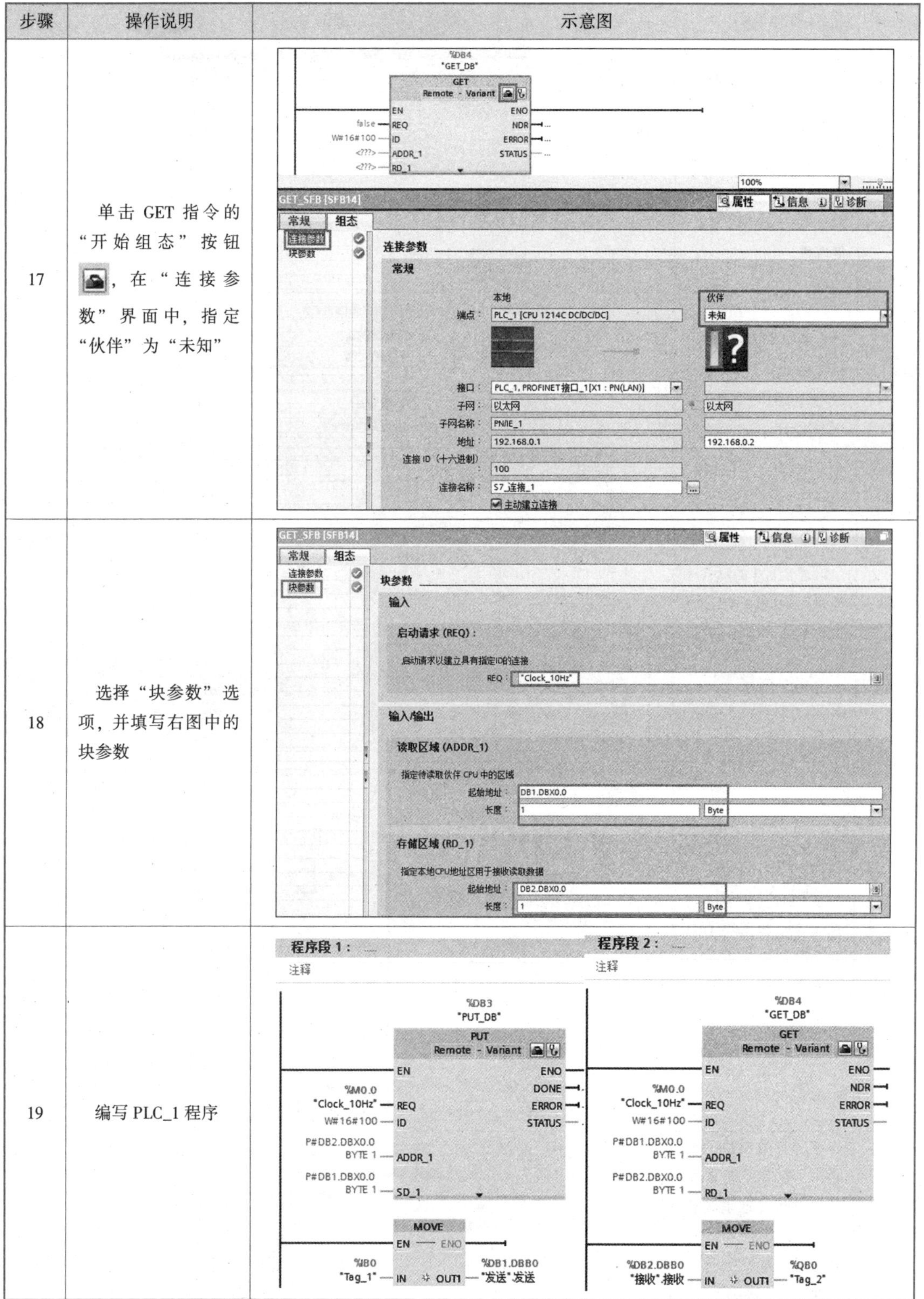

步骤	操作说明	示意图
17	单击 GET 指令的“开始组态”按钮，在“连接参数”界面中，指定“伙伴”为“未知”	
18	选择“块参数”选项，并填写右图中的块参数	
19	编写 PLC_1 程序	

续表

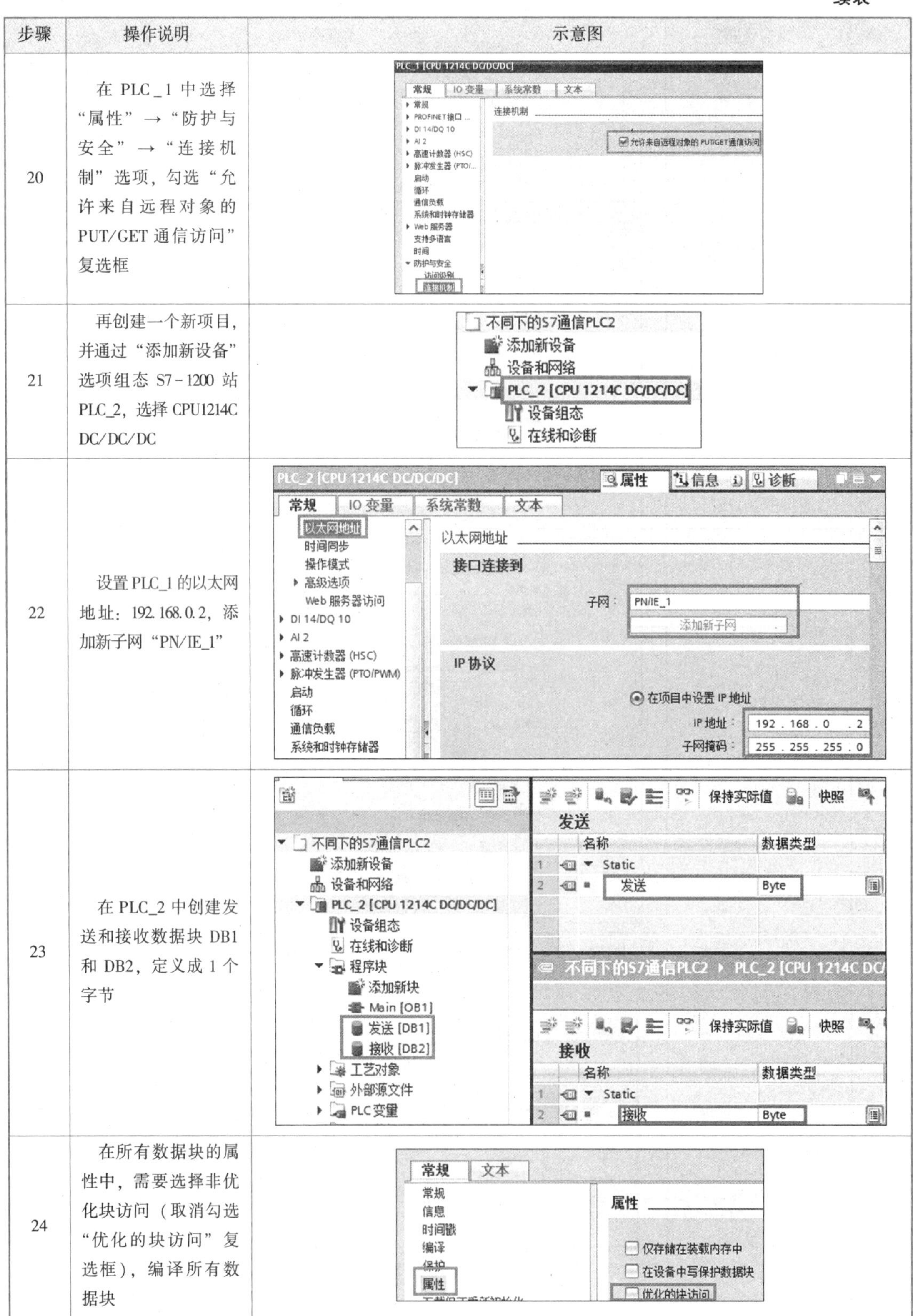

步骤	操作说明	示意图
20	在 PLC_1 中选择“属性”→“防护与安全”→“连接机制”选项，勾选“允许来自远程对象的 PUT/GET 通信访问”复选框	
21	再创建一个新项目，并通过“添加新设备”选项组态 S7-1200 站 PLC_2，选择 CPU1214C DC/DC/DC	
22	设置 PLC_1 的以太网地址：192.168.0.2，添加新子网“PN/IE_1”	
23	在 PLC_2 中创建发送和接收数据块 DB1 和 DB2，定义成 1 个字节	
24	在所有数据块的属性中，需要选择非优化块访问（取消勾选“优化的块访问”复选框），编译所有数据块	

续表

步骤	操作说明	示意图
25	在 PLC_2 中选择“属性”→“防护与安全”→“连接机制”选项，勾选“允许来自远程对象的 PUT/GET 通信访问”复选框	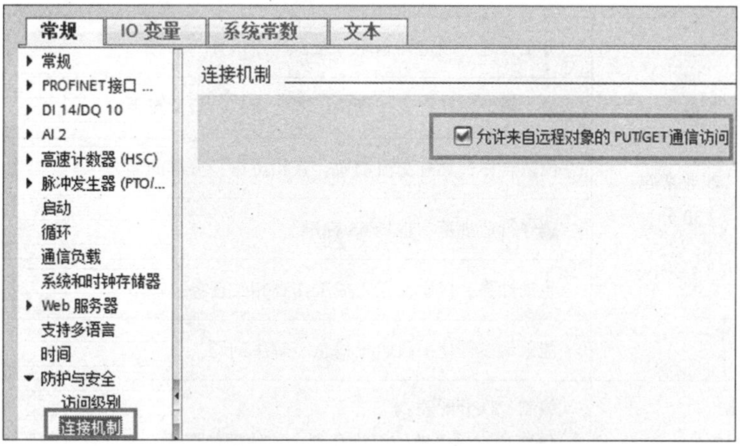
26	编写 PLC_2 程序	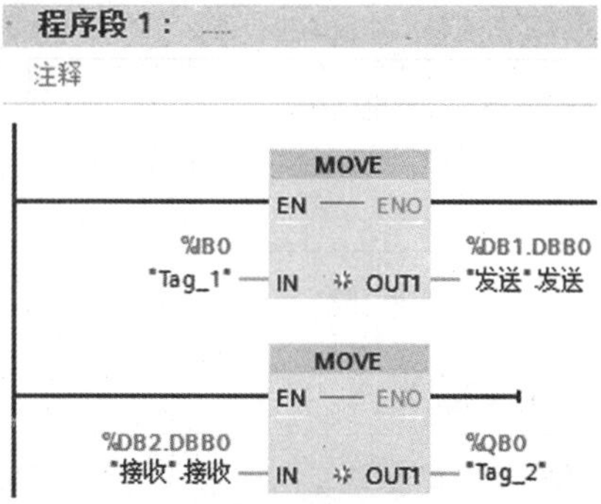
27	分别下载程序并仿真	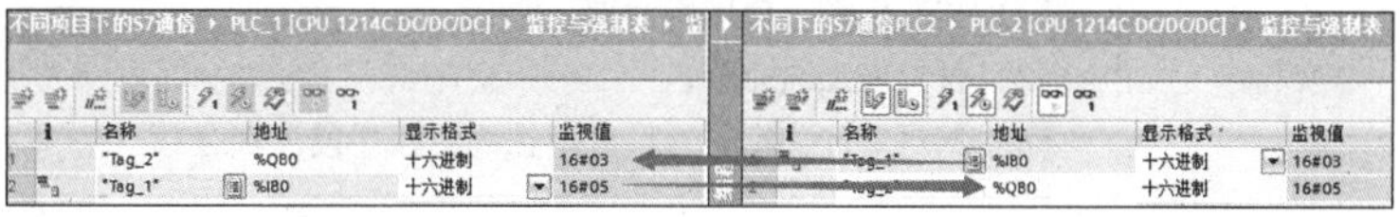

五、 任务检查

为了保证项目能顺利可靠地开展下去，必须对项目的实施过程和结果进行检查。检查点的设置原则主要包括两点：对影响项目正常实施和完成质量的因素，要设置为检查点，包括安全、操作、结果（中间结果和最终结果）等；所设置的检查点应尽可能量化表达，以便于客观评价项目的实施。

本项目的主要任务是：确定 I/O 分配表；完成 PLC 控制电路图；完成 PLC 控制电路连接；绘制顺序功能图；完成 PLC 控制程序编写；完成 PLC 控制程序仿真运行；完成 PLC 控制程序下载并运行。

根据本项目的具体内容，设置检查表（表 14-6），在项目实施过程中和终结时进行必要的检查并填写检查表。

表 14-6　S7-1200 PLC 之间的 S7 通信项目检查表

评价项目	评价内容	分值	得分
职业素养（30 分）	分工合理，制定计划能力强，严谨认真	5	
	爱岗敬业，具有安全意识、责任意识、服从意识	5	
	团队合作，具有交流沟通、互相协作、分享的能力	5	
	遵守行业规范、现场 6S 标准	5	
	主动性强，保质保量完成工作页相关任务	5	
	能采取多样化手段收集信息、解决问题	5	
专业能力（60 分）	编制 I/O 分配表： （1）所有输入地址编排合理，节约硬件资源，元件符号与元件作用说明完整； （2）所有输出地址编排合理，节约硬件资源，元件符号与元件作用说明完整	10	
	绘制 PLC 控制电路图： （1）电路图元件齐全，标注正确； （2）电路功能完整，布局合理	10	
	连接 PLC 控制电路 （1）安全不违章； （2）安装达标	10	
	编写 PLC 控制程序： （1）功能正确，程序段合理； （2）符号表正确完整； （3）绝对地址、符号地址显示正确，程序段注释合理	10	
	PLC 控制程序仿真运行： （1）S7-PLCSIM 打开正确，下载正常； （2）仿真操作正确，能正确仿真运行程序	10	
	下载 PLC 控制程序并运行： （1）程序下载正确，PLC 指示灯正常； （2）程序运行操作正确，能实现预定功能	10	
创新意识（10）分	具有创新性思维并付诸行动	10	
合计		100	

六、任务评价

根据项目实施、检查情况，填写评价表。评价表可分为自评表（表 14-7）和他评表（表 14-8），主要内容应包括实施过程简要描述、检查情况描述、存在的主要问题、解决方案等。

表 14-7　S7-1200 PLC 之间的 S7 通信项目自评表

签名： 日期：

表 14-8　S7-1200 PLC 之间的 S7 通信项目他评表

签名： 日期：

实践练习（项目需求）

一、 任务描述

应用 S7 通信实现 2 个 S7-1200 PLC 的 CPU 之间的以太网通信。

(1) 使 PLC_1 的 I0. 0、I0. 1 控制 PLC_2 的 Q0. 0 接通、断开；

(2) 使 PLC_2 的 I0. 2、I0. 3 控制 PLC_1 的 Q0. 1 接通、断开。

请根据控制要求完成以下任务。

(1) 确定 I/O 分配表；

(2) 完成 PLC 控制电路图；

(3) 完成 PLC 控制电路连接；

(4) 完成 PLC 控制程序编写；

(5) 完成 PLC 控制程序仿真运行；

(6) 完成 PLC 控制程序下载并运行。

二、 任务计划

S7-1200 PLC 之间的 S7 通信项目工作计划见表 14-9。

表 14-9　S7-1200 PLC 之间的 S7 通信项目工作计划

序号	项目	内容	时间/min	人员
1				
2				
3				

续表

序号	项目	内容	时间/min	人员
4				
5				
6				

三、 任务决策

根据任务要求和资源、人员的实际配置情况，按照工作计划，采取项目小组的方式开展工作，小组内实行分工合作，每位成员都要完成全部任务并提交任务评价表。S7-1200 PLC 之间的 S7 通信项目决策表见表 14-10。

表 14-10　S7-1200 PLC 之间的 S7 通信项目决策表

签名： 日期：

四、 任务实施

（一）I/O 分配表

I/O 分配表见表 14-11。

表 14-11　I/O 分配表

输入			输出		
地址	元件符号	元件名称	地址	元件符号	元件名称

（二）PLC 控制电路图

（三）PLC 控制程序

S7-1200 PLC 之间的 S7 通信项目实施记录表见表 14-12。

表 14-12　S7-1200 PLC 之间的 S7 通信项目实施记录表

签名： 日期：

五、 任务检查

S7-1200 PLC 之间的 S7 通信项目检查表见表 14-13。

表 14-13　S7-1200 PLC 之间的 S7 通信项目检查表

评价项目	评价内容	分值	得分
职业素养（30 分）	分工合理，制定计划能力强，严谨认真	5	
	爱岗敬业，具有安全意识、责任意识、服从意识	5	
	团队合作，具有交流沟通、互相协作、分享的能力	5	
	遵守行业规范、现场 6S 标准	5	
	主动性强，保质保量完成工作页相关任务	5	
	能采取多样化手段收集信息、解决问题	5	

续表

评价项目	评价内容	分值	得分
专业能力（60 分）	编制 I/O 分配表： （1）所有输入地址编排合理，节约硬件资源，元件符号与元件作用说明完整； （2）所有输出地址编排合理，节约硬件资源，元件符号与元件作用说明完整	10	
	绘制 PLC 控制电路图： （1）电路图元件齐全，标注正确； （2）电路功能完整，布局合理	10	
	连接 PLC 控制电路 （1）安全不违章； （2）安装达标	10	
	编写 PLC 控制程序： （1）功能正确，程序段合理； （2）符号表正确完整； （3）绝对地址、符号地址显示正确，程序段注释合理	10	
	PLC 控制程序仿真运行： （1）S7-PLCSIM 打开正确，下载正常； （2）仿真操作正确，能正确仿真运行程序	10	
	下载 PLC 控制程序并运行： （1）程序下载正确，PLC 指示灯正常； （2）程序运行操作正确，能实现预定功能	10	
创新意识（10 分）	具有创新性思维并付诸行动	10	
合计		100	

六、任务评价

S7-1200 PLC 之间的 S7 通信项目自评表、他评表见表 14-14、表 14-15。

表 14-14　S7-1200 PLC 之间的 S7 通信项目自评表

签名： 日期：

表 14-15　S7-1200 PLC 之间的 S7 通信项目他评表

签名： 日期：

扩展提升

应用 S7 通信实现 3 个 S7-1200 PLC 的 CPU 之间的以太网通信。

(1) 将 PLC_1 的 IB0 中的数据同时发送到 PLC_2、PLC_3 的 QB0 中;

(2) 将 PLC_2 的 IB1 中的数据发送到 PLC_3 的 QB1 中。

根据控制要求完成以下任务。

(1) 确定 I/O 分配表;

(2) 完成 PLC 控制电路图;

(3) 完成 PLC 控制电路连接;

(4) 完成 PLC 控制程序编写;

(5) 完成 PLC 控制程序仿真运行;

(6) 完成 PLC 控制程序下载并运行。

项目 15　S7-1200 PLC 之间的 TCP 通信

背景描述

S7-1200 PLC 之间的以太网通信可以通过 TCP，双方 CPU 调用 T-block（TSEND_C、TRCV_C、TCON、TDISCON、TSEND、TRCV）指令来实现。通信方式为双边通信，因此 TSEND 和 TRCV 指令必须成对出现。

本项目应用 TSEND_C、TRCV_C 指令实现 S7-1200 PLC 之间的 TCP 通信。

素养目标

引导学生在今后的工作中能够化繁为简，层次分明，目标明确，就如层次结构一样，从而提高工作效率。

【知识拓展】

在网络的前三层，即物理层、链路层和网络层都秉承尽多尽快的传输数据，即尽最大努力交付数据，因此前三层的交付都属于不可靠的交付，而运输层中的 TCP 承担可靠传输及拥塞控制的重要任务。

任务描述

应用 TCP 通信实现 2 个 S7-1200 PLC 的 CPU 之间的以太网通信。

（1）PLC_1 控制 PLC_2 的 8 个指示灯。当按下 PLC_1 的启动按钮 SB1 时，PLC_2 轮流点亮 HL1～HL8 指示灯；当按下 PLC_1 的停止按钮 SB2 时，PLC_2 指示灯全灭。

（2）PLC_2 控制 PLC_1 的 8 个指示灯。当按下 PLC_2 的启动按钮 SB2 下时，PLC_1 轮流点亮 HL8～HL1 指示灯，并不断循环；当按下 PLC_2 的停止按钮 SB2 时，PLC_1 指示灯全灭。

请根据控制要求完成以下任务。

（1）确定 I/O 分配表；

（2）完成 PLC 控制电路图；

（3）完成 PLC 控制电路连接；

（4）完成 PLC 控制程序编写；

（5）完成 PLC 控制程序仿真运行；

（6）完成 PLC 控制程序下载并运行。

一、 知识储备

（一）开放式用户通信

基于 CPU 集成的 PN 接口的开放式用户通信（Open User Communication）是一种程序控制的通信方式，这种通信只受用户程序的控制，可以用程序建立和断开事件驱动的通信连接，在运行期间也可以修改连接。

在开放式用户通信中，S7-300/400/1200/1500 PLC 可以用指令 TCON 来建立连接，用指令 TDISCON 来断开连接。指令 TSEND 和 TRCV 用于通过 TCP 和 ISO-on-TCP 发送和接收数据；指令 TUSEND 和 TURCV 用于通过 UDP 发送和接收数据。

S7-1200/1500 PLC 除了使用上述指令实现开放式用户通信，还可以使用指令 TSEND_C 和 TRCV_C，通过 TCP 和 ISO-on-TCP 发送和接收数据。这两条指令有建立和断开连接的功能，使用它们以后不需要调用 TCON 和 TDISCON 指令。上述指令均为函数块。

（二）TCP

1. TCP

TCP 是由 RFC793 描述的一种标准协议，是 TCP/IP 簇传输层的主要协议，主要用于为设备之间提供全双工、面向连接、可靠安全的连接服务。传输数据时需要指定 IP 地址和端口号作为通信端点。

TCP 是面向连接的通信协议，通信的传输需要经过建立连接、数据传输、断开连接 3 个阶段。为了确保 TCP 连接的可靠性，TCP 采用三次握手方式建立连接，建立连接的请求需要由 TCP 的客户端发起。数据传输结束后，通信双方都可以提出断开连接请求。

TCP 是可靠安全的数据传输服务，可确保每个数据段都能到达目的地。位于目的地的 TCP 服务需要对接收到的数据进行确认并发送确认信息。TCP 发送方在发送一个数据段的同时将启动一个重传，如果在重传超时前收到确认信息就关闭重传，否则将重传该数据段。

TCP 是一种数据流服务，TCP 连接传输数据期间，不传送消息的开始和结束的信息。接收方无法通过接收到的数据流来判断一条消息的开始与结束。例如，发送方发送 3 包数据，每包数据均为 20 个字节，接收方有可能只收到 1 包 60 个字节数据；发送方发送 1 包 60 个字节数据，接收方也有可能接收到 3 包 20 个字节数据。为了区别消息，一般建议发送方发送长度与接收方接收长度相同。

2. ISO-on-TCP

ISO-on-TCP 是一种使用 RFC1006 的扩展协议，即在 TCP 中定义了 ISO 传输的属性，

ISO 协议是通过数据包进行数据传输的。ISO-on-TCP 是面向消息的协议，数据传输时传送关于消息长度和消息结束的标志。ISO-on-TCP 与 TCP 一样，也位于 OSI 参考模型的第四层传输层，其使用数据传输端口为 102，并利用传输服务访问点（Transport Service Access Point，TSAP）将消息路由至接收方特定的通信端点。

（三）TSEND_C、TRCV_C 指令

TSEND_C、TRCV_C 指令说明见表 15-1。

表 15-1 TSEND_C、TRCV_C 指令说明

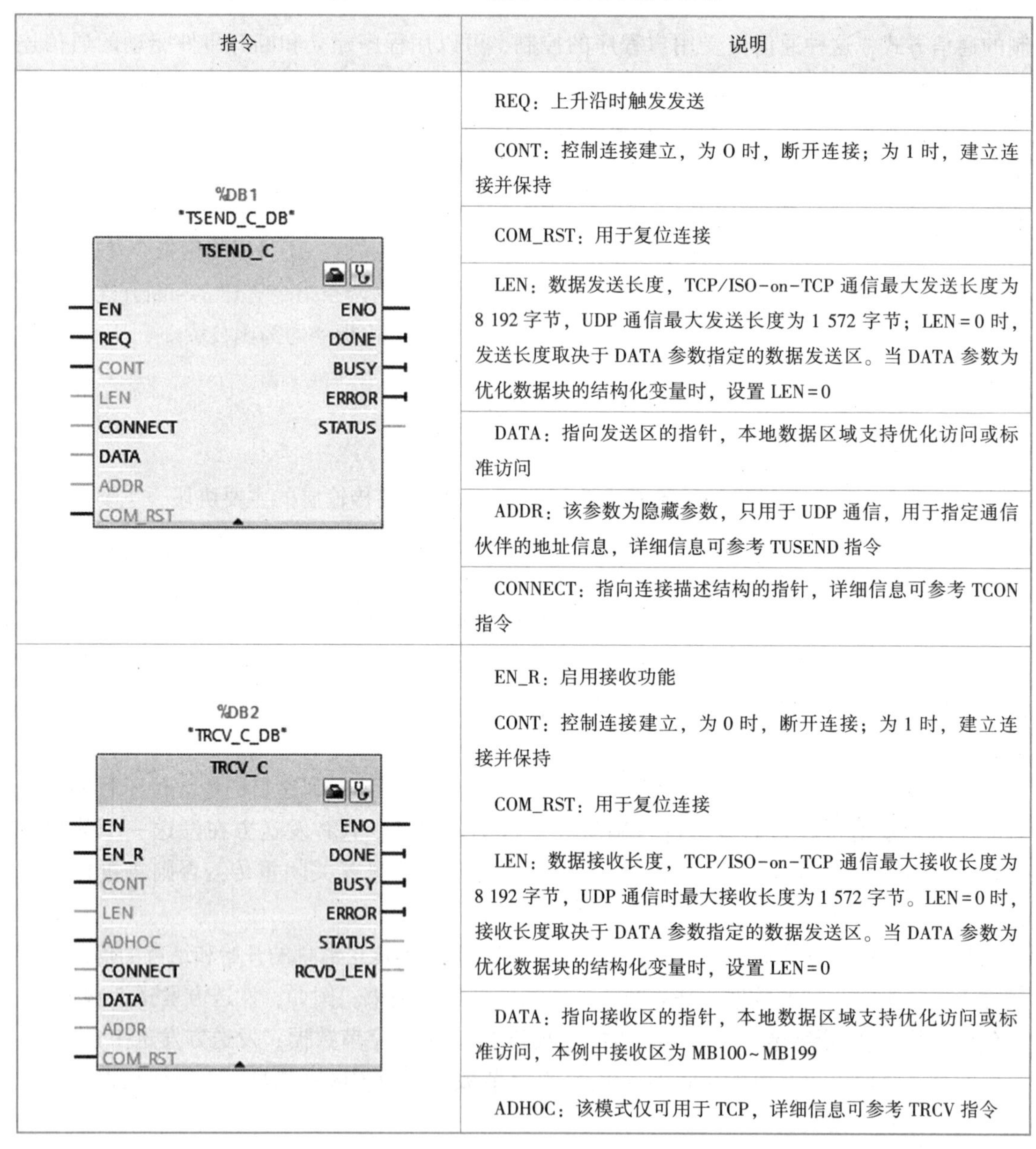

指令	说明
%DB1 "TSEND_C_DB" TSEND_C（EN、REQ、CONT、LEN、CONNECT、DATA、ADDR、COM_RST；ENO、DONE、BUSY、ERROR、STATUS）	REQ：上升沿时触发发送
	CONT：控制连接建立，为 0 时，断开连接；为 1 时，建立连接并保持
	COM_RST：用于复位连接
	LEN：数据发送长度，TCP/ISO-on-TCP 通信最大发送长度为 8 192 字节，UDP 通信最大发送长度为 1 572 字节；LEN=0 时，发送长度取决于 DATA 参数指定的数据发送区。当 DATA 参数为优化数据块的结构化变量时，设置 LEN=0
	DATA：指向发送区的指针，本地数据区域支持优化访问或标准访问
	ADDR：该参数为隐藏参数，只用于 UDP 通信，用于指定通信伙伴的地址信息，详细信息可参考 TUSEND 指令
	CONNECT：指向连接描述结构的指针，详细信息可参考 TCON 指令
%DB2 "TRCV_C_DB" TRCV_C（EN、EN_R、CONT、LEN、ADHOC、CONNECT、DATA、ADDR、COM_RST；ENO、DONE、BUSY、ERROR、STATUS、RCVD_LEN）	EN_R：启用接收功能 CONT：控制连接建立，为 0 时，断开连接；为 1 时，建立连接并保持 COM_RST：用于复位连接
	LEN：数据接收长度，TCP/ISO-on-TCP 通信最大接收长度为 8 192 字节，UDP 通信时最大接收长度为 1 572 字节。LEN=0 时，接收长度取决于 DATA 参数指定的数据发送区。当 DATA 参数为优化数据块的结构化变量时，设置 LEN=0
	DATA：指向接收区的指针，本地数据区域支持优化访问或标准访问，本例中接收区为 MB100~MB199
	ADHOC：该模式仅可用于 TCP，详细信息可参考 TRCV 指令

二、 任务计划

根据项目需求，编制 I/O 分配表，绘制、连接 PLC 控制电路，编写 PLC 控制程序并进行仿真调试，完成 PLC 控制电路的连接，下载 PLC 控制程序到 PLC 并运行，实现所要求的控制功能。

按照通常的 PLC 控制程序编写及硬件装调工作流程，制定工作计划，见表 15-2。

表 15-2　S7-1200 PLC 之间的 TCP 通信项目工作计划

序号	项目	内容	时间/min	人员
1	编制 I/O 分配表	确定所需要的 I/O 点数并分配具体用途，编制 I/O 分配表（需提交）	5	全体人员
2	绘制 PLC 控制电路图	根据 I/O 分配表绘制 PLC 控制电路图	15	全体人员
3	连接 PLC 控制电路	根据电路图完成电路连接	20	全体人员
4	编写 PLC 控制程序	根据控制要求编写 PLC 控制程序	25	全体人员
5	PLC 控制程序仿真运行	使用 S7-PLCSIM 仿真运行 PLC 控制程序	10	全体人员
6	下载 PLC 控制程序并运行	把 PLC 控制程序下载到 PLC，实现所要求的控制功能	5	全体人员

三、 任务决策

按照工作计划，项目小组全体成员共同确定 I/O 分配表，然后分两个小组分别实施系统程序编写及硬件装调全部工作，合作完成任务并提交任务评价表。

四、 任务实施

项目的实施必须在保证安全的前提下进行，应提前建立并熟悉项目检查事项及评价要素，在实施过程中予以充分重视，才能确保项目的顺利进行。

（一）编制 I/O 分配表

根据控制要求，PLC_1、PLC_2 各元件的 I/O 分配相同，见表 15-3。

表 15-3　I/O 分配表

输入			输出		
地址	元件符号	元件名称	地址	元件符号	元件名称
I0.0	SB1	启动按钮	Q0.0	HL1	指示灯 1
I0.1	SB2	停止按钮	Q0.1	HL2	指示灯 2
—	—	—	Q0.2	HL3	指示灯 3
—	—	—	Q0.3	HL4	指示灯 4

续表

输入			输出		
地址	元件符号	元件名称	地址	元件符号	元件名称
—	—	—	Q0.4	HL5	指示灯 5
—	—	—	Q0.5	HL6	指示灯 6
—	—	—	Q0.6	HL7	指示灯 7
—	—	—	Q0.7	HL8	指示灯 8

（二）绘制 PLC 控制电路图

根据系统控制要求，绘制 S7-1200 PLC 之间 TCP 通信的 PLC 控制电路图，如图 15-1 所示。其中 1M 为 PLC 输入信号的公共端，3M 为 PLC 输出信号的公共端。

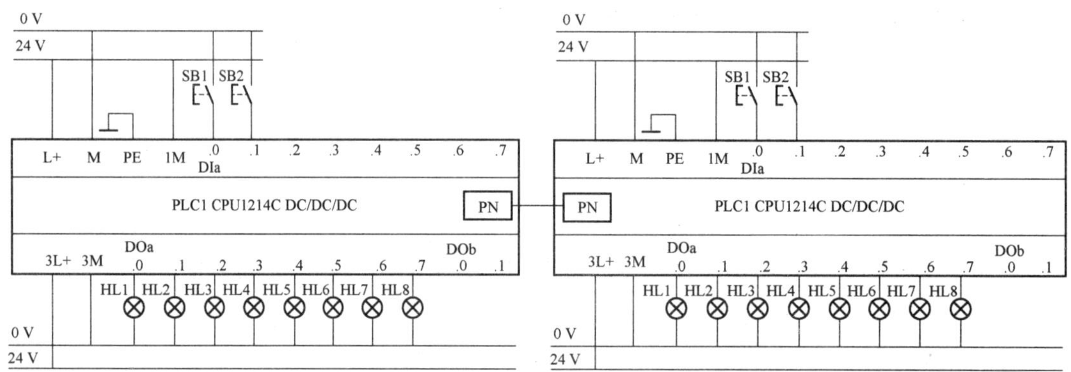

图 15-1 S7-1200 PLC 之间 TCP 通信的 PLC 控制电路图

（三）连接 PLC 控制电路

按工艺规范完成 PLC 控制电路的连接。PLC 控制电路的连接主要需要考虑元器件的布置安装、导线线径与颜色的选择、接线端子的选择与制作、线号标识的制作与排列，最终实现元器件布局间距合理、安装稳固可靠，布线整齐有序、松紧适宜，接线规范牢固、标识清晰明确。

（四）编写 PLC 控制程序

1. 同一项目中的 TCP 通信操作

根据项目控制要求，在同一项目中进行 TCP 通信的组态、编程和仿真，步骤见表 15-4。

表 15-4 同一项目中的 TCP 通信操作步骤

步骤	操作说明	示意图
1	创建新项目，添加新设备 PLC_1	项目14 S7-1200之间 TCP 通信 添加新设备 设备和网络 PLC_1 [CPU 1214C DC/DC/DC]

续表

步骤	操作说明	示意图
2	PLC_1 启用系统存储器字节和时钟存储器字节	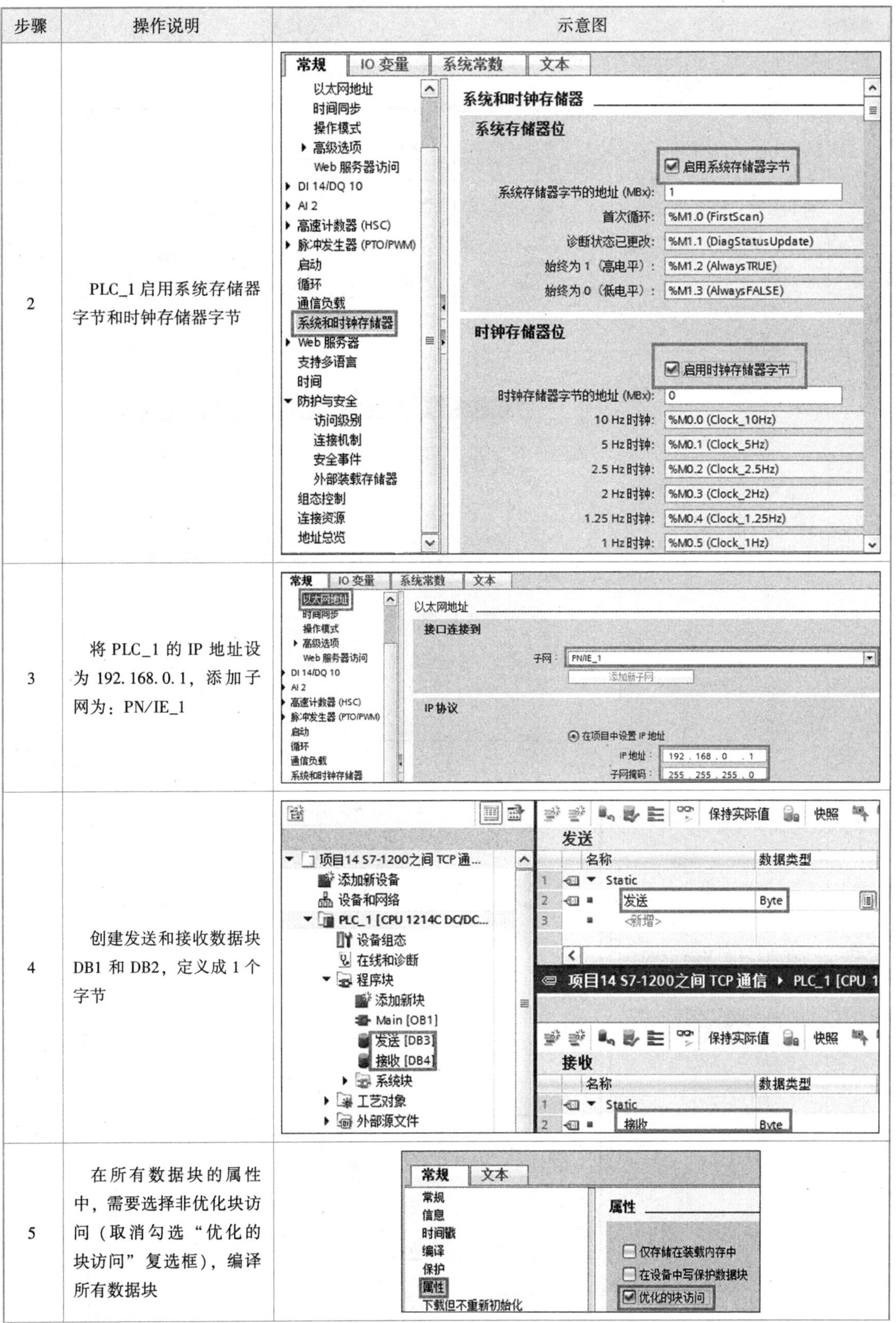
3	将 PLC_1 的 IP 地址设为 192.168.0.1，添加子网为：PN/IE_1	
4	创建发送和接收数据块 DB1 和 DB2，定义成 1 个字节	
5	在所有数据块的属性中，需要选择非优化块访问（取消勾选“优化的块访问”复选框），编译所有数据块	

续表

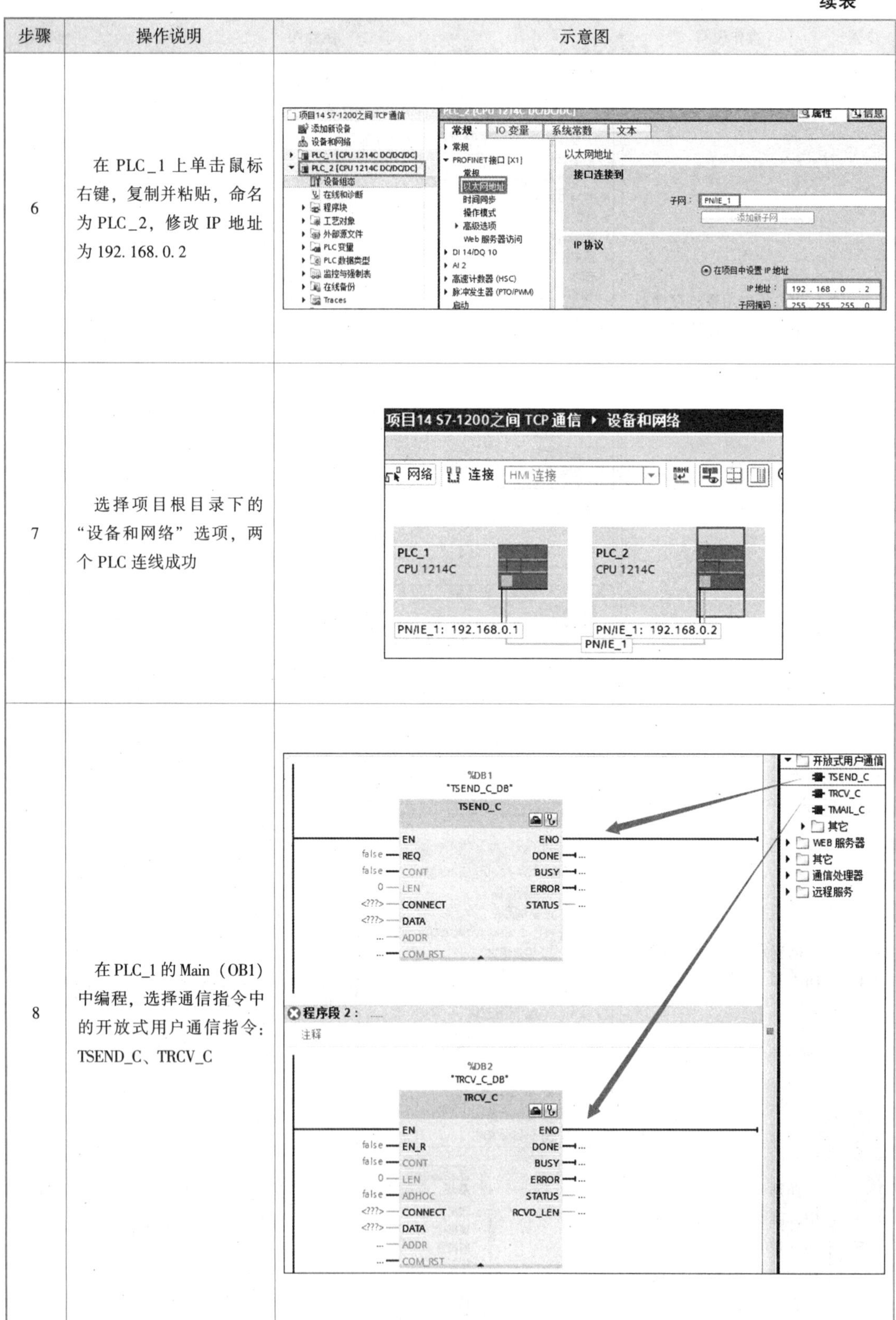

步骤	操作说明	示意图
6	在 PLC_1 上单击鼠标右键，复制并粘贴，命名为 PLC_2，修改 IP 地址为 192.168.0.2	
7	选择项目根目录下的“设备和网络”选项，两个 PLC 连线成功	
8	在 PLC_1 的 Main（OB1）中编程，选择通信指令中的开放式用户通信指令：TSEND_C、TRCV_C	

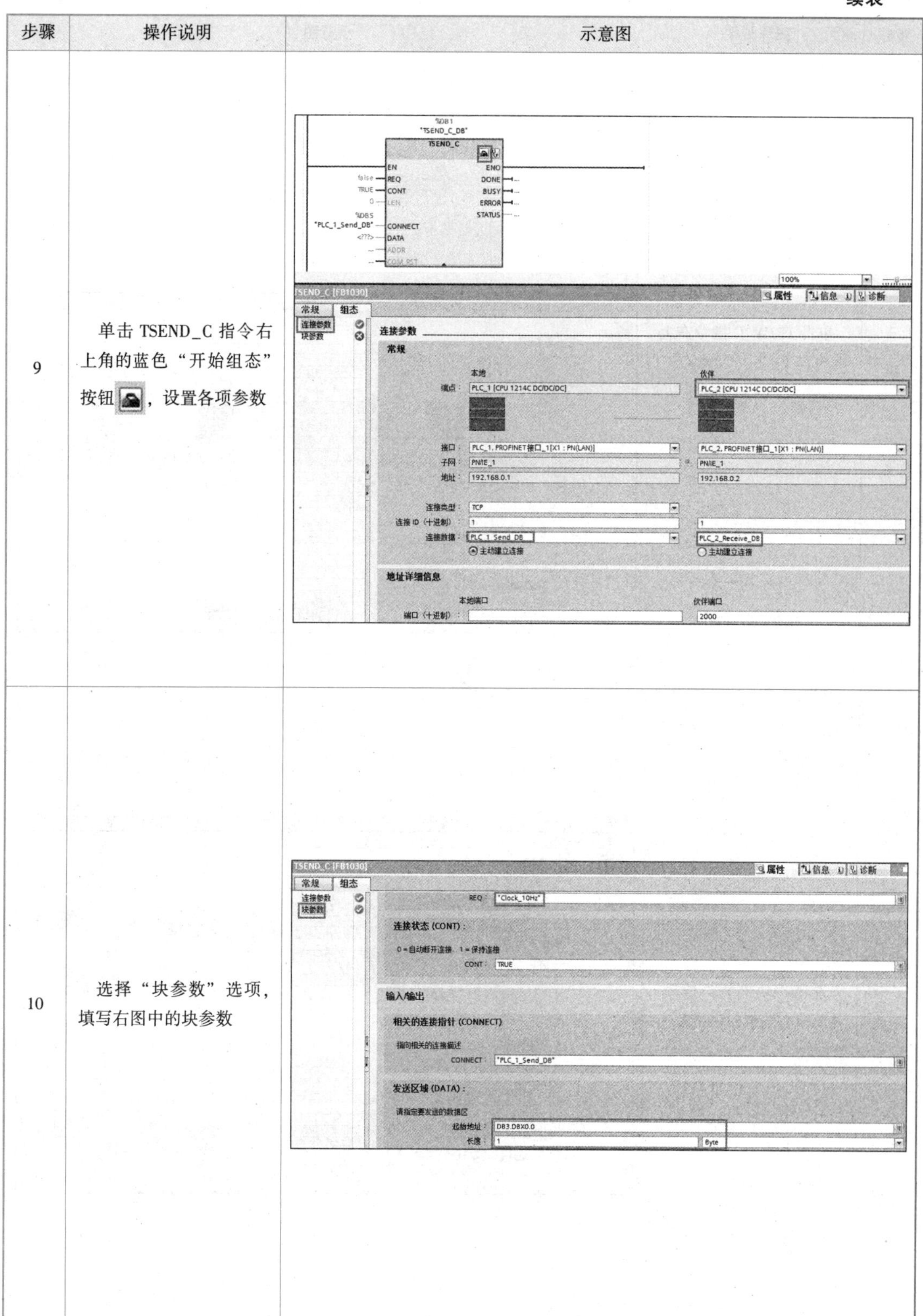

步骤	操作说明	示意图
9	单击 TSEND_C 指令右上角的蓝色“开始组态”按钮，设置各项参数	
10	选择“块参数”选项，填写右图中的块参数	

续表

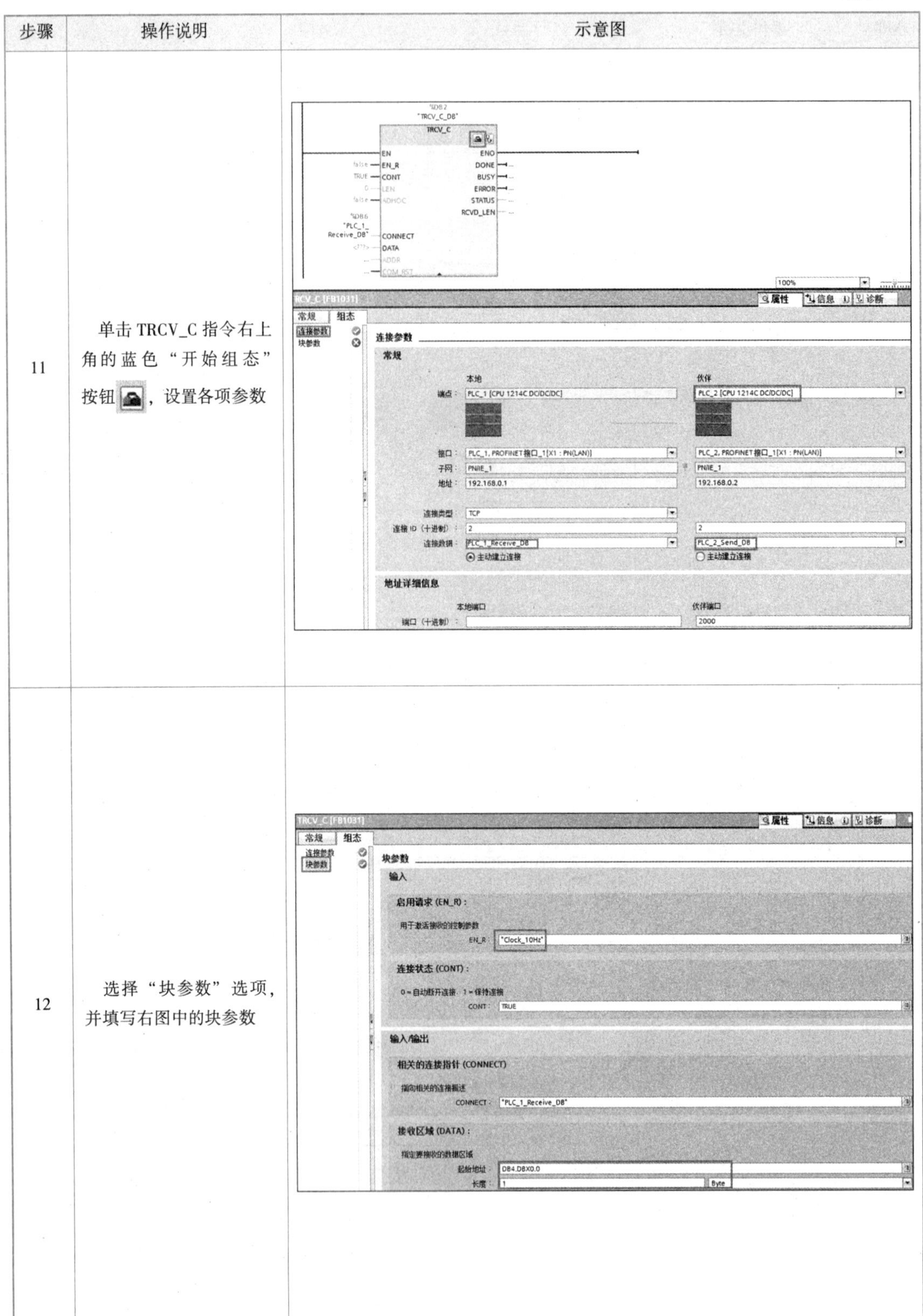

步骤	操作说明	示意图
11	单击 TRCV_C 指令右上角的蓝色“开始组态”按钮，设置各项参数	
12	选择“块参数”选项，并填写右图中的块参数	

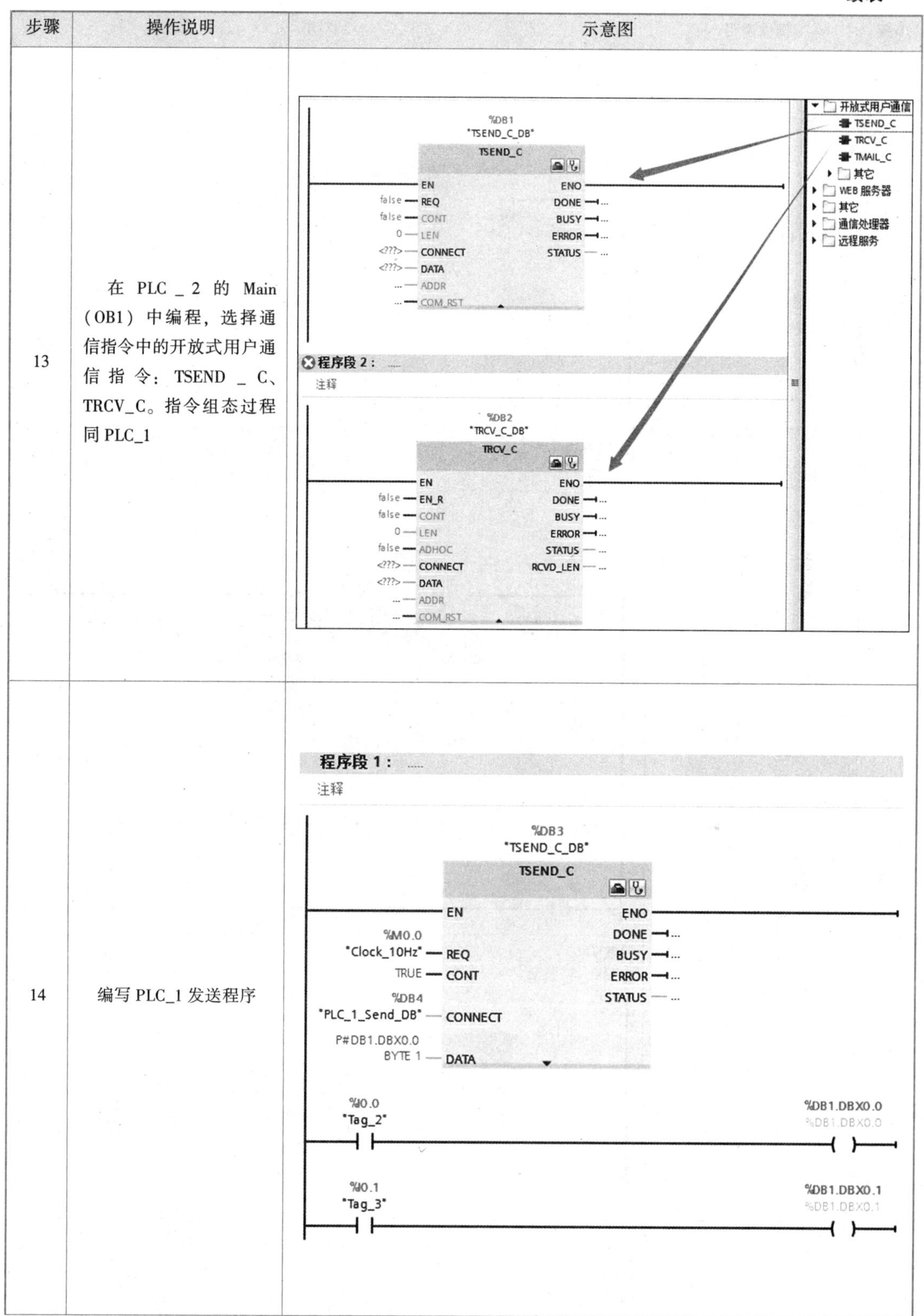

步骤	操作说明	示意图
13	在 PLC _ 2 的 Main (OB1) 中编程，选择通信指令中的开放式用户通信指令：TSEND _ C、TRCV_C。指令组态过程同 PLC_1	
14	编写 PLC_1 发送程序	

续表

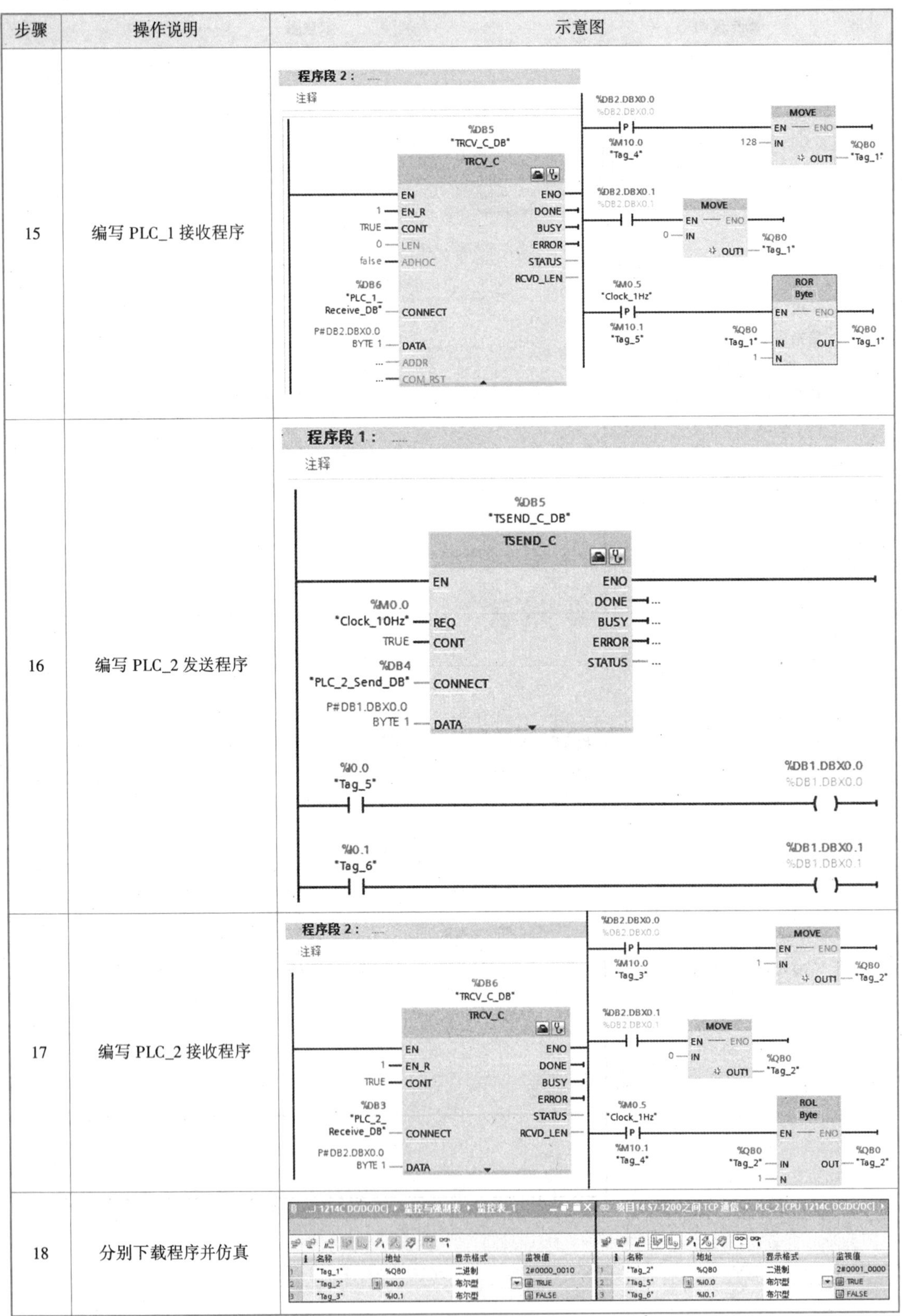

步骤	操作说明	示意图
15	编写 PLC_1 接收程序	
16	编写 PLC_2 发送程序	
17	编写 PLC_2 接收程序	
18	分别下载程序并仿真	

2. 不同项目中的 TCP 通信操作

根据项目控制要求，在不同项目中进行 TCP 通信的组态、编程和仿真，步骤见表 15-5。

表 15-5　不同项目中的 TCP 通信操作步骤

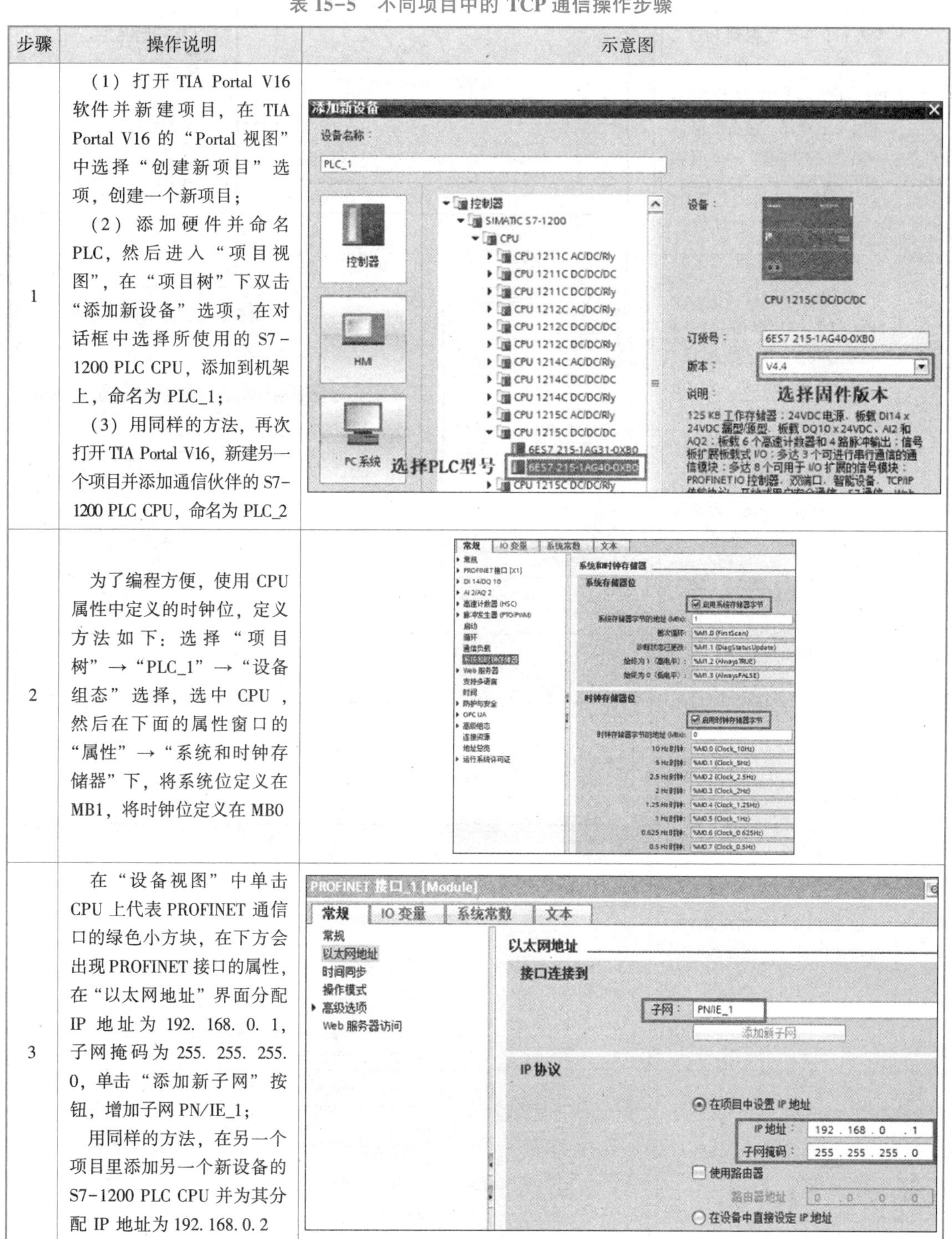

步骤	操作说明	示意图
1	（1）打开 TIA Portal V16 软件并新建项目，在 TIA Portal V16 的“Portal 视图”中选择“创建新项目”选项，创建一个新项目； （2）添加硬件并命名 PLC，然后进入“项目视图”，在“项目树”下双击“添加新设备”选项，在对话框中选择所使用的 S7-1200 PLC CPU，添加到机架上，命名为 PLC_1； （3）用同样的方法，再次打开 TIA Portal V16，新建另一个项目并添加通信伙伴的 S7-1200 PLC CPU，命名为 PLC_2	
2	为了编程方便，使用 CPU 属性中定义的时钟位，定义方法如下：选择“项目树”→“PLC_1”→“设备组态”选择，选中 CPU，然后在下面的属性窗口的“属性”→“系统和时钟存储器”下，将系统位定义在 MB1，将时钟位定义在 MB0	
3	在“设备视图”中单击 CPU 上代表 PROFINET 通信口的绿色小方块，在下方会出现 PROFINET 接口的属性，在“以太网地址”界面分配 IP 地址为 192. 168. 0. 1，子网掩码为 255. 255. 255. 0，单击“添加新子网”按钮，增加子网 PN/IE_1； 用同样的方法，在另一个项目里添加另一个新设备的 S7-1200 PLC CPU 并为其分配 IP 地址为 192. 168. 0. 2	

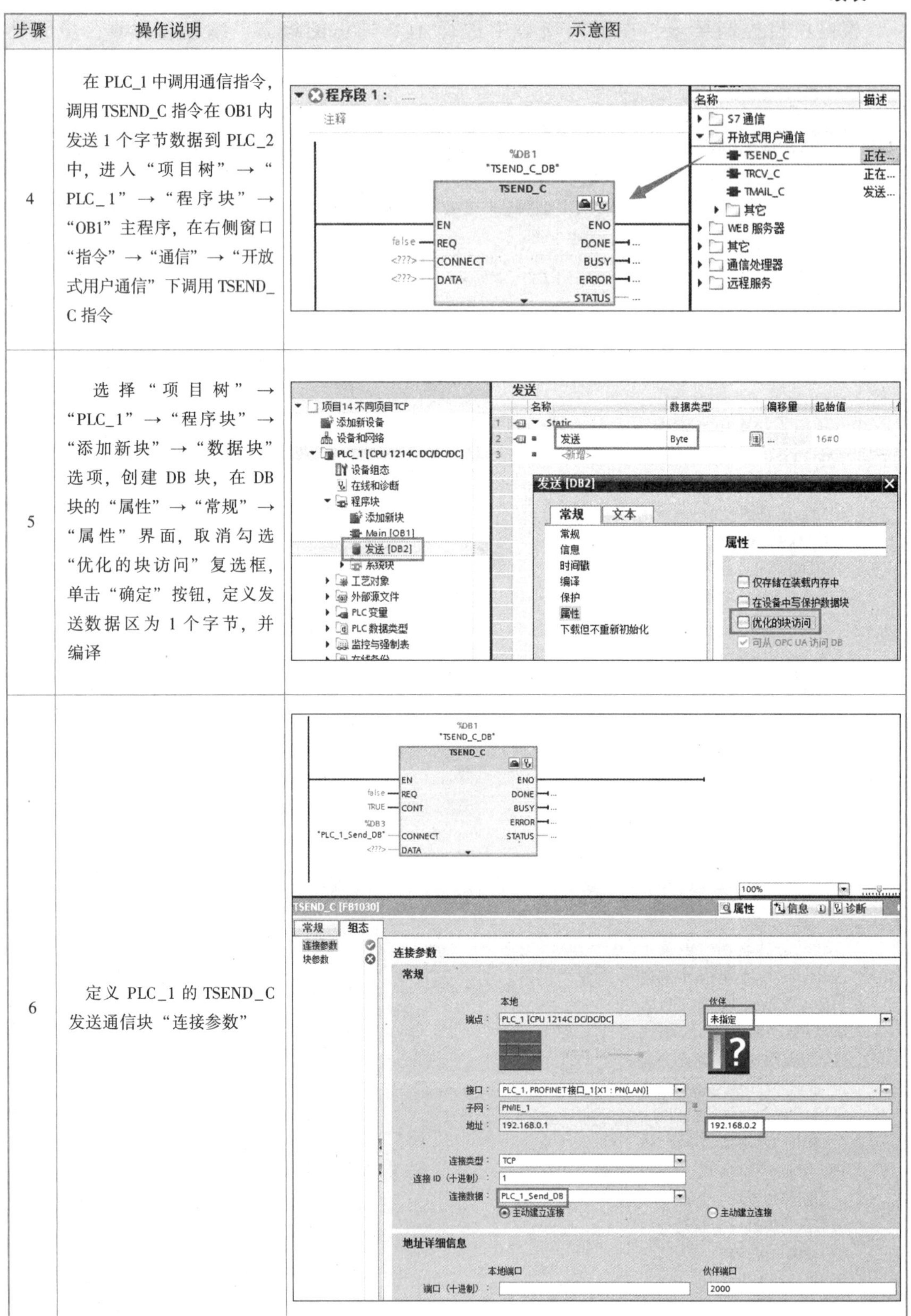

步骤	操作说明	示意图
4	在 PLC_1 中调用通信指令，调用 TSEND_C 指令在 OB1 内发送 1 个字节数据到 PLC_2 中，进入“项目树”→“PLC_1”→“程序块”→“OB1”主程序，在右侧窗口“指令”→“通信”→“开放式用户通信”下调用 TSEND_C 指令	
5	选择“项目树”→“PLC_1”→“程序块”→“添加新块”→“数据块”选项，创建 DB 块，在 DB 块的“属性”→“常规”→“属性”界面，取消勾选“优化的块访问”复选框，单击“确定”按钮，定义发送数据区为 1 个字节，并编译	
6	定义 PLC_1 的 TSEND_C 发送通信块“连接参数”	

续表

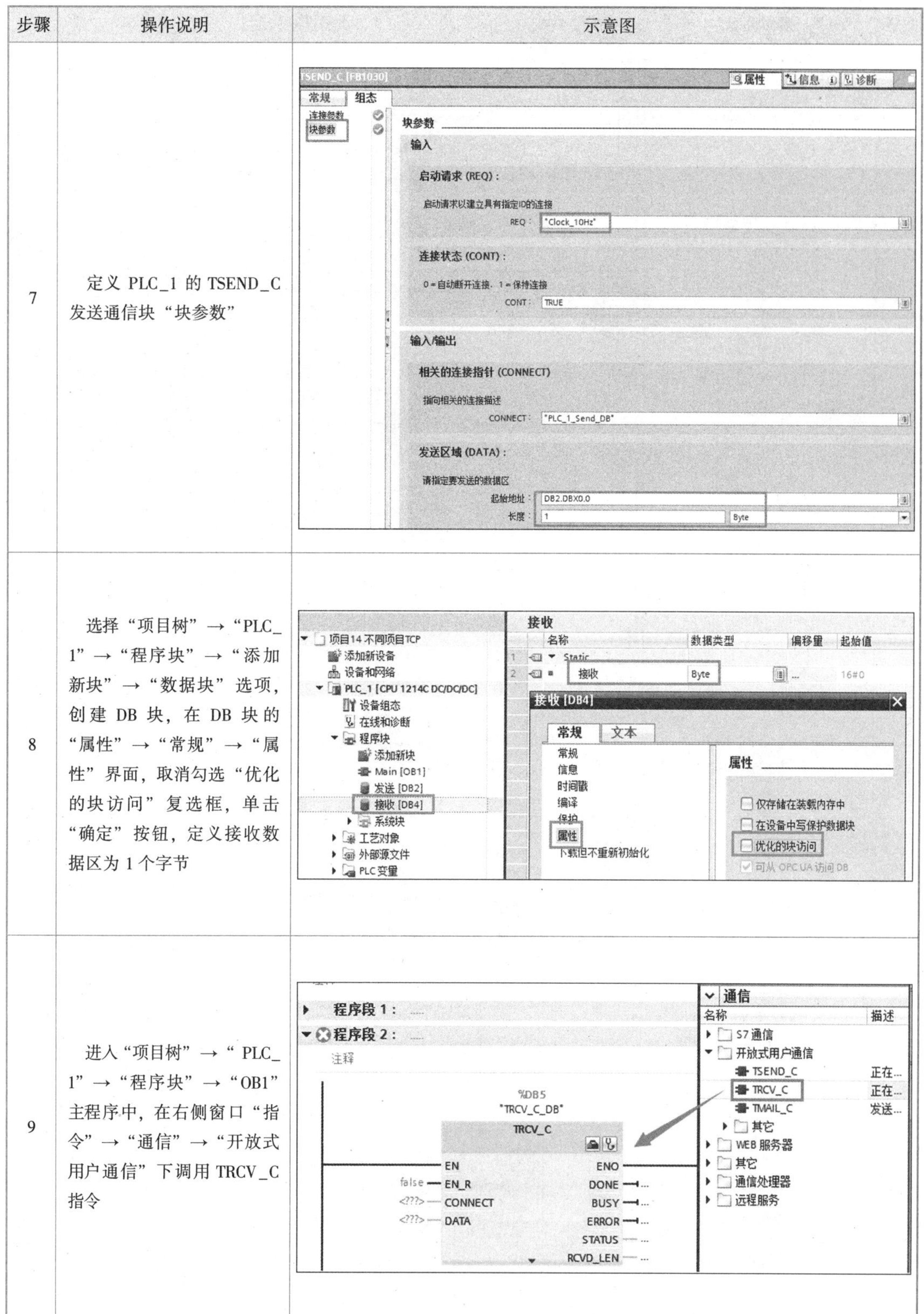

步骤	操作说明	示意图
7	定义 PLC_1 的 TSEND_C 发送通信块“块参数”	
8	选择“项目树”→“PLC_1”→“程序块”→“添加新块”→“数据块”选项，创建 DB 块，在 DB 块的“属性”→“常规”→“属性”界面，取消勾选“优化的块访问”复选框，单击“确定”按钮，定义接收数据区为 1 个字节	
9	进入“项目树”→“PLC_1”→“程序块”→“OB1”主程序中，在右侧窗口“指令”→“通信”→“开放式用户通信”下调用 TRCV_C 指令	

续表

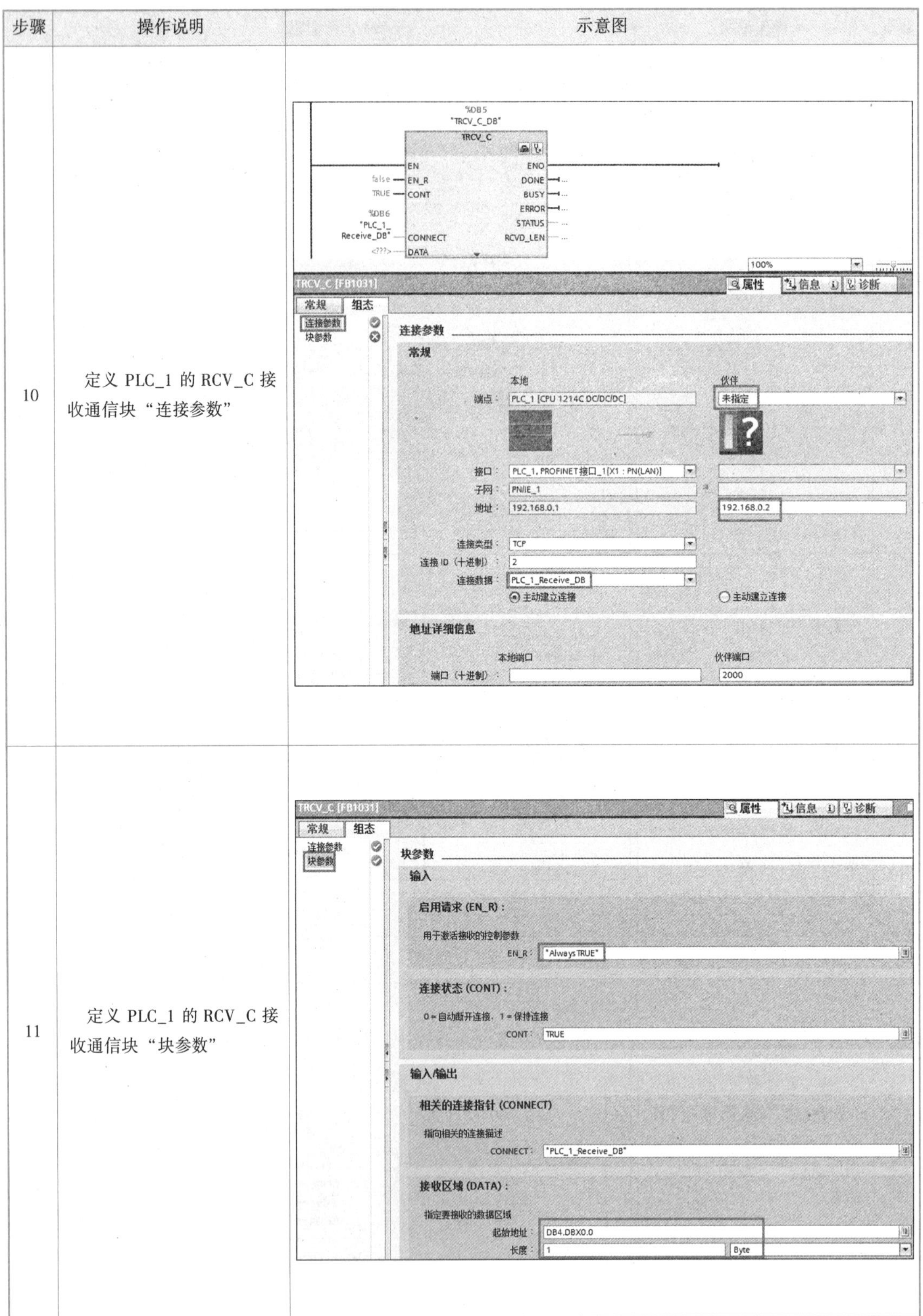

步骤	操作说明	示意图
10	定义 PLC_1 的 RCV_C 接收通信块“连接参数”	
11	定义 PLC_1 的 RCV_C 接收通信块“块参数”	

续表

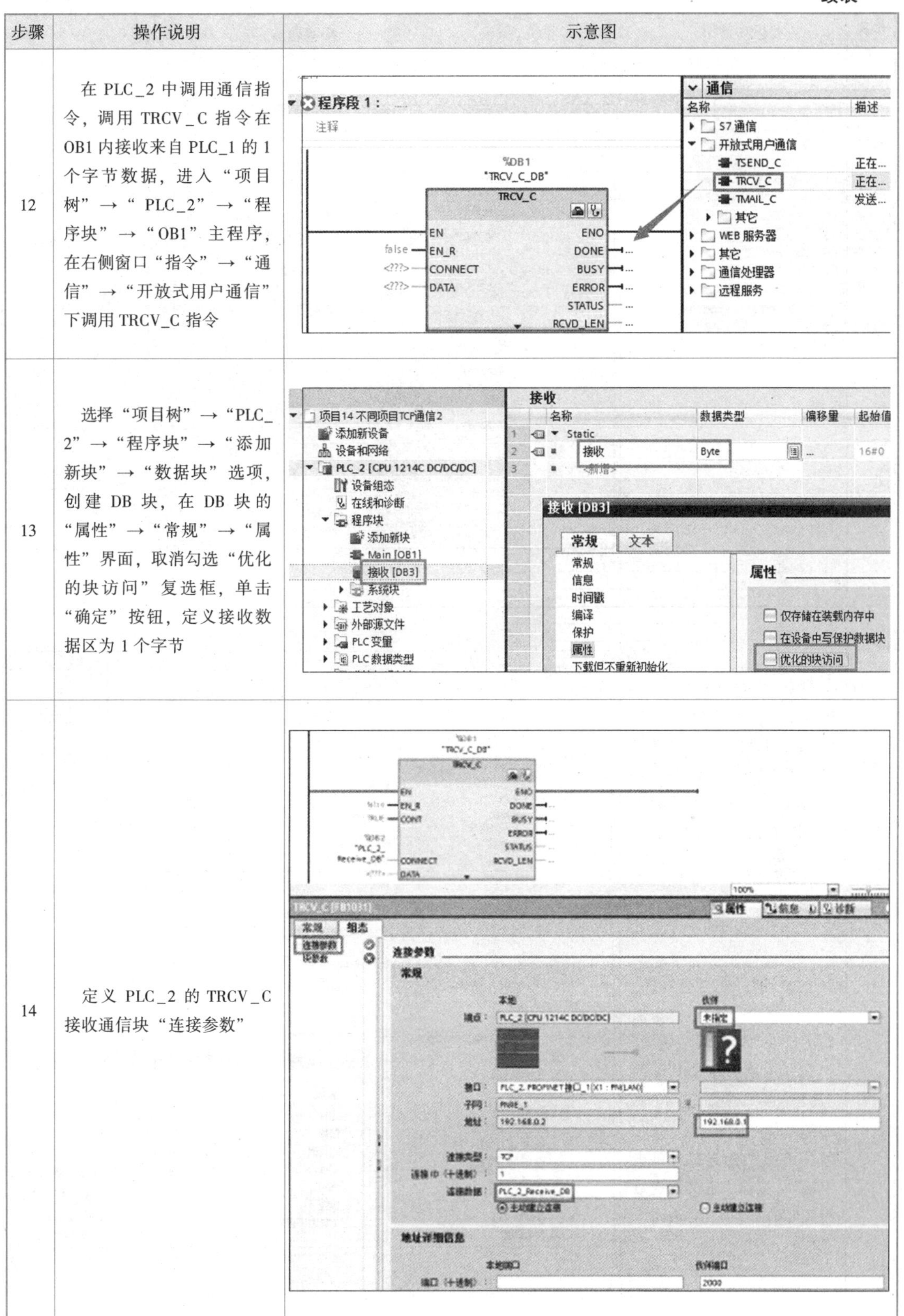

步骤	操作说明	示意图
12	在PLC_2中调用通信指令，调用TRCV_C指令在OB1内接收来自PLC_1的1个字节数据，进入“项目树”→“PLC_2”→“程序块”→“OB1”主程序，在右侧窗口“指令”→“通信”→“开放式用户通信”下调用TRCV_C指令	
13	选择“项目树”→“PLC_2”→“程序块”→“添加新块”→“数据块”选项，创建DB块，在DB块的“属性”→“常规”→“属性”界面，取消勾选“优化的块访问”复选框，单击“确定”按钮，定义接收数据区为1个字节	
14	定义PLC_2的TRCV_C接收通信块“连接参数”	

续表

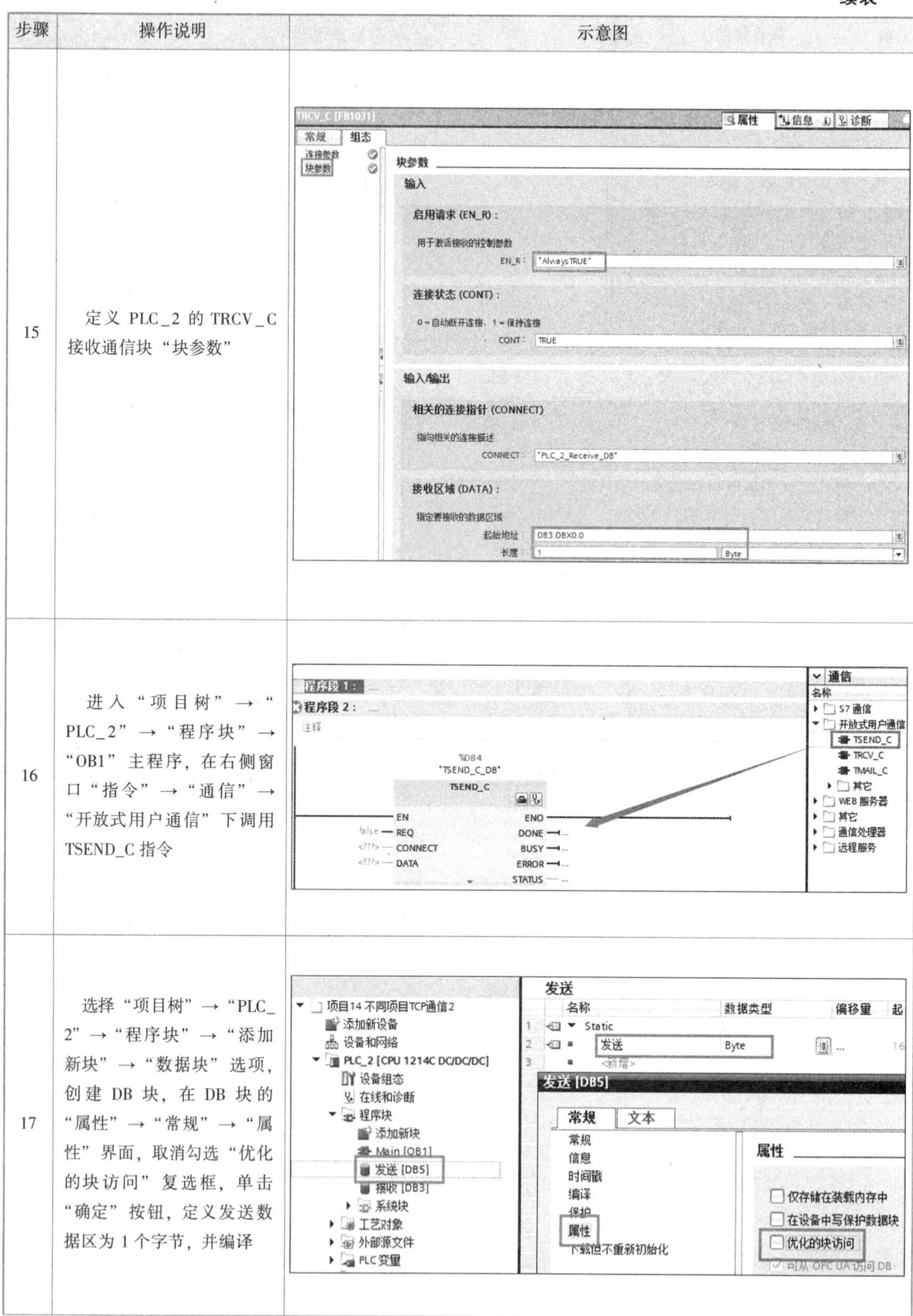

步骤	操作说明	示意图
15	定义 PLC_2 的 TRCV_C 接收通信块“块参数”	
16	进入“项目树”→“PLC_2”→“程序块”→“OB1”主程序，在右侧窗口“指令”→“通信”→“开放式用户通信”下调用 TSEND_C 指令	
17	选择“项目树”→“PLC_2”→“程序块”→“添加新块”→“数据块”选项，创建 DB 块，在 DB 块的“属性”→“常规”→“属性”界面，取消勾选“优化的块访问”复选框，单击“确定”按钮，定义发送数据区为 1 个字节，并编译	

续表

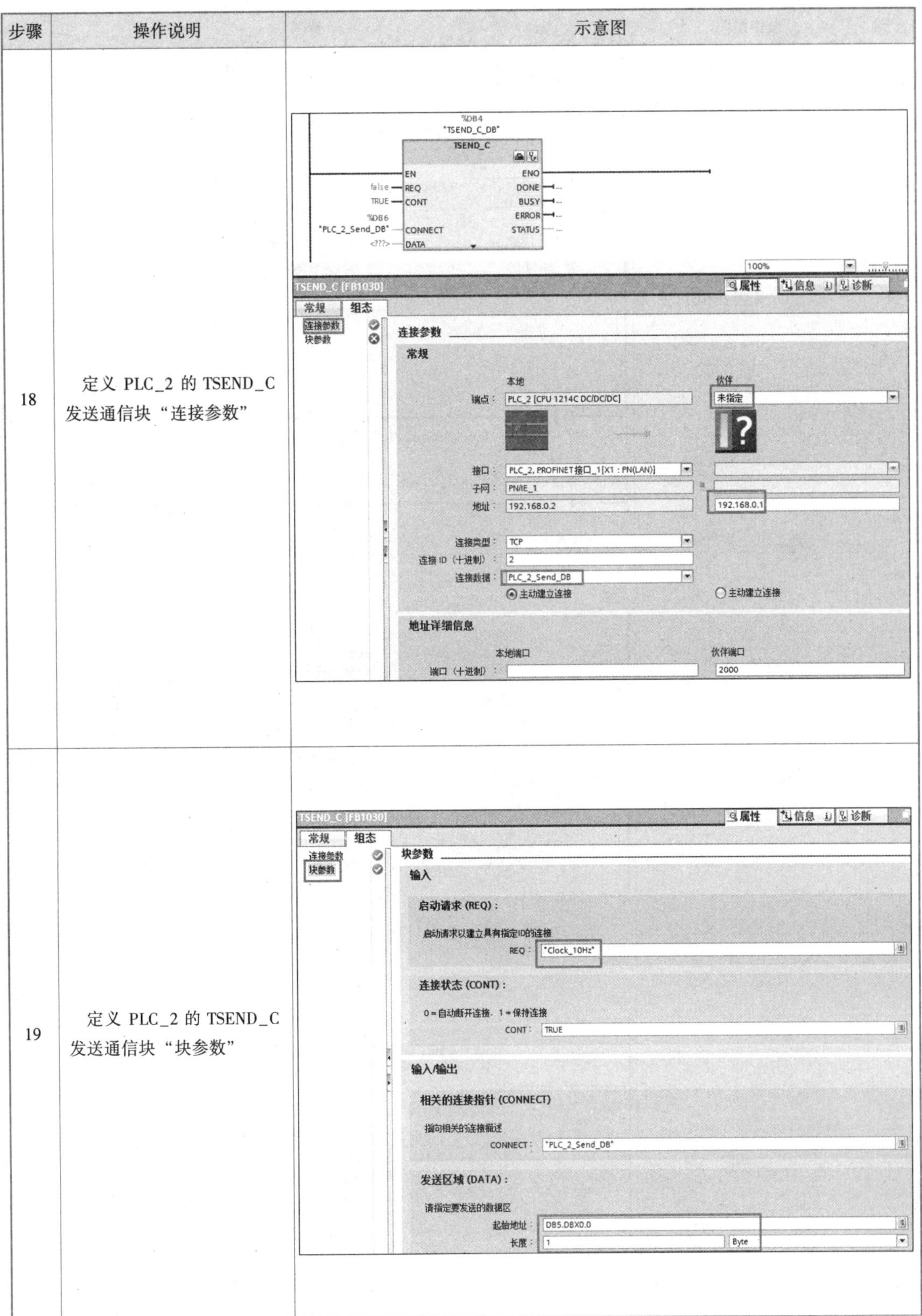

步骤	操作说明	示意图
18	定义 PLC_2 的 TSEND_C 发送通信块“连接参数”	
19	定义 PLC_2 的 TSEND_C 发送通信块“块参数”	

续表

步骤	操作说明	示意图
20	编写 PLC_1 发送程序	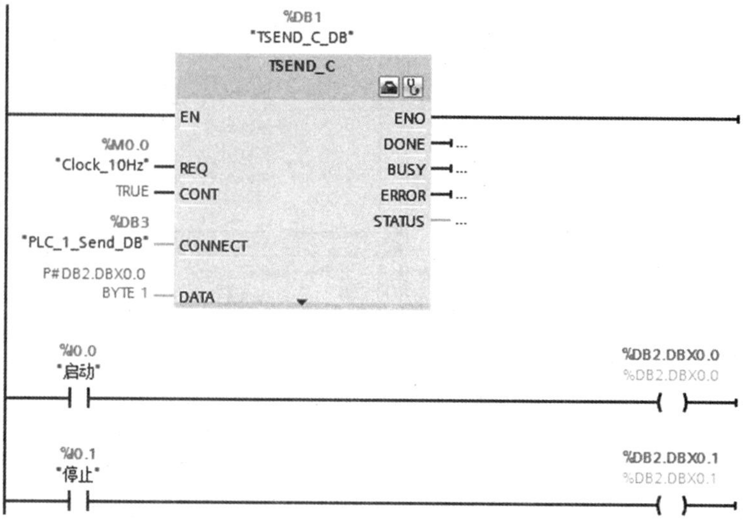
21	编写 PLC_1 接收程序	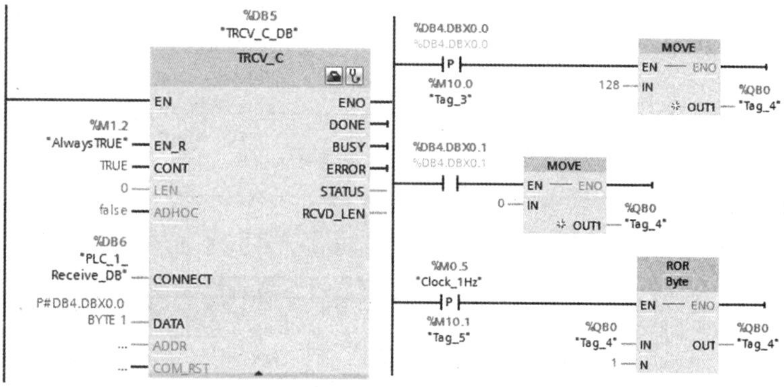
22	编写 PLC_2 接收程序	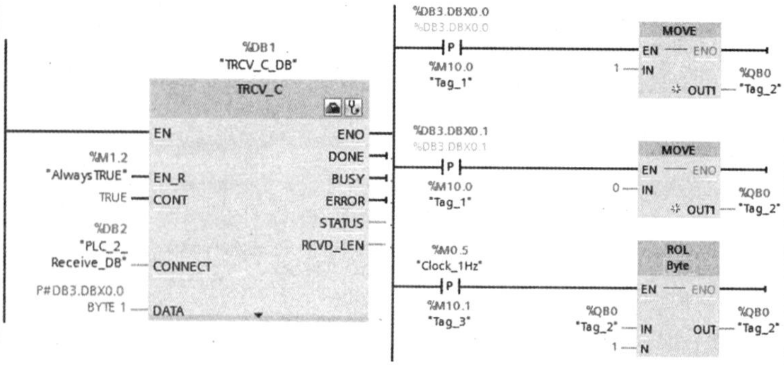

续表

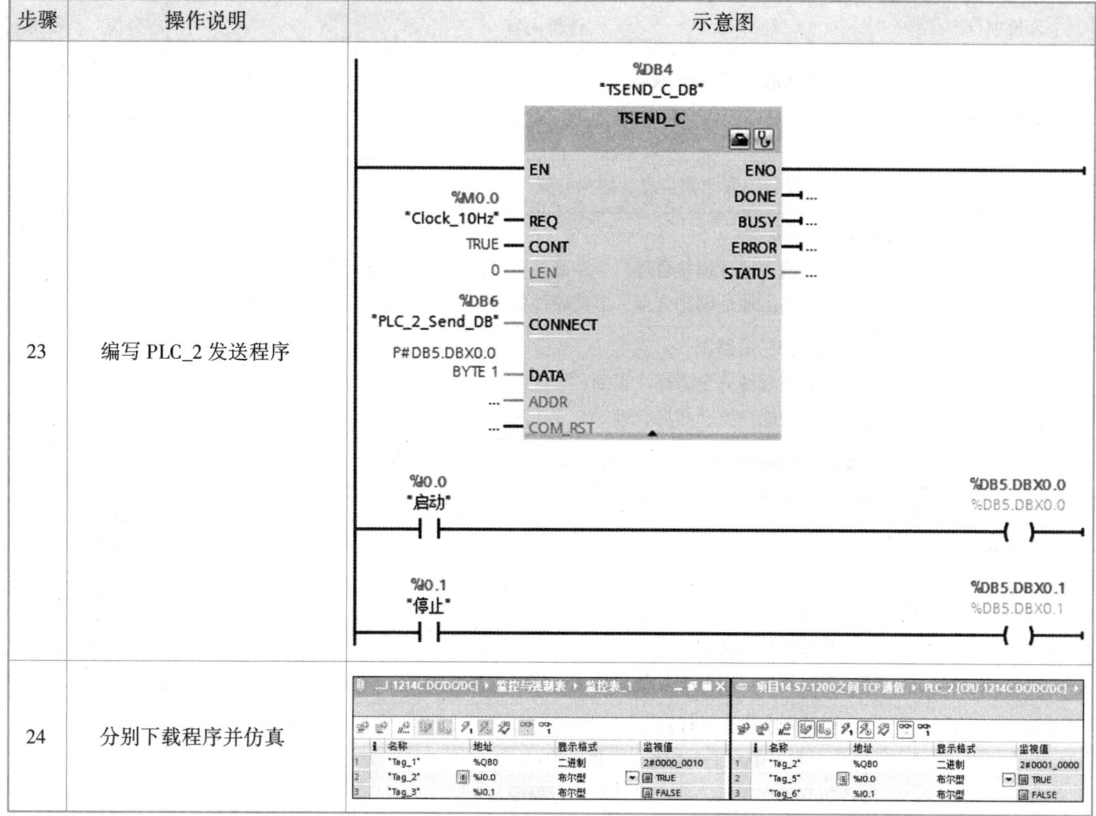

步骤	操作说明	示意图
23	编写 PLC_2 发送程序	
24	分别下载程序并仿真	

五、 任务检查

为了保证项目能顺利可靠地开展下去，必须对项目的实施过程和结果进行检查。检查点的设置原则主要包括两点：对影响项目正常实施和完成质量的因素，要设置为检查点，包括安全、操作、结果（中间结果和最终结果）等；所设置的检查点应尽可能量化表达，以便于客观评价项目的实施。

本项目的主要任务是：确定 I/O 分配表；完成 PLC 控制电路图；完成 PLC 控制电路连接；绘制顺序功能图；完成 PLC 控制程序编写；完成 PLC 控制程序仿真运行；完成 PLC 控制程序下载并运行。

根据本项目的具体内容，设置检查表（表 15-6），在项目实施过程和终结时进行必要的检查并填写检查表。

表 15-6　S7-1200 PLC 之间的 TCP 通信项目检查表

评价项目	评价内容	分值	得分
职业素养（30 分）	分工合理，制定计划能力强，严谨认真	5	
	爱岗敬业，具有安全意识、责任意识、服从意识	5	
	团队合作，具有交流沟通、互相协作、分享的能力	5	

续表

评价项目	评价内容	分值	得分
职业素养（30 分）	遵守行业规范、现场 6S 标准	5	
	主动性强，保质保量完成工作页相关任务	5	
	能采取多样化手段收集信息、解决问题	5	
专业能力（60 分）	编制 I/O 分配表： （1）所有输入地址编排合理，节约硬件资源，元件符号与元件作用说明完整； （2）所有输出地址编排合理，节约硬件资源，元件符号与元件作用说明完整	10	
	绘制 PLC 控制电路图： （1）电路图元件齐全，标注正确； （2）电路功能完整，布局合理	10	
	连接 PLC 控制电路 （1）安全不违章； （2）安装达标	10	
	编写 PLC 控制程序： （1）功能正确，程序段合理； （2）符号表正确完整； （3）绝对地址、符号地址显示正确，程序段注释合理	10	
	PLC 控制程序仿真运行： （1）S7-PLCSIM 打开正确，下载正常； （2）仿真操作正确，能正确仿真运行程序	10	
	下载 PLC 控制程序并运行： （1）程序下载正确，PLC 指示灯正常； （2）程序运行操作正确，能实现预定功能	10	
创新意识（10 分）	具有创新性思维并付诸行动	10	
合计		100	

六、 任务评价

根据项目实施、检查情况，填写评价表。评价表可分为自评表（表 15-7）和他评表（表 15-8），主要内容应包括实施过程简要描述、检查情况描述、存在的主要问题、解决方案等。

表 15-7　S7-1200 PLC 之间的 TCP 通信项目自评表

签名： 日期：

表 15-8　S7-1200 PLC 之间的 TCP 通信项目他评表

签名： 日期：

实践练习（项目需求）

一、 任务描述

应用 TCP 通信实现 2 个 S7-1200 PLC 的 CPU 之间的以太网通信。

（1） 使 PLC_1 的 I0.0、I0.1 控制 PLC_2 的 Q0.0 接通、断开；

（2） 使 PLC_2 的 I0.2、I0.3 控制 PLC_1 的 Q0.1 接通、断开。

请根据控制要求完成以下任务。

（1） 确定 I/O 分配表；

（2） 完成 PLC 控制电路图；

（3） 完成 PLC 控制电路连接；

（4） 完成 PLC 控制程序编写；

（5） 完成 PLC 控制程序仿真运行；

（9） 完成 PLC 控制程序下载并运行。

二、 任务计划

S7-1200 PLC 之间的 TCP 通信项目工作计划见表 15-9。

表 15-9　S7-1200 PLC 之间的 TCP 通信项目工作计划

序号	项目	内容	时间/min	人员
1				
2				
3				
4				
5				
6				

三、 任务决策

根据任务要求和资源、人员的实际配置情况，按照工作计划，采取项目小组的方式开展工作，小组内实行分工合作，每位成员都要完成全部任务并提交任务评价表。S7-1200 PLC 之间的 TCP 通信项目决策表见表 15-10。

表 15-10　S7-1200 PLC 之间的 TCP 通信项目决策表

签名： 日期：

四、 任务实施

（一）I/O 分配表

I/O 分配表见表 15-11。

表 15-11　I/O 分配表

输入			输出		
地址	元件符号	元件名称	地址	元件符号	元件名称

（二）PLC 控制电路图

（三）PLC 控制程序

S7-1200 PLC 之间的 TCP 通信项目实施记录表见表 15-12。

表 15-12 S7-1200 PLC 之间的 TCP 通信项目实施记录表

签名： 日期：

五、任务检查

S7-1200 PLC 之间的 TCP 通信项目检查表见表 15-13。

表 15-13 S7-1200 PLC 之间的 TCP 通信项目检查表

评价项目	评价内容	分值	得分
职业素养（30 分）	分工合理，制定计划能力强，严谨认真	5	
	爱岗敬业，具有安全意识、责任意识、服从意识	5	
	团队合作，具有交流沟通、互相协作、分享的能力	5	
	遵守行业规范、现场 6S 标准	5	
	主动性强，保质保量完成工作页相关任务	5	
	能采取多样化手段收集信息、解决问题	5	

续表

评价项目	评价内容	分值	得分
专业能力（60分）	编制 I/O 分配表： （1）所有输入地址编排合理，节约硬件资源，元件符号与元件作用说明完整； （2）所有输出地址编排合理，节约硬件资源，元件符号与元件作用说明完整	10	
	绘制 PLC 控制电路图： （1）电路图元件齐全，标注正确； （2）电路功能完整，布局合理	10	
	连接 PLC 控制电路 （1）安全不违章； （2）安装达标	10	
	编写 PLC 控制程序： （1）功能正确，程序段合理； （2）符号表正确完整； （3）绝对地址、符号地址显示正确，程序段注释合理	10	
	PLC 控制程序仿真运行： （1）S7-PLCSIM 打开正确，下载正常； （2）仿真操作正确，能正确仿真运行程序	10	
	下载 PLC 控制程序并运行： （1）程序下载正确，PLC 指示灯正常； （2）程序运行操作正确，能实现预定功能	10	
创新意识 10 分	具有创新性思维并付诸行动	10	
合计		100	

六、任务评价

S7-1200 PLC 之间的 TCP 通信项目自评表、他评表见表 15-14、表 15-15。

表 15-14　S7-1200 PLC 之间的 TCP 通信项目自评表

签名： 日期：

表 15-15　S7-1200 PLC 之间的 TCP 通信项目他评表

签名： 日期：

扩展提升

应用 TCP 通信实现 3 个 S7-1200 PLC 的 CPU 之间的以太网通信。

(1) 将 PLC_1 的 IB0 中的数据同时发送到 PLC_2、PLC3 的 QB0 中;

(2) 将 PLC_2 的 IB1 中的数据发送到 PLC3 的 QB1 中。

根据控制要求完成以下任务。

(1) 确定 I/O 分配表;

(2) 完成 PLC 控制电路图;

(3) 完成 PLC 控制电路连接;

(4) 完成 PLC 控制程序编写;

(5) 完成 PLC 控制程序仿真运行;

(6) 完成 PLC 控制程序下载并运行。

项目 16 S7-1200 PLC 之间的 UDP 通信

背景描述

UDP 是一种非面向连接协议，发送数据之前无须建立通信连接，传输数据时只需要指定 IP 地址和端口号作为通信端点，不具有 TCP 中的安全机制，数据的传输无须伙伴方应答，因此数据传输的安全不能得到保障。

本项目应用 TSEND_C、TRCV_C 指令实现 S7-1200 PLC 之间的 UDP 通信。

素养目标

提高学生的民族自信心。

【知识拓展】

交换机是数据链路层的一个非常重要的设备。提出交换机常用的两个品牌如思科和华为，在介绍设备基本功能的同时分析两个品牌的特点，使学生对交换机的了解更加深入。

任务描述

应用 UDP 通信实现 2 个 S7-1200 PLC 的 CPU 之间的以太网通信。

某生产线上有两个工作站，分别由两台 S7-1200 PLC 控制，在工作站 1 设有启动按钮和停止按钮，在工作站 2 只设有停止按钮。按下工作站 1 的启动按钮，工作站 1 的电动机立刻启动，5 s 后工作站 2 的电动机启动。任意按下一个停止按钮，工作站 2 的电动机立刻停止，工作站 1 的电动机延时 5 s 停止。

请根据控制要求完成以下任务。

（1）确定 I/O 分配表；

（2）完成 PLC 控制电路图；

（3）完成 PLC 控制电路连接；

（4）完成 PLC 控制程序编写；

（5）完成 PLC 控制程序下载并运行。

示范实例

一、 知识储备

UDP 也是一种简单快速、面向消息的数据传输协议，位于 OSI 参考模型的第四层传输层。UDP 传输数据时将传送关于消息长度和结束的信息，另外由于传输数据时仅加入少量的管理信息，所以 UDP 与 TCP 相比具有更大的数据吞吐量。

UDP 虽是非面向连接的通信协议，但发送数据时需要调用 TSEND_C 指令，接收数据需要调用 TRCV_C 指令，这两条指令用于创建与通信伙伴的连接，通知 CPU 操作系统定义一个 UDP 通信服务。

二、 任务计划

根据项目需求，编制 I/O 分配表，绘制、连接 PLC 控制电路，编写 PLC 控制程序，完成 PLC 控制电路的连接，下载 PLC 控制程序到 PLC 并运行，实现所要求的控制功能。

按照通常的 PLC 控制程序编写及硬件装调工作流程，制定工作计划，见表 16-1。

表 16-1　S7-1200 PLC 之间的 UDP 通信项目工作计划

序号	项目	内容	时间/min	人员
1	编制 I/O 分配表	确定所需要的 I/O 点数并分配具体用途，编制 I/O 分配表（需提交）	5	全体人员
2	绘制 PLC 控制电路图	根据 I/O 分配表绘制 PLC 控制电路图	16	全体人员
3	连接 PLC 控制电路	根据电路图完成电路连接	20	全体人员
4	编写 PLC 控制程序	根据控制要求编写 PLC 控制程序	25	全体人员
5	下载 PLC 控制程序并运行	把 PLC 控制程序下载到 PLC，实现所要求的控制功能	16	全体人员

三、 任务决策

按照工作计划，项目小组全体成员共同确定 I/O 分配表，然后分两个小组分别实施系统程序编写及硬件装调全部工作，合作完成任务并提交任务评价表。

四、 任务实施

项目的实施必须在保证安全的前提下进行，应提前建立并熟悉项目检查事项及评价要素，在实施过程中予以充分重视，才能确保项目的顺利进行。

（一） 编制 I/O 分配表

根据控制要求，PLC_1、PLC_2 各元件的 I/O 分配相同，见表 16-2。

表 16-2 I/O 分配表

PLC_1 输入			PLC_1 输出		
地址	元件符号	元件名称	地址	元件符号	元件名称
I0.0	SB1	启动按钮	Q0.0	KA	继电器
I0.1	SB2	停止按钮	—	—	—
I0.2	FR	过载保护继电器	—	—	—
PLC_2 输入			PLC_2 输出		
I0.0	SB1	启动按钮	Q0.0	KA	继电器
I0.1	FR	过载保护继电器	—	—	—

（二）绘制 PLC 控制电路图

根据系统控制要求，绘制 S7-1200 PLC 之间 UDP 通信的 PLC 控制电路图，如图 16-1 所示。其中 1M 为 PLC 输入信号的公共端，3M 为 PLC 输出信号的公共端。

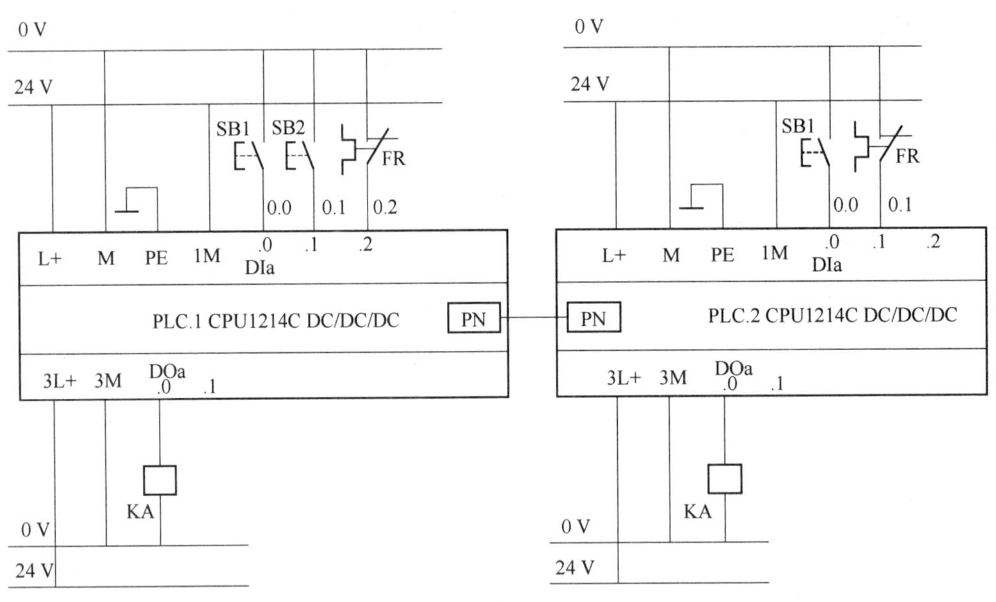

图 16-1 S7-1200 PLC 之间 UDP 通信的 PLC 控制电路图

（三）连接 PLC 控制电路

按工艺规范完成 PLC 控制电路的连接。PLC 控制电路的连接主要需要考虑元器件的布置安装、导线线径与颜色的选择、接线端子的选择与制作、线号标识的制作与排列，最终实现元器件布局间距合理、安装稳固可靠，布线整齐有序、松紧适宜，接线规范牢固、标识清晰明确。

（四）编写 PLC 控制程序

1. 同一项目中的 UDP 通信操作步骤

根据项目控制要求，在同一项目中进行 UDP 通信的组态、编程，步骤见表 16-3。

表 16-3　同一项目中的 UDP 通信操作步骤

步骤	操作说明	示意图
1	创新建项目，在“项目树”下双击“添加新设备”选项，在对话框中选择所使用的 S7-1200 PLC CPU 添加到机架上，命名为 PLC_1。用同样的方法再添加通信伙伴的 S7-1200 PLC CPU，命名为 PLC_2	
2	在 CPU 属性中定义的时钟位，选择“项目树”→“PLC_1”→“设备组态”选项，选中 CPU，然后在下面的属性窗口中，在“属性”→“常规”→“系统和时钟存储器”下，勾选“启用系统存储器字节”及“启用时钟存储器字节”复选框。用同样的方式，启用 PLC_2 CPU 的系统和时钟存储器位	
3	组态 PROFINET 通信接口，在 CPU 的属性窗口中，在“属性”→“常规”→“PROFINET 接口[X1]”→“以太网地址”下，添加新子网，分配 PLC_1 CPU 的 IP 地址为 192.168.0.1，子网掩码为 255.255.255.0。用同样的方式，为 PLC_2 CPU 分配 IP 地址为 192.168.0.2，子网掩码为 255.255.255.0	

续表

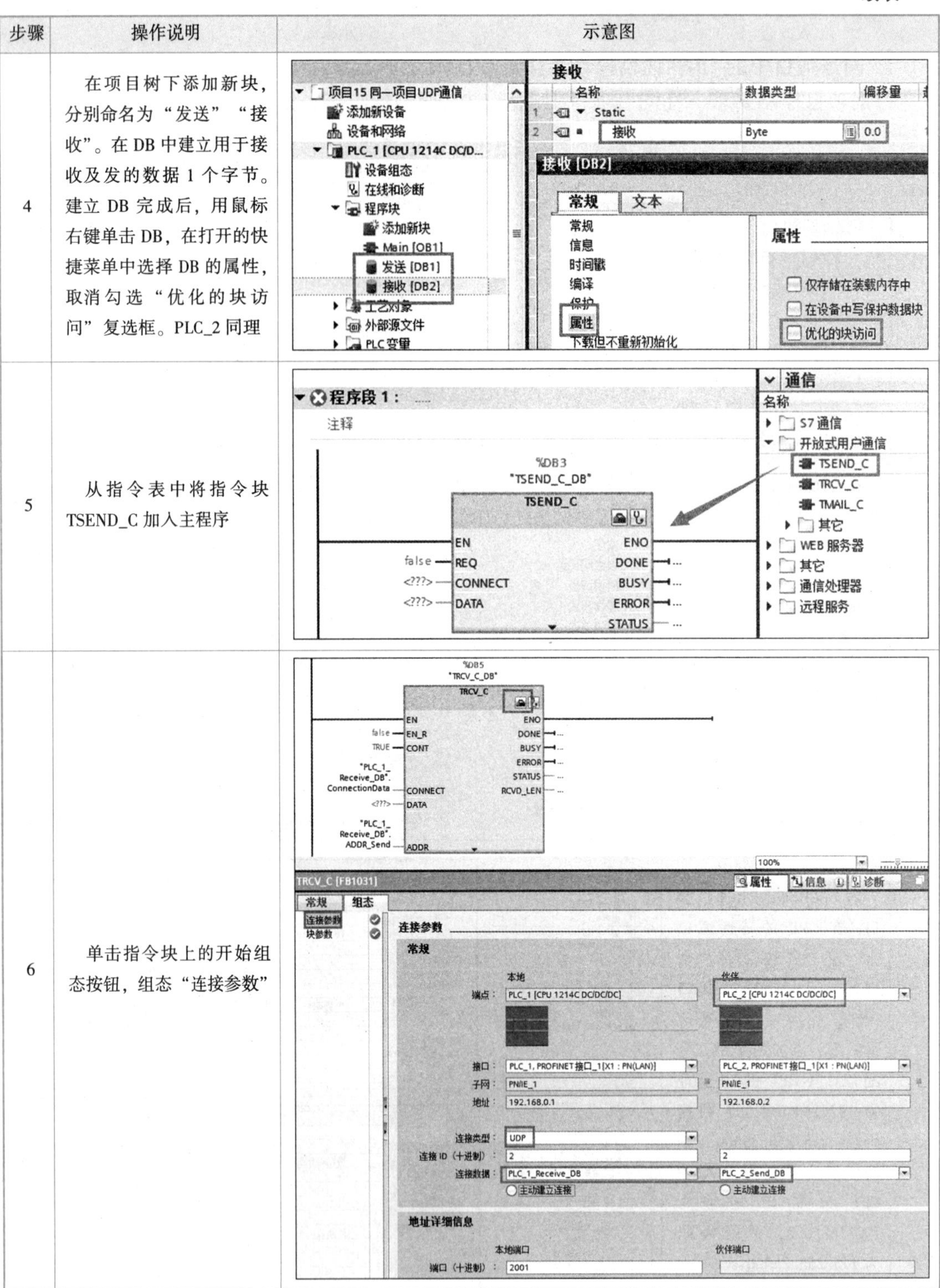

步骤	操作说明	示意图
4	在项目树下添加新块，分别命名为“发送”“接收”。在 DB 中建立用于接收及发的数据 1 个字节。建立 DB 完成后，用鼠标右键单击 DB，在打开的快捷菜单中选择 DB 的属性，取消勾选“优化的块访问”复选框。PLC_2 同理	
5	从指令表中将指令块 TSEND_C 加入主程序	
6	单击指令块上的开始组态按钮，组态“连接参数”	

续表

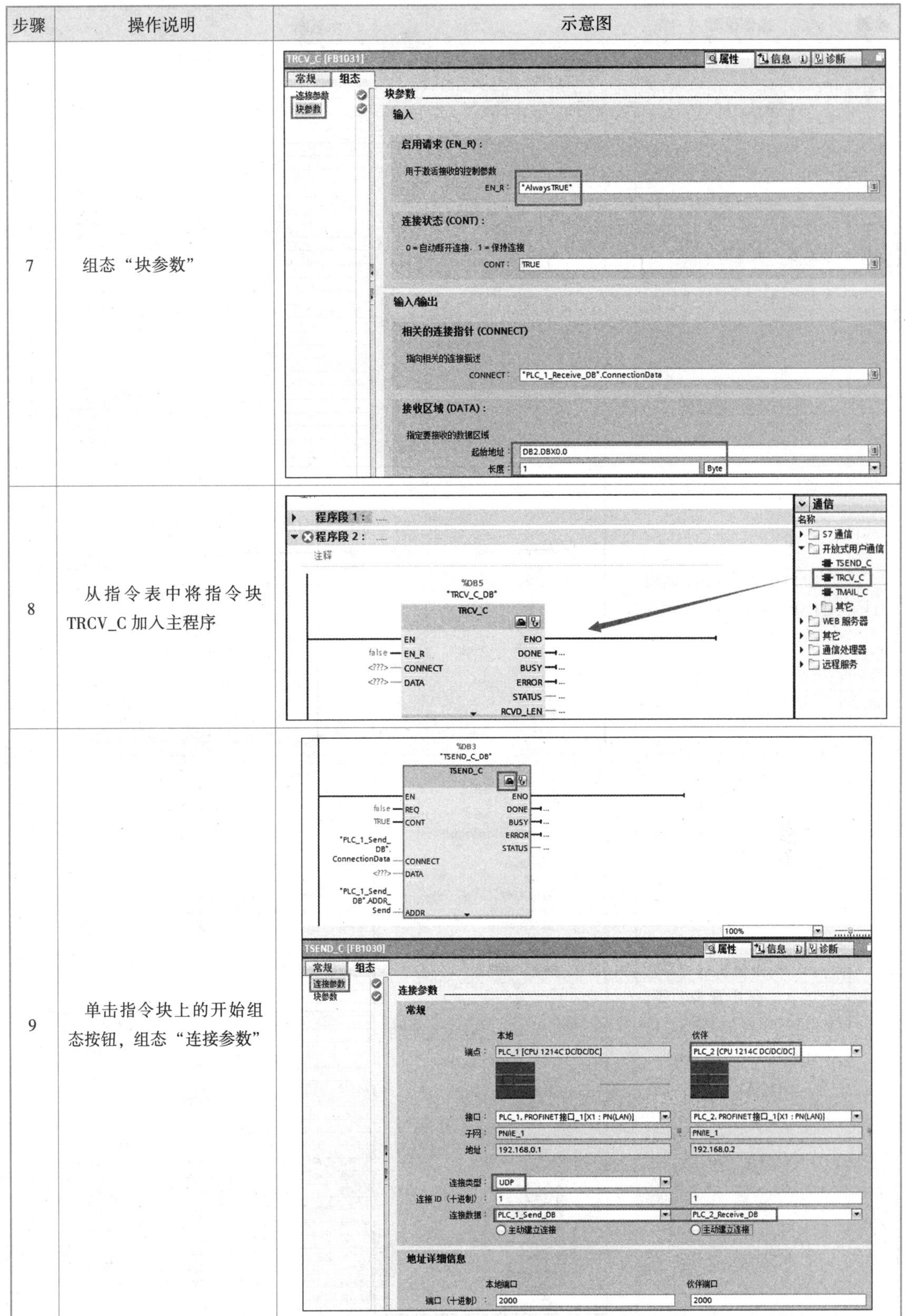

步骤	操作说明	示意图
7	组态“块参数”	
8	从指令表中将指令块 TRCV_C 加入主程序	
9	单击指令块上的开始组态按钮，组态“连接参数”	

续表

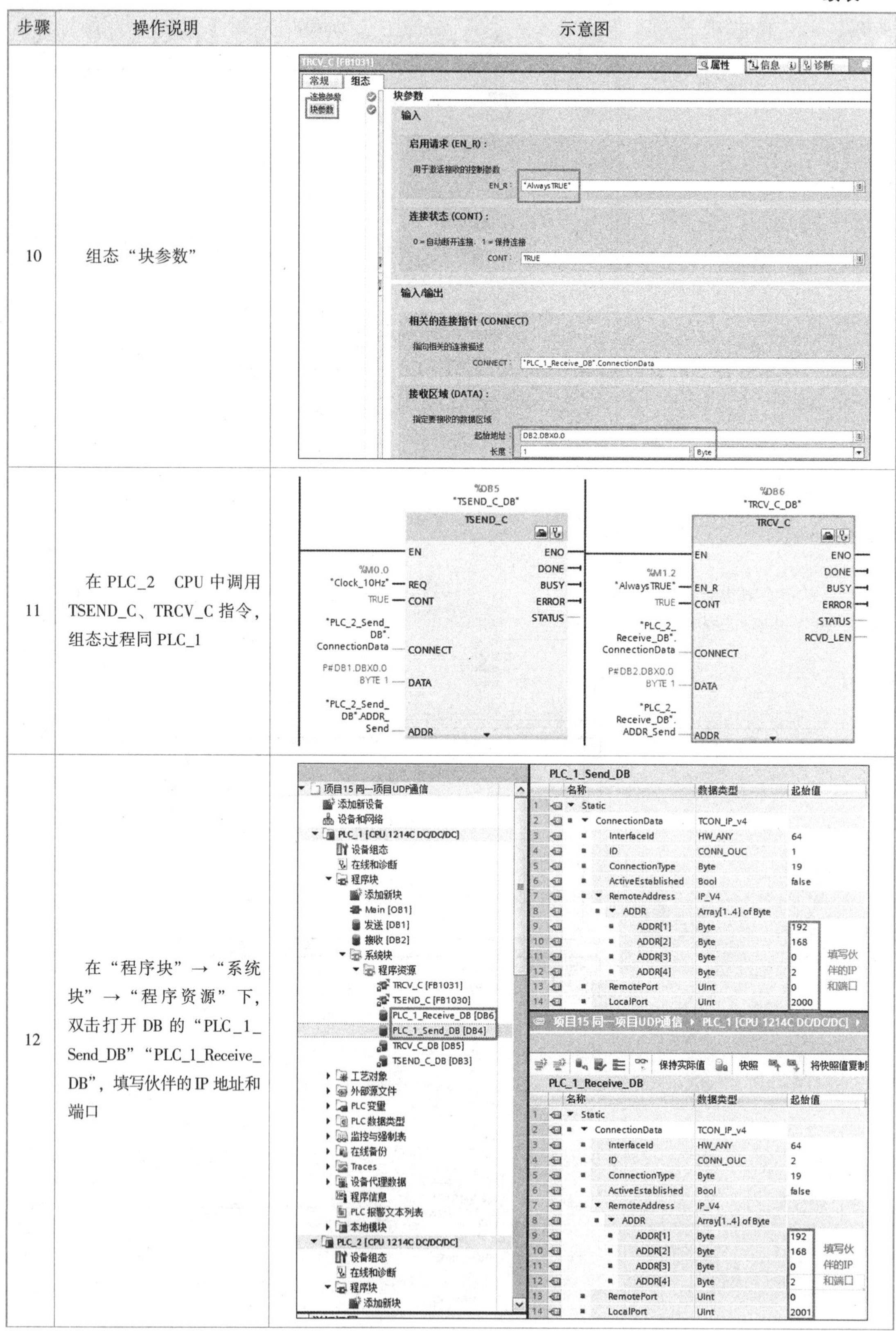

步骤	操作说明	示意图
10	组态“块参数”	
11	在 PLC_2 CPU 中调用 TSEND_C、TRCV_C 指令，组态过程同 PLC_1	
12	在“程序块”→“系统块”→“程序资源”下，双击打开 DB 的“PLC_1_Send_DB”“PLC_1_Receive_DB”，填写伙伴的 IP 地址和端口	

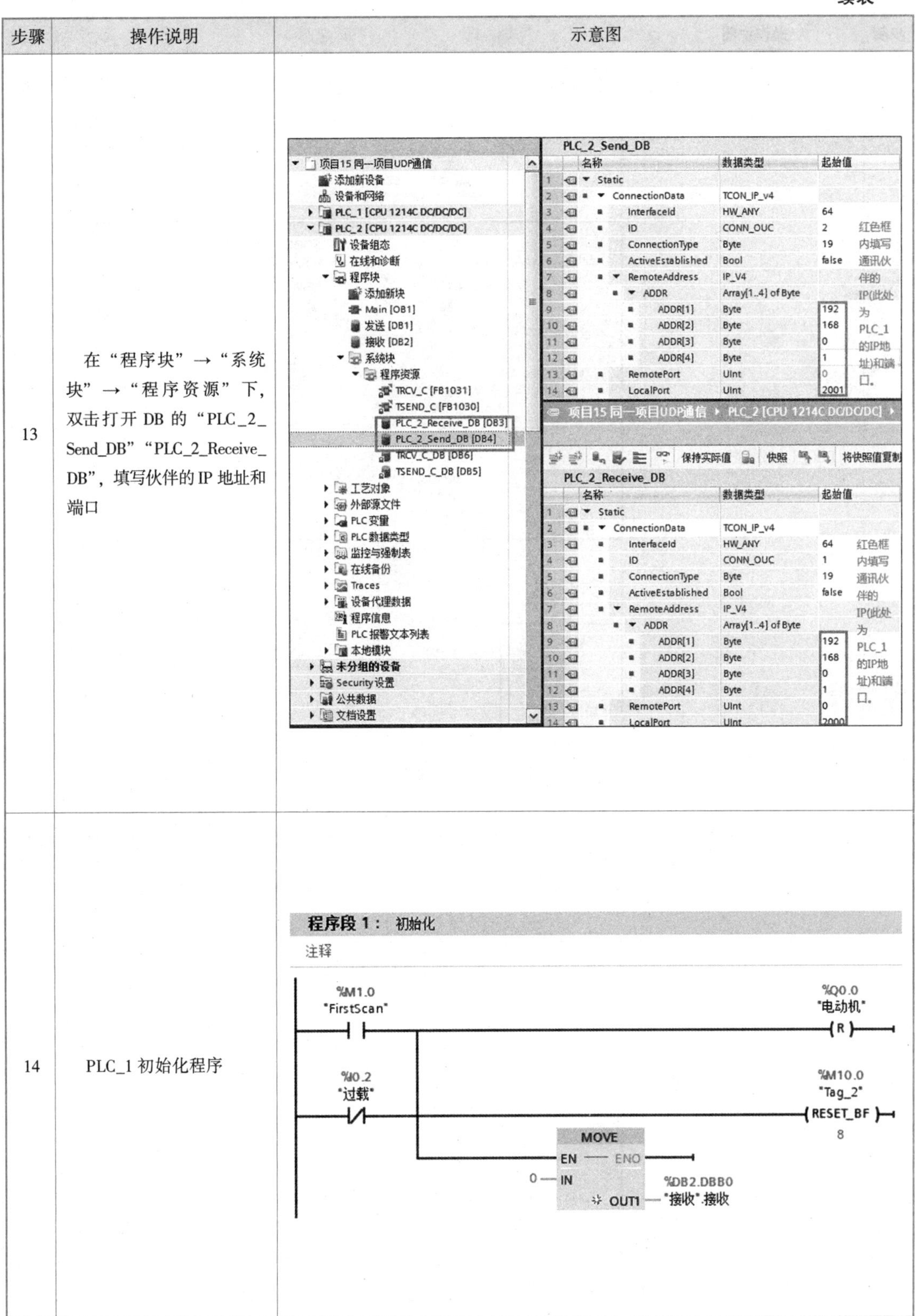

步骤	操作说明	示意图
13	在“程序块”→“系统块”→“程序资源”下，双击打开 DB 的“PLC_2_Send_DB”“PLC_2_Receive_DB”，填写伙伴的 IP 地址和端口	
14	PLC_1 初始化程序	

续表

步骤	操作说明	示意图
15	PLC_1 发送程序	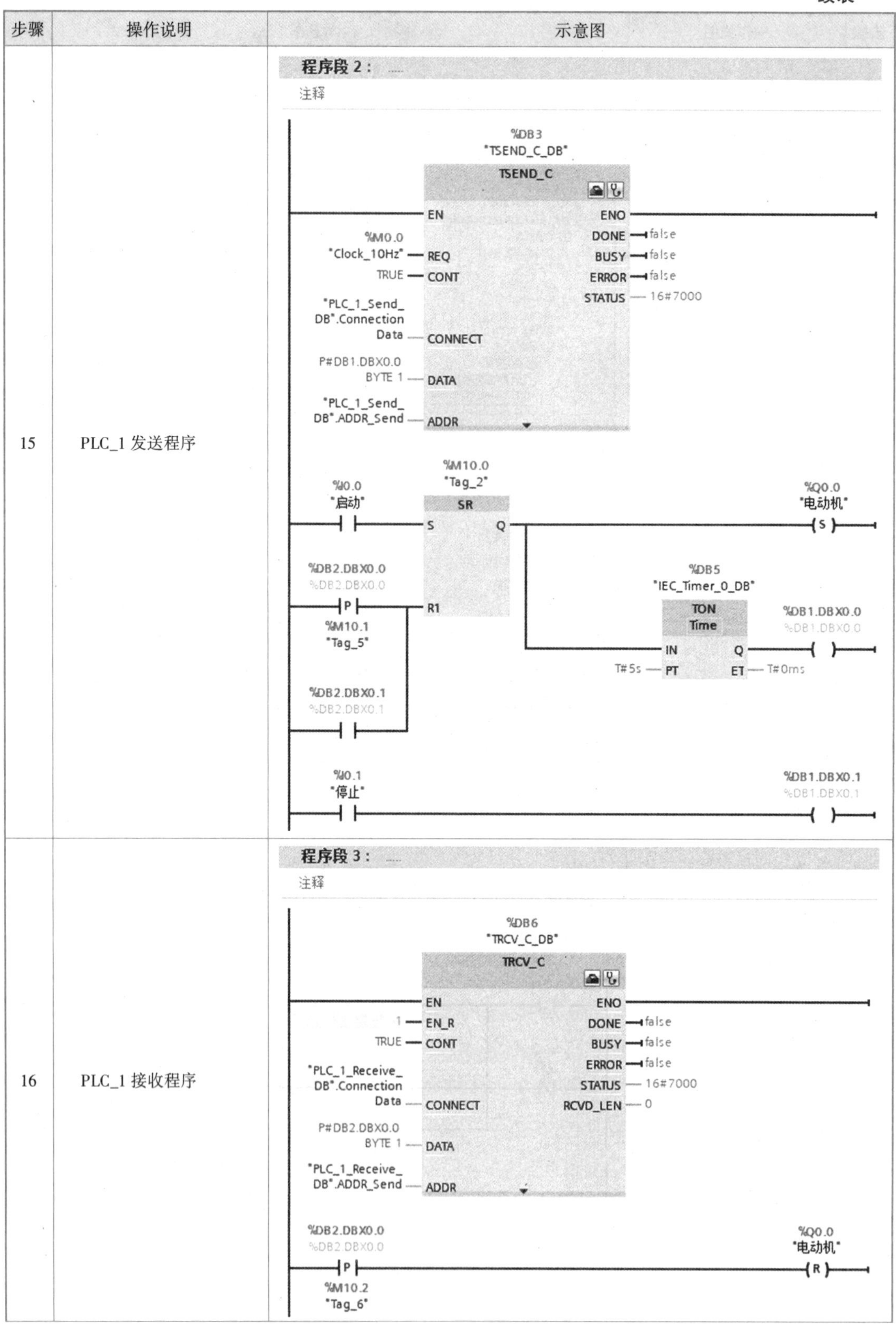
16	PLC_1 接收程序	

续表

步骤	操作说明	示意图
17	PLC_2 初始化程序	程序段 1：初始化 注释 %M1.0 "FirstScan"；%Q0.0 "电动机" (R) %I0.1 "过载"；%M10.0 "Tag_1" RESET_BF 8 %DB1.DBX0.1 %DB1.DBX0.1 ( ) MOVE：EN ENO；0 — IN；OUT1 — %DB2.DBB0 "接收".接收
18	PLC_2 发送程序	程序段 2：…… 注释 %DB3 "TRCV_C_DB" TRCV_C EN ENO %M1.2 "AlwaysTRUE" — EN_R；DONE — false TRUE — CONT；BUSY — false ERROR — false STATUS — 16#7000 "PLC_2_Receive_DB".ConnectionData — CONNECT；RCVD_LEN — 0 P#DB2.DBX0.0 BYTE 1 — DATA "PLC_2_Receive_DB".ADDR_Send — ADDR %DB2.DBX0.0 %DB2.DBX0.0 P %M10.0 "Tag_1"；%Q0.0 "电动机" (S)

续表

步骤	操作说明	示意图
19	PLC_2 接收程序	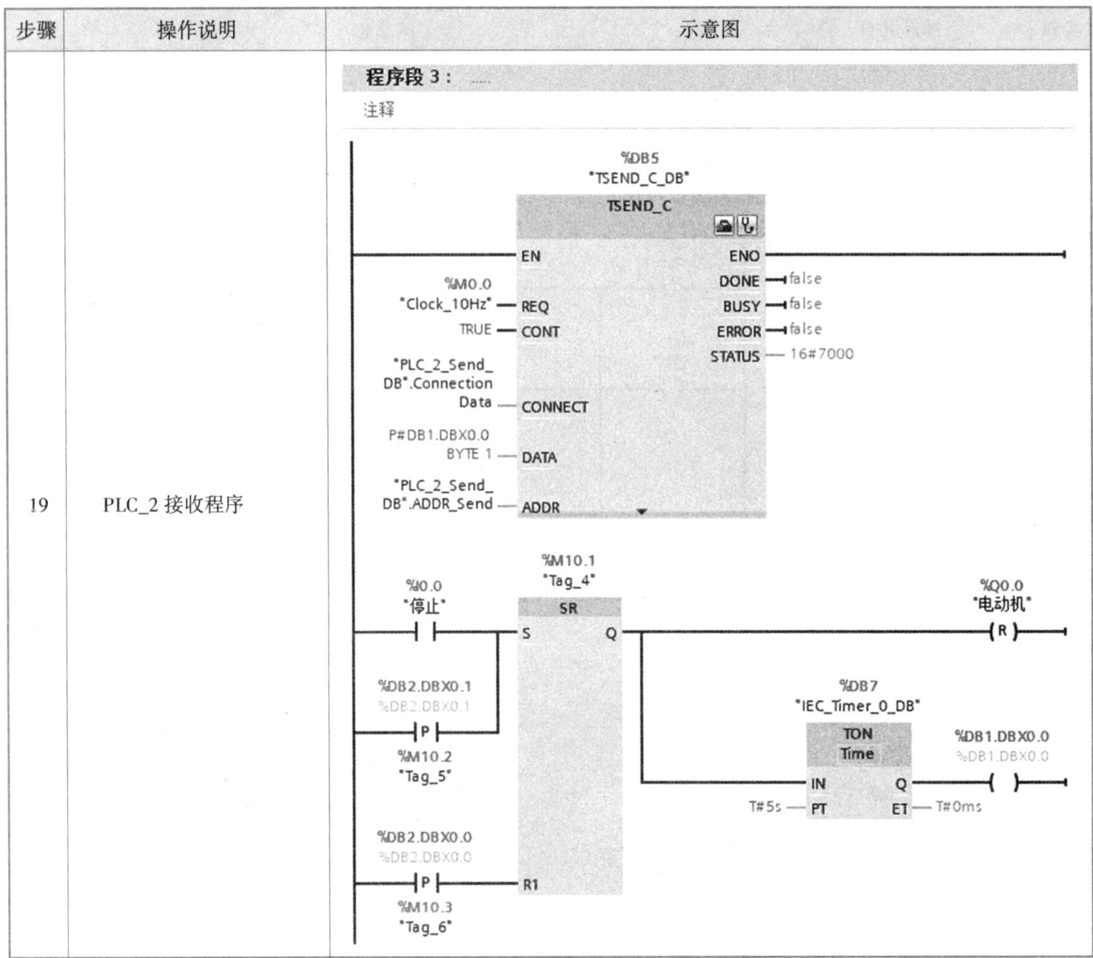

2. 不同项目中的 UDP 通信操作

根据项目控制要求，在不同项目中进行 UDP 通信的组态、编程，步骤见表 16-4。

表 16-4　不同项目中的 UDP 通信操作步骤

步骤	操作说明	示意图
1	创新建项目，在“项目树”下双击“添加新设备”选项，在对话框中选择所使用的 S7-1200 PLC CPU 添加到机架上，命名为 PLC_1	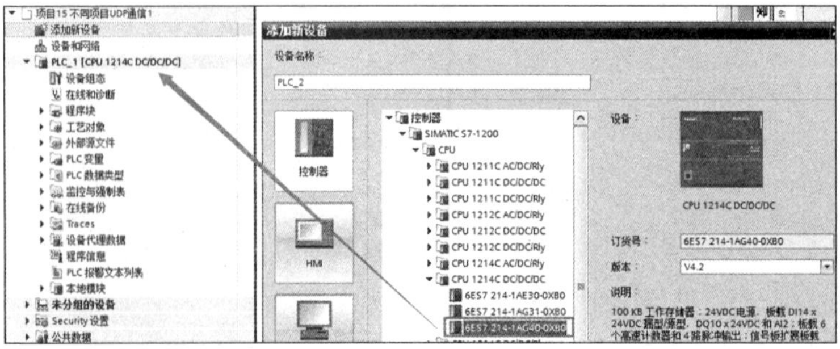

续表

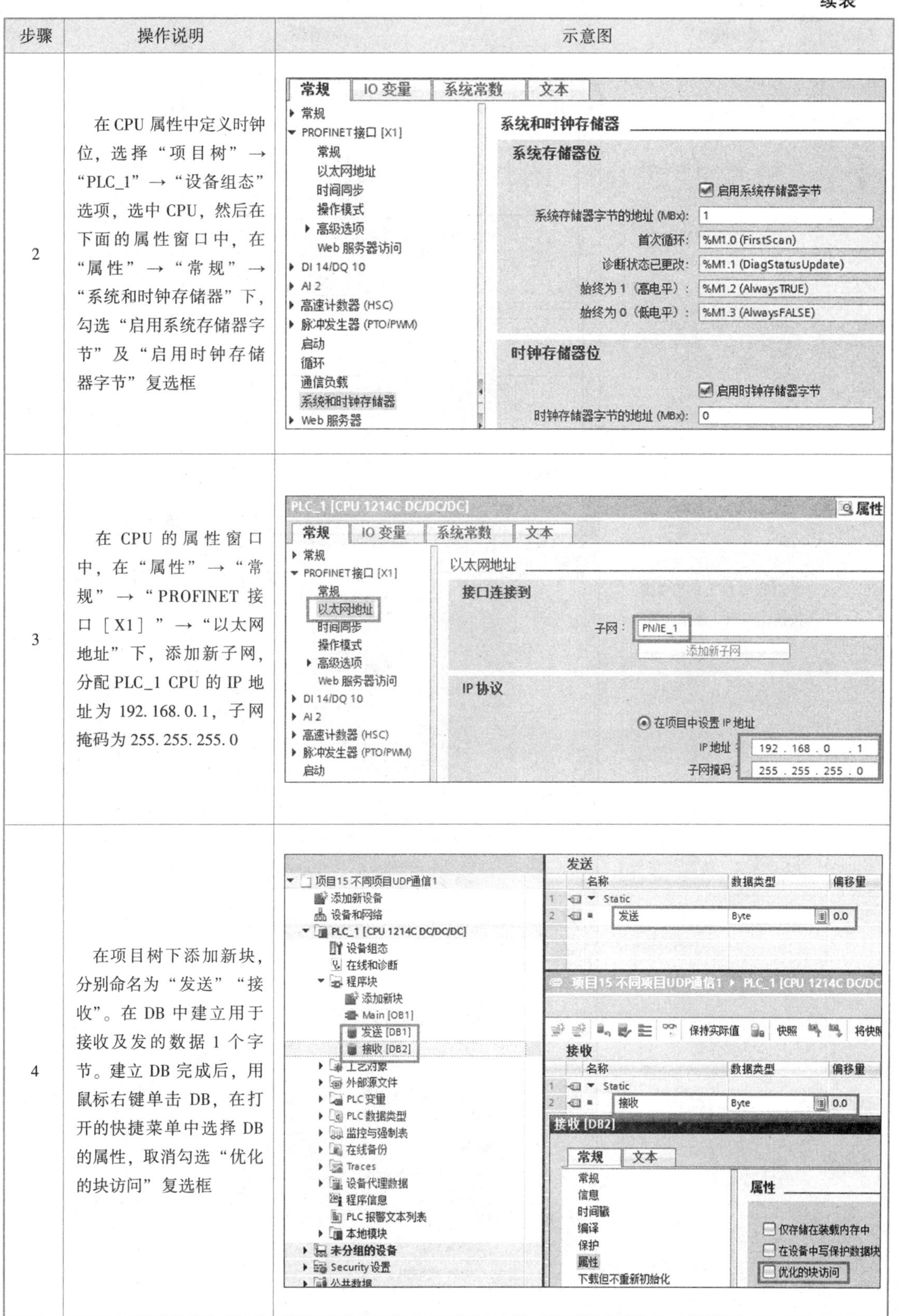

步骤	操作说明	示意图
2	在 CPU 属性中定义时钟位，选择“项目树”→“PLC_1”→“设备组态”选项，选中 CPU，然后在下面的属性窗口中，在“属性”→“常规”→“系统和时钟存储器”下，勾选“启用系统存储器字节”及“启用时钟存储器字节”复选框	
3	在 CPU 的属性窗口中，在“属性”→“常规”→“PROFINET 接口［X1］”→“以太网地址”下，添加新子网，分配 PLC_1 CPU 的 IP 地址为 192.168.0.1，子网掩码为 255.255.255.0	
4	在项目树下添加新块，分别命名为“发送”“接收”。在 DB 中建立用于接收及发的数据 1 个字节。建立 DB 完成后，用鼠标右键单击 DB，在打开的快捷菜单中选择 DB 的属性，取消勾选“优化的块访问”复选框	

步骤	操作说明	示意图
5	从指令表中将指令块TSEND_C 加入主程序	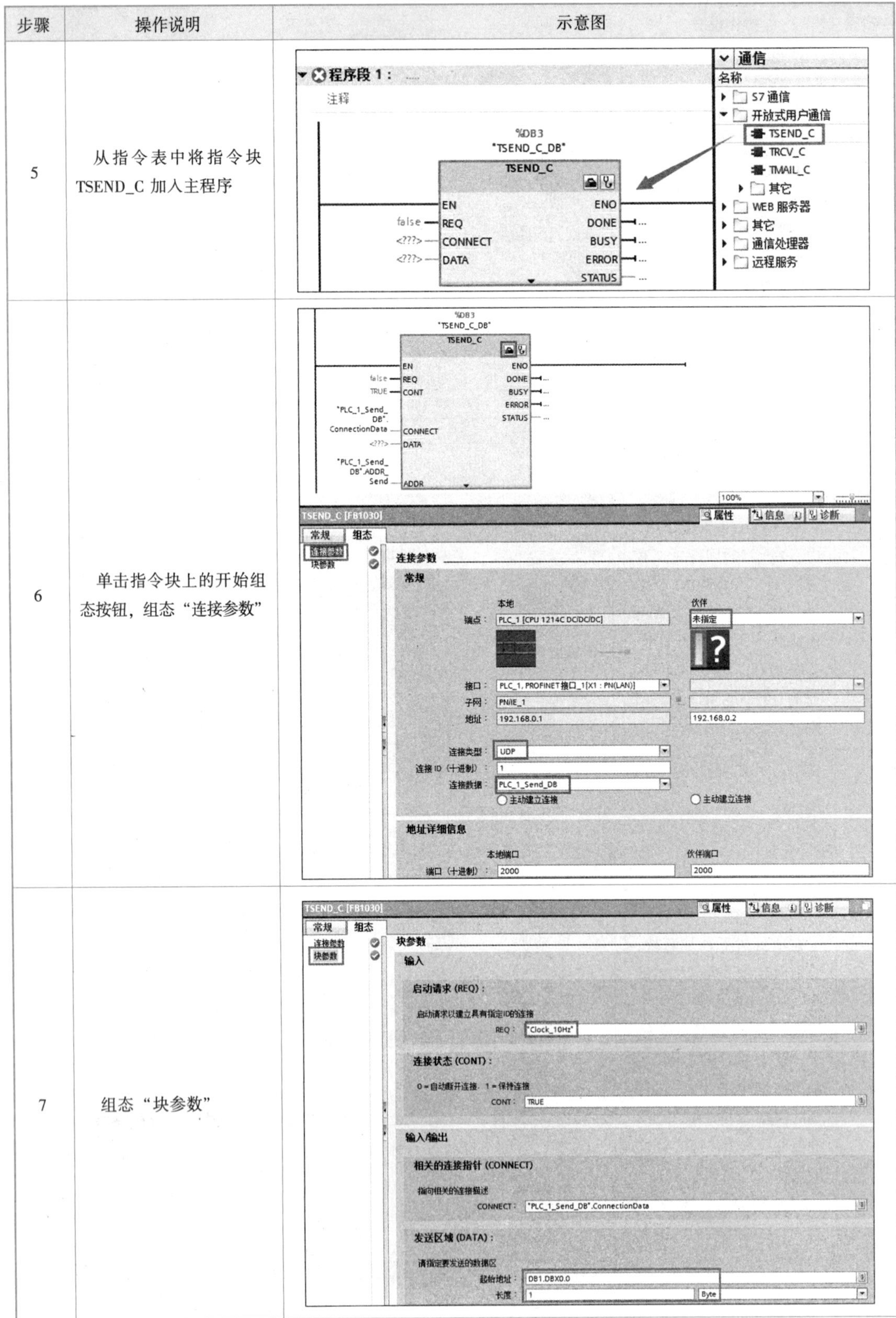
6	单击指令块上的开始组态按钮，组态“连接参数”	
7	组态“块参数”	

续表

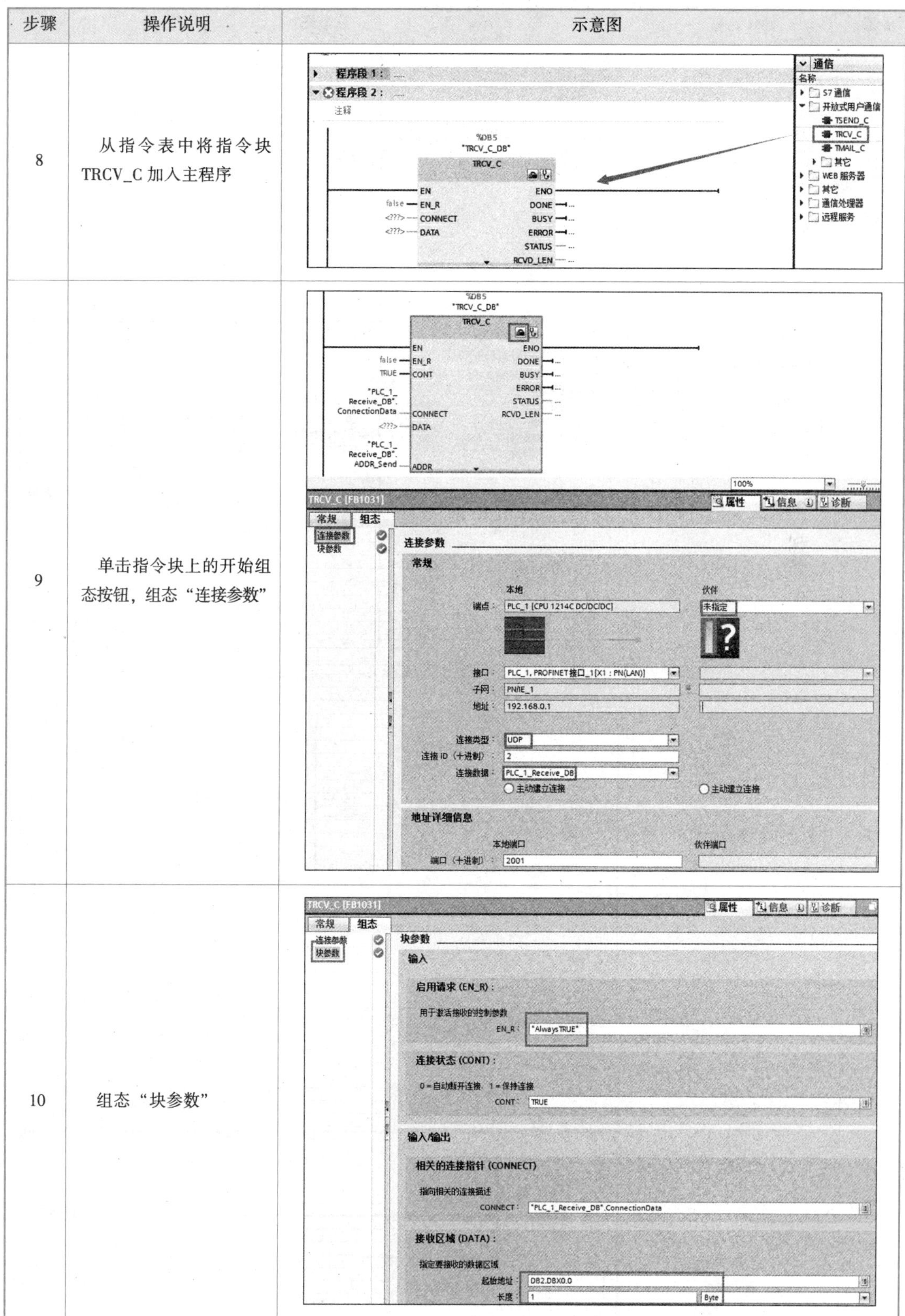

步骤	操作说明	示意图
8	从指令表中将指令块TRCV_C加入主程序	
9	单击指令块上的开始组态按钮，组态“连接参数”	
10	组态“块参数”	

步骤	操作说明	示意图
11	在“程序块”→“系统块”→“程序资源”下，双击打开 DB 的“PLC_1_Send_DB”“PLC_1_Receive_DB”，填写伙伴的 IP 地址和端口	
12	PLC_2 组态过程同 PLC_1	
13	PLC_1 初始化程序	

续表

步骤	操作说明	示意图
14	PLC_1 发送程序	程序段 2：…… 注释 %DB3 "TSEND_C_DB" TSEND_C：EN/ENO；%M0.0 "Clock_10Hz" — REQ，DONE — false；TRUE — CONT，BUSY — false；ERROR — false；STATUS — 16#7000；"PLC_1_Send_DB".Connection Data — CONNECT；P#DB1.DBX0.0 BYTE 1 — DATA；"PLC_1_Send_DB".ADDR_Send — ADDR %I0.0 "启动" — S，%M10.0 "Tag_2" SR，Q — %Q0.0 "电动机" (S)；%DB2.DBX0.0 %DB2.DBX0.0 ─P─ %M10.1 "Tag_5"，%DB2.DBX0.1 %DB2.DBX0.1 — R1；%DB5 "IEC_Timer_0_DB" TON Time：IN，T#5s — PT，Q — %DB1.DBX0.0 %DB1.DBX0.0 ( )，ET — T#0ms %I0.1 "停止" — %DB1.DBX0.1 %DB1.DBX0.1 ( )
15	PLC_1 接收程序	程序段 3：…… 注释 %DB6 "TRCV_C_DB" TRCV_C：EN/ENO；1 — EN_R，DONE — false；TRUE — CONT，BUSY — false；ERROR — false；STATUS — 16#7000；"PLC_1_Receive_DB".Connection Data — CONNECT，RCVD_LEN — 0；P#DB2.DBX0.0 BYTE 1 — DATA；"PLC_1_Receive_DB".ADDR_Send — ADDR %DB2.DBX0.0 %DB2.DBX0.0 ─P─ %M10.2 "Tag_6" — %Q0.0 "电动机" (R)

续表

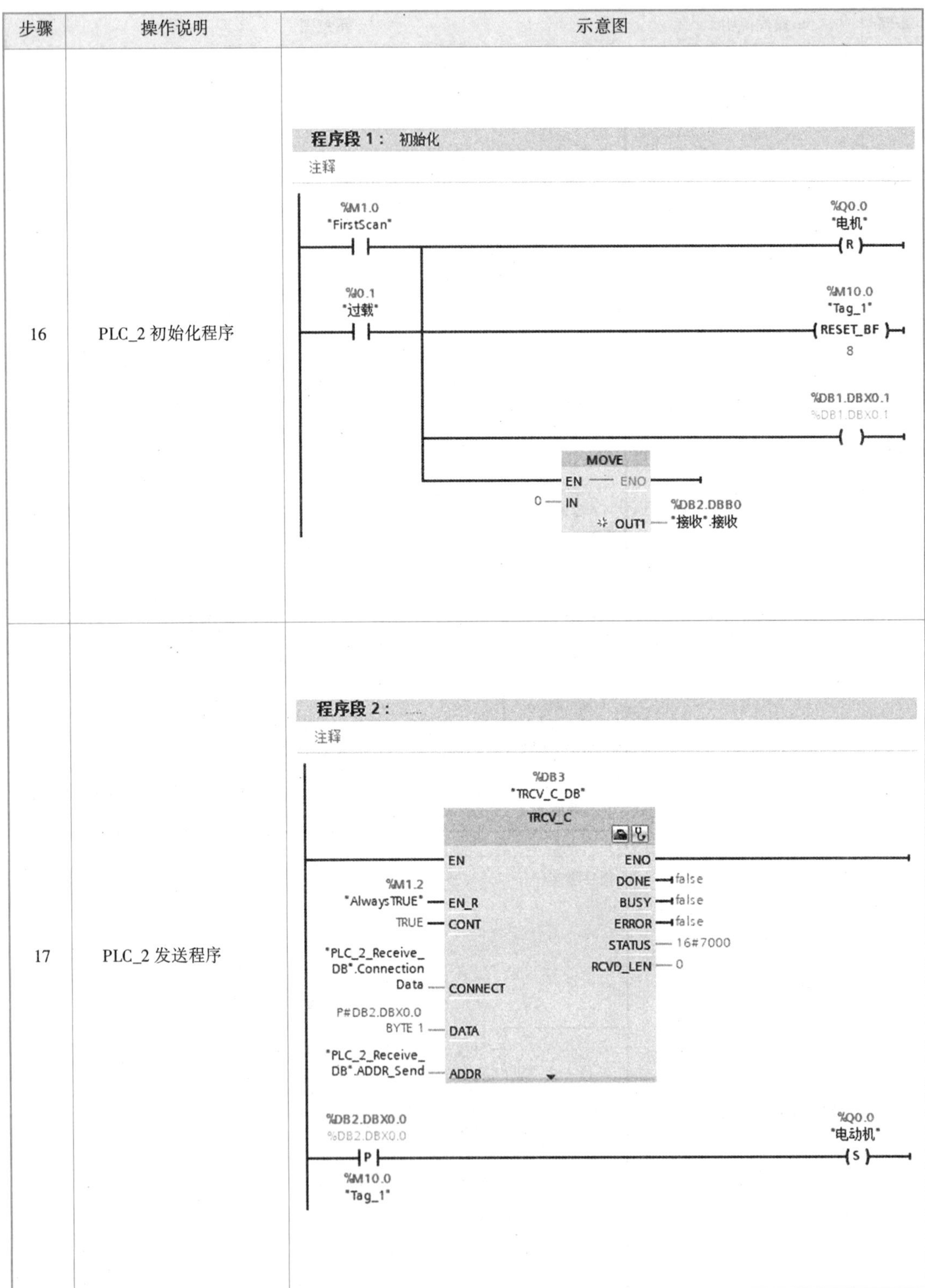

步骤	操作说明	示意图
16	PLC_2 初始化程序	程序段 1： 初始化 注释 %M1.0 "FirstScan" %Q0.0 "电机" R %I0.1 "过载" %M10.0 "Tag_1" RESET_BF 8 %DB1.DBX0.1 %DB1.DBX0.1 MOVE EN ENO 0 IN OUT1 %DB2.DBB0 "接收".接收
17	PLC_2 发送程序	程序段 2： 注释 %DB3 "TRCV_C_DB" TRCV_C EN ENO %M1.2 "AlwaysTRUE" EN_R DONE false BUSY false TRUE CONT ERROR false STATUS 16#7000 "PLC_2_Receive_DB".Connection Data CONNECT RCVD_LEN 0 P#DB2.DBX0.0 BYTE 1 DATA "PLC_2_Receive_DB".ADDR_Send ADDR %DB2.DBX0.0 %DB2.DBX0.0 P %M10.0 "Tag_1" %Q0.0 "电动机" S

续表

步骤	操作说明	示意图
18	PLC_2 接收程序	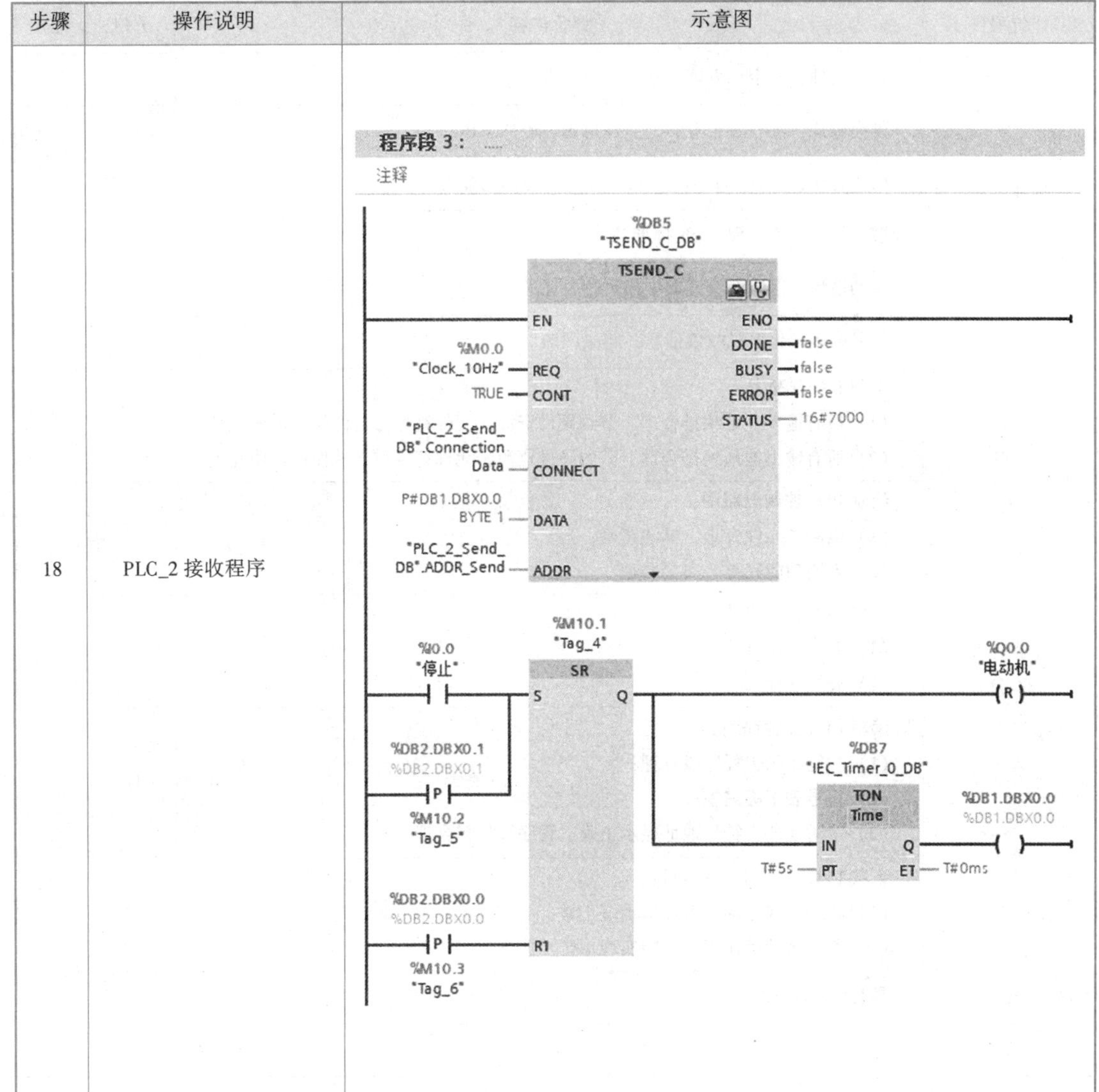

五、 任务检查

为了保证项目能顺利可靠地开展下去，必须对项目的实施过程和结果进行检查。检查点的设置原则主要包括两点：对影响到项目正常实施和完成质量的因素，要设置为检查点，包括安全、操作、结果（中间结果和最终结果）等；所设置的检查点应尽可能量化表达，以便于客观评价项目的实施。

本项目的主要任务是：确定 I/O 分配表；完成 PLC 控制电路图；完成 PLC 控制电路连接；绘制顺序功能图；完成 PLC 控制程序编写；完成 PLC 控制程序下载并运行。

根据本项目的具体内容，设置检查表（表 16-5），在项目实施过程中和终结时进行必要的检查并填写检查表。

表 16-5　S7-1200 PLC 之间的 UDP 通信项目检查表

评价项目	评价内容	分值	得分
职业素养（30 分）	分工合理，制定计划能力强，严谨认真	5	
	爱岗敬业，具有安全意识、责任意识、服从意识	5	
	团队合作，具有交流沟通、互相协作、分享的能力	5	
	遵守行业规范、现场 6S 标准	5	
	主动性强，保质保量完成工作页相关任务	5	
	能采取多样化手段收集信息、解决问题	5	
专业能力（60 分）	编制 I/O 分配表： （1）所有输入地址编排合理，节约硬件资源，元件符号与元件作用说明完整； （2）所有输出地址编排合理，节约硬件资源，元件符号与元件作用说明完整	10	
	绘制 PLC 控制电路图： （1）电路图元件齐全，标注正确； （2）电路功能完整，布局合理	12	
	连接 PLC 控制电路 （1）安全不违章； （2）安装达标	12	
	编写 PLC 控制程序： （1）功能正确，程序段合理； （2）符号表正确完整； （3）绝对地址、符号地址显示正确，程序段注释合理	12	
	下载 PLC 控制程序并运行： （1）程序下载正确，PLC 指示灯正常； （2）程序运行操作正确，能实现预定功能	12	
创新意识（10 分）	具有创新性思维并付诸行动	12	
合计		100	

六、 任务评价

根据项目实施、检查情况，填写评价表。评价表可分为自评表（表 16-6）和他评表（表 16-7），主要内容应包括实施过程简要描述、检查情况描述、存在的主要问题、解决方案等。

表 16-6　S7-1200 PLC 之间的 UDP 通信项目自评表

签名： 日期：

表 16-7　S7-1200 PLC 之间的 UDP 通信项目他评表

签名： 日期：

一、 任务描述

应用 UDP 通信实现 2 个 S7-1200 PLC 的 CPU 之间的以太网通信。

某生产线上有两个工作站，分别由两台 S7-1200 PLC 控制，在工作站 1、2 均设有启动按钮和停止按钮。任意按下一个启动按钮，工作站 1 的电动机立刻启动，5 s 后工作站 2 的电动机启动。任意按下一个停止按钮，工作站 2 的电动机立刻停止，工作站 1 的电动机延时 5 s 停止。

请根据控制要求完成以下任务。

（1）确定 I/O 分配表；

（2）完成 PLC 控制电路图；

（3）完成 PLC 控制电路连接；

（4）完成 PLC 控制程序编写；

（5）完成 PLC 控制程序下载并运行。

二、 任务计划

S7-1200 PLC 之间的 UDP 通信项目工作计划见表 16-8。

表 16-8　S7-1200 PLC 之间的 UDP 通信项目工作计划

序号	项目	内容	时间/min	人员
1				
2				
3				
4				
5				
6				

三、任务决策

根据任务要求和资源、人员的实际配置情况，按照工作计划，采取项目小组的方式开展工作，小组内实行分工合作，每位成员都要完成全部任务并提交任务评价表。S7-1200 PLC 之间 UDP 通信项目决策表见表 16-9。

表 16-9　S7-1200 PLC 之间的 UDP 通信项目决策表

签名： 日期：

四、任务实施

（一）I/O 分配表

I/O 分配表见表 16-10。

表 16-10　I/O 分配表

输入			输出		
地址	元件符号	元件名称	地址	元件符号	元件名称

（二）PLC 控制电路图

（三）PLC 控制程序

S7-1200 PLC 之间的 UDP 通信项目实施记录表见表 16-11。

表 16-11　S7-1200 PLC 之间的 UDP 通信项目实施记录表

签名： 日期：

五、任务检查

S7-1200 PLC 之间的 UDP 通信项目检查表见表 16-12。

表 16-12　S7-1200 PLC 之间的 UDP 通信项目检查表

评价项目	评价内容	分值	得分
职业素养（30 分）	分工合理，制定计划能力强，严谨认真	5	
	爱岗敬业，具有安全意识、责任意识、服从意识	5	
	团队合作，具有交流沟通、互相协作、分享的能力	5	
	遵守行业规范、现场 6S 标准	5	
	主动性强，保质保量完成工作页相关任务	5	
	能采取多样化手段收集信息、解决问题	5	

续表

评价项目	评价内容	分值	得分
专业能力（60 分）	编制 I/O 分配表： （1）所有输入地址编排合理，节约硬件资源，元件符号与元件作用说明完整； （2）所有输出地址编排合理，节约硬件资源，元件符号与元件作用说明完整	10	
	绘制 PLC 控制电路图： （1）电路图元件齐全，标注正确； （2）电路功能完整，布局合理	12	
	连接 PLC 控制电路 （1）安全不违章； （2）安装达标	12	
	编写 PLC 控制程序： （1）功能正确，程序段合理； （2）符号表正确完整； （3）绝对地址、符号地址显示正确，程序段注释合理	12	
	下载 PLC 控制程序并运行： （1）程序下载正确，PLC 指示灯正常； （2）程序运行操作正确，能实现预定功能	12	
创新意识（10 分）	具有创新性思维并付诸行动	12	
合计		100	

六、任务评价

S7-1200 PLC 之间的 UDP 通信项目自评表、他评表见表 16-13、表 16-14。

表 16-13　S7-1200 PLC 之间的 UDP 通信项目自评表

签名： 日期：

表 16-14　S7-1200 PLC 之间的 UDP 通信项目他评表

签名： 日期：

扩展提升

应用 UDP 通信实现 2 个 S7-1200 PLC 的 CPU 之间的以太网通信。

某生产线上有两个工作站，分别由 3 台 S7-1200 PLC 控制，在工作站 1、2、3 均设有启动按钮和停止按钮。任意按下一个启动按钮，工作站 1 的电动机立刻启动，5 s 后工作站 2 的电动机启动，10 s 后工作站 3 的电动机启动。任意按下一个停止按钮，工作站 3 的电动机立刻停止，工作站 2 的电动机延时 5 s 停止，工作站 1 的电动机延时 10 s 停止。请根据控制要求完成以下任务。

（1）确定 I/O 分配表；

（2）完成 PLC 控制电路图；

（3）完成 PLC 控制电路连接；

（4）完成 PLC 控制程序编写；

（5）完成 PLC 控制程序下载并运行。

项目 17　S7-1200 PLC 之间的 Modbus TCP 通信

背景描述

S7-1200 PLC CPU 集成的以太网接口支持 Modbus TCP，可作为 Modbus TCP 客户端或服务器。Modbus TCP 使用 TCP 通信（遵循 REC793）作为 Modbus 通信路径，其通信时将占用 CPU OUC 通信连接资源。

本项目应用 MB_CLIENT、MB_SERVER 指令实现 S7-1200 PLC 之间的 Modbus TCP 通信。

素养目标

教育学生在步入社会后，要很好地融入社会这个大网络，懂得工作规则、人文规则、与他人协调工作，具有良好的团队精神，更好地实现科研及工作目标。

【知识拓展】

网络层是计算机网络五层体系结构中非常重要的一层，它连接各个异构的网络，使其形成更大的网络，实现网络中各个结点的互连互通，IP 的重要功能是屏蔽各个异构网络的不同。

任务描述

应用 Modbus TCP 通信实现 2 个 S7-1200 PLC 的 CPU 之间的以太网通信。

PLC_1 为 Modbus TCP 客户端，其 IP 地址为 192. 178. 0. 1；PLC_2 为 Modbus TCP 服务器，其 IP 地址为 192. 178. 0. 2。Modbus TCP 客户端读取 Modbus TCP 服务器的 Modbus 地址 10001～10008（I0. 0～I0. 7）数据，并将读取的 8 位数据取反后写入 Modbus TCP 服务器的 Modbus 地址 00001～00008（Q0. 0～Q0. 7）。

请根据控制要求完成以下任务。

（1）确定 I/O 分配表；

（2）完成 PLC 控制电路图；

（3）完成 PLC 控制电路连接；

（4）完成 PLC 控制程序编写；

（5）完成 PLC 控制程序下载并运行。

一、 知识储备

（一）Modbus TCP 通信

Modbus 协议是一种广泛应用于工业通信领域的简单、经济和公开透明的通信协议。Modbus 是一项应用层报文传输协议，可以为不同类型总线或网络连接的设备之间提供客户端/服务器通信。Modbus 协议定义了一个与基础通信层无关的简单协议数据单元（PDU），特定总线或网络上的 Modbus 协议引入了附加地址域并映射成应用数据单元（ADU）。

Modbus 是一个请求/应答协议，并且提供功能码规定的服务，Modbus 功能码是 Modbus 请求/应答 PDU 的元素。启动 Modbus 事务处理的客户端创建 Modbus 应用数据单元，功能码用于向服务器指示执行哪种操作。Modbus 服务器执行功能码定义的操作，并对客户端的请求给予应答。

Modbus 协议根据使用网络的不同，可分为串行链路上 Modbus RTU/ASCⅡ和 TCP/IP 上的 Modbus TCP。Modbus TCP 结合了 Modbus 协议和 TCP/IP 网络标准，它是 Modbus 协议在 TCP/IP 上的具体实现，数据传输时在 TCP 报文中插入了 Modbus 应用数据单元 ADU。

TCP/IP 上使用 Modbus 协议报文头（MBAP 报文头），用于识别 Modbus 应用数据单元，MBAP 报文头中携带附加长度信息，可便于接收方识别报文边界；MBAP 报文头中“单元标识符”用于取代 Modbus 串行链路上通用的 Modbus 从站地址域。

（二）Modbus TCP 通信指令

TIA Portal V16 软件为 S7-1200 PLC CPU 实现 Modbus TCP 通信提供了 Modbus TCP 客户端指令 MB_CLIENT 和 Modbus TCP 服务器指令 MB_SERVER。MB_CLIENT、MB_SERVER 指令主要参数定义见表 17-1。

表 17-1　MB_CLIENT、MB_SERVER 指令主要参数定义

序号	指令	说明
1	%DB1 "MB_CLIENT_DB" MB_CLIENT EN　ENO REQ　DONE DISCONNECT　BUSY MB_MODE　ERROR MB_DATA_ADDR　STATUS MB_DATA_LEN MB_DATA_PTR CONNECT	REQ：电平触发 Modbus 请求作业
		DISCONNECT：用于控制与 Modbus TCP 服务器建立和终止连接，DISCONNECT=FALSE 时，与参数 CONNECT 指定的通信伙伴建立 TCP 连接；DISCONNECT=TRUE 时，断开 TCP 连接
		MB_MODE：Modbus 请求模式，常用模式值有 0 和 1，0 为读请求，1 为写请求
		MB_DATA_ADDR：要访问的 Modbus TCP 服务器数据起始地址
		MB_DATA_LEN：数据访问的位数或字数

续表

序号	指令	说明
1	%DB1 "MB_CLIENT_DB" MB_CLIENT EN ENO REQ DONE DISCONNECT BUSY MB_MODE ERROR MB_DATA_ADDR STATUS MB_DATA_LEN MB_DATA_PTR CONNECT	MB_DATA_PTR：指向数据缓冲区的指针，支持优化访问或标准访问的数据区，该数据区用于从 Modbus 服务器读取数据或向 Modbus 服务器写入数据
		CONNECT：指向连接描述结构的指针，数据类型为 TCON_IP_v4。当 S7-1200 PLC 作为 Modbus TCP 客户端时需要将参数 CONNECT 描述的通信连接结构中的 ActiveEstablished 设置为 TRUE，并需要指定通信伙伴的 IP 地址和通信端口
		DONE：Modbus 作业成功完成的那个扫描周期，该状态位为 TRUE
		ERROR：Modbus 作业执行出错，错误原因需要参考 STATUS
		STATUS：通信状态字，如果 ERROR 为 TRUE，可以通过其查看通信错误原因
2	%DB2 "MB_SERVER_DB" MB_SERVER EN ENO DISCONNECT NDR MB_HOLD_REG DR CONNECT ERROR STATUS	DISCONNECT：用于建立与 Modbus TCP 客户端的被动连接。DISCONNECT=FALSE 时，可响应参数 CONNECT 指定的通信伙伴的连接请求；DIS-CONNECT=TRUE 时，断开 TCP 连接
		MB_HOLD_REG：指向 Modbus 保持寄存器的指针
		CONNECT：指向连接描述结构的指针，数据类型为 TCON_IP_v4
		NDR：0 表示无新数据，1 表示从 Mod-bus 客户端写入新数据
		DR：0 表示无数据被读取；1 表示有数据被 Modbus 客户端读取
		ERROR：调用 MB_SERVER 指令出错，错误原因需要参考 STATUS
		STATUS：通信状态字，如果 ERROR 为 TRUE，可以通过其查看通信错误原因

1. MB_CLIENT 指令

MB_CLIENT 指令用于将 S7-1200 PLC CPU 作为 Modbus TCP 客户端，使 S7-1200 PLC CPU 可通过以太网与 Modbus TCP 服务器进行通信。通过 MB_CLIENT 指令，可以在客户端和服务器之间建立连接、发送 Modbus 请求、接收响应。

MB_CLIENT 指令是一个综合性指令，其内部集成了 TCON、TSEND、TRCV 和 TDISCON 等 OUC 通信指令，因此 Modbus TCP 通信建立连接方式与 TCP 通信建立连接方式相同。S7-1200 PLC CPU 作为 Modbus TCP 客户端时，其本身即 Modbus TCP 客户端。

Modbus 请求作业开始后，MB_CLIENT 指令的 MB_MODE、MB_DATA_ADDR、MBDATA_LEN 等输入参数在 Modbus TCP 服务器进行响应或输出错误消息之前不允许修改。

Modbus TCP 客户端如果需要连接多个 Modbus TCP 服务器，则需要调用多个 MB_CLIENT 指令，每个 MB_CLIENT 指令需要分配不同的背景数据块和不同的连接 ID（ID 需要通过参数 CONNECT 指定）。

当 Modbus TCP 客户端对同一个 Modbus TCP 服务器进行多次读/写操作时，则需要调用多次 MB_CLIENT 指令，每次调用 MB_CLIENT 指令时需要分配相同的背景数据块和相同的连接 ID，且同一时刻只能有一个 MB_CLIENT 指令被触发。

Modbus TCP 通信使用不同的功能码对不同的地址区进行读/写操作，MB_CLIENT 指令根据 MB_MODE、MB_DATA_ADDR 及 MB_DATA_LEN 等参数来确定功能码及操作地址，见表 17-2。

表 17-2　Modbus TCP 通信模式对应的功能码及操作地址

MB_DATA_ADDR	MB_DATA_ADDR	MB_DATA_LEN	Modbus 功能	功能和数据类型
0	起始地址：1~9999	数据长度：1~2 000	01	读取输出位，每个 Modbus 请求 1~2 000 个位
0	起始地址：10001~1999	数据长度：1~2 000	02	读取输入位，每个 Modbus 请求 1~2 000 个位
0	40001~49999 400001~465535	数据长度：1~125	03	读取保持寄存器，每个 Modbus 请求 1~125 个字
0	起始地址：30001~39999	数据长度：1~125	04	读取输入寄存器，每个 Modbus 请求 1~125 个字
1	起始地址：1~9999	数据长度：1	05	写入 1 个输出位
1	40001~49999 400001~465535	数据长度：1	06	写入 1 个保持寄存器
1	起始地址：1~9999	数据长度：2~1 968	15	写入 2~1 968 个输出位
1	40001~49999 400001~465535	数据长度：2~123	17	写入 2~123 个保持寄存器
2	起始地址：1~9999	数据长度：2~1 968	15	写入 1~1 968 个输出位
2	40001~49999 400001~465535	数据长度：2~123	17	写入 1~123 个保持寄存器
101	起始地址：0~65535	数据长度：1~2 000	01	在远程地址 0~65535 处，读取 1~2 000 个输出位
102	起始地址：0~65535	数据长度：1~2 000	02	在远程地址 0~65535 处，读取 1~2 000 个输入位
103	起始地址：0~65535	数据长度：1~125	03	在远程地址 0~65535 处，读取 1~125 个保持寄存器
104	起始地址：0~65535	数据长度：1~125	04	在远程地址 0~65535 处，读取 1~125 个输入寄存器
105	起始地址：0~65535	数据长度：1	05	在远程地址 0~65535 处，写入 1 个输出位
106	起始地址：0~65535	数据长度：1	06	在远程地址 0~65535 处，写入 1 个保持寄存器
115	起始地址：0~65535	数据长度：1~1968	15	在远程地址 0~65535 处，写入 1~1 968 个输出位
117	起始地址：0~65535	数据长度：1~123	17	在远程地址 0~65535 处，写入 1~123 个保持寄存器

在 Modbus TCP 通信数据传输时，使用 MBAP 报文头用于识别 Modbus 应用数据单元，MBAP 报文头中“单元标识符”用于取代 Modbus 串行链路上通用的 Modbus 从站地址域，MB_CLIENT 指令背景数据块的静态变量 MB_UNIT_ID 则对应为 MBAP 中的“单元标识符”该参数默认值为 OxFF。使用 MB_CLIENT 指令时一般不会使用 MB_UNIT_ID 参数，因为通过 CONNECT 参数中指定的伙伴方 IP 地址和端口就可寻址到特定的 Modbus TCP 服务器。但是，如果 S7-1200 PLC CPU 作为 Modbus TCP 客户端与用作 Modbus RTU 协议网关的 Modbus TCP 服务器通信时，则需要使用 MB_UNIT_ID 参数标识串行网络中的从站地址。在这种情况下，Modbus TCP 客户端向 Modbus TCP 服务器发送请求时，MB_UNIT_ID 参数会将请求转发到正确的 Modbus RTU 从站设备。

MB_CLIENT 指令背景数据块的静态变量 Connected 用于指示 Modbus TCP 连接状态，可使用该变量判断 Modbus TCP 连接是否成功建立。

2. MB_SERVER 指令

MB_SERVER 指令用于将 S7-1200 PLC CPU 作为 Modbus TCP 服务器，使 S7-1200 PLC CPU 可通过以太网与 Modbus TCP 客户端进行通信。MB_SERVER 指令将处理 Modbus TCP 客户端的连接请求、接收和处理 Modbus 请求，并发送 Modbus 应答报文。

Modbus TCP 服务器如果需要连接多个 Modbus TCP 客户端，则需要调用多个 MB_SERVER 指令，每个 MB_SERVER 指令需要分配不同的背景数据块和不同的连接 ID（ID 需要通过参数 CONNECT 指定）。

MB_SERVER 指令内部集成了 TCON、TSEND、TRCV 和 TDISCON 等 OUC 通信指令，其建立连接方式与 TCP 通信建立连接方式相同。S7-1200 PLC CPU 作为 Modbus TCP 服务器时，其本身即 Modbus TCP 服务器。

S7-1200 PLC CPU 可以将全局数据块或位存储器（M）映射为 Modbus 保持寄存器，其中全局数据块支持优化访问或标准访问。Modbus 客户端可通过 Modbus 功能码 3（读取保持寄存器）、功能码 6（写入单个保持寄存器）和功能码 17（写入单个或多个保持寄存器）操作服务器端的保持寄存器。MB_HOLD_REG 参数指向一个 Word 数组，那么数组中第一个元素即对应 Modbus 地址 40001，MB_HOLD_REG 参数与 Modbus 保持寄存器地址的映射关系见表 17-3。

表 17-3　MB_HOLD_REG 参数与 Modbus 保持寄存器地址的映射关系

Modbus 保持寄存器地址	MB_HOLD_REG 参数		
	P#M100. 0WORD 100	P#DB1. DBX0. 0 WORD 100	"ModbusTcp". Buff
40001	MW100	DB1. DBW0	"ModbusTcp". Buff [0]
40002	MW102	DB1. DBW2	"ModbusTcp". Buff [1]
40003	MW104	DB1. DBW4	"ModbusTcp". Buff [2]
…	…	…	…
40100	MW298	DB1. DBW198	"ModbusTcp". Buff [99]

MB_SERVER 指令背景数据块的静态变量 HR_Start_Offset 可以修改 Modbus 保持寄存器

的地址偏移，见表 17-4。

表 17-4　Modbus 保持寄存器地址偏移设置

HR_Start_Offset	Modbus 地址	MB_HOLD_REG 参数	
		P#DB1. DBX0. 0 WORD 100	"ModbusTcp". Buff
0	40001	DB1. DBW0	"ModbusTcp". Buff [0]
	40002	DB1. DBW2	"ModbusTcp". Buff [1]
	…	…	…
100	40101	DB1. DBW0	"ModbusTcp". Buff [0]
	40102	DB1. DBW2	"ModbusTcp". Buff [1]
	…	…	…

二、 任务计划

根据项目需求，编制 I/O 分配表，绘制、连接 PLC 控制电路，编写 PLC 控制程序，完成 PLC 控制电路的连接，下载 PLC 控制程序到 PLC 并运行，实现所要求的控制功能。

按照通常的 PLC 控制程序编写及硬件装调工作流程，制定工作计划，见表 17-5。

表 17-5　S7-1200 PLC 之间的 Modbus TCP 通信项目工作计划

序号	项目	内容	时间/min	人员
1	编制 I/O 分配表	确定所需要的 I/O 点数并分配具体用途，编制 I/O 分配表（需提交）	5	全体人员
2	绘制 PLC 控制电路图	根据 I/O 分配表绘制 PLC 控制电路图	15	全体人员
3	连接 PLC 控制电路	根据电路图完成电路连接	20	全体人员
4	编写 PLC 控制程序	根据控制要求编写 PLC 控制程序	25	全体人员
5	下载 PLC 控制程序并运行	把 PLC 控制程序下载到 PLC，实现所要求的控制功能	15	全体人员

三、 任务决策

按照工作计划，项目小组全体成员共同确定 I/O 分配表，然后分两个小组分别实施系统程序编写及硬件装调全部工作，合作完成任务并提交任务评价表。

四、 任务实施

项目的实施必须在保证安全的前提下进行，应提前建立并熟悉项目检查事项及评价要素，在实施过程中予以充分重视，才能确保项目的顺利进行。

（一）编制 I/O 分配表

根据控制要求，PLC_2 各元件的 I/O 分配见表 17-6。

表 17-6　I/O 分配表

输入			输出		
地址	元件符号	元件名称	地址	元件符号	元件名称
I0. 0	SB1	按钮 1	Q0. 0	HL1	指示灯 1
I0. 1	SB2	按钮 2	Q0. 1	HL2	指示灯 2
I0. 2	SB3	按钮 3	Q0. 2	HL3	指示灯 3
I0. 3	SB4	按钮 4	Q0. 3	HL4	指示灯 4
I0. 4	SB5	按钮 5	Q0. 4	HL5	指示灯 5
I0. 5	SB6	按钮 6	Q0. 5	HL6	指示灯 6
I0. 6	SB7	按钮 7	Q0. 6	HL7	指示灯 7
I0. 7	SB8	按钮 8	Q0. 7	HL8	指示灯 8

（二）绘制 PLC 控制电路图

根据系统控制要求，绘制 S7-1200 PLC 之间 Modbus TCP 通信的 PLC 控制电路图，如图 17-1 所示。其中 1M 为 PLC 输入信号的公共端，3M 为 PLC 输出信号的公共端。

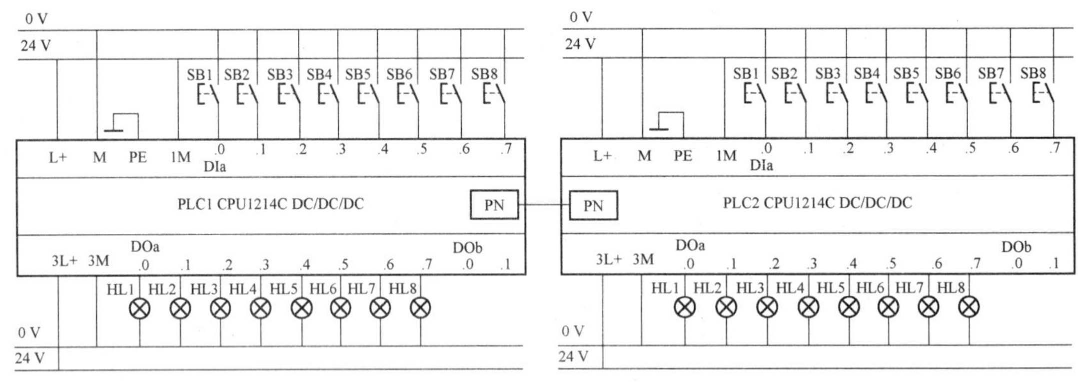

图 17-1　S7-1200 PLC 之间 Modbus TCP 通信的 PLC 控制电路图

（三）连接 PLC 控制电路

按工艺规范完成 PLC 控制电路的连接。PLC 控制电路的连接主要需要考虑元器件的布置安装、导线线径与颜色的选择、接线端子的选择与制作、线号标识的制作与排列，最终实现元器件布局间距合理、安装稳固可靠，布线整齐有序、松紧适宜，接线规范牢固、标识清晰明确。

（四）编写 PLC 控制程序

1. 同项目下的组态、编程步骤

根据项目控制要求，进行 Modbus TCP 通信的组态、编程，步骤见表 17-7。

表 17-7　Modbus TCP 通信操作步骤

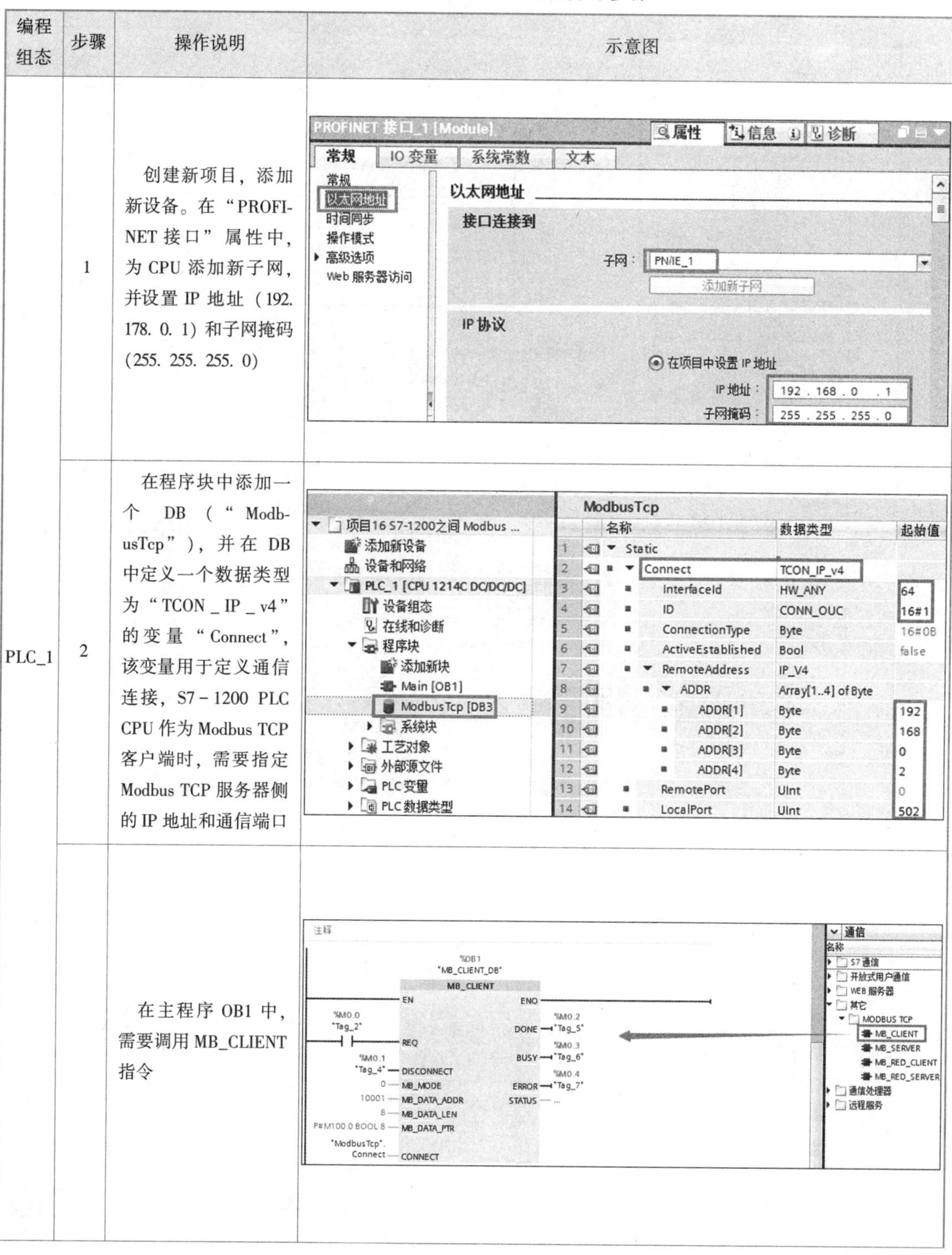

编程组态	步骤	操作说明	示意图
PLC_1	1	创建新项目，添加新设备。在“PROFINET 接口”属性中，为 CPU 添加新子网，并设置 IP 地址（192.178.0.1）和子网掩码（255.255.255.0）	
	2	在程序块中添加一个 DB（“ModbusTcp”），并在 DB 中定义一个数据类型为“TCON_IP_v4”的变量“Connect”，该变量用于定义通信连接，S7-1200 PLC CPU 作为 Modbus TCP 客户端时，需要指定 Modbus TCP 服务器侧的 IP 地址和通信端口	
	3	在主程序 OB1 中，需要调用 MB_CLIENT 指令	

续表

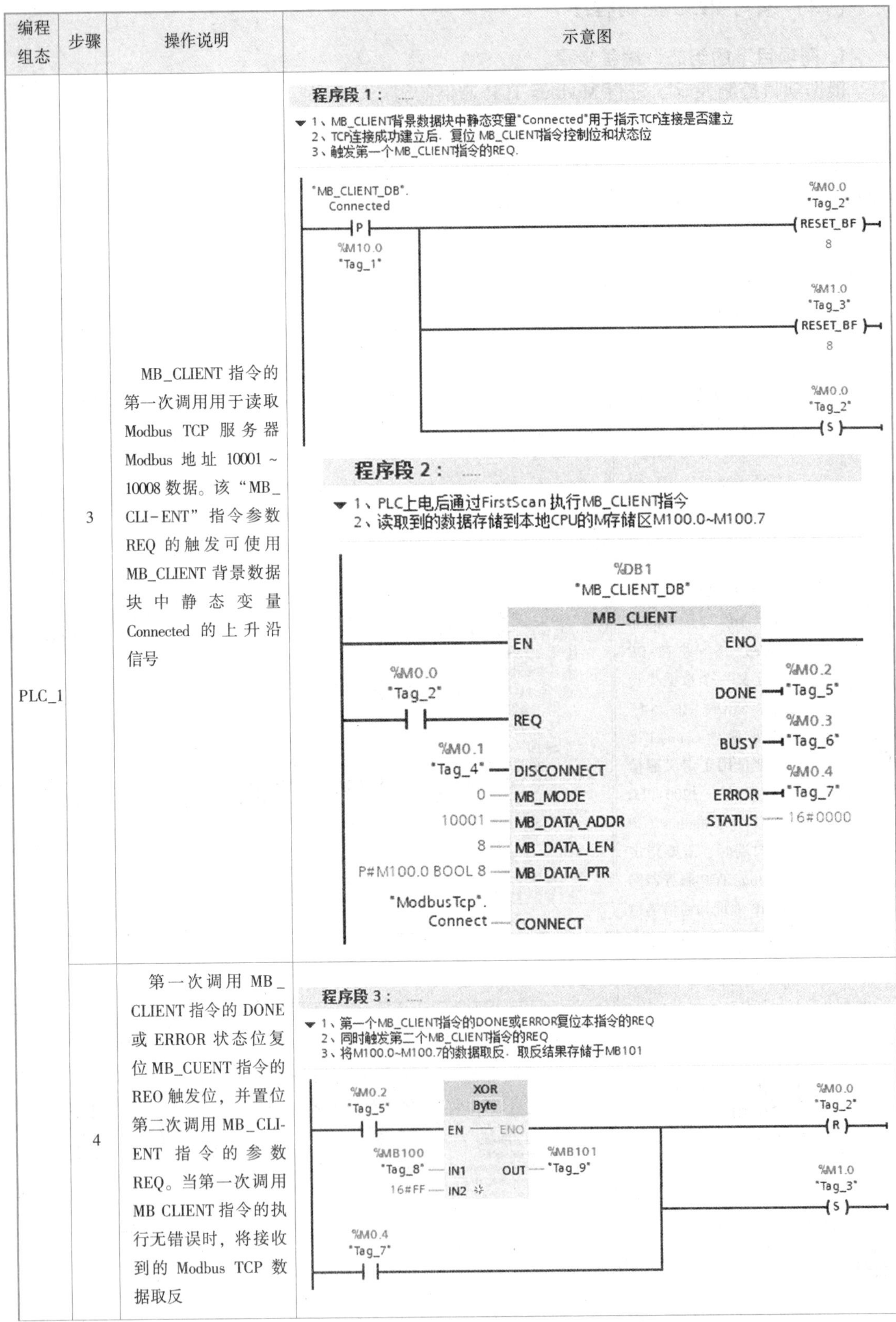

编程组态	步骤	操作说明	示意图
PLC_1	3	MB_CLIENT 指令的第一次调用用于读取 Modbus TCP 服务器 Modbus 地址 10001 ~ 10008 数据。该“MB_CLI-ENT”指令参数 REQ 的触发可使用 MB_CLIENT 背景数据块中静态变量 Connected 的上升沿信号	**程序段 1：** …… 1、MB_CLIENT背景数据块中静态变量"Connected"用于指示TCP连接是否建立 2、TCP连接成功建立后，复位 MB_CLIENT指令控制位和状态位 3、触发第一个MB_CLIENT指令的REQ. "MB_CLIENT_DB".Connected —P— %M10.0 "Tag_1"；%M0.0 "Tag_2" RESET_BF 8；%M1.0 "Tag_3" RESET_BF 8；%M0.0 "Tag_2" S **程序段 2：** …… 1、PLC上电后通过FirstScan 执行MB_CLIENT指令 2、读取到的数据存储到本地CPU的M存储区M100.0~M100.7 %DB1 "MB_CLIENT_DB" MB_CLIENT：EN；ENO；%M0.0 "Tag_2" — REQ；DONE — %M0.2 "Tag_5"；BUSY — %M0.3 "Tag_6"；%M0.1 "Tag_4" — DISCONNECT；ERROR — %M0.4 "Tag_7"；0 — MB_MODE；STATUS — 16#0000；10001 — MB_DATA_ADDR；8 — MB_DATA_LEN；P#M100.0 BOOL 8 — MB_DATA_PTR；"ModbusTcp".Connect — CONNECT
	4	第一次调用 MB_CLIENT 指令的 DONE 或 ERROR 状态位复位 MB_CUENT 指令的 REO 触发位，并置位第二次调用 MB_CLI-ENT 指令的参数 REQ。当第一次调用 MB CLIENT 指令的执行无错误时，将接收到的 Modbus TCP 数据取反	**程序段 3：** …… 1、第一个MB_CLIENT指令的DONE或ERROR复位本指令的REQ 2、同时触发第二个MB_CLIENT指令的REQ 3、将M100.0~M100.7的数据取反，取反结果存储于MB101 %M0.2 "Tag_5"；XOR Byte：EN — ENO；%MB100 "Tag_8" — IN1；OUT — %MB101 "Tag_9"；16#FF — IN2；%M0.0 "Tag_2" R；%M1.0 "Tag_3" S；%M0.4 "Tag_7"

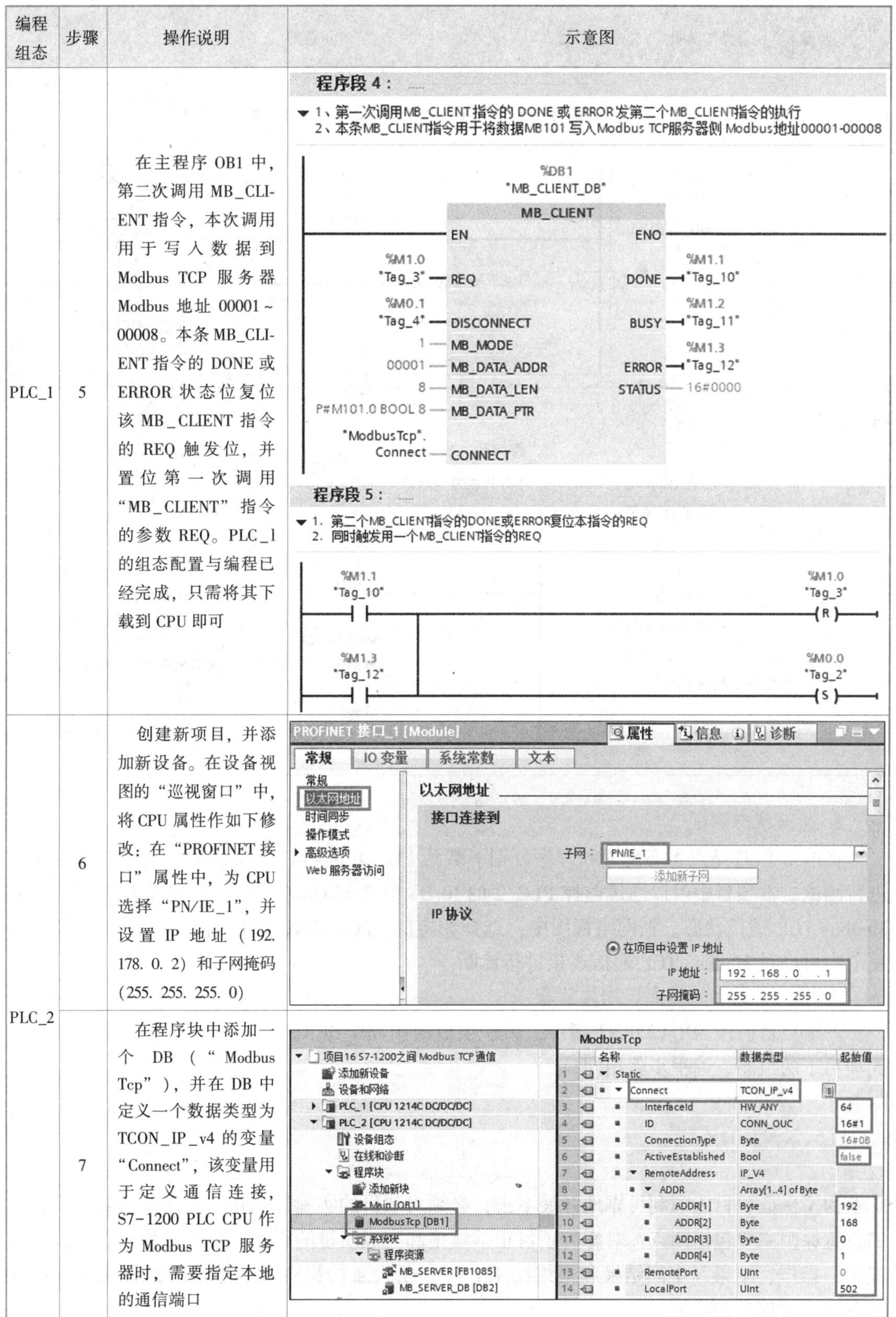

编程组态	步骤	操作说明	示意图
PLC_1	5	在主程序 OB1 中，第二次调用 MB_CLIENT 指令，本次调用用于写入数据到 Modbus TCP 服务器 Modbus 地址 00001～00008。本条 MB_CLIENT 指令的 DONE 或 ERROR 状态位复位该 MB_CLIENT 指令的 REQ 触发位，并置位第一次调用“MB_CLIENT”指令的参数 REQ。PLC_1 的组态配置与编程已经完成，只需将其下载到 CPU 即可	
PLC_2	6	创建新项目，并添加新设备。在设备视图的“巡视窗口”中，将 CPU 属性作如下修改：在“PROFINET 接口”属性中，为 CPU 选择“PN/IE_1”，并设置 IP 地址（192. 178. 0. 2）和子网掩码（255. 255. 255. 0）	
	7	在程序块中添加一个 DB（“ModbusTcp”），并在 DB 中定义一个数据类型为 TCON_IP_v4 的变量“Connect”，该变量用于定义通信连接，S7-1200 PLC CPU 作为 Modbus TCP 服务器时，需要指定本地的通信端口	

续表

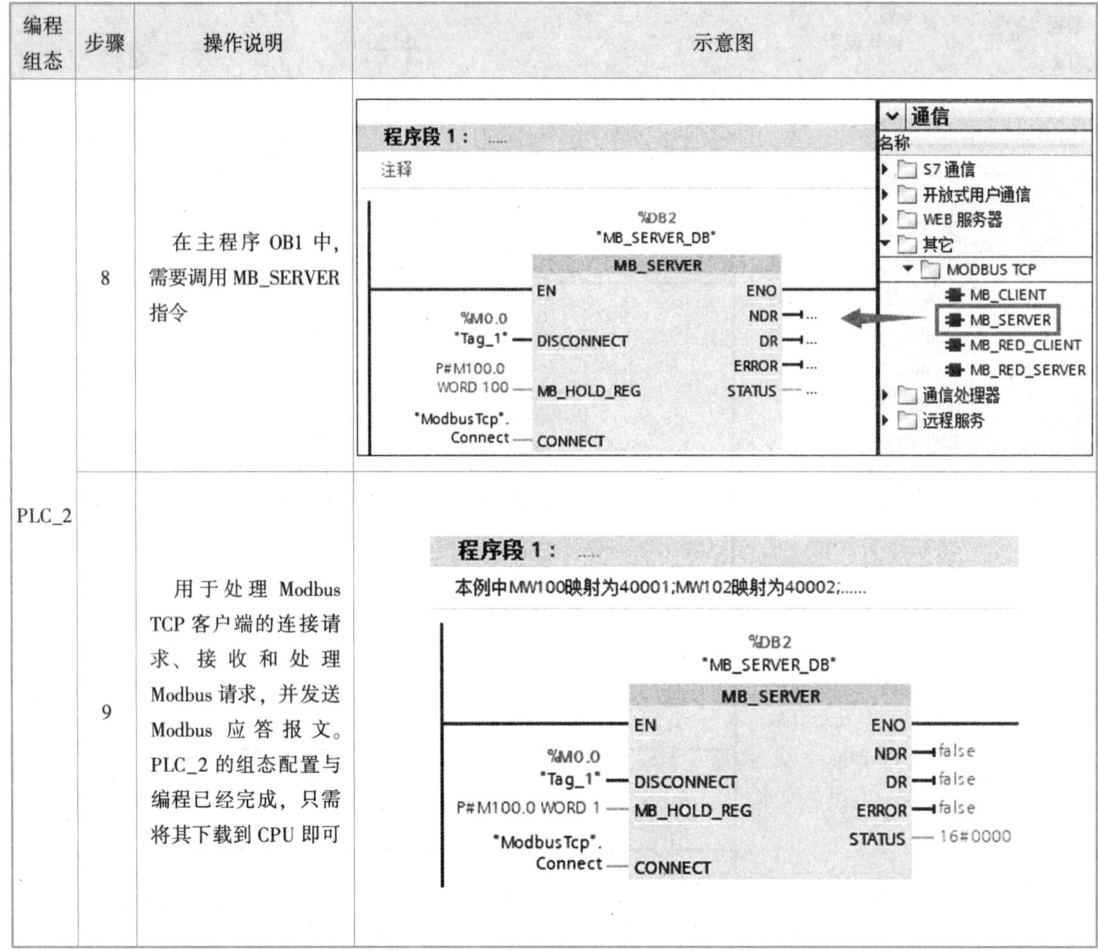

编程组态	步骤	操作说明	示意图
PLC_2	8	在主程序 OB1 中，需要调用 MB_SERVER 指令	
	9	用于处理 Modbus TCP 客户端的连接请求、接收和处理 Modbus 请求，并发送 Modbus 应答报文。PLC_2 的组态配置与编程已经完成，只需将其下载到 CPU 即可	

2. 通信状态测试

将两个 PLC 站点组态配置和程序分别下载到 PLC_1 和 PLC_2 后，即可开始对通信状态进行测试。本项目中可以通过监控 PLC_2 的 I0.0~I0.7 与 Q0.0~Q0.7 状态是否相反来判断 Modbus TCP 通信状态。在网络视图中，选择相应的 PLC，并转至在线模式，在“连接”选项卡中可以对 Modbus TCP 通信连接进行诊断。

3. 不同项目下的组态、编程步骤

一个项目应用 MB_CLIENT 指令，另一项目应用 MB_SERVER 指令，组态、编程步骤与同项目下的组态、编程步骤相同。

五、 任务检查

为了保证项目能顺利可靠地开展下去，必须对项目的实施过程和结果进行检查。检查点的设置原则主要包括两点：对影响项目正常实施和完成质量的因素，要设置为检查点，包括安全、操作、结果（中间结果和最终结果）等；所设置的检查点应尽可能量化表达，以便于客观评价项目的实施。

本项目的主要任务是：确定 I/O 分配表；完成 PLC 控制电路图；完成 PLC 控制电路连接；绘制顺序功能图；完成 PLC 控制程序编写；完成 PLC 控制程序下载并运行。

根据本项目的具体内容，设置检查表（表 17-8），在项目实施过程中和终结时进行必要的检查并填写检查表。

表 17-8　S7-1200 PLC 之间的 Modbus TCP 通信项目检查表

评价项目	评价内容	分值	得分
职业素养（30 分）	分工合理，制定计划能力强，严谨认真	5	
	爱岗敬业，具有安全意识、责任意识、服从意识	5	
	团队合作，具有交流沟通、互相协作、分享的能力	5	
	遵守行业规范、现场 6S 标准	5	
	主动性强，保质保量完成工作页相关任务	5	
	能采取多样化手段收集信息、解决问题	5	
专业能力（60 分）	编制 I/O 分配表： （1）所有输入地址编排合理，节约硬件资源，元件符号与元件作用说明完整； （2）所有输出地址编排合理，节约硬件资源，元件符号与元件作用说明完整	10	
	绘制 PLC 控制电路图： （1）电路图元件齐全，标注正确； （2）电路功能完整，布局合理	12	
	连接 PLC 控制电路 （1）安全不违章； （2）安装达标	12	
	编写 PLC 控制程序： （1）功能正确，程序段合理； （2）符号表正确完整； （3）绝对地址、符号地址显示正确，程序段注释合理	12	
	下载 PLC 控制程序并运行： （1）程序下载正确，PLC 指示灯正常； （2）程序运行操作正确，能实现预定功能	12	
创新意识（10 分）	具有创新性思维并付诸行动	12	
合计		100	

六、任务评价

根据项目实施、检查情况，填写评价表。评价表可分为自评表（表 17-9）和他评表（表 17-10），主要内容应包括实施过程简要描述、检查情况描述、存在的主要问题、解决方案等。

表 17-9 S7-1200 PLC 之间的 Modbus TCP 通信项目自评表

签名： 日期：

表 17-10 S7-1200 PLC 之间的 Modbus TCP 通信项目他评表

签名： 日期：

实践练习（项目需求）

一、任务描述

应用 Modbus TCP 通信实现 2 个 S7-1200 PLC 的 CPU 之间的以太网通信。

PLC_1 为 Modbus TCP 客户端，其 IP 地址为 192.178.0.1；PLC_2 为 Modbus TCP 服务器，其 IP 地址为 192.178.0.2。Modbus TCP 客户端的 Modbus 地址 10001～10008（I0.0～I0.7）写入 Modbus TCP 服务器的 Modbus 地址 00001～00008（Q0.0～Q0.7）；Modbus TCP 客户端把 Modbus TCP 服务器的 Modbus 地址 10001～10008（I0.0～I0.7）读取到 Modbus TCP 客户端的 Modbus 地址 00001～00008（Q0.0～Q0.7）。

请根据控制要求完成以下任务。

（1）确定 I/O 分配表；

（2）完成 PLC 控制电路图；

（3）完成 PLC 控制电路连接；

（4）完成 PLC 控制程序编写；

（5）完成 PLC 控制程序下载并运行。

二、任务计划

S7-1200 PLC 之间的 Modbus TCP 通信项目工作计划见表 17-11。

表 17-11　S7-1200 PLC 之间的 Modbus TCP 通信项目工作计划

序号	项目	内容	时间/min	人员
1				
2				
3				
4				
5				
6				

三、 任务决策

根据任务要求和资源、人员的实际配置情况，按照工作计划，采取项目小组的方式开展工作，小组内实行分工合作，每位成员都要完成全部任务并提交任务评价表。S7-1200 PLC 之间的 Modbus TCP 通信项目决策表见表 17-12。

表 17-12　S7-1200 PLC 之间的 Modbus TCP 通信项目决策表

签名： 日期：

四、 任务实施

（一） I/O 分配表

I/O 分配表见表 17-13。

表 17-13　I/O 分配表

输入			输出		
地址	元件符号	元件名称	地址	元件符号	元件名称

（二）PLC 控制电路图

（三）PLC 控制程序

S7-1200 PLC 之间的 Modbus TCP 通信项目实施记录表见表 17-14。

表 17-14　S7-1200 PLC 之间的 Modbus TCP 通信项目实施记录表

签名： 日期：

五、 任务检查

S7-1200 PLC 之间的 Modbus TCP 通信项目检查表见表 17-15。

表 17-15　S7-1200 PLC 之间的 Modbus TCP 通信项目检查表

评价项目	评价内容	分值	得分
职业素养（30 分）	分工合理，制定计划能力强，严谨认真	5	
	爱岗敬业，具有安全意识、责任意识、服从意识	5	
	团队合作，具有交流沟通、互相协作、分享的能力	5	
	遵守行业规范、现场 6S 标准	5	
	主动性强，保质保量完成工作页相关任务	5	
	能采取多样化手段收集信息、解决问题	5	

续表

评价项目	评价内容	分值	得分
专业能力（60 分）	编制 I/O 分配表： （1）所有输入地址编排合理，节约硬件资源，元件符号与元件作用说明完整； （2）所有输出地址编排合理，节约硬件资源，元件符号与元件作用说明完整	10	
	绘制 PLC 控制电路图： （1）电路图元件齐全，标注正确； （2）电路功能完整，布局合理	12	
	连接 PLC 控制电路 （1）安全不违章； （2）安装达标	12	
	编写 PLC 控制程序： （1）功能正确，程序段合理； （2）符号表正确完整； （3）绝对地址、符号地址显示正确，程序段注释合理	12	
	下载 PLC 控制程序并运行： （1）程序下载正确，PLC 指示灯正常； （2）程序运行操作正确，能实现预定功能	12	
创新意识（10 分）	具有创新性思维并付诸行动	12	
合计		100	

六、 任务评价

S7-1200 PLC 之间的 Modbus TCP 通信项目自评表、他评表见表 17-16、表 17-17。

表 17-16　S7-1200 PLC 之间的 Modbus TCP 通信项目自评表

签名： 日期：

表 17-17　S7-1200 PLC 之间的 Modbus TCP 通信项目他评表

签名： 日期：

扩展提升

应用 Modbus TCP 通信实现 2 个 S7-1200 PLC 的 CPU 之间的以太网通信。

PLC_1 为 Modbus TCP 客户端，其 IP 地址为 192. 178. 0. 1；PLC_2 为 Modbus TCP 服务器，其 IP 地址为 192. 178. 0. 2。Modbus TCP 客户端读取 Modbus TCP 服务器的 Modbus 地址 40001（DB1. DBW0）数据，并将读取到的数据写入 Modbus TCP 客户端的 Modbus 地址 40001（DB1. DBW0）；Modbus TCP 客户端的 Modbus 地址 40002（DB1. DBW2）数据写到 Modbus TCP 服务器的 Modbus 地址 40002（DB1. DBW2）。请根据控制要求完成以下任务。

（1）确定 I/O 分配表；

（2）完成 PLC 控制电路图；

（3）完成 PLC 控制电路连接；

（4）完成 PLC 控制程序编写；

（5）完成 PLC 控制程序下载并运行。

项目 18　S7-1200 PLC 之间的 PROFINET IO 通信

背景描述

SIMATIC S7-1200 PLC CPU 不仅可以作为 IO 控制使用，而且还可以作为 IO 设备使用，即 I-Device 。本项目以两个 SIMATIC S7-1200 PLC CPU 作为 IO 控制设备和 IO 智能设备进行通信。

素养目标

（1）培养学生的团队协作能力，使其善沟通，懂协作；

（2）使学生懂得在工作中遇到问题是十分正常的情况，遇到困难时要保持良好的心态，认真分析问题，一定能找到解决问题的方案。

【知识拓展】

小组合作组态网络的基本配置，编写通信命令，共同解决通信过程中出现的问题。

任务描述

应用 PROFINET IO 实现 2 个 S7-1200 PLC 的 CPU 之间的以太网通信。

（1）用控制器 PLC_1 的 IB0 控制智能设备 PLC_2 的 QB0；

（2）用智能设备 PLC_2 的 IB0 控制控制器 PLC_1 的 QB0。

请根据控制要求完成以下任务。

（1）确定 I/O 分配表；

（2）完成 PLC 控制电路图；

（3）完成 PLC 控制电路连接；

（4）完成 PLC 控制程序编写；

（5）完成 PLC 控制程序下载并运行。

示范实例

一、 知识储备

PROFINET IO 通信

PROFINET IO 通信环境中各个通信设备根据组件功能划分为 IO 控制器、IO 设备和 IO 监视器。IO 控制器用于对连接 IO 设备进行寻址，需要与现场设备交换输入和输出信号，功能类似 PROFIBUS 网络中的 DP 主站。IO 设备是分配给其中一个 IO 控制器的分布式现场设备，其功能类似 PROFIBUS 网络中的 DP 从站。IO 监视器是用于调试和诊断的编程设备或 HMI 设备。

PROFINET IO 提供 3 种执行水平的数据通信。

（1）非字时数据传输（NRT）：用于项目的监控和非实时要求的数据传输，例如项目的诊断，其典型的通信时间为 100 ms。

（2）实时通信（RT）：用于要求实时通信的过程数据，通过提高实时数据的优先级和优化数据堆栈（OSI 参考模型第一层和第二层）实现，可使用标准网络元件执行高性能的数据传输，其典型的通信时间为 1~10 ms。

（3）等时实时（IRT）：用于实现 IO 通信中对 IO 处理性能极高的高端应用，可确保数据在相等的时间间隔下进行数据传输，需要特殊的硬件支持（交换机和 CPU，S7-1200 PLC CPU 目前还不支持该类型通信），其典型的通信时间为 0.25~1 ms。

支持 IRT 的交换机数据通道分为标准通道和 IRT 通道。标准通道用于 NRT 和 RT 的数据通信，IRT 通道专用于 IRT 的数据通信，网络上的其他通信不会影响 IRT 的数据通信。

S7-1200 PLC CPU 作为 PROFINET IO 控制器时支持 16 个 IO 设备，所有 IO 设备的子模块的数量最多为 256 个。S7-1200 PLC CPU 固件 V4.0 开始支持 PROFINET IO 智能设备（I-Device）功能，可与 1 个 PROFINET IO 控制器连接。S7-1200 PLC CPU 固件 V4.1 开始支持共享设备（Shared-Device）功能，可与最多两个 PROFINET IO 控制器连接。S7-1200 PLC CPU 可支持的 PROFINET IO 通信如图 18-1 所示。

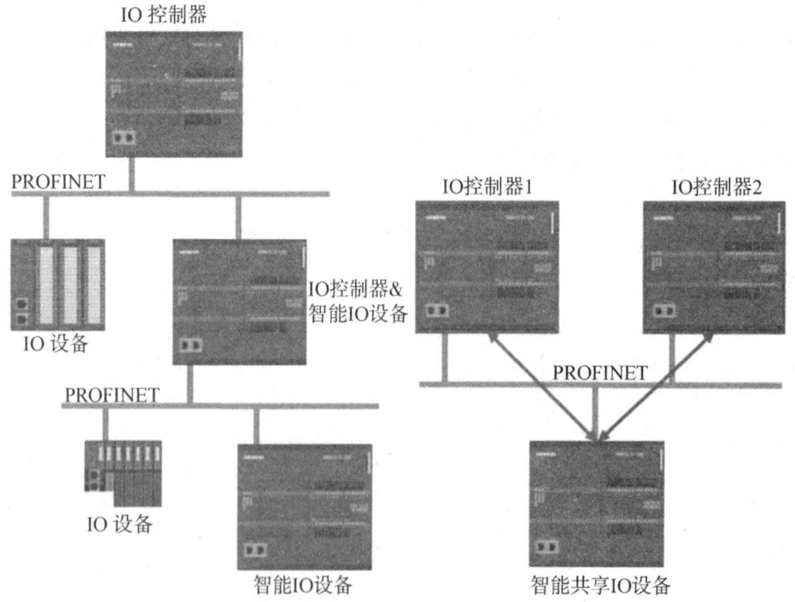

图 18-1　S7-1200 PLC CPU 可支持的 PROFINET IO 通信

二、 任务计划

根据项目需求，编制 I/O 分配表，绘制、连接 PLC 控制电路，编写 PLC 控制程序，完成 PLC 控制电路的连接，下载 PLC 控制程序到 PLC 并运行，实现所要求的控制功能。

按照通常的 PLC 控制程序编写及硬件装调工作流程，制定工作计划，见表 18-1。

表 18-1 S7-1200 PLC 之间的 PROFINET IO 通信项目工作计划

序号	项目	内容	时间/min	人员
1	编制 I/O 分配表	确定所需要的 I/O 点数并分配具体用途，编制 I/O 分配表（需提交）	5	全体人员
2	绘制 PLC 控制电路图	根据 I/O 分配表绘制 PLC 控制电路图	15	全体人员
3	连接 PLC 控制电路	根据电路图完成电路连接	20	全体人员
4	编写 PLC 控制程序	根据控制要求编写 PLC 控制程序	25	全体人员
5	下载 PLC 控制程序并运行	把 PLC 控制程序下载到 PLC，实现所要求的控制功能	15	全体人员

三、 任务决策

按照工作计划，项目小组全体成员共同确定 I/O 分配表，然后分两个小组分别实施系统程序编写及硬件装调全部工作，合作完成任务并提交任务评价表。

四、 任务实施

项目的实施必须在保证安全的前提下进行，应提前建立并熟悉项目检查事项及评价要素，在实施过程中予以充分重视，才能确保项目的顺利进行。

（一）编制 I/O 分配表

根据控制要求，PLC_1、PLC_2 各元件的 I/O 分配见表 18-2。

表 18-2 I/O 分配表

输入			输出		
地址	元件符号	元件名称	地址	元件符号	元件名称
I0.0	SB1	按钮 1	Q0.0	HL1	指示灯 1
I0.1	SB2	按钮 2	Q0.1	HL2	指示灯 2
I0.2	SB3	按钮 3	Q0.2	HL3	指示灯 3
I0.3	SB4	按钮 4	Q0.3	HL4	指示灯 4
I0.4	SB5	按钮 5	Q0.4	HL5	指示灯 5
I0.5	SB6	按钮 6	Q0.5	HL6	指示灯 6

续表

输入			输出		
I0.6	SB7	按钮 7	Q0.6	HL7	指示灯 7
I0.7	SB8	按钮 8	Q0.7	HL8	指示灯 8

（二）绘制 PLC 控制电路图

根据系统控制要求，绘制 S7-1200 PLC 之间 PROFINET IO 通信的 PLC 控制电路图，如图 18-2 所示。其中 1M 为 PLC 输入信号的公共端，3M 为 PLC 输出信号的公共端。

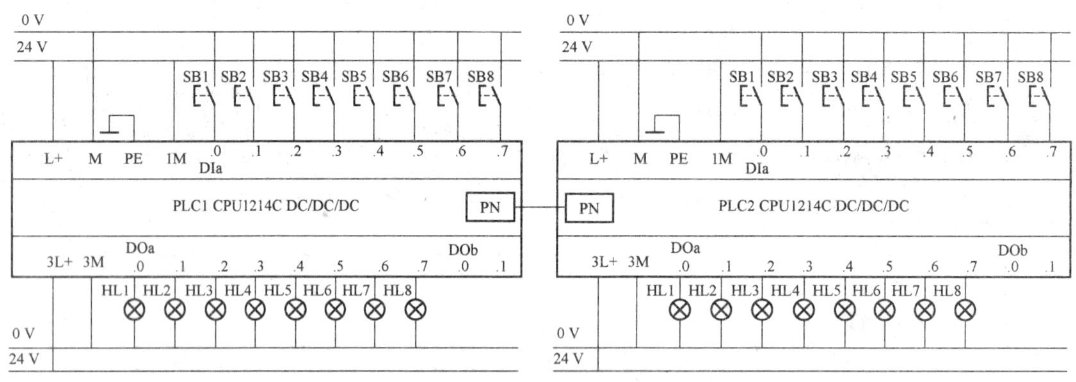

图 18-2　S7-1200 PLC 之间 PROFINET IO 通信的 PLC 控制电路图

（三）连接 PLC 控制电路

按工艺规范完成 PLC 控制电路的连接。PLC 控制电路的连接主要需要考虑元器件的布置安装、导线线径与颜色的选择、接线端子的选择与制作、线号标识的制作与排列，最终实现元器件布局间距合理、安装稳固可靠，布线整齐有序、松紧适宜，接线规范牢固、标识清晰明确。

（四）编写 PLC 控制程序

1. IO 控制器和智能设备在同一项目下的组态、编程步骤

根据项目控制要求，进行 PROFINET IO 通信的组态、编程，步骤见表 18-3。

表 18-3　PROFINET IO 通信的组态、编程步骤

步骤	操作说明	示意图
1	创建新项目，添加新设备作为 IO 控制器。添加子网“PN/IE_1”并设置 IP 地址（192.168.0.1）和子网掩码（255.255.255.0）	

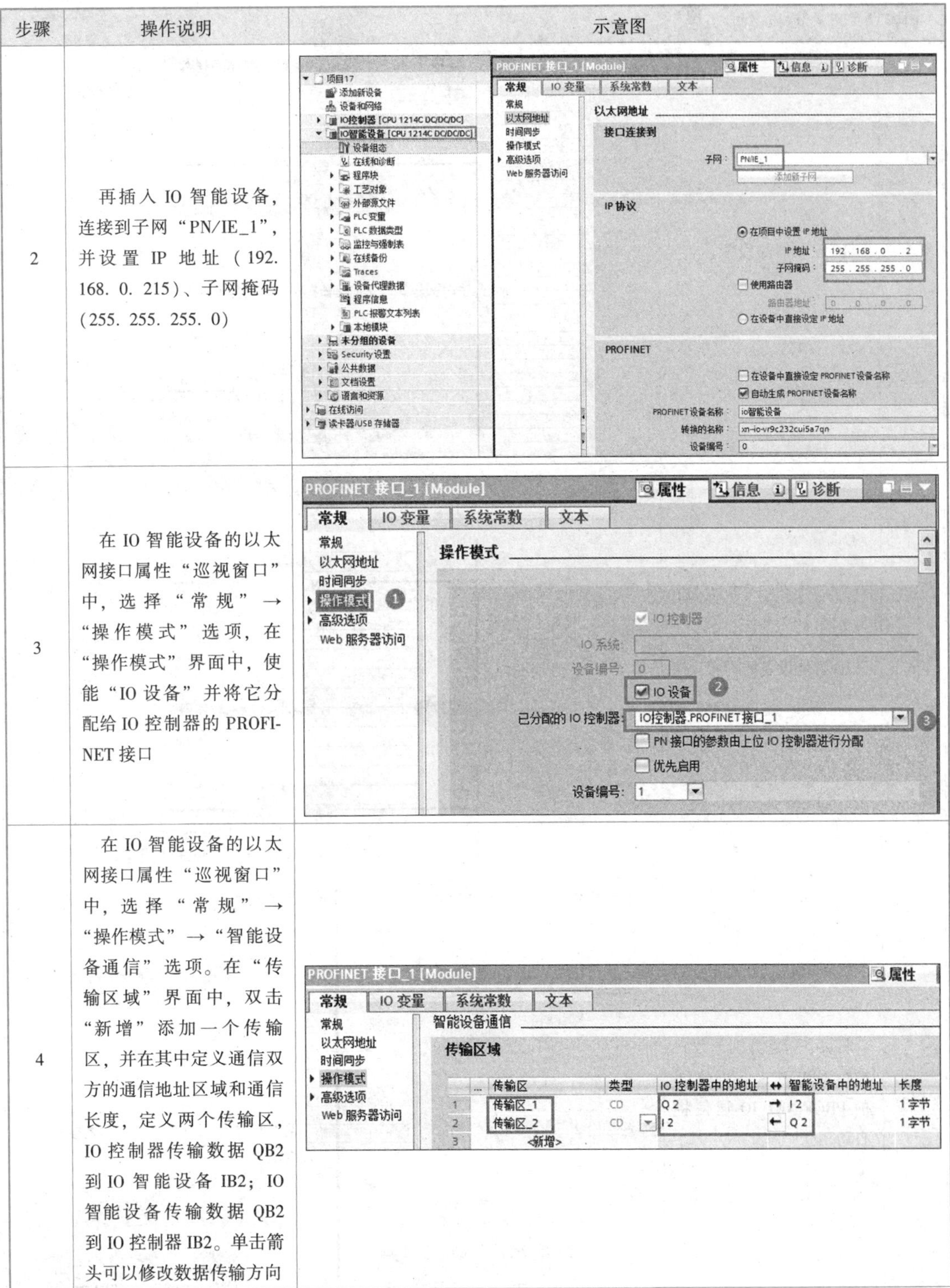

步骤	操作说明	示意图
2	再插入 IO 智能设备，连接到子网“PN/IE_1”，并设置 IP 地址（192. 168. 0. 215）、子网掩码（255. 255. 255. 0）	
3	在 IO 智能设备的以太网接口属性“巡视窗口”中，选择“常规”→“操作模式”选项，在“操作模式”界面中，使能“IO 设备”并将它分配给 IO 控制器的 PROFINET 接口	
4	在 IO 智能设备的以太网接口属性“巡视窗口”中，选择“常规”→“操作模式”→“智能设备通信”选项。在“传输区域”界面中，双击“新增”添加一个传输区，并在其中定义通信双方的通信地址区域和通信长度，定义两个传输区，IO 控制器传输数据 QB2 到 IO 智能设备 IB2；IO 智能设备传输数据 QB2 到 IO 控制器 IB2。单击箭头可以修改数据传输方向	

续表

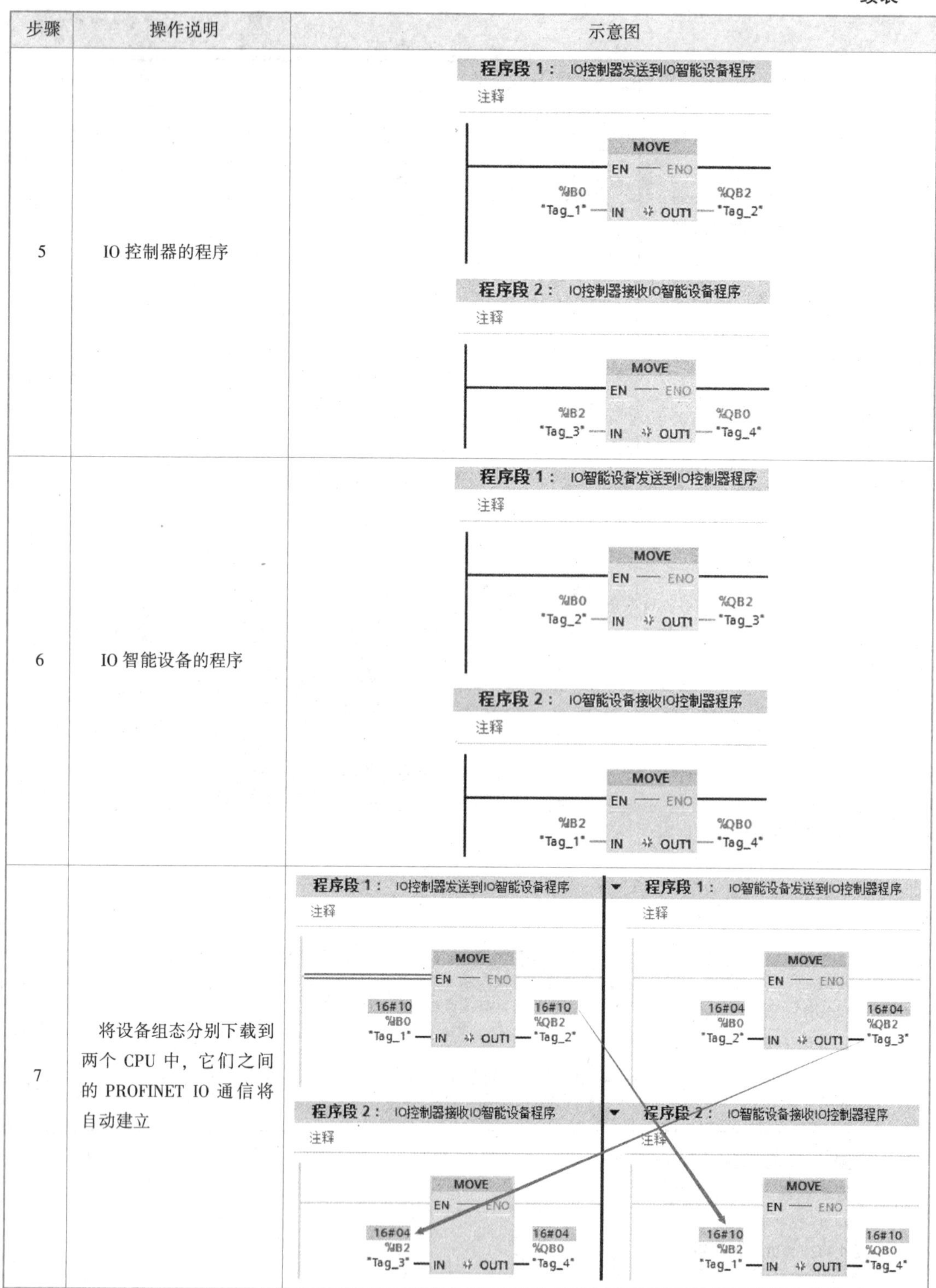

步骤	操作说明	示意图
5	IO 控制器的程序	程序段 1： IO控制器发送到IO智能设备程序 注释 MOVE EN ENO %IB0 "Tag_1" — IN OUT1 — %QB2 "Tag_2" 程序段 2： IO控制器接收IO智能设备程序 注释 MOVE EN ENO %IB2 "Tag_3" — IN OUT1 — %QB0 "Tag_4"
6	IO 智能设备的程序	程序段 1： IO智能设备发送到IO控制器程序 注释 MOVE EN ENO %IB0 "Tag_2" — IN OUT1 — %QB2 "Tag_3" 程序段 2： IO智能设备接收IO控制器程序 注释 MOVE EN ENO %IB2 "Tag_1" — IN OUT1 — %QB0 "Tag_4"
7	将设备组态分别下载到两个 CPU 中，它们之间的 PROFINET IO 通信将自动建立	程序段 1： IO控制器发送到IO智能设备程序 注释 MOVE EN ENO 16#10 %IB0 "Tag_1" — IN OUT1 — 16#10 %QB2 "Tag_2" 程序段 2： IO控制器接收IO智能设备程序 注释 MOVE EN ENO 16#04 %IB2 "Tag_3" — IN OUT1 — 16#04 %QB0 "Tag_4" 程序段 1： IO智能设备发送到IO控制器程序 注释 MOVE EN ENO 16#04 %IB0 "Tag_2" — IN OUT1 — 16#04 %QB2 "Tag_3" 程序段 2： IO智能设备接收IO控制器程序 注释 MOVE EN ENO 16#10 %IB2 "Tag_1" — IN OUT1 — 16#10 %QB0 "Tag_4"

2. IO 控制器和智能设备在不同项目下的组态、编程步骤

根据项目控制要求，进行 PROFINET IO 通信的组态、编程，步骤见表 18-4。

表 18-4　PROFINET IO 通信的组态、编程步骤

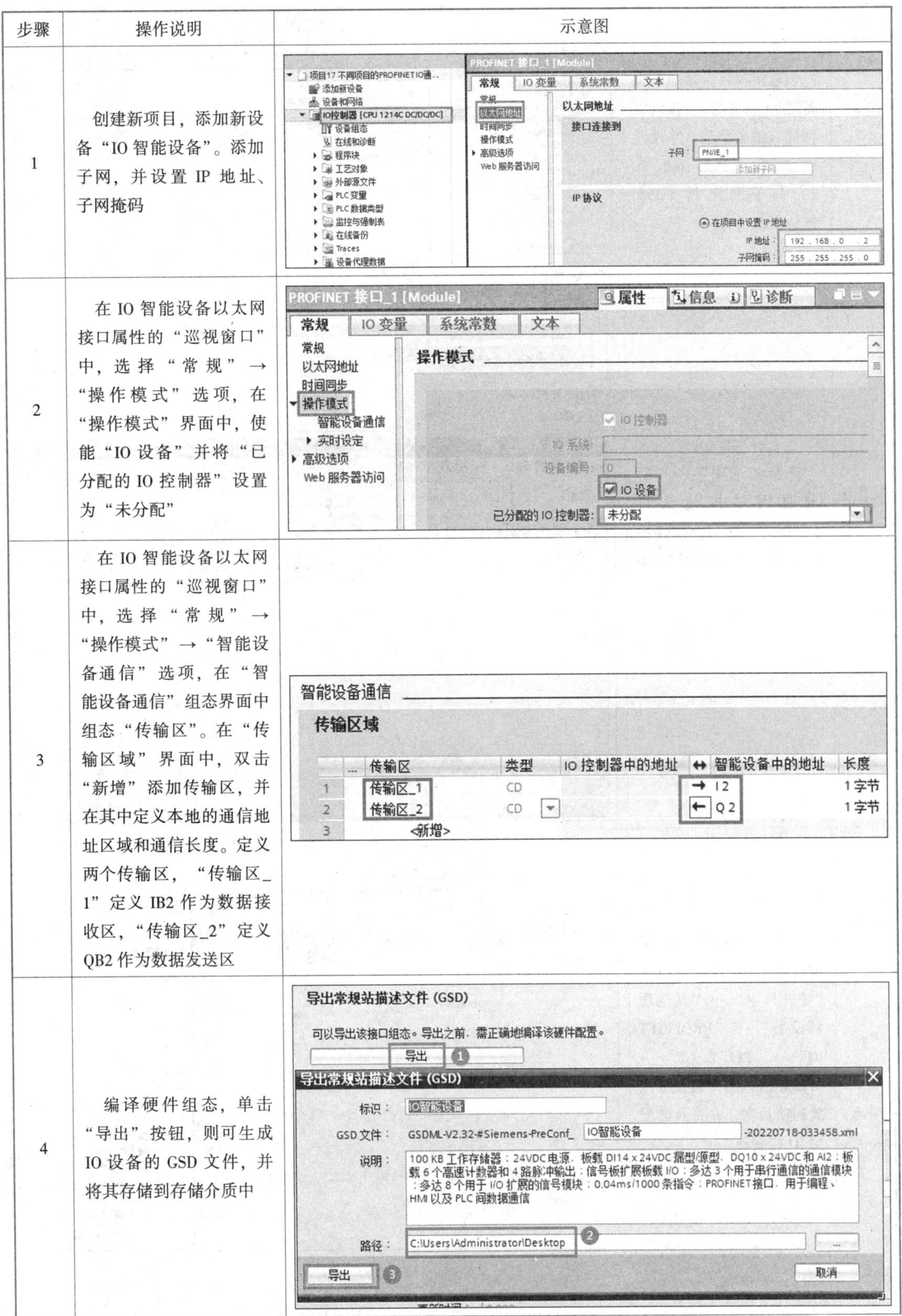

步骤	操作说明	示意图
1	创建新项目，添加新设备“IO 智能设备”。添加子网，并设置 IP 地址、子网掩码	
2	在 IO 智能设备以太网接口属性的“巡视窗口”中，选择“常规”→“操作模式”选项，在“操作模式”界面中，使能“IO 设备”并将“已分配的 IO 控制器”设置为“未分配”	
3	在 IO 智能设备以太网接口属性的“巡视窗口”中，选择“常规”→“操作模式”→“智能设备通信”选项，在“智能设备通信”组态界面中组态“传输区”。在“传输区域”界面中，双击“新增”添加传输区，并在其中定义本地的通信地址区域和通信长度。定义两个传输区，“传输区_1”定义 IB2 作为数据接收区，“传输区_2”定义 QB2 作为数据发送区	
4	编译硬件组态，单击“导出”按钮，则可生成 IO 设备的 GSD 文件，并将其存储到存储介质中	

续表

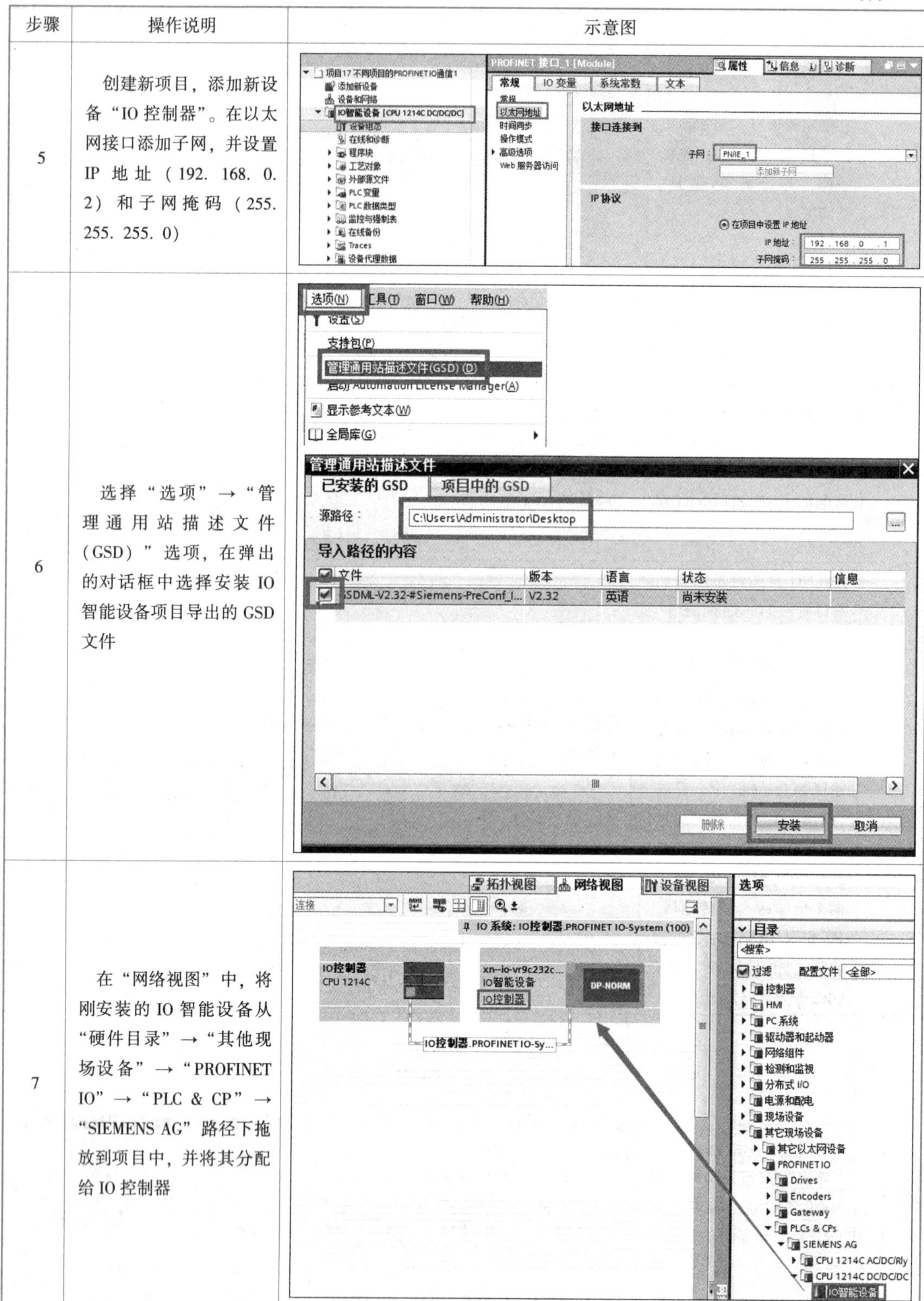

步骤	操作说明	示意图
5	创建新项目，添加新设备“IO 控制器”。在以太网接口添加子网，并设置 IP 地址（192.168.0.2）和子网掩码（255.255.255.0）	
6	选择“选项”→“管理通用站描述文件（GSD）”选项，在弹出的对话框中选择安装 IO 智能设备项目导出的 GSD 文件	
7	在“网络视图”中，将刚安装的 IO 智能设备从“硬件目录”→“其他现场设备”→“PROFINET IO”→“PLC & CP”→“SIEMENS AG”路径下拖放到项目中，并将其分配给 IO 控制器	

续表

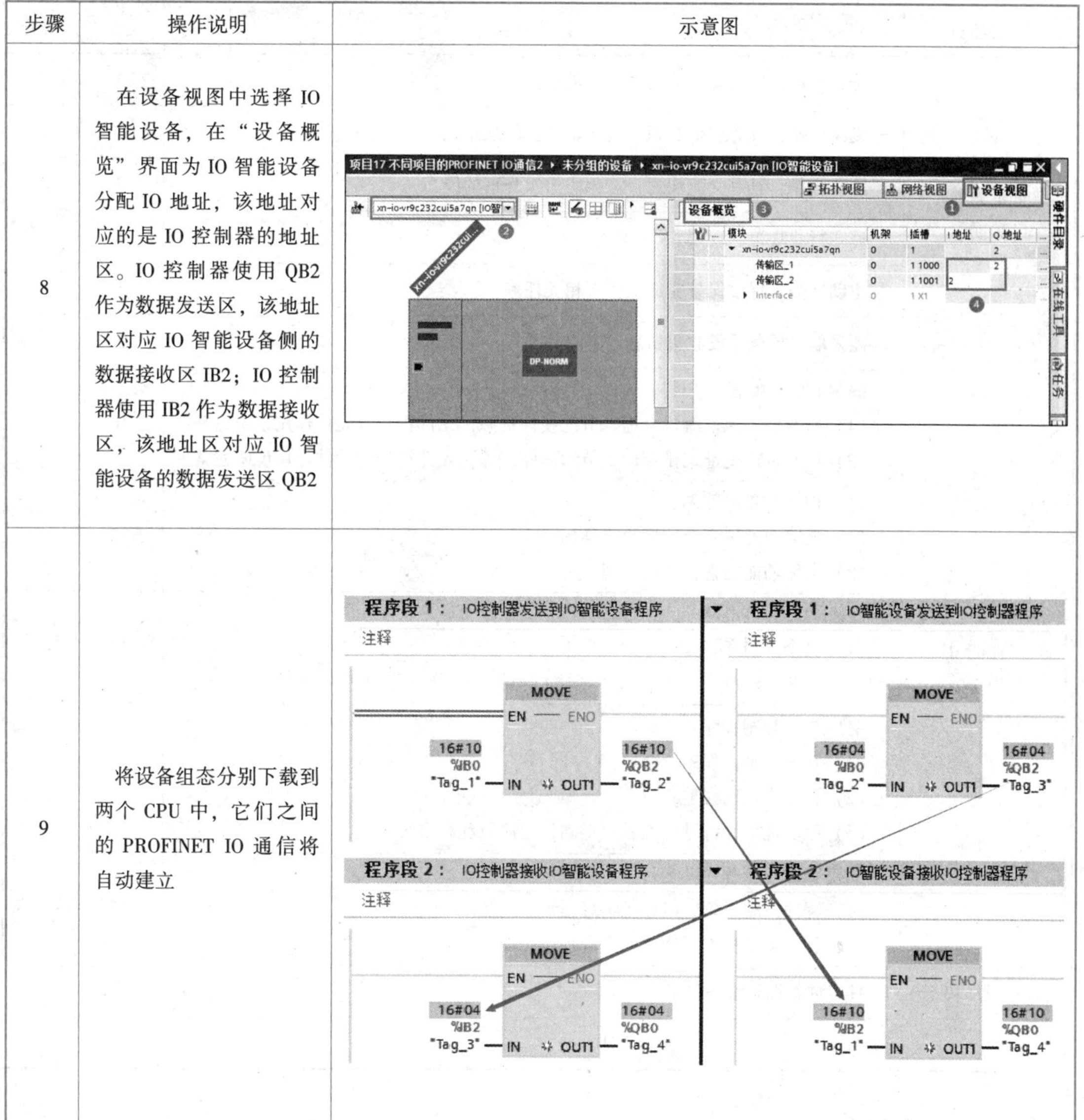

步骤	操作说明	示意图
8	在设备视图中选择 IO 智能设备，在“设备概览”界面为 IO 智能设备分配 IO 地址，该地址对应的是 IO 控制器的地址区。IO 控制器使用 QB2 作为数据发送区，该地址区对应 IO 智能设备侧的数据接收区 IB2；IO 控制器使用 IB2 作为数据接收区，该地址区对应 IO 智能设备的数据发送区 QB2	
9	将设备组态分别下载到两个 CPU 中，它们之间的 PROFINET IO 通信将自动建立	

五、 任务检查

为了保证项目能顺利可靠地开展下去，必须对项目的实施过程和结果进行检查。检查点的设置原则主要包括两点：对影响项目正常实施和完成质量的因素，要设置为检查点，包括安全、操作、结果（中间结果和最终结果）等；所设置的检查点应尽可能量化表达，以便于客观评价项目的实施。

本项目的主要任务是：确定 I/O 分配表；完成 PLC 控制电路图；完成 PLC 控制电路连接；绘制顺序功能图；完成 PLC 控制程序编写；完成 PLC 控制程序下载并运行。

根据本项目的具体内容，设置检查表（表 18-5），在项目实施过程中和终结时进行必要的检查并填写检查表。

表 18-5 S7-1200 PLC 之间的 PROFINET IO 通信项目检查表

评价项目	评价内容	分值	得分
职业素养（30 分）	分工合理，制定计划能力强，严谨认真	5	
	爱岗敬业，具有安全意识、责任意识、服从意识	5	
	团队合作，具有交流沟通、互相协作、分享的能力	5	
	遵守行业规范、现场 6S 标准	5	
	主动性强，保质保量完成工作页相关任务	5	
	能采取多样化手段收集信息、解决问题	5	
专业能力（60 分）	编制 I/O 分配表： （1）所有输入地址编排合理，节约硬件资源，元件符号与元件作用说明完整； （2）所有输出地址编排合理，节约硬件资源，元件符号与元件作用说明完整	10	
	绘制 PLC 控制电路图： （1）电路图元件齐全，标注正确； （2）电路功能完整，布局合理。	12	
	连接 PLC 控制电路 （1）安全不违章； （2）安装达标	12	
	编写 PLC 控制程序： （1）功能正确，程序段合理； （2）符号表正确完整； （3）绝对地址、符号地址显示正确，程序段注释合理	12	
	下载 PLC 控制程序并运行： （1）程序下载正确，PLC 指示灯正常； （2）程序运行操作正确，能实现预定功能	12	
创新意识（10 分）	具有创新性思维并付诸行动	12	
合计		100	

六、任务评价

根据项目实施、检查情况，填写评价表。评价表可分为自评表（表 18-6）和他评表（表 18-7），主要内容应包括实施过程简要描述、检查情况描述、存在的主要问题、解决方案等。

表 18-6 S7-1200 PLC 之间的 PROFINET IO 通信项目自评表

签名： 日期：

表 18-7　S7-1200 PLC 之间的 PROFINET IO 通信项目他评表

签名： 日期：

实践练习（项目需求）

一、任务描述

应用 PROFINET IO 实现 2 个 S7-1200 PLC 的 CPU 之间的以太网通信。

PLC_1 为 IO 控制器，其 IP 地址为 192.168.0.1；PLC_2 为 IO 智能设备，其 IP 地址为 192.168.0.2。IO 智能设备的 I0.0~I0.7 控制 IO 控制器的 Q0.0~Q0.7；IO 控制器的 I0.0~I0.7 控制 IO 智能设备的 Q0.0~Q0.7。

请根据控制要求完成以下任务。

(1) 确定 I/O 分配表；

(2) 完成 PLC 控制电路图；

(3) 完成 PLC 控制电路连接；

(4) 完成 PLC 控制程序编写；

(5) 完成 PLC 控制程序下载并运行。

二、任务计划

S7-1200 PLC 之间的 PROFINET IO 通信项目工作计划见表 18-8。

表 18-8　S7-1200 PLC 之间的 PROFINET IO 通信项目工作计划

序号	项目	内容	时间/min	人员
1				
2				
3				
4				
5				
6				

三、 任务决策

根据任务要求和资源、人员的实际配置情况，按照工作计划，采取项目小组的方式开展工作，小组内实行分工合作，每位成员都要完成全部任务并提交任务评价表。S7-1200 PLC之间的PROFINET IO通信项目决策表见表18-9。

表18-9 S7-1200 PLC之间的PROFINET IO通信项目决策表

签名： 日期：

四、 任务实施

（一）I/O分配表

I/O分配表见表18-10。

表18-10 I/O分配表

输入			输出		
地址	元件符号	元件名称	地址	元件符号	元件名称

（二）PLC控制电路图

（三）PLC 控制程序

S7-1200 PLC 之间的 PROFINET IO 通信项目实施记录表见表 18-11。

表 18-11　S7-1200 PLC 之间的 PROFINET IO 通信项目实施记录表

签名： 日期：

五、任务检查

S7-1200 PLC 之间的 PROFINET IO 通信项目检查表见表 18-12。

表 18-12　S7-1200 PLC 之间的 PROFINET IO 通信项目检查表

评价项目	评价内容	分值	得分
职业素养（30 分）	分工合理，制定计划能力强，严谨认真	5	
	爱岗敬业，具有安全意识、责任意识、服从意识	5	
	团队合作，具有交流沟通、互相协作、分享的能力	5	
	遵守行业规范、现场 6S 标准	5	
	主动性强，保质保量完成工作页相关任务	5	
	能采取多样化手段收集信息、解决问题	5	

续表

评价项目	评价内容	分值	得分
专业能力（60 分）	编制 I/O 分配表： （1）所有输入地址编排合理，节约硬件资源，元件符号与元件作用说明完整； （2）所有输出地址编排合理，节约硬件资源，元件符号与元件作用说明完整	10	
	绘制 PLC 控制电路图： （1）电路图元件齐全，标注正确； （2）电路功能完整，布局合理	12	
	连接 PLC 控制电路 （1）安全不违章； （2）安装达标	12	
	编写 PLC 控制程序： （1）功能正确，程序段合理； （2）符号表正确完整； （3）绝对地址、符号地址显示正确，程序段注释合理	12	
	下载 PLC 控制程序并运行： （1）程序下载正确，PLC 指示灯正常； （2）程序运行操作正确，能实现预定功能	12	
创新意识（10 分）	具有创新性思维并付诸行动	12	
合计		100	

六、任务评价

S7-1200 PLC 之间的 PROFINET IO 通信项目自评表、他评表见表 18-13、表 18-14。

表 18-13　S7-1200 PLC 之间的 PROFINET IO 通信项目自评表

签名： 日期：

表 18-14　S7-1200 PLC 之间的 PROFINET IO 通信项目他评表

签名： 日期：

扩展提升

应用 PROFINET I/O 实现 2 个 S7-1200 PLC 的 CPU 之间的以太网通信。

用 PLC_1 上的 2 个按钮控制 PLC_2 上的一台电动机的启停，用 PLC_2 上的 2 个按钮控制 PLC_1 上的一台电动机的启停。请根据控制要求完成以下任务。

（1）确定 I/O 分配表；

（2）完成 PLC 控制电路图；

（3）完成 PLC 控制电路连接；

（4）完成 PLC 控制程序编写；

（5）完成 PLC 控制程序下载并运行。

参考文献

[1] 廖常初. S7-200PLC 编程及应用 [M]. 4 版. 北京：机械工业出版社，2021.

[2] 段礼才. 西门子 S7-1200 PLC 编程及使用指南 [M]. 2 版. 北京：机械工业出版社，2020.

[3] 刘华波. 西门子 S7-1200 PLC 编程与应用 [M]. 2 版. 北京：机械工业出版社，2020.

[4] 西门子（中国）有限公司. SIMATIC S7-1200 可编程控制器产品样本 [Z]. 2019.